XINJIANG LINMU ZHONGZHI ZIYUAN HETIAN FENCE

新疆林木种质资源

和田 分册

尹林克 胡茵 主编

甘肃科学技术出版社

图书在版编目(CIP)数据

新疆林木种质资源. 和田分册 / 尹林克, 胡茵主编. --
兰州:甘肃科学技术出版社,2019.12
ISBN 978-7-5424-2724-3

Ⅰ. ①新… Ⅱ. ①尹… ②胡… Ⅲ. ①林木—种质资源—和田地区 Ⅳ. ①S722

中国版本图书馆CIP数据核字(2020)第013537号

新疆林木种质资源　和田分册

尹林克　胡茵　主　编

责任编辑　杨丽丽
封面设计　郭　华
版式设计　乌鲁木齐华瑞达文化传媒有限公司

出　版　甘肃科学技术出版社
社　址　兰州市读者大道568号　730030
网　址　www.gskejipress.com
电　话　0931-8125103(编辑部)　0931-8773237(发行部)
京东官方旗舰店　http://mall.jd.com/index-655807.html

发　行　甘肃科学技术出版社　　印　刷　新疆兴华夏彩印有限公司
开　本　889毫米×1194毫米　1/16　　印　张　23.25　　字　数　600千
版　次　2020年12月第1版
印　次　2020年12月第1次印刷
印　数　1~500
书　号　ISBN 978-7-5424-2724-3　　定　价　320.00元

新疆林木种质资源丛书编委会

《新疆林木种质资源　和田分册》编委会

主　　　编: 尹林克　胡　茵

副　主　编: 王　烨　崔卫东

编　　　者: (按姓氏笔画排序)

丁培进　王自龙　王　强　古丽博斯坦·司马义　司海山

刘国军　刘　刚　宋春武　张　恒　陈艳瑞　范敬龙　胡　茵

侯翼国　柴　畅　曹秋梅　崔卫东　康　剑　童加强

调 查 单 位: 中国科学院新疆生态与地理研究所

协 作 单 位: 中国科学院新疆理化技术研究所、和田地区林业局、和田地区林业局种苗站、和田市林业局、和田县林业局、墨玉县林业局、皮山县林业局、洛浦县林业局、民丰县林业局、于田县林业局、策勒县林业局、和田县胡杨林管理站、墨玉县胡杨林管理站、洛浦县胡杨林管理站、策勒县胡杨林管理站、于田县胡杨林管理站、民丰县胡杨林管理站

序
PREAMBLE

森林是陆地生态系统的主体，森林生产力的提升和生态功能的发挥首要依靠的是林木种质资源的质量和科学配置，因此，林木种质资源是林业产业和生态事业不可忽视的基础性和战略性资源。世界生物基因资源的90%以上蕴藏在森林生态系统中，林木种质资源是林木遗传多样性的载体，是生物多样性和生态系统多样性的基础和重要组成部分，更是人类赖以生存和发展的重要物质基础，对于发展现代林业、农业、畜牧业等，具有重要的开发和利用价值。

新疆地处中国西北干旱、半干旱地区，具有典型的高山、丘陵、平原、盆地、沙漠、戈壁、冰川、河流、湖泊、湿地、草原与绿洲等多种自然地理类型。丰富多彩的自然地理类型，必然养育着种类繁多的植物种群，在这种特殊的自然地理条件下，蕴藏着适应性不同，又极为丰富的原生林木种质资源，也拥有引种历史悠久、种类繁多的外来植物与树种。据《新疆树木志》统计，新疆野生和引入新疆的乔灌木树种共4纲10亚纲30超目53目75科183属871种59变种，这些丰富的树种资源为新疆乃至全国林业生产发展提供了巨大的物质基础和育种材料，特别是植物抗逆性基因资源是我们农林业应对气候变化需求而开展抗性育种的宝贵基因资源。保护好如此丰富的林木种质资源是林业部门的历史使命，更是林木种苗管理部门义不容辞的责任。

《中华人民共和国种子法》、国务院办公厅《关于加强林木种苗工作的意见》和《关于深化种业体制改革提高创新能力的意见》等，对林木种质资源调查、收集、保存和利用提出了相关要求。特别是党的十八大提出“五位一体”治国方针，阐明了生态文明建设理念，自治区党委、政府做出要加大新疆林木种质资源调查与保护工作力度的重要指示，启动了新疆林木种质资源调查工作。新疆林业厅组织新疆大专院校、科研单位和林业系统人员，积极开展种质资源调查工作，基本摸清新疆林木种质资源的种类和分布概况，编撰了《新疆林木种质资源丛书》。

"丛书"共分15册，分14个地(州、市)和1个胡杨专项。"丛书"详细介绍了每类种质资源的自然分布区域、生物学特性、生态学特性、经济性状、具体的地理位置、适生区域及栽培技术要点；同时又以图文并茂和通俗易懂的方式，对新疆地形地貌、生态气候、森林植被群落类型、各个县市林木种质资源分布进行记载；还进一步按照用材林、经济林、园林绿化、引进树种、珍稀濒危树种、古树名木资源等分类做了详尽介绍。全书从资料收集的齐全性、分类的科学性、使用的方便性等方面，倾注了新疆林业工作者特别是林木种质资源调查队员的艰辛和不朽功绩。为新疆乃至中国林学和植物学的学术发展，为中国林业科研工作者、森林经营管理技术人员及广大林农在林业生产实践中的需要提供了重要的参考资料，具有重要的理论和应用价值 。

在丛书付梓出版之际，我愿意推荐它，以飨读者。

中国工程院 院士

前　言
FOREWORD

林木种质资源，即森林植物遗传资源，又称林木基因资源，是以物种为单元的生物系统学等级及不同基因组与基因（载体）组成的遗传多样性资源。林木种质资源包括物种天然的基因资源载体与为挖掘新品种、新类型所收集的育种原始材料基因资源载体。林木种质资源是良种选育的基础材料，是国家重要的生物战略资源。

根据《全国林木种质资源调查收集与保存利用规划（2014—2025年）》（以下简称《规划》）的相关要求，中国将在2020年完成全国林木种质资源普查工作，全面摸清林木种质资源的家底，为林木种质资源收集、保存和利用提供重要依据。

中国新疆地处欧亚大陆腹地，远离海洋，拥有典型的大陆性温带和暖温带荒漠气候。欧亚森林亚区、欧亚草原区、中亚荒漠亚区、亚洲中部荒漠亚区和中国喜马拉雅植物亚区在这里交会，植物区系成分复杂独特，起源古老。特殊的地域特色和地史特色，孕育了丰富多样的木本植物资源，少型科、特有半特有属、单种属或寡种属、古老成分和分类上孤立的孑遗成分以及特有植物成分较多，也是许多木本栽培植物的起源中心和现代分布中心。

新疆又是木本植物资源受威胁最严重的地区之一。一方面，社会经济加速发展造成的资源过度利用、生境丧失与退化、环境污染以及气候变化等因素导致植物多样性严重受损，不少珍稀濒危野生木本植物难见踪迹；另一方面，由于林木新品种和外来引入树种的大面积推广和应用，国外一些机构以科研合作或其他形式不断收集新疆的野生果木种质资源，使许多农家林木品种、传统栽培树种以及栽培果树的近缘种资源面临较大的流失和丧失的风险。

为全面了解和掌握新疆的林木种质资源多样性、受威胁和保护利用现状，提升林木种质资源保护管理和开发利用工作的系统性、科学性和针对性，新疆维吾尔自治区林业厅积极响应国家《规划》任务要求，在国家林业局国有林场和林木种苗工作总站的大力支持下，于2011年和2015年分别发布了《关于开展我区林木种质资源调查试点工作的通知》和《关于继续开展林木种质资源调查工作的通知》（新林传发〔2015〕70号），及时启动了新疆林木种质资源调查（试点）工作。专门成立了自治区林木种质资源调查试点工作领导小组和技术专家小组。先后组织安排新疆林业规划设计院、新疆农业大学、昌吉州林业局、伊犁州林业局和中国科学院新疆生态与地理研究所等单位承担实施新疆林木种质资源调查工作。

调查对象为新疆维吾尔自治区境内（不包括新疆生产建设兵团辖区范围）自然分布和人工种植的野生林木种质资源、栽培林木种质资源、名木古树资源和珍稀濒危特有保护木本植物的所有个体和群体。调查内容包括林木种质资源物种多样性、地理分布、资源数量与面积，珍稀、濒危、特有及名木古树保护与受威胁现状，林木种质资源保护和开发利用现状等。

林木种质资源调查工作取得了一系列成果：首次完成了新疆林木种质资源的多样性编目；全面获取了野生和栽培林木种质资源数量、地理分布、受干扰或受威胁程度、林木良种繁育和推广应用状况、资源就地和迁地保护管理现状等本底信息；初步分析评价了资源开发利用潜力、面积和种类的总体变化趋势；建成了新疆林木种质资源数据信息管理平台；《新疆林木种质资源丛书》更是新疆本次林木种质资源调查工作的重要成果之一。本次林木种质资源调查的成果将对新疆林木种质资源保护管理、资源可持续利用和现代林木种苗产业发展产生深远的积极影响。

本次林木种质资源调查工作成果的意义在于：为新疆林木种质资源就地保护和迁地保护规划布局提供了科学依据；为研究编定林木种质资源可持续利用发展规划、林木种苗产业发展规划和制定林木种质资源管理政策提供了重要参考；为特色林木种质资源价值评价与发掘选育、有效安全保护与可持续利用奠定了物质基础；为开展林木种质资源动态监测、建立林木种质资源管理信息平台提供了真实数据。新疆是国内为数不多的对林木种质资源开展全面调查的省（区）之一，在履行《种子法》和《规划》方面位于全国的前列。

调查（试点）工作自2011年1月开始，至2017年12月结束，历时7年，是新疆林业系统迄今为止调查范围最广、信息最全、参与人数最多的一次林木种质资源调查。在林木种质资源的外业调查和内业数据分析工作过程中，得到了新疆维吾尔自治区14个地（州、市）林业系统各级领导及林木种苗管理部门的大力支持和积极配合，在各单位种质资源专业调查队和所在地区、州、市、县林业站科研技术人员的共同努力下，使新疆林木种质资源调查工作得以全面顺利完成。在此，感谢国家林业局国有林场和林木种苗工作总站对新疆林木种质资源调查工作的支持！对参与新疆林木种质资源调查工作的全部人员所做出的辛苦工作和巨大奉献致以由衷的谢意！

摘 要

ABSTRACT

和田地区共有林木种质资源650分类单位(281种、4亚种、31变种、5变型、330品种)4957份，隶属47科104属。其中，裸子植物5科、10属、32分类单位(亚种、变种、变型、品种)，被子植物42科、94属、618种(亚种、变种、变型、品种)。

按起源分，和田地区有野生林木种质资源17科32属94分类单位(种、亚种、变种、变型)395份；栽培林木种质资源43科84属613分类单位(种、亚种、变种、变型、品种)3758份；收集保存的林木种质资源35科62属322分类单位(种、亚种、变种、变型、品种)624份；古树名木373株、7个古树群，分属15科、21属、40分类单位(35种、4变种、1品种)。

和田地区共调查记录优良林分20处10个种1个变种4个品种；优良单株22株，12个种1个变种1个变型4个品种。

和田地区有《中国生物多样性红色名录——高等植物卷》收录的野生珍稀濒危木本植物9种，隶属于4科5属，占和田地区野生木本植物总种数的13.4%。其中，极危(CR)1种，占1.52%；濒危(EN)4种，占6.06%；易危(VU)4种，占6.06%。

和田地区有各类特有林木种质资源17种(含1变种)。其中，中国特有种1科1属3种；新疆特有种6科9属12种；和田地区特有种2科2属2种。

和田地区分布的各级重点保护野生林木种质资源有18种(含1变种)，占本区域野生木本植物总种数的27.28%。其中，国家Ⅱ级重点保护野生木本植物16种(含1变种)；自治区Ⅰ级重点保护野生木本植物9种(含1变种)，自治区Ⅱ级重点保护野生木本植物3种。

和田市有林木种质资源35科61属177分类单位(88种、1亚种、13变种、5变型70品种)705份。其中，野生林木种质资源4科4属7分类单位(亚种、变种、变型)11份；栽培林木种质资源33科57属173分类单位(变种、亚种、变型、品种)617份；收集保存的林木种质资源12科18属24分类单位(亚种、变种、变型、品种)75份；古树5株，分属2科2属3种(变种)；优良单株3株(1种，2品种)。

和田县有林木种质资源30科53属160分类单位(89种、1亚种、9变种、1变型、60品种)315份。其中，野生林木种质资源15科22属43分类单位(亚种、变种、变型)66份；栽培林木种质资源22科37属91种(亚种、变种、变型、品种)189份；收集保存的林木种质资源12科17属50分类单位(亚种、变种、变型、品种)53份；古树名木7株及古树群3个，分属4科、6属、6分类单位(变种)；优良单株1株(1种)。

墨玉县有林木种质资源37科71属229分类单位(128种、1亚种、18变种、1变型、81品种)796份。其中,野生林木种质资源9科13属23分类单位(亚种、变种、变型)31份;栽培林木种质资源36科57属212分类单位(亚种、变种、变型、品种)627份;收集保存的林木种质资源29科48属86分类单位(亚种、变种、变型、品种)115份;古树95株,分属10科12属14种(变种);优良林分13处(含5种,1变种,2品种);优良单株14株(10种,2品种)。

皮山县有林木种质资源34科62属212分类单位(131种、1亚种、13变种、5变型、62品种)581份。其中,野生林木种质资源15科23属45分类单位(亚种、变种、变型)76份;栽培林木种质资源28科47属161分类单位(亚种、变种、变型、品种)429份;收集保存的林木种质资源11科18属26分类单位(亚种、变种、变型、品种)27份;古树84株及古树群2个,分属7科、9属、13种(变种)。

洛浦县有林木种质资源31科58属287分类单位(104种、1亚种、18变种、5变型159品种)699份。其中,野生林木种质资源8科9属15分类单位(亚种、变种、变型)34份;栽培林木种质资源26科47属186分类单位(亚种、变种、变型、品种)514份;收集保存的林木种质资源21科39属149分类单位(亚种、变种、变型、品种)149份;古树5株,3科、3属、3种(变种)。优良林分1处(1品种);优良单株4株(2种,1变种,1变型)。

民丰县有林木种质资源36科57属133分类单位(95种、1亚种、9变种、1变型、27品种)321份。其中,野生林木种质资源10科13属25分类单位(亚种、变种、变型)35份;栽培林木种质资源25科43属122分类单位(亚种、变种、变型、品种)244份;收集保存的林木种质资源10科13属14分类单位(亚种、变种、变型、品种)14份;古树56株古树群1个,5科、6属、8种(变种);优良林分6处(5种,1品种)。

于田县有林木种质资源36科66属204分类单位(121种、2亚种、12变种、4变型、65品种)943份。其中,野生林木种质资源12科18属39分类单位(亚种、变种、变型)71份;栽培林木种质资源29科49属173分类单位(亚种、变种、变型、品种)703份;收集保存的林木种质资源20科29属97分类单位(亚种、变种、变型、品种)134份;古树61株,7科、8属、11种(变种)。

策勒县有林木种质资源36科64属227分类单位(139种、2亚种、12变种、2变型、72品种)594份。其中,野生林木种质资源12科18属41分类单位(亚种、变种、变型)71份;栽培林木种质资源31科50属189分类单位(亚种、变种、变型、品种)435份;收集保存的林木种质资源13科23属56分类单位(亚种、变种、变型、品种)57份;古树60株,7科、8属、14种(变种)。

目录 CONTENTS

上篇 总论

第一章 自然地理概况

第一节 地理区位 …… 2

第二节 地形地貌 …… 2

第三节 水文条件 …… 3

第四节 气候条件 …… 3

第五节 土壤分布 …… 4

第六节 植物及植被 …… 4

第七节 森林资源 …… 14

第二章 社会经济概况

第一节 行政区划 …… 16

第二节 土地利用 …… 16

第三节 林业发展 …… 16

第三章　和田地区林木种质资源
第一节　林木种质资源多样性…… 18
第二节　野生林木种质资源…… 27
第三节　栽培林木种质资源…… 28
第四节　收集保存林木种质…… 29
第五节　古树种质资源…… 30
第六节　林木种质资源变化分析…… 33
第七节　林木种质资源特点及评价…… 34

第四章　各市县林木种质资源
第一节　和田市林木种质资源…… 36
第二节　和田县林木种质资源…… 38
第三节　墨玉县林木种质资源…… 40
第四节　皮山县林木种质资源…… 43
第五节　洛浦县林木种质资源…… 46
第六节　民丰县林木种质资源…… 48
第七节　于田县林木种质资源…… 50
第八节　策勒县林木种质资源…… 53

第五章　林木种质资源保护管理现状
第一节　林木种质资源保护管理机构…… 56
第二节　林木种质资源原地保护现状…… 57
第三节　林木种质资源异地保护现状…… 58
第四节　古树名木资源保护现状…… 60

第六章　林木良种资源开发利用现状
第一节　良种审定和认定现状…… 61
第二节　良种引种和种质创新…… 62
第三节　良种繁育基地建设…… 64

第四节　良种推广与应用……………………………………………………… 66
第五节　林木种苗生产及经营………………………………………………… 67
第六节　特色林副产品及旅游开发…………………………………………… 69

第七章　特色林木种质资源价值评价
第一节　具有遗传价值的林木种质资源……………………………………… 72
第二节　具有公益价值的林木种质资源……………………………………… 73
第三节　具有商业价值的林木种质资源……………………………………… 74

第八章　林木种质资源保护与利用对策
第一节　存在的主要问题及趋动因素………………………………………… 77
第二节　林木种质资源保护对策……………………………………………… 79
第三节　林木种质资源可持续利用对策……………………………………… 80

下篇　各　论

第九章　野生林木种质资源
第一节　裸子植物……………………………………………………………… 84
第二节　被子植物……………………………………………………………… 87

第十章　栽培林木种质资源
第一节　裸子植物 …………………………………………………………… 114
第二节　被子植物 …………………………………………………………… 121

第十一章　收集保存的种质资源
第一节　和田市 ……………………………………………………………… 229
第二节　和田县 ……………………………………………………………… 231
第三节　墨玉县 ……………………………………………………………… 232
第四节　洛浦县 ……………………………………………………………… 234

第五节　皮山县 …… 239
第六节　于田县 …… 239
第七节　民丰县 …… 243
第八节　策勒县 …… 244

第十二章　古树林木种质资源
第一节　和田市古树名木种质资源 …… 247
第二节　和田县古树名木种质资源 …… 248
第三节　墨玉县古树名木种质资源 …… 250
第四节　皮山县古树名木种质资源 …… 256
第五节　洛浦县古树名木种质资源 …… 264
第六节　民丰县古树名木种质资源 …… 266
第七节　于田县古树名木种质资源 …… 272
第八节　策勒县古树名木种质资源 …… 278

附　录
附录一　和田地区林木种质资源名录 …… 285
附录二　和田市林木种质资源名录 …… 301
附录三　和田县林木种质资源名录 …… 307
附录四　墨玉县林木种质资源名录 …… 312
附录五　皮山县林木种质资源名录 …… 319
附录六　洛浦县林木种质资源名录 …… 326
附录七　民丰县林木种质资源名录 …… 334
附录八　于田县林木种质资源名录 …… 339
附录九　策勒县林木种质资源名录 …… 346

参考文献 …… 353

上篇　总　论

第一章　自然地理概况

第二章　社会经济概况

第三章　和田地区林木种质资源

第四章　各市县林木种质资源

第五章　林木种质资源保护管理现状

第六章　林木良种资源开发利用现状

第七章　特色林木种质资源价值评价

第八章　林木种质资源保护与利用对策

第一章　自然地理概况

第一节　地理区位

和田地区位于新疆维吾尔自治区南隅，地处塔克拉玛干沙漠南缘，昆仑山北麓。东部与巴音郭楞蒙古自治州的且末县交界，南抵昆仑山与西藏自治区阿里地区相邻，西南与连接印度和巴基斯坦的喀喇昆仑山毗邻，西部与喀什地区叶城、巴楚及麦盖提县相接，北入塔克拉玛干沙漠腹地与阿克苏地区的阿瓦提县、阿克苏市和沙雅县接壤。东西长约670km，南北宽约600km，有边界线264km。

第二节　地形地貌

和田地区南部山区处于昆仑山脉中段，整个山体由北往南急剧升高。山脉高峰一般海拔为6000m左右。慕士山海拔6638m，是和田地区最高峰。昆仑山脉北坡为浅丘低山区，峡谷遍布，南坡则山势转缓。山地荒漠高度一般达3300m，个别地段可达5000m。南北坡雪线分别在6000m和5500m以上。在昆仑山与喀喇昆仑山的地理分界处断裂形成林齐塘洼地，发育着现代盐湖与盐碱沼泽，形成高山湖泊。自山麓向北，戈壁横布，各河流冲积扇平原绿洲陆续分布，扇缘连接塔克拉玛干沙漠直至塔里木盆地中心。麻札塔格古余山余脉残留于北部沙漠区西北，海拔430m。

全地区划分为7个地貌单元。最高山带：海拔5200~5500m，分布着现代冰川和永久积雪，基底多由坚硬的变质岩和花岗岩等古老岩石组成，山势雄伟。高山带：海拔4200~5200m，一般为裸地；有大量古代冰川遗迹，如策勒亚门的古冰碛、马库卡尔塔西河源头的冰斗区及克奇克库勒冰碛湖，倒石堆、坡面雪蚀泥流在各主体山脉北坡比比皆是。亚高山带：海拔3400~4200m，分布有较深厚土层，山峰母岩裸露，岩壁陡峭，山坡有明显的侵蚀切割，山势起伏大，一般坡度20°~38°。中山带：海拔3000~3400m，山势起伏较大，山峰明显，但山顶轮廓浑圆具有准平原地貌，覆盖很厚的黄土发育形成的草甸草原土壤，多为优良的放牧草场。低山带：海拔2200~3000m，山势平缓，覆盖土层很厚，大量堆积着昆仑黄土，在河流沿岸阶地上分布着农田，是农牧交错区。山麓倾斜平原区：海拔1250~2200m；海拔1700~2200m为粗沙及砾石覆盖的戈壁，着生有稀疏超旱植被，海拔1450~1700m为裸露的粗砾戈壁，海拔1250~1450m，古老绿洲分布区，长期灌溉淤积，土壤不断熟化。沙漠区：海拔1250m以下的北部地区接塔克拉玛干沙漠腹地，着生耐旱沙生植被。

第三节　水文条件

和田地区冰川面积11 447km²，占全疆冰川面积的43.9%。冰川水资源储量11 400 × 10⁸m³，年补给地表水约14 × 10⁸m³，占年径流量的20%。从喀喇昆仑山口至喀山口全长170km的山区，大部分覆盖着冰川和永久性积雪，是现代冰川发育与分布区。昆仑山脉的冰川主要集中分布于喀拉喀什河到克里雅河之间约400km的山区，属大陆性山岳冰川。这一区域雪线高、冰川规模大、融化速度缓慢，是中国最大的冰川区之一。中昆仑山脉北坡的最大的玉龙冰川长25km，面积251.7km²。高山区冰川是塔里木盆地南部内陆河流的源头，也是和田地区主要河流的重要补给来源之一。

和田河发源于昆仑山和喀喇昆仑山，由南向北横穿塔克拉玛干沙漠注入塔里木河，是唯一从塔克拉玛干沙漠腹地穿过的河流，全长1127km，是塔里木河的重要源头之一。其上游由两条发源于昆仑山的支流构成，一条是玉龙喀什河，一条是喀拉喀什河。两条河水占全地区各河总水量的61.2%。两条河在阔什拉什附近汇合后始称和田河。

和田地区平原区流区有大小河流36条，大都为内陆河，分为皮山、和田—墨玉—洛浦、策勒—于田—民丰及羌塘高原湖区4个内流区。全地区年均地表水径流量为73.35 × 10⁸m³。其中，皮山内流区径流量为7.07 × 10⁸m³，和田—墨玉—洛浦内流区径流量为45.09 × 10⁸m³，策勒—于田—民丰内流区径流量为21.19 × 10⁸m³，羌塘高原内流湖区有水资源9.43 × 10⁸m³。此外，本地区还有流入印度的奇普恰普河外流区，年外流水量为2.93 × 10⁸m³。

地表径流补给主要依靠冰川、积雪融化及部分高山降水，河流径流量年际变化很大。山地地下水补给源主要是高山降水、融冰水和融雪水。平原地下水补给源主要是河道渗漏补给、灌溉渠道渗漏补给、田间入渗补给和水库蓄水补给，其他还有河道潜流、泉水、井水、灌溉水回归的重复以及降雨等补给。

第四节　气候条件

和田地区位于欧亚大陆腹地，帕米尔高原和天山屏障于西、北，西伯利亚的冷空气不易进入；南部绵亘着昆仑山和喀喇昆仑山，阻隔了来自印度洋的暖湿气流。独特的地理区位和地形差异，和田地区自南而北分为了三大气候区：南部山地温带或寒带气候区，绿洲平原暖温带干旱荒漠气候区，北部沙漠典型大陆性荒漠气候区。

主要气候特点：南部山地降雨稍多（年降雨量30~200mm），中部绿洲和北部沙漠区降水极少（年降水量13.1~48.2mm）；大气干旱（年蒸发量2226~3137mm，干燥度>20）；光照充足（年日照时数2470~3000h，年平均日照百分率58%~80%）；无霜期长（170~226d）；≧10℃有效积温高（1900℃~4500℃）；温差大（年平均气温4.7℃~12.1℃，年均最高气温24.7℃~26.2℃，年均最低气温−9.2℃~−4.3℃，极端最高气温34℃~42.7℃，极端最低气温−28.3℃~−24.6℃）；全年多风沙（每年沙尘天气>220d）。

第五节 土壤分布

和田地区土壤共分9个土类,16个亚类,19个土属,40个土种。中昆仑山北坡自山麓至4000m之间的低山带、中山带和亚高山带(指3600~4000m的中山带上部)多有黄土状亚砂土覆盖。在亚砂土以及冰破物、残积物、坡积物和冰水沉积物的基质上,自下而上地分布着山地棕漠土、山地棕钙土、山地淡栗钙土(3000~3200m)和山地栗钙土。在3800~4200m的一些谷地和阴湿坡面发育着高山草甸土。在3800m的内部山原,则广布着高山寒漠土,成土母质多为冰碳物或残积—坡积物。在3200~3600m的中山带分布着高山草原土。棕漠土类13个土种,分布于3200~3000m的冲积扇和北部冲积平原地带。草甸土类7个土种,分布于扇缘泉水溢出带及洼地、河滩等低湿地带。灌淤土类8个土种,分布于9个乡镇农区中较高地形部位。潮土类2个土种,分布于碱滩、河滩,水库附近等低洼部位。盐土类2个土种,分布于低洼碱滩上;沼泽土类1个土种,分布于扇缘洼地和泉水溢出带。水稻土类2个土种,分布于和田地区农区东北古老绿洲泉水溢出地带。风沙土类2个土种,分布于绿洲北部及沙漠地带。

第六节 植物及植被

一、植物物种多样性

(一)植物区系的基本组成

和田地区共有野生维管束植物55科217属577种(变种、亚种),分别占新疆维管束植物(161科,877属,4081种)科、属、种数的34.16%、24.74%和14.36%。其中,蕨类植物1科1属3种,分别占该区野生维管束植物科、属、种的1.82%、0.46%和0.52%;裸子植物2科2属8种,分别占该区野生维管束植物科、属、种的3.64%、0.92%和1.39%;被子植物52科214属566种,分别占该区野生维管束植物科、属、种的94.55%、98.62%和98.09%。在被子植物中,双子叶植物共42科160属409种,分别占该区野生维管束植物科、属、种的76.36%、73.73%和70.88%;单子叶植物10科54属157种,分别占该区野生维管束植物科、属、种的18.18%、24.88%和27.21%。在科、属、种的组成结构上,该地区被子植物占绝对优势,裸子植物次之,蕨类植物的种类最少(表1–6–1)。

表1–6–1 和田地区野生维管束植物组成结构表

类型		科数	占总科数(%)	属数	占总属数(%)	种数	占总种数(%)
蕨类植物		1	1.82	1	0.46	3	0.52
裸子植物		2	3.64	2	0.92	8	1.39
被子植物	双子叶植物	42	76.36	160	73.73	409	70.88
被子植物	单子叶植物	10	18.18	54	24.88	157	27.21
合计		55		217		577	

科、属、种的组成见表1–6–2,含10种以上的科有13科,分别是禾本科(Gramineae,属33/种96)、菊科(Compositae,属23/种74)、豆科(Leguminosae,属12/种55)、十字花科(Cruciferae,属18/种41)、莎草科(Cyperaceae,属8/种29)、藜科(Chenopodiaxeae,属13/种27)、蔷薇科(Rosaceae,属7/种21)、毛茛科(Ranunculaceae,属9/种19)、龙胆科(Gentianaceae,属5/种19)、柽柳科(Tamaricaceae,属3/种19)、石竹科(Caryophyllaceae,属8/种18)、紫草科(Boraginaceae,属7/种12)、玄参科(Scrophulaceae,属4/种10),

占总科数的23.64%，含种数高达438种，占总种数的75.91%，超过本区总种数的一半以上。在科属组成中，1属1种的科有8个，分别是白刺科(Nitrariaceae)、堇菜科(Violaceae)、瑞香科(Thymelaeacea)、小二仙草科(Haloragaceae)、杉叶藻科(Hippuridaceae)、伞形科(Umbelliferae)、夹竹桃科(Apocynaceae)、忍冬科(Caprifoliaceae)。在属种组成中，含10种以上的属有委陵菜属 *Potentilla* L.、黄耆属 *Astragalus* L.、棘豆属 *Oxytropis* DC.、柽柳属 *Tamarix* L.、蒿属 *Artemisia* L.、早熟禾属 *Poa* L.、披碱草属 *Elymus* L.、针茅属 *Stipa* L.、苔草属 *Carex* L. 等9个属，占总属数的4.15%；仅含1种的属有101个，占总属数的46.54%。

表1-6-2 田地区野生维管束植物分科、属、种统计表

	科	属数	种数
1	木贼科	1	3
2	柏科	1	3
3	麻黄科	1	5
4	杨柳科	2	4
5	荨麻科	1	2
6	蓼科	1	2
7	藜科	13	27
8	宽科	1	2
9	石竹科	8	18
10	毛茛科	9	19
11	小檗科	1	3
12	罂粟科	2	3
13	十字花科	18	41
14	景天科	1	3
15	虎耳草科	2	6
16	蔷薇科	7	21
17	豆科	12	55
18	牻牛儿苗科	1	2
19	白刺科	1	1
20	蒺藜科	4	6
21	大戟科	1	5
22	锦葵科	3	4
23	柽柳科	3	19
24	堇菜科	1	1
25	瑞香科	1	1
26	胡颓子科	2	4
27	小二仙草科	1	1
28	杉叶藻科	1	1
29	伞形科	1	1
30	报春花科	2	7
31	白花丹科	2	2
32	龙胆科	5	19
33	夹竹桃科	2	3
34	萝摩科	1	3
35	旋花科	2	4
36	紫草科	7	12
37	唇形科	4	4
38	茄科	3	4
39	玄参科	4	10
40	列当科	2	2
41	车前科	1	8
42	茜草科	2	3
43	忍冬科	1	1
44	败酱科	2	2
45	菊科	23	74
46	香蒲科	1	3
47	眼子菜科	2	8
48	水麦冬科	1	2
49	泽泻科	1	2
50	禾本科	33	96
51	莎草科	8	29
52	灯心草科	1	4
53	百合科	2	5
54	鸢尾科	1	4
55	兰科	3	3
	合计	217	577

(二)属的分布区类型及主要类型分析

和田地区植物区系共有217个属，按照吴征镒先生对中国种子植物分布区类型的划分方案，本区的植物可归入10个分布区类型和13个变型(表1-6-3)。

表1-6-3 和田地区植物属分布区型及其亚型统计表

分布区型及其亚型		属数	占总属数的百分比(%)
世界分布	1.世界分布	24	
热带分布	2.泛热带分布	13	6.74
热带分布	4.旧世界热带分布	1	0.52
温带分布	8.北温带分布	48	24.87
	8-2.北极—高山分布	2	1.04
	8-4.北温带和南温带间断分布	38	19.69
	8-5.欧亚及南美洲间断分布	8	4.15
	9.东亚和北美洲间断分布	2	1.04
	10.旧世界温带分布	21	10.88
	10-1.地中海区、西亚和东亚间断	16	8.29
	10-2.地中海和喜马拉雅间断	3	1.55
	10-3.欧亚和南部非洲间断	2	1.04
	11.温带亚洲分布型	2	1.04
	12.地中海西亚至中亚分布	15	7.77
	12-1.地中海区至中亚和南非洲、大洋洲间断	1	0.52
	12-2.地中海区至中亚和墨西哥至美国南部间断	1	0.52
	12-3.地中海区至温带—热带亚洲、大洋洲和南美洲间断	2	1.04
	13.中亚分布	5	2.59
	13-1.中亚东部分布(中部亚洲)	2	1.04
	13-2.中亚至喜马拉雅和我国西南分布	1	0.52
	13-4.西亚至西喜马拉雅和西藏分布	1	0.52
	14.东亚分布 14(SH)中国—喜马拉雅分布	9	4.66
	合计	217	100

1.世界分布

这一类型和田地区有24属，主要有苋属(*Amaranthus* L.)、泽泻属(*Alisma* L.)、狐尾藻属(*Myriophyllum* L.)、灯芯草属(*Juncus* L.)、水麦冬属(*Triglochin* L.)、香蒲属(*Typha* L.)、繁缕属(*Stellaria* L.)、千里光属(*Senecio* L.)、旋花属(*Convolvulus* L.)、独行菜属(*Lepidium* L.)、车前属(*Plantago* L.)、毛茛属(*Ranunculus* L.)、拉拉藤属(*Galium* L.)、茄属(*Solanum* L.)、堇菜属(*Viola* L.)、剪股颖属(*Agrostis* L.)、羊茅属(*Festuca* L.)、早熟禾属(*Poa* L.)、猪毛菜属(*Salsola* L.)、碱蓬属(*Suaeda* Forsk. ex Scop.)、黎属(*Chenopodium* L.)、黄耆属(*Astragalus* L.)、铁线莲属(*Clematis* L.)、老鹳草属(*Geranium* L.)等。本类型中科的分布最大的特点没有任何木本的裸子植物，而以草本的被子植物为最多。它们主要隶属于一些世界广布的大科和一些世界广布的水生或沼生植物。

2.泛热带分布

这种类型和田地区有13属，占总属数的6.74%(世界分布不计在内，下同)。主要有麻黄属(*Ephedra* L. 5种)、虎尾草属(*Chloris* Sw. 1种)、曼陀罗属(*Datura* L.1种)、三芒草属(*Aristida* L. 2种)、狗牙根属(*Cynodon* Rich. 1种)、蒺藜属(*Tribulus* L. 1种)、狼尾草属(*Pennisetum* Rich. 1种)、孔颖草属(*Bothriochloa* Kuntze 1种)、马唐属(*Digitaria* Hall. 4种)、稗属(*Echinochloa* Beauv. 2种)、画眉草属(*Eragrois* Wolf 2种)、狗尾草属(*Setaria* Beauv. 1种)、棒头草属(*Polypogon* Desf. 3种)。从以上每属含的种数可以看出，这些泛热带属在和田地区种系发育得并不

好，属均不超过4种，多数为单种属。在这些属中，曼陀罗属是由于历史原因而遗留在此地的。麻黄属更属于老第三纪热带常绿植被干旱变型的残遗成分，它是很好地适应了干旱生境的典范，同时在和田地区干旱的环境变化中繁荣了种系。

3.旧世界热带分布

这一类型及其变型在该地区有1属，即天门冬属（*Asparagus* L. 2种），占总属数的0.52%，这一类型所占的比例很低，这与该地区所处的气候带相一致。

4.北温带分布

这一类型及其变型在该地区有48属，占总属数的24.87%。其中北极—高山分布（Arctic–alpine）类型有红景天属（*Rhodiola* L. 3种）和兔耳草属（*Lagotis* Gaertn.1种）2属，占总属数的1.04%。北温带和南温带间断分布（N. Temp. & S.Temp.disjuncted）类型有刺柏属（*Juniperus* L. 3种）、柳属（*Salix* L. 1种）、针茅属（*Stipa* L. 11种）、披碱草属（*Elymus* L. 12种）、雀麦属（*Bromus* L. 1种）、大麦属（*Hordium* L. 2种）、碱茅属（*Puccinellia* Parl. 6种）、三毛草属（*Trisetum* Pers. 3种）、拂子茅属（*Calamagrostis* Adans. 6种）、涾草属（*Koeleria* Pers. 1种）、紫菀属（*Aster* L. 2种）、蓟属（*Cirsium* Mill. 2种）、还阳参属（*Crepis* L. 4种）、无心菜属（*Arenaria* L. 3种）、蝇子草属（*Silene* L. 3种）、唐松草属（*Thalictrum* L. 3种）、毛茛属（*Ranunculus* L. 5种）、碱毛茛属（*Halerpestes* Greene 2种）、婆婆纳属（*Veronica* L. 3种）、小米草属（*Euphrasia* L. 1种）、委陵菜属（*Potentilla* L. 11种）、肋柱花属（*Lomatogonium* A. Br. 5种）、假龙胆属（*Gentianella* Moench. 2种）、火烧兰属（*Epipactis* Zinn. 1种）、菥蓂属（*Thlaspi* L. 1种）、鹤虱属（*Lappula* V.Wolf 1种）、滨藜属（*Atriplex* L. 2种）、地肤属（*Kochia* Roth 2种）、葱属（*Allium* L. 3种）、胡颓子属（*Elaeagnus* L. 2种）、枸杞属（*Lycium* L. 2种）、报春花属（*Primula* L. 3种）、茜草属（*Rubia* L. 3种）、蔷薇属（*Rosa* L. 3种）、金露梅属（*Pentaphylloides* Ducham. 2种）、龙牙草属（*Agrimonia* L. 1种）、马先蒿属（*Pedicularis* L. 5种）、忍冬属（*Lonicera* L. 1种）等38属，占总属数的19.69%。麻黄属多在荒漠或荒漠草原中占优势，有时建群；柳属是多河岸林或灌丛的建群种；委陵菜属在草原和草甸中的显著成分。欧亚和南美洲温带间断分布（Eura. & Temp. S. Amer.disjuncted）类型有小檗属（*Berberis* L. 3种）、葶苈属（*Draba* L. 8种）、点地梅属（*Androsace* L. 4种）、虎耳草属（*Saxifraga* Tourn. ex. L. 3种）、赖草属（*Leymus* Hoch. 2种）、蒲公英属（*Taraxacum* Wigg. 9种）、火绒草属（*Leontopodium* R. Br. 6种）、列当属（*Orobanche* L. 1种）等8属，占总属数的4.15%。

这一类型是和田地区植物区系的主体，在属和种的数量上占据着最高的比例，在区系组成中起着极其重要的作用。它们多为中生型的草本或木本，亚高山草甸草原、高山草甸以及山地森林、灌丛等的重要组成者，也是各种群落的优势种和建群种。

5.东亚和北美洲间断分布

这一类型有罗布麻属（*Apocynum* L. 1种）和短星菊属（*Brachyactis* Ldb. 1种）2属，占总属数的1.04%。

6.旧世界温带分布

这一类型及其变型在该地区有21属，占总属数的10.88%。其中地中海区、西亚和东亚间断变型（Mediterranea，W. Asia & E. Asiadisjuncted），有16属，占总属数的8.29%，包括鸦葱属（*Scorzonera* L. 3种）、沙棘属（*Hippophae* L. 2种）、草木樨属（*Melilotus* Adans. 1种）、锦葵属（*Malva* L. 2种）、橐吾属（*Ligularia* Cass. 2种）、香薷属（*Elsholtzia* Willd. 1种）、牛舌草属（*Anchusa* L. 1种）、扁果草属（*Isopyrum* L. 1种）、粉苞菊属（*Chondrilla* L. 1种）、乳苣属（*Mulgeium* Cass. Emend. 1种）、荆芥属（*Nepeta* L. 1种）、雾冰藜属（*Bassia* All. 2种）、糙苏属（*Phlomis* L. 1种）、栒子属（*Cotoneaster* B. Ehrhart 1种）、水柏枝属（*Myricaria* Desv. 3种）、柽柳属（*Tamarix* L. 13种）。地中海区和喜马拉雅间断变型（Mediterraned & Himalayadisjuncted）有鹅绒藤属（*Cynanchum* L. 3种）、风毛菊属（*Saussurea* DC. 1种）和蓝刺头属（*Echinops* L. 1种）等3属，占总属数的1.55%。欧亚和南部非洲间断分布（Eursia& S.Africadisjuncted）有苜蓿属（*Medicago* L. 3种）和苦苣菜属（*Sonchus* L. 4种）2属，占总属数的1.04%。这一类型在和田地区种类之多、分布面积之大、分布范围之广，是和田地区荒

漠重要的优势属和建群种。

7.温带亚洲分布

这一类型有锦鸡儿属（*Caragana* Fair. 4种）和亚菊属（*Ajania* Poljak. 5种）2属，占总属数的1.04%。这一类型多为草本或木本，常见于草原、林下、灌丛。

8.地中海区、西亚至中亚分布

这一类型及其变型在该地区有23属，占总属数的7.78%。这些属主要包括沙拐枣属（*Calligonum* L. 2种）、驼绒藜属（*Ceratoides* Gagnebin. 2种）、盐生草属（*Halogeton* C. A. Mey. 2种）、盐爪爪属（*Kalidium* Moq. 1种）、涩荠属（*Malcolmia* R. Br. 2种）、骆驼刺属（*Alhagi* Gagneb 1种）、琵琶柴属（*Reaumuria* L. 3种）、软紫草属（*Macrotomia* Forsk. 1种）、小麦属（*Triticum* L. 1种）、铃铛刺属（*Halimodendron* Filch.ex DC. 1种）、苦马豆属（*Sphaerophysa* DC. 1种）、花花柴属（*Karelinia* Less. 1种）、河西菊属（*Hexinia* H. L.Yang 1种）、肉苁蓉属（*Cistanche* Hoffmg. et Link. 1种）、糙草属（*Asperugo* L. 1种）等。其中有许多属如藜科的诸属均为植物区系的表征属，它们构成干旱区荒漠植被的独特景观。驼绒藜属、骆驼刺属、花花柴属等常成为群落的优势属或建群属，甚至形成单优群落。

该地区这一类型下有3个变型，其地中海区至中亚和南非洲、大洋洲间断（Mediterramea to C. Asia & S. Africa, Australasiadisjuncted）有骆驼蹄瓣属（*Zygophyllum* L. 3种）1属，占总属数的0.52%；地中海区至中亚和墨西哥至美国南部间断分布（Mediterranea to C. Asia & Mexico to S. USA. Disjuncted）有骆驼蓬属（*Peganum* L. 1种）1属，占总属数的0.52%；地中海区至温带—热带亚洲、大洋洲和南美洲间断（Mediterranea to Temp.- Trop. Asia, Australasia & S. Amer. Disjuncted）有甘草属（*Glycyrrhiza* L. 2种）和白刺属（*Nitraria* L. 1种）2属，占总属数的1.04%。

这一类型多为旱中生、旱生性的草本或木本，它们是和田地区干草原、荒漠草原、荒漠植被以及盐沼、碱地的隐域植被的重要组成者，在该区域植物区系中起着十分重要的作用。

9.中亚分布

这一类型及其变型在该地区有5属，占总属数的2.59%。这些属主要包括棘豆属（*Oxytropis* DC. 18种）、岩黄耆属（*Hedysarum* L. 2种）、紫菀木属（*Asterothamnus* Novopokr. 1种）、隐子芥属（*Cryptospora* Kar. et Kir. 1种）、小蒜芥属（*Microsisymbrium* O. E. Schulz 1种）等。

该地区这一类型下有3个变型，其中亚东部分布（中部亚洲）East. C. Asia（or Asia Media）有沙蓬属（*Agriophyllum* Bieb. 1种）和合头草属（*Sympegma* Bge. 1种）2属，占总属数的1.04%；中亚至喜马拉雅和我国西南分布（C.Asia to Himalaya & SW. China）高原芥属（*Christolea* Camb. 4种）1属，占总属数的0.52%；西亚至西喜马拉雅和西藏分布（W. Asia to W. Himalaya & Tibet）有藏荠属（*Hedinia* Ostenf. 1种）1属，占总属数的0.52%。

这一类型多是旱生或耐旱的草本或木本，多生于山前荒漠、砾石戈壁、盆地沙丘间，大部分属成为该地区植物区系的表征属。不仅如此，它们还是西北干旱区荒漠植被的重要组成者。

10.东亚分布

这一类型有中国—喜马拉雅分布，这些属有绢蒿属（*Seriphidium* Poljak 4种）、藁本属（*Ligusticum* L. 1种）、青兰属（*Dracocephalum* L. 1种）、齿缘草属（*Eritrichium* Schrad. 6种）、虫实属（*Corispermum* L. 2种）、扁穗草属（*Blysmus* Panz. 1种）、蒿草属（*Kobresia* Willd. 5种）、苔草属（*Carex* L. 11种）、紫堇属（*Corydalis* Vent. 2种）等9属，占总属数的4.66%。

（三）植物区系的特征

1.植物种相对贫乏，但多样性相对丰富

和田地区共有野生维管束植物55科217属577种（变种、亚种），分别占新疆维管束植物（161科，877属，4081种）科、属、种数的34.16%、24.74%和14.36%。科属种的组中，含10种以上的科有13科，占总科数的23.64%，而含种数高达438种，占总种数的75.91%，超过本区总种数的一半以上。在科属组成中，1属1种的科有8个，占总科属的14.55%。在属种组成中，含10种以上的属有9个属，占总属数的4.15%；仅含1种的属有101个，占总属数的46.54%。单种或少种属居多，区系的优势现象明显。植物种数相对贫乏，但对干旱地区来看，种类还是相当丰富。

2.植物区系表现较强的旱生性和古老性

在和田地区植物区系中以各种旱生和超旱生的灌木、小灌木和半木本植物占优势，藜科（尤其是猪毛菜属）、菊科（尤其是蒿属）、柽柳科、蒺藜科、麻黄科和蓼科的沙拐枣属特别发达，多含单种或少种的属，其中有古老的或分类上孤立的残遗或孑遗种，如膜果麻黄（*E. przewalskii* Stapf）、合头草（*S. regelii* Bge.）等。

3.植物区系具有明显的温带属性

和田地区植物属的分布类型中，所有温带类型占92.77%，其中北温带类型及其变型占49.75%，旧世界温带类型及变型占21.76%，温带亚洲分布型占1.04%。而地中海西亚至中亚分布类型及变型、中亚分布类型及变型、东亚分布类型及变型分别占9.85%、4.67%、4.66%。由此可见，本区以北温带类型及其变型为主的温带成分占优势；其次为旧世界温带类型及变型和地中海西亚至中亚分布类型及变型；东亚和北美洲间断分布类型和温带亚洲分布类型最少（分别占1.04%、1.04%）；显示出本区系的基本特征是温带性质和地中海性质。

4.区域特有种较多

和田地区维管束植物577种（含种下类群），其中和田特有种12种，主要有和田毛银（*R. hetianensis* L.）、策勒鼠耳芥（新拟*A. qaranica* Z. X. An）、和田黄耆（*A. hotianensis* S. B. Ho）、皮山黄耆（*A. pishanxianensis* Podl.）、于田黄耆（*A. yutianensis* Podl.）、民丰琵琶柴（*R. minfengensis* D. F. Cui et M. J. Zhang）、策勒亚菊（*A. qiraica* Z. X. An ex Dilxat）、和田鸦葱（新拟*S.hotanica* Z. X. An）、策勒蒲公英（*T. qirae* T. Zhai et Z. X. A）、和田蒲公英（*T. stanjukoviczii* Schischk.）、皮山赖草（*L. pishanica* S. L. Lu et Y. H. Wu.）、皮山蔗茅（*E.ravennae* Beauv.）等。

二、自然植被多样性

（一）自然植被类型

和田地区在植被区划中属于温带荒漠区域、东部荒漠亚区域、暖温带灌木、半灌木荒漠地带。植物群落多数具有隐域性。据《中国植被》分类方法，和田地区自然植被可划分成9个植被型组、12个植被型和189个植被群系。

1.针叶林植被型组

山地常绿针叶林植被型

①天山云杉群系（Form. *Picea schrenkiana*）

②昆仑方枝柏群系（Form. *Juniperus tarkestanica*

③昆仑圆柏群系（Form. *Juniperus semiglobosa*）

2.阔叶林植被型组

（1）落叶阔叶林植被型

阿富汗杨群系（Form. *Populus afghanica*）

（2）落叶小叶疏林植被型

①白榆疏林群系（Form. *Ulmus pumila*）

②东方沙枣疏林群系（Form. *Elaeagnus angustifolia* var. *orientalis*）

③沙枣疏林群系（Form. *Elaeagnus angustifolia*）

④胡杨疏林群系（Form. *Populus euphratica*）

⑤灰杨疏林群系（Form. *Populus pruinosa*）

3.灌丛植被型组

（1）常绿灌丛植被型

①中麻黄常绿灌丛（Form. *Ephedra intermedia*）

②西藏麻黄常绿灌丛（Form. *Ephedra tibetica*）

③雌雄麻黄常绿灌丛（Form. *Ephedra fedtschenkoae*）

（2）落叶阔叶灌丛植被型

①线叶柳灌丛（Form. *Salix wilhelmsiana*）

②秀丽水柏枝灌丛（Form. *Myricaria elegans*）

③心叶水柏枝灌丛（Form. *Myricaria pulcherrima*）

④宽苞水柏枝灌丛（Form. *Myricaria bracteata*）

⑤匍匐水柏枝灌丛（Form. *Myricaria prostrata*）

⑥中亚沙棘灌丛（Form. *Hippophae rhamnoides* subsp. *turkestania*）

⑦蒙古沙棘灌丛（Form. *Hippophae rhamnoides* subsp. *mongolica*）

⑧密花柽柳灌丛（Form. *Tamarix arceuthoides*）

⑨昆仑锦鸡儿灌丛（Form. *Caragana polourensis*）

⑩红果小檗灌丛（Form. *Bereris nommularia*）

⑪喀什疏花蔷薇灌丛(Form. *Rosa laxa* var. *kaschgarica*)

⑫大果蔷薇灌丛(Form. *Rosa webbiana*)

4.荒漠植被型组

荒漠植被型

(1)灌木荒漠

①膜果麻黄荒漠(Form. *Ephedra przewalskii*)

②木霸王荒漠(Form. *Sarozygium xanthoxylum*)

③昆仑沙拐枣荒漠(Form. *Calligonum roborowskii*)

④塔克拉玛干沙拐枣荒漠(Form. *Calligonum taklimakanensis*)

⑤昆仑沙拐枣+琵琶柴荒漠(Form. *Calligonum roborowskii + Reaumuria soongarica*)

⑥昆仑沙拐枣+琵琶柴+合头草荒漠(Form. *Calligonum roborowskii + Reaumuria soongarica + Sympegma regelii*)

⑦多枝柽柳荒漠(Form. *Tamarix ramosissima*)

⑧ 多花柽柳荒漠(Form. *Tamarix hohenackeri*)

⑨刚毛柽柳荒漠(Form. *Tamarix hispida*)

⑩短穗柽柳荒漠(Form. *Tamarix laxa*)

⑪ 塔克拉玛干柽柳荒漠(Form. *Tamarix taklamakanensis*)

⑫泡果白刺荒漠(Form. *Nitraria sphaerocarpa*)

⑬大果白刺荒漠(Form. *Nitraria roborowskii*)

⑭ 唐古特白刺荒漠(Form. *Nitraria tangutorum*)

⑮裸果木荒漠(Form. *Gymnocarpos przewalskii*)

(2)草原化灌木荒漠

①鹰爪柴+矮禾草草原化灌木荒漠(Form. *Convolvulus gortschakovii +dwarf needlegrass*)

②刺叶柄棘豆+矮禾草草原化灌木荒漠(Form. *Oxytropis aciphylla +dwarf needlegrass*)

③粉花蒿草原化灌木荒漠(Form. *Artemisia rhodantha*)

④粉花蒿+针茅草原化灌木荒漠(Form. *Artemisia rhodantha + Stipa* spp.)

⑤旱蒿+驼绒藜草原化灌木荒漠(Form. *Artemisia xerophytica + Ceratoides latens*)

(3)半灌木、矮半灌木荒漠

①五柱红砂荒漠(Form. *Reaumuria kaschgarica*)

②琵琶柴荒漠(Form. *Reaumuria soongarica*)

③民丰琵琶柴荒漠(Form. *Reaumuria minfengensis*)

④驼绒藜荒漠(Form. *Ceratoides latens*)

⑤蒿叶猪毛菜荒漠(Form. *Salsola abrotanoides*)

⑥合头草荒漠(Form. *Sympegma regelii*)

⑦合头草+纤杆蒿荒漠(Form. *Sympegma regelii + Artemisia demisia*)

⑧合头草+旱蒿荒漠(Form. *Sympegma regelii + Artemisia xerophytica*)

⑨樟味藜+短叶假木贼荒漠(Form. *Camphorosma monspeliaca + Anabasis brevifolia*)

⑩戈壁藜荒漠(Form. *Iljinia regelii*)

⑪短叶假木贼荒漠(Form. *Anabasis brevifolia*)

⑫无叶假木贼荒漠(Form. *Anabasis aphylla*)

⑬纤细绢蒿荒漠(Form. *Seriphidium gracilescens*)

⑭大花蒿荒漠(Form. *Artemisia macrocephala*)

⑮大籽蒿荒漠(Form. *Artemisia sieversiana*)

⑯蒙古蒿荒漠(Form. *Artemisia mongolica*)

⑰龙蒿荒漠(Form. *Artemisia dracunculus*)

⑱猪毛蒿荒漠(Form. *Artemisia scoparia*)

⑲ 灌木紫菀木荒漠(Form. *Asterothamnus fruticosus*)

⑳燥原荠荒漠(Form. *Ptilotricum canesce*)

(4)多汁盐生矮半灌木荒漠

①尖叶盐爪爪荒漠(Form.*Kalidium cuspidatum*)

②粉花蒿+尖叶盐爪爪荒漠(Form. *Artemisia rhodantha + Kalidium cuspidatum*)

③细枝盐爪爪荒漠(Form. *Kalidium gracile*)

④盐爪爪荒漠(Form. *Kalidium foliatum*)

⑤盐节木荒漠(Form. *Halocnemum strobilaceum*)

⑥盐穗木荒漠(Form. *Halostachys caspica*)

(5)草本荒漠

①盐生草荒漠(Form. *Halogeton glomeratus*)

②白茎盐生草荒漠(Form. *Halogeton arachnoi-*

deus)

③沙地旋覆花荒漠(Form. *Inula salsoloides*)

④骆驼蓬荒漠(Form. *Peganum harmala*)

⑤西藏燥原荠荒漠(Form. *Ptilotricum wageri*)

⑥河西苣荒漠(Form. *Hexinia polydichotoma*)

⑦喀什牛皮消荒漠(Form. *Cynanchum kashgaricun*)

(6)高寒垫状矮半灌木荒漠

①垫状驼绒藜高寒荒漠(Form. *rascheinnikovia compacta*)

②喀什小檗高寒荒漠(Form. *Berberis kaschgarica*)

③高山绢蒿+高山紫菀高寒荒漠(Form. *Seriphidium rhodanthum + Aster alpinus*)

④昆仑蒿荒漠(Form. *Artemisia parvulae*)

⑤藏亚菊高寒荒漠(Form. *Ajania tibetica*)

⑥帕米尔红景天高寒荒漠(Form. *Rhodiola pamiroalaica*)

5.草原植被型组

草原植被型

(1)禾草、杂类草草甸草原

①针茅+杂类草草甸草原(Form. *Stipa capillata + variiherbae*)

②细叶早熟禾草甸草原(Form. *Poa angustifolia*)

③黄花点地梅草甸草原(Form. *Androsace flavescens*)

④新疆早熟禾草甸草原(Form. *Poa versicolor* subsp. *relaxa*)

⑤白羊草+杂类草草甸草原(Form. *Bothriochloa ischaemum + variiherbae*)

(2)温带丛生禾草典型草原

①疏花针茅草原(Form. *Stipa penicillata*)

②针茅草原(Form. *Stipa capillata*)

③昆仑针茅草原(Form. *Stipa roborovskii*)

④昆仑针茅+银穗草草原(Form. *Stipa roborowskyi + Festuca olgae*)

⑤昆仑针茅+穗状寒生羊茅草原(Form. *Stipa roborowskyi + Festuca ovina* subsp. *sphagnicola*)

⑥昆仑针茅+短花针茅草原(Form. *Stipa roborowskyi + Stipa breviflora*)

⑦新疆银穗草草原(Form. *Leucopoa olgae*)

⑧银穗草+穗状寒生羊茅草原(Form. *Festuca olgae + Festuca ovina* subsp. *sphagnicola*)

⑨银穗草+粉花篙+昆仑针茅草原(Form. *Festuca olgae + Artemisia rhodantha + Stipa roborowskyi*)

⑩早熟禾+紫花针茅草原(Form. *Poa* spp. + *Stipa purpurea*)

(3)丛生矮禾草、矮半灌木荒漠草原

①芨芨草+穗状寒生羊茅+昆仑针茅荒漠草原(Form. *Achnatherum splendens + Festuca ovina* subsp. *sphagnicola + Stipa roborowskyi*)

②穗状寒生羊茅+短柄黄芪+杂类草荒漠草原(Form. *Festuca ovina* subsp. *Sphagnicola + Astragalus pseudobrachytropis + variiherbae*)

③羊茅+纤细绢蒿荒漠草原(Form. *Festuca ovina + Seriphidium gracilescens*)

④芨芨草+驼绒藜荒漠草原(Form. *Achnatherum splendens + Ceratoides latens*)

⑤昆仑针茅+高山绢蒿荒漠草原(Form. *Stipa roborowskyi+ Seriphidium rhodanthum*)

⑥紫花针茅+垫状驼绒藜荒漠草原(Form. *Stipa purpurea + Ceratoides compacta*)

⑦青藏苔草+垫状驼绒藜荒漠草原(Form. *Carexmoocroftii + Ceratoides compacta*)

⑧粉花蒿+昆仑针茅+青甘韭荒漠草原(Form. *Artemisia rhodantha + Stipa roborowskyi + Allium przewalskianum*)

⑨瑞氏针茅荒漠草原(Form. *Stipa riceriana*)

⑩镰芒针茅荒漠草原(Form. *Stipa caucasica*)

⑪沙生针茅荒漠草原(Form. *Stipa glareosa*)

⑫亚菊+矮禾草荒漠草原(Form. *Ajania* spp.+ d*warf needlegrass*)

(4)禾草、苔草高寒草原

①昆仑针茅高寒草原(Form. *Stipa roborovskii*)

②短花针茅高寒草原(Form. *Stipa breviflora*)

③银穗草+细叶蒿草高寒草原(Form. *Festuca*

olgae + Kobresia filifolia)

④紫花针茅高寒草原(Form. *Stipa purpurea alpine*)

⑤紫花针茅+银穗草高寒草原(Form. *Stipa purpurea + Festuca olgae*)

⑥座花针茅高寒草原(Form. *Stipa subsessiliflora*)

⑦西北针茅高寒草原(Form. *Stipa sareptana* subsp. *krylovii*)

⑧细叶蒿草+银穗草+紫羊茅高寒草原(Form. *Kobresia filifolia + Festuca olgae+Festuca rubra*)

⑨短毛野青茅高寒草原(Form. *Calamagrostis anthoxanthoides*)

⑩鳞叶点地梅高寒草原(Form. *Androsace squarrosula*)

⑪青藏苔草高寒草原(Form. *Carex moocroftii*)

⑫银穗羊茅高寒草原(Form. *Festuca olgae*)

⑬昆仑早熟禾+糙点地梅高寒草原(Form. *Poa litwinowiana + Androsace squarrosula*)

⑭固沙草高寒草原(Form. *Orinus thoroldii*)

6.草甸植被型组

草甸植被型

(1)禾草、杂类草草甸

①拂子茅草甸(Form. *Calamagrostis epigejos*)

②假苇拂子茅草甸(Form. *Calamagrostis pseudophragmites*)

③早熟禾草甸(Form. *Poa* spp.)

④芦苇草甸(Form. *Phragmitrs australis*)

(2)禾草、苔草及杂类草沼泽化草甸

①芦苇+拂子茅沼泽化草甸(Form. *Phragmitrs australis + Calamagrostis epigejos*)

②细果苔草+杂类草沼泽化草甸(Form. *Carex stenocarpa + variiherbae*)

③圆囊苔草沼泽化草甸(Form. *Carex orbicularis*)

④球穗藨草沼泽化草甸(Form. *Scirpus strobilinus*)

⑤褐穗莎草沼泽化草甸(Form. *Cyperus fuscus*)

⑥棱叶灯芯草沼泽化草甸(Form. *Juncus articulatus*)

(3)禾草、杂类草盐生草甸

①拂子茅+多枝柽柳盐生草甸(Form. *Calamagrostis epigejos + Tamarix ramosissima*)

②芦苇+黑果枸杞盐生草甸(Form. *Phragmitrs australis + Lycicum ruthenicum*)

③胡杨+芦苇盐生草甸(Form. *Populus euphratica + Phragmitrs australis*)

④芦苇+大叶白麻+白刺+柽柳盐生草甸(Form. *Phragmitrs australis + Poacynum hendersonii + Nitraria* spp. +*Tamarix* spp.)

⑤芨芨草盐生草甸(Form. *Achnatherum splendens*)

⑥赖草盐生草甸(Form. *Leymus secalinus*)

⑦马蔺+禾草+杂类草盐生草甸(Form. *Iris lactea* var. *Chinensis*+ grass + *variiherbae*)

⑧苦豆子盐生草甸(Form. *Sophora alopecuroides*)

⑨杂类草+铃铛刺盐生草甸(Form. *variiherbae + Halimodendron halodendron*)

⑩大叶白麻盐生草甸(Form. *Poacynum hendersonii*)

⑪胀果甘草盐生草甸(Form. *Glycyrrhiza inflata*)

⑫骆驼刺盐生草甸(Form. *Alhagi sparsifolia*)

⑬花花柴盐生草甸(Form. *Karelinia caspica*)

⑭盐爪爪+碱茅盐生草甸(Form. *Kalidinm* spp.+ *Puccinellia* spp.)

⑮密穗小獐毛盐生草甸(Form. *Aeluropusmicrantherus*).

⑯小獐毛盐生草甸(Form. *Aeluropus pungens*)

⑰芦苇盐生草甸(Form. *Phragmitrs australis*)

⑱苦豆子盐生草甸(Form. *Sophora alopecuroides*)

⑲星星草盐生草甸(Form. *Puccinellia tenuiflora*)

(4)蒿草、杂类草高寒草甸

①线叶蒿草高寒草甸(Form. *Kobresia capillifolia*)

②细叶蒿草+珠芽蓼高寒草甸(Form. *Kobresia*

filifolia + Polygonum vivipsrum）

③窄果蒿草+珠芽蓼高寒草甸（Form. *Kobresia stenocarpa + Polygonum vivipsrum*）

④杂类草—西藏蒿草高寒草甸（Form. *variiherbae + Kobresia tibetica*）

⑤白尖苔草高寒草甸（Form. *Carex atrofusca*）

⑥簇生囊种草高寒草甸（Form. *Thylacospermum caespitosum* ）

⑦矮火绒草高寒草甸（Form. *Leontopodium nanum*）

7.沼泽植被型组

（1）沼泽植被型

①长苞香蒲沼泽（Form. *Typha angustata*）

②小香蒲沼泽（Form. *Typha minima*）

③短序香蒲沼泽（Form. *Typha gracilis*）

④芦苇沼泽（Form. *Phragmitrs australis*）

⑤箭叶苔草沼泽（Form. *Carex bigelowii*）

⑥单行苔草沼泽（Form. *Carex divisa*）

⑦针叶苔草沼泽（Form. *Carex stenophylloides*）

⑧无脉苔草沼泽（Form. *Carex enervis*）

⑨盐角草沼泽（Form. *Solicornia europaea*）

⑩大花灯芯草沼泽（Form. *Juncus bufonius*）

⑪少花灯芯草沼泽（Form. *Juncus heptapoticus*）

⑫团花灯芯草沼泽（Form. *Juncus gerardii*）

8.水生植被型组

水生植被型

主要由各种沉水植物如轮叶狐尾藻（*Myriophyllum verticillatum*）、茨藻（*Najas marina*）、眼子菜（*Potamogeton* spp.）、浮水植物如浮萍（*Lemna trisula*）、品萍（*Lemna minor*）、紫萍（*Spirodela polyrrhiza*）和杉叶藻（*Hippuris vulgaris*）、短序香蒲（*Typha gracilis*）及芦苇等挺水植物组成。

9.高山稀疏植被型组

（1）高山垫状植被

①高山山莓草群系（Form. *Sibbaldia tetrandra*）

②二裂委陵菜群系（Form. *Potentilla bifurca*）

③叶点地梅+黄花点地梅群系（Form. *Androsace squarrosula + Androsce flavescans*）

④黄花点地梅+帕米尔红景天群系（Form. *Androsace flavescens + Rhodiola pamiroalaica*）

⑤帕米尔金露梅群系（Form. *Pentaphylloides dryadanthoides*）

（2）高山流石坡稀疏植被

①垂穗鹅观草群系（Form. *Elymus pseudonufans*）

②红景天群系（Form. *Rhodiola* spp.）

③垫状点地梅群系（Form. *Androsace tapete*）

④弱小火绒草群系（Form. *Leontopodium pusillum*）

（二）植被空间分布

和田地区南高北低，自然植被垂直断面谱带分布明显。

南部的昆仑高山带海拔5000m以上，是现代冰川和永久积雪带。

5000~4000m范围保留有冰碛湖、冰斗等古冰川遗迹，倒石堆和坡面雪蚀泥流随处可见，矮小、莲座、垫状的高山植物构成极稀疏的、不连片的高山垫状植被和高山流石坡稀疏植被。

4200m（局部上升到4400m以上）的亚高山上部和高山带下部，分布着蒿草芜原和高寒荒漠草原。

4200~3400m的克里雅河以东的亚高山下部，多陡崖峭壁。高寒草甸、高山垫状植被和高山芜原交织分布，复合成带。阳坡、半阳坡则被丛生禾草高寒草原所占据。

3600~3200m的中山带，分布着丛生禾草真草原（山地真草原）。

3200~3000m的中、低山接合部，丛生禾草与蒿类荒漠草原构成了山地荒漠草原。河流的出山口和下切河谷中分布着阔叶落叶灌丛。

3000~1900m，上部为中山"克尔"高寒荒漠草原；2800m以上地带有较多数量的针茅加入，构成以粉花蒿占优势的山地草原化荒漠；中山下部以及低山丘陵，分布着草甸、蒿类荒漠和盐柴类小半灌木荒漠。

1900~1460m为山麓洪积—冲积扇，面积广阔，宽达70km，在裸露沙砾质戈壁上极稀疏地分布着喀什琵琶柴、昆仑沙拐枣和膜果麻黄超旱生的小灌木荒漠或小半灌木荒漠。

1460~1300m为扇缘冲积平原带，是人工绿洲主要分布区域。主要是人工栽培的各种农林作物。

1300m以下为塔克拉玛干大沙漠，从边缘部分的半固定沙丘（红柳包）带向辽阔无垠的流动沙丘过渡。沙地中间分布着柽柳灌丛，沿河流和湖泊湿地分布着荒漠河岸林、盐化低地草甸、盐化沼泽和沼泽水生植被。

以上各带都沿等高线呈东西方向整齐排列，各带之间界线分明。这种东西条带状分布的格局是本地区植被水平分布的突出特点。另外，中昆仑山北坡策勒山地的草甸草原和山地草原发育完整。高寒荒漠和高寒荒漠草原在中昆仑山内部山原呈片状星散分布。隐域性自然植被多沿着河道呈明显的廊带状分布。

垂直于河道的水平方向上，典型的植被分布规律是：沼泽—草甸带—落叶阔叶林—灌丛带—荒漠植被带。沼泽植被和部分灌丛多分布于河滩积水处及湖泊湿地周边；草甸带比较窄，位于河漫滩相对较高处，有时可达河岸滩地边缘；落叶阔叶疏林分布于河岸一级阶地；不同的生境中分布着不同的灌丛：草甸型多枝柽柳灌丛分布于河边滩地，荒漠化多枝柽柳灌丛多分布于沙地中，形成特殊的“红柳沙包”景观，河岸盐碱滩上则大面积分布着刚毛柽柳灌丛。铃铛刺灌丛面积较小，密度大，常分布于河流下游沿岸；沙棘灌丛在和田河中段局部地段沿河岸呈狭长带状分布。河漫滩以外的固定沙包上以多枝柽柳；固定沙包以外的流动沙区则分布着塔克拉玛干柽柳、少量的多枝柽柳、残存的胡杨和灰杨老株。流沙区沙生植物带的优势草本植物主要为沙蓬、西苣、沙地旋覆花和喀什牛皮消；在荒漠河流中、下游的盐渍化沙地上，丛状分布着较多的盐穗木灌丛和黑果枸杞灌丛。

第七节　森林资源

和田地区有林地面积$28.2\times10^4hm^2$，其中，天然荒漠林$17.4\times10^4hm^2$，人工林$10.8\times10^4hm^2$。和田地区各森林类型主要如下：

一、乔木林

（一）天然针叶林

雪岭云杉林（*Picea schrenkiana*）、昆仑方枝柏林（*Juniperus turkestanica*）、昆仑圆柏林（*Juniperus semiglobosa*）。

（二）天然落叶阔叶林

河谷阿富汗杨林（*Populus afghanica*）、荒漠胡杨林（*Populus euphratica*）、荒漠灰杨林（*Populus pruinosa*）、荒漠白榆林（*Ulmus pumila*）、荒漠沙枣林（*Elaeagnus angustifolia*）。

（三）人工栽培阔叶林

新疆杨林（*Populus alba* var. *pyramidalis*）、箭杆杨林（*Populus nigra* var. *thevestina*）、钻天杨林（*Populus nigra* var. *italica*）、白柳林（*Salix alba*）、小叶白蜡林（*Fraxinus sogdiana*）、胡杨林（*Populus euphratica*）、沙枣林（*Elaeagnus angustifolia*）、白榆林（*Ulmus pumila*）、核桃林（*Juglans regia*）、红枣林（*Ziziphus jujuba*）、杏树林（*Armeniaca vulgaris*）。

二、灌木林

（一）天然灌木林

昆仑锦鸡儿灌木林（*Caragana polourensis*）、大果蔷薇灌木林（*Rosa webbiana*）、中亚沙棘灌木林（*Hippophae rhamnoides* subsp.trukestanica）、线叶柳灌木林（*Salix wilhelmsiana*）、梭梭灌木林（*Haloxylon ammodendron*）、多枝柽柳灌木林（*Tamarix ramosissima*）、塔克拉玛干柽柳灌木林（*Tamarix taklamakanensis*）、昆仑沙拐枣灌木林（*Calligonum roborovskii*）、铃铛刺灌木林（*Halimodendron halodendron*）、唐古特白刺灌木林（*Nitraria tangutorum*）、盐节木灌木林（*Halocnemum strobilaceum*）、盐穗木灌木林（*Halostachys caspica*）。

（二）人工灌木林

柽柳林（*Tamarix ramosissima*）、梭梭林（*Haloxy-*

lon ammodendron)、乔木状沙拐枣林(*Calligonum arborescens*)、蒙古沙棘林(*Hippophae rhamnoides* subsp. mongolica)、大果沙棘林(*Hippophae rhamnoides subsp. mongolica*" Dague")、石榴林(*Punica granatum*)、葡萄林(*Vitis vinifera*)。

第二章　社会经济概况

第一节　行政区划

和田地区辖1个县级市、7个县。分别是：和田市、和田县、皮山县、墨玉县、洛浦县、民丰县、于田县和策勒县。共有13个街道、17个镇、75乡、116个社区，1401个行政村，26个农林牧场。

第二节　土地利用

和田地区国土总面积2492.7×10^4hm^2。其中山地1110.2×10^4hm^2，占总面积的44.5%；平原1382.5×10^4hm^2，占总面积的55.5%。山地面积中，除草场219.4×10^4hm^2、冰川70.5×10^4hm^{2}和少量耕地、林地外，42%为难以利用的裸岩石砾地。平原面积中，沙漠1031.8×10^4hm^2，占74.6%；戈壁206.7×10^4hm^2，占15%；绿洲97.3×10^4hm^2，占3.96%，并被沙漠和戈壁分割成大小不等的300多块，散布在东西长达1000km的狭长地带。其中较具规模的绿洲有皮山绿洲、和田绿洲、策勒绿洲、于田绿洲和民丰绿洲，和田后备土地资源有98.1×10^4hm^2，其中，宜农土地有41.6×10^4hm^2，宜林土地31.7×10^4hm^2。

第三节　林业发展

和田地区属暖温带干旱荒漠气候，年平均气温12.2℃，全年降水稀少，光照充足，热量丰富，无霜期长，昼夜温差大，是世界公认的“水果优生区域”。独特的自然条件，为林果业发展奠定了基础。和田地区有关部门在现有林果产业发展的基础上，完善了林果业发展部署，不断调整优化林果业发展思路，积极实施果品区域布局优化工程、品种结构优化工程、果品提质增效工程。通过近几年的发展，和田市林果业产品产量逐年增加，收入逐年提高。

“十一五”以来，和田地区新增造林55 840hm^2，年均增加11 166.67hm^2，规模和质量连创历史新高。截至2012年底，和田地区林地面积为1 194 300hm^2。其中人工林为293 280hm^2(防护林84 290hm^2、经济林167 270hm^2、用材林6540hm^2、薪炭林28 480hm^2，特用林6710hm²），荒漠林为901 030hm²；森林覆盖率为1.42%；绿洲覆盖率为30%，已经达到国家平原绿化标准，98.5%的农田得到了有效保护。

和田地区自1978年开始实施“三北”防护林体系建设工作，现已实施五期。第一期全地区完成植树造林59 133.33hm²，第二期完成38 113.33hm²，第三期完成63 006.67hm²，第四期完成66 513.33hm²。第五期是2011年开始实施，已经完成了7400hm²（人工造林5800hm²，封育1600hm²）。防护林造林面积得到了平稳的发展。

和田地区2006年被列入全国第一批防沙治沙综合示范区以来，共建立防沙治沙示范区3666.67hm²，建设人工红柳基地20 400hm²，接种红柳大芸16 693.33hm²。

天然气管道工程实施以来，和田地区薪炭林的面积呈现下降趋势，同时原有薪炭林的砍伐强度和薪炭材的使用量明显下降。村级以下的林地采伐量有明显减少，保障了有林地面积的持续扩大。

1998以来，幼苗抚育速度快，育苗面积呈现持续上升趋势，保证了每年都有固定的苗圃来为植树造林工程提供稳定和多样化的苗木。

特色林果业发展迅速。和田地区的林果在特有的自然环境下经过长期的繁衍，通过天然杂交、自然和人工选择，形成了具有地方特色的绿色、规模资源类型。当前区内所栽植的林果树种果品价值较高的、具有质量保证的品种有核桃、葡萄、石榴、杏、桃、梨、苹果、红枣和大芸等。经多年发展，和田地区林果业已经形成了比较合理的规模和区域布局。

目前，和田地区林果业保存面积为168 566.67hm²，其中核桃94 773.33hm²，红枣33 233.33hm²。林果精品园达到61 253.33hm²。和田、墨玉、洛浦以及皮山片区形成了初步的核桃产区，核桃面积达80 320hm²，其中产量达到7.25万吨，产值162 071万元，分别占和田地区核桃总面积、产量、产值的84.7%、92.6%、92.3%。除此之外，和田地区沿着315国道以北靠绿洲边缘地区建成红枣带；葡萄布局在历史上已形成了传统葡萄主产区；杏主要布局在浅山区和已经建成的精品杏园。皮山县、策勒县的石榴规模、产量、收入也占全地区石榴收入的90%以上。

通过初步形成的规模和区域布局，和田地区人均林果业收入也逐年提高，2010年，全地区人均林果业收入为900元，占总收入的28.6%；2011年，人均林果业收入达到1102.85元，占当年农民人均收入的32.03%；到了2012年，人均林果收入达到1383.8元，占农民人均收入的35.25%。伴随着和田经济的发展和特色产业不断推进，和田地区林果业已经进入了一个新的发展阶段，逐渐成为农民增收致富的支柱产业。

第三章 和田地区林木种质资源

第一节 林木种质资源多样性

一、林木种质资源及分布

（一）种质类型丰富度

林木种质资源从分类单元上可划分为种、亚种、变种、变型和品种。经调查统计，新疆和田地区共有林木种质资源650分类单位（281种、4亚种、31变种、4变型、330品种）4957份，隶属47科104属（表3-1-1）。其中，裸子植物有5科、10属、32分类单位，被子植物有42科、94属、618分类单位（附录一 和田地区林木种质资源名录）。

表3-1-1 和田地区林木种质资源丰富度

种质类型	分类单元	%	科	%	属	%	份数	%
种(sp.)	281	43.2	47	100	101	97.1	2823	57.00
亚种(subs.)	4	0.6	3	6.7	3	2.9	13	0.3
变种(var.)	31	4.8	11	23.4	15	14.4	471	9.5
变型(f.)	4	0.6	3	6.4	4	3.8	147	3.0
品种(cv.)	330	50.8	15	32.0	26	25.0	1503	30.4
小计	650	100.00	47	/	104	/	4957	100.00

（二）资源空间分布特点

和田地区林木种质资源科、属、分类单位（亚种、变种、变型、品种）的空间分布特点见（表3-1-2）。从表中可以看出：

表3-1-2 和田地区林木种质资源分类单元空间分布特点分析表

分类单元	地区	和田市	和田县	墨玉县	皮山县	洛浦县	民丰县	于田县	策勒县
分类单位	650	177	160	229	212	287	133	204	227
%	100.00	27.02	24.43	35.11	32.37	43.97	20.31	31.15	34.50
科	47	35	30	37	34	31	36	36	36
%	100.00	74.47	63.83	78.72	70.21	65.96	76.60	76.60	74.47
属	104	61	53	71	62	58	57	66	64
%	100.00	58.00	52.00	68.00	61.00	56.00	55.00	63.00	60.00
份	4957	705	315	796	581	699	321	943	594
%	100.00	14.23	6.36	16.06	11.72	14.11	6.48	18.85	11.99

和田地区各县、市按林木种质资源数量从多至少的排序结果为:洛浦县>墨玉县>策勒县>皮山县>于田县>和田市>和田县>民丰县。

和田地区各县、市按林木种质资源包含科数从多至少的排序结果为:墨玉县>于田县=民丰县>和田市=策勒县>皮山县>洛浦县>和田县。

和田地区各县、市按林木种质资源包含属数从多至少的排序结果为:墨玉县>于田县>皮山县>策勒县>和田市>洛浦县>民丰县>和田县。

和田地区各县、市按林木种质资源份数从多至少的排序结果为:于田县>墨玉县>和田市>洛浦县>策勒县>皮山县>民丰县>和田县。

和田地区林木种质资源各级类型单元在各市、县的空间分布特点见(表3-1-3)。

表3-1-3 和田地区林木种质资源各类型单元空间分布特点分析表

类型单元	和田地区	和田市	和田县	墨玉县	皮山县	洛浦县	民丰县	于田县	策勒县
种	281	88	89	128	131	104	95	121	139
%	100.00	30.88	31.23	44.9	45.97	36.85	33.34	42.46	48.78
亚种	4	1	1	1	1	1	1	2	2
%	100.00	25.00	25.00	25.00	25.00	25.00	25.00	25.00	50.00
变种	31	13	9	18	13	18	9	12	12
%	100.00	43.34	30.00	60.00	43.34	60.00	30.00	40.00	40.00
变型	4	4	1	1	4	4	1	4	2
%	100.00	100.00	25.00	25.00	100.00	100.00	25.00	100.00	50.00
品种	330	70	60	81	62	159	27	65	72
%	100.00	21.09	18.08	24.40	18.68	47.90	8.14	19.58	21.69

从表中可以看出:

和田地区各县、市按林木种质资源包含的种级单元数量从多至少的排序结果为:策勒县>皮山县>墨玉县>于田县>洛浦县>民丰县>和田县>和田市。

和田地区各县、市按林木种质资源包含的亚种数从多至少的排序结果为:于田县=策勒县>和田市=和田县=墨玉县=洛浦县=皮山县=民丰县。

和田地区各县、市按林木种质资源包含的变种数从多至少的排序结果为:墨玉县=洛浦县>和田市=皮山县>于田县=策勒县>和田县=民丰县。

和田地区各县、市按林木种质资源包含的变型数从多至少的排序结果为: 和田市=洛浦县=皮山县>于田县>策勒县>和田县=墨玉县=民丰县。

和田地区各县、市按林木种质资源包含的品种数从多至少的排序结果为:洛浦县>墨玉县>策勒县>和田市>于田县>皮山县>和田县>民丰县。

(三)资源起源结构特点

和田地区有野生林木种质94种(变种、亚种和变型)395份,占和田地区林木种质资源种和份数的14.35%和7.97%;栽培林木种质613种(变种、亚种、变型和品种)3758份,占和田地区林木种质资源种和份数的93.59%和75.81%;收集保存林木种质322种(变种、亚种、变型和品种)624份,占和田地区林木种质资源种和份数的6.50%和12.59%;名木古树40种369株、3个古树群,占和田地区林木种质资源种和份数的6.11%和7.44%(表3-1-4)。

表3-1-4 和田地区林木种质资源起源结构表

起源分类	野生林木种质		栽培林木种质		收集保存林木种质		名木古树种质		合计	
	分类单位	份	分类单位	份	分类单位	份	分类单位	株(群)	分类单位	份
和田地区	94	395	613	3758	322	624	40	380	655	4957
比例(%)	100	100	100	100	100	100	100	100	100	100
和田市	8	11	174	617	24	75	3	5	177	705
比例(%)	8.51	2.78	28.38	16.42	7.45	12.02	7.50	1.32	27.02	14.22
和田县	44	66	92	189	50	53	6	10	160	318
比例(%)	46.81	16.78	15.01	5.23	15.53	8.49	15.00	2.63	24.43	6.42
皮山县	45	76	161	429	26	27	13	86	212	581
比例(%)	47.87	19.24	26.26	11.42	8.07	4.33	32.50	22.63	32.37	11.72
墨玉县	23	31	212	627	86	115	14	95	230	796
比例(%)	24.47	7.85	34.58	16.68	26.7	18.43	35.00	25.00	35.11	16.06
洛浦县	15	34	186	514	149	149	3	5	288	699
比例(%)	15.96	8.61	30.34	13.68	46.27	23.95	7.50	1.32	43.97	14.10
策勒县	41	71	189	453	56	57	14	60	226	594
比例(%)	43.62	17.97	30.83	12.54	17.39	9.13	35.00	15.80	34.50	11.98
于田县	39	71	173	703	97	134	11	62	204	943
比例(%)	41.49	17.97	28.22	18.71	30.12	21.47	27.50	16.32	31.15	19.02
民丰县	25	35	122	244	14	14	8	57	133	321
比例(%)	26.60	8.86	19.90	6.49	4.35	2.24	20.00	15.00	20.31	6.48

注:“比例”是指每一个数量指标占和田地区相应数量指标总数的百分比

二、优良林分

本次调查所记录的和田地区优良林分共有20处。主要分布在墨玉县(13处,5种,1变种,2品种)、洛浦县(1处,1品种)和民丰县(6处,5种,1品种)。

优良林分的主要栽培树种为银白杨、新疆杨、金丝垂柳、旱柳、白桑、王恩茂杏、酸枣、毛杏、新丰2号核桃和骏枣;野生种类为沙枣、准噶尔琵琶柴、膜果麻黄、民丰琵琶柴和驼绒藜,共15分类单位(10种,1变种,4品种)(表3-1-5)。

表3-1-5 和田地区优良林分一览表

县名	地名	种质资源	特 性
墨玉县	墨玉镇镇卡巴喀勒村(海拔1320m,E79°43′,N37°16′)	银白杨	调查其中9株。平均树高30.8m,平均胸径51.8cm,枝下高3.5m
	墨玉镇镇卡巴喀勒村(海拔1320m,E79°43′,N37°16′)	新疆杨	调查其中12株。平均树高35.2m,平均胸径38.7cm
	萨依巴格乡克提克拉村(海拔1309m,E79°40′,N37°11′)	沙枣	天然林,调查其中12株。平均树高14m,平均胸径17.75cm,枝下高1.1m,冠幅3m×3m
	萨依巴格乡乌尊阿热勒村(海拔1851m,E79°28′,N37°00′)	琵琶柴	天然林,调查其中12株。平均树高0.31m,冠幅0.65m×0.59m

续表3-1-5

县名	地名	种质资源	特性
	萨依巴格乡克西拉克村（海拔1342m，E79°36′，N37°10′）	新疆杨	调查其中12株。平均树高26.9m，胸径40cm，枝下高4.6m，冠幅3m×2.7m
	奎牙镇且买克来村（海拔1321m，E79°39′，N37°17′）	骏枣	调查其中12株。平均树高4.14m，胸径10.26cm
	乌尔其乡米来提艾日克村（海拔1304m，E79°33′，N37°17′）	金丝垂柳	调查其中9株。平均树高19.23m，胸径35.8cm，枝下高1.47m，冠幅6.4m×7m
	乌尔其乡托格拉克阿勒迪村（海拔1307m，E79°34′，N37°16′）	新疆杨	调查其中12株。平均树高20m，胸径23cm，枝下高4m，冠幅3.7m×4m
	雅瓦乡依郎古鲁克村（海拔1290m，E79°33′，N37°29′）	银白杨	66株。35年生。调查其中12株。平均树高31m，胸径50cm，枝下高10.58m，冠幅6m×6.5m
	喀瓦克乡亚勒古孜托拉克村（海拔1232m，E80°17′，N37°52′）	旱柳	0.20hm²。调查其中12株。平均树高9m，胸径72cm，枝下高2m，冠幅6m×6m
	英也尔乡吾斯塘村（海拔1291m，E79°47′，N37°23′）	白桑	调查其中6株。平均树高18.7m，胸径59.5cm，枝下高1.3m，冠幅16m×13.2m
	英也尔乡伊玛木阿斯卡尔村（海拔1302m，E79°46′，N37°22′）	银白杨	20世纪50年代种植，20株。调查其中12株。平均树高24.8m，胸径74.4cm，枝下高7m，冠幅6m×5m
	阔其乡巴什哈萨克村（海拔1302m，E79°46′，N37°19′）	新疆杨	调查其中12株。平均树高38.37m，胸径41.23cm，枝下高7m，冠幅8m×5m
洛浦县	恰尔巴格乡巴格其村私人果园（海拔1341m，E80°10′，N37°05′）	王恩茂杏	3.33hm²。1966年种植
民丰县	尼雅乡托皮村（海拔1431m，E82°38′，N37°03′）	酸枣	样地1200m²。平均树高9.5m，平均冠幅3m×4m，平均胸径53cm
	若克雅乡多尔合兹玛村（海拔1413m，E82°42′，N37°03′）	毛杏	样地3000m²，平均树高6m，平均冠幅11m×10m，平均胸径32cm
	叶亦克乡（海拔2321m，E83°08′，N36°43′）	膜果麻黄	天然林。样地400m²，平均株高0.4m，平均冠幅2m×1m
	叶亦克乡（海拔2117m，E83°04′，N36°45′）	民丰琵琶柴	天然林。样地400m²，平均株高0.3m，平均冠幅0.5m×0.3m
	叶亦克乡（海拔2222m，E83°06′，N36°44′）	驼绒黎	天然林。样地400m²，平均株高0.8m，平均冠幅2m×1.5m
	叶亦克乡（海拔1985m，E83°01′，N36°48′）	新丰2号核桃	26000m²。平均树高11m，平均冠幅14m×15m，平均胸径60cm

三、优良单株

本次调查记录的和田地区优良单株共有22株。主要分布在和田市（3株，1种，2品种）、和田县（1株，1种）、墨玉县（14株，10种，2品种）和洛浦县（4株，2种，1变种，1变型）。

优良单株所包含的主要栽培树种为银白杨、新疆杨、药桑、白桑、榅桲、李光杏、三刺皂角、大果沙枣、无花果、中华红叶杨、臭椿、核桃、骏枣、喀什红枣、馒头柳；野生种类为细穗柽柳、胡杨和旱柳。共18种（包含12个种，1个变种，1个变型，4个品种）（表3-1-6）。

表3-1-6 和田地区优良单株一览表

县名	地名	种质资源	特性
和田市	古江巴克乡艾日克村（海拔1412m，E79°55′，N37°37′）	药桑	高12m，胸径63.7cm，平均冠幅11.7m×12.4m。枝繁叶茂，质感粗壮
	伊里其乡苏开墩村（海拔1350m，E79°57′，N37°85′）	骏枣	高10m，胸径28cm，平均冠幅8m×7m。高大，枝繁叶茂，果实多且大
	伊里其乡阿克铁热克村个人苗圃（海拔1330m，E79°55′，N37°10′）	李光杏	高10m，胸径58.6cm，平均冠幅7m×14m。树体高大，粗壮，枝繁叶茂
和田县	吾宗肖乡巴格其村（海拔2196m，E79°57′，N37°21′）	细穗柽柳	
墨玉县	加汗巴格乡巴什恰瓦格村（海拔1340m，E79°43′，N37°10′）	银白杨	高34.7m，胸径73cm，平均冠幅6m×8m
	阿克萨拉依乡艾力什贝希村（海拔1338m，E79°41′，N37°10′）	榅桲	高5.5m，胸径40cm，平均冠幅6m×4m
	扎瓦镇夏合勒庄园（海拔1361m，E79°37′，N37°09′）	三刺皂角	高18.7m，胸径75cm
	扎瓦镇铁克阿依拉村（海拔1390m，E79°44′，N37°16′）	白桑	高6.2m，胸径41.6cm，平均冠幅5.7m×5.6m。树干通直，长势、结实良好
		银白杨	高19.7m，胸径63.3cm，平均冠幅16m×18m，枝下高5m。树干通直，长势良好，无病虫害
	喀尔赛镇喀克勒克村（海拔1279m，E79°39′，N37°33′）	大果沙枣	高10m，胸径37.3cm，平均冠幅5m×3m
	喀尔赛镇尤勒瓦斯哈纳村（海拔1305m，E79°38′，N37°31′）	无花果	高5m，平均冠幅10m×6m
	喀尔赛镇台吐尔库勒村（海拔1292m，E79°37′，N37°31′）	中华红叶杨	高7.5m，胸径20cm，平均冠幅4m×5m。干形直立，长势良好
	乌尔其乡塔瓦尕孜村（海拔1308m，E79°33′，N37°14′）	臭椿	高14m，胸径20cm，平均冠幅6m×6m，枝下高5m
	乌尔其乡卡热克尔村（海拔1308m，E79°32′，N37°14′）	旱柳	高8m，胸径44cm，平均冠幅6m×8m，枝下高4m
	普恰克其乡巴什加依村（海拔1308m，E79°41′，N37°22′）	胡杨	高14m，胸径62cm，平均冠幅13m×15m，枝下高2.5m
	普恰克其乡欧吐拉普恰克其村（海拔1320m，E79°43′，N37°19′）	实生核桃	高23m，胸径72cm，平均冠幅15m×20m
	吐外特乡纳格拉村（海拔1309m，E79°46′，N37°21′）	白桑	高17m，胸径59cm，平均冠幅13m×15m
	吐外特乡奥依村（海拔1309m，E79°47′，N37°19′）	喀什红枣	高17m，胸径65cm，平均冠幅10m×8m

续表3-1-6

县名	地名	种质资源	特性
洛浦县	纳瓦乡 (海拔1320m,E80°05′,N37°02′)	银白杨	高30m,胸径97.13cm,平均冠幅20m×24m,20世纪50后代初种植
	拜什托格拉克乡 (海拔1374m,E80°00′,N37°06′)	新疆杨	高25m,胸径78.84cm,平均冠幅9.4m×10m
	洛浦镇阿恰勒村 (海拔1349m,E80°10′,N37°05′)	旱柳	胸径35cm,平均冠幅19.2m×16.8m
	洛浦镇阿恰勒村 (海拔1349m,E80°10′,N37°05′)	馒头柳	高14.8m,胸径18cm,平均冠幅10.5m×9.8m,20世纪90年代中期种植

四、珍稀濒危林木树种

参照《中国生物多样性红色名录——高等植物卷(2013年8月版)》物种濒危等级标准,将和田地区野生珍稀濒危木本种质资源分为:极危(CR)、濒危(EN)和易危(VU)三个等级。

和田地区有野生珍稀濒危木本植物9种(表3-1-7),属4科5属,占和田地区野生木本植物总种数的13.64 %。其中,极危(CR)1种,占1.52%;濒危(EN)4种,占6.06%;易危(VU)4种,占6.06%(表3-1-8)。

表3-1-7　和田地区珍稀濒危野生木本植物一览表

序号	中名	学名	科	属	濒危等级
1	昆仑圆柏	*J. semiglobosa* Regel	柏科Cupressaceae	圆柏属*Juniperus* L.	易危种(VU)
2	中麻黄	*E. intermedia* Schrenk	麻黄科Ephedraceae	麻黄属*Ephedra* L.	易危种(VU)
3	日土麻黄	*E. rituensis* Y. Yang	麻黄科Ephedraceae	麻黄属*Ephedra* L.	濒危种(EN)
4	灰杨	*P. pruinosa* Schrenk	杨柳科Salicaceae	杨属*Populus* L.	易危种(VU)
5	五柱琶琶柴	*R. kaschgarica* Rupr.	柽柳科Tamaticaceae	琵琶柴属*Reaumuria* L.	易危种(VU)
6	民丰琵琶柴	*R. minfengensis* D. F. Cui et M. J. Zhang	柽柳科Tamaticaceae	琵琶柴属*Reaumuria* L.	濒危种(EN)
7	塔里木柽柳	*T. taremensis* P. Y. Zhang et Liu	柽柳科Tamaticaceae	柽柳属*Tamarix* L.	濒危种(EN)
8	莎车柽柳	*T. sachuensis* P. Y. Zhang et Liu	柽柳科Tamaticaceae	柽柳属*Tamarix* L.	极危种(CR)
9	塔克拉玛干柽柳	*T. taklamakanensis* M. T. Liu	柽柳科Tamaticaceae	柽柳属*Tamarix* L.	濒危种(EN)
		合　计	4	5	

表3-1-8　和田地区珍稀濒危野生木本植物物种及空间分布表

行政市、县	中国红色名录受威胁植物种			受威胁植物物种总数(种、亚种、变种)	受威胁植物物种丰富度(%)
	极危CR	濒危EN	易危VU		
和田市	0	0	0	0	0.00
和田县	0	1	1	2	22.23
皮山县	0	1	3	4	44.45
墨玉县	1	1	1	3	33.34
洛浦县	0	0	1	1	11.12
策勒县	1	1	3	5	55.56

续表 3-1-8

行政市、县	中国红色名录受威胁植物种			受威胁植物物种总数（种、亚种、变种）	受威胁植物物种丰富度（%）
	极危 CR	濒危 EN	易危 VU		
于田县	0	0	2	2	22.23
民丰县	1	2	3	6	66.67
和田地区	1	4	4	9	100.00

五、特有林木种质资源

和田地区有各类特有林木种质资源17种（含1变种）（表3-1-9），隶属8科、12属，分别占和田地区野生木本植物科、属和种数的47.06%、42.86%和25.76%（表3-1-10、表3-1-11）。

表 3-1-9 和田地区特有野生木本植物一览表

序号	中名	学名	科	属	特有类型
1	昆仑方枝柏	*J. centrasiatica* Kom.	柏科 Cupressaceae	圆柏属 *Juniperus* L.	新疆特有
2	角萼甘青铁线莲	*C. corniculata* D.W. T. Wang	毛茛科 Ranunculaceae	铁线莲属 *Clematis* L.	新疆特有
3	塔里木沙拐枣	*C. roborovskii* A. Los	蓼科 Polygonaceae	沙拐枣属 *Calligonum* L.	新疆特有
4	三列沙拐枣	*C. trifarium* Z. M. Mao	蓼科 Polygonaceae	沙拐枣属 *Calligonum* L.	新疆特有
5	天山猪毛菜	*S. junatovii* Botsch.	藜科 Chenopodiaceae	猪毛菜属 *Salsola* L.	新疆特有
6	和田黄耆	*A. hotianensis* S. B. Ho	豆科 Leguminosae	黄耆属 *Astragalus* L.	新疆特有
7	吐鲁番锦鸡儿	*C. turfanensis*（Krassn.）Kom.	豆科 Leguminosae	锦鸡儿属 *Caragana* Fabr.	新疆特有
8	昆仑锦鸡儿	*C. polourensis* Franch. Bull. Mus.	豆科 Leguminosae	锦鸡儿属 *Caragana* Fabr.	新疆特有
9	喀什疏花蔷薇	*R. laxa* var.*kaschganica* Han	蔷薇科 Rosaceae	蔷薇属 *Rosa* L.	新疆特有
10	甘肃柽柳	*T. gansuensis* H. Z. Zhang	柽柳科 Tamaricaceae	柽柳属 *Tamarix* L.	中国特有
11	甘蒙柽柳	*T. austromongolica* Nakai	柽柳科 Tamaricaceae	柽柳属 *Tamarix* L.	中国特有
12	沙生柽柳	*T. taklamakanensis* M. T. Liu	柽柳科 Tamaricaceae	柽柳属 *Tamarix* L.	中国特有
13	莎车柽柳	*T. sachuensis* P. Y. Zhang et M. T. Liu	柽柳科 Tamaricaceae	柽柳属 *Tamarix* L.	新疆特有
14	塔里木柽柳	*T. tarimensis* P. Y. Zhang et M. T. Liu	柽柳科 Tamaricaceae	柽柳属 *Tamarix* L.	新疆特有
15	民丰琵琶柴	*R. minfengensis* D. F. Cui et M. J. Zhang	柽柳科 Tamaricaceae	红砂属 *Reaumuria* L.	和田地区特有
16	心叶水柏枝	M. *pulcherrima* Batalin	柽柳科 Tamaricaceae	水柏枝属 *Myricaria* Desv.	新疆特有
17	策勒亚菊	*A. qiraica* Z. X. An et Dilxat.	菊科 Compositae	亚菊属 *Ajania* Poljak.	和田地区特有
合计		17	8	12	

表3-1-10　和田地区特有野生林木种质类群构成

特有类群	科数	比例(%)	属数	比例(%)	种数	比例(%)
中国特有	1	12.50	1	8.40	3	17.65
新疆特有	6	75.00	9	75.00	12	70.59
和田特有	2	25.00	2	16.70	2	11.77
合计	8	/	12	/	17	100.00

表3-1-11　和田地区野生木本植物物种特有程度及空间分布表

市、县	特有木本植物种数			特有植物物种总数（种、亚种、变种）	特有植物物种丰富程度(%)
	中国特有种	新疆特有种	和田特有种		
和田市	0	0	0	0	0.00
和田县	1	5	1	7	41.18
皮山县	0	5	1	6	35.30
墨玉县	0	3	0	3	17.65
洛浦县	0	1	0	1	5.89
策勒县	3	3	2	8	47.06
于田县	0	3	0	3	17.65
民丰县	1	4	1	6	35.30
和田地区	3	12	2	17	/

六、重点保护林木种质资源

根据国家重点保护野生植物名录(第一批、第二批)(1999年,2005年),新疆维吾尔自治区重点保护野生植物名录(2007年)等级标准统计,和田地区重点保护野生林木种质资源统计结果如下:

和田地区有重点保护野生木本植物18种(含1变种),占本区域野生木本植物总种数的27.28%。其中,国家Ⅱ级重点保护野生木本植物16种(含1变种);自治区Ⅰ级重点保护野生木本植物9种1变种,自治区Ⅱ级重点保护野生木本植物3种(表3-1-12)。

表3-1-12　和田地区国家和自治区重点保护野生木本植物一览表

序号	中名	学名	科	属	保护等级
1	昆仑方枝柏	*J. centrasiatica* Kom.	柏科 Cupressaceae	圆柏属 *Juniperus* L.	国Ⅱ、区Ⅱ
2	中麻黄	*E. intermedia* Schrenk	麻黄科 phedraceae	圆柏属 *Juniperus* L.	国Ⅱ、区Ⅰ
3	西藏中麻黄	*E. intermedia var. tibetica* Stapf.	麻黄科 phedraceae	圆柏属 *Juniperus* L.	国Ⅱ、区Ⅰ
4	蓝枝麻黄	*E. glauca* Regel	麻黄科 phedraceae	圆柏属 *Juniperus* L.	国Ⅱ、区Ⅰ
5	日土麻黄	*E. rituensis* Y. Yang	麻黄科 phedraceae	圆柏属 *Juniperus* L.	国Ⅱ、区Ⅰ
6	雌雄麻黄	*E. fedtschenkoae* Pauls	麻黄科 phedraceae	圆柏属 *Juniperus* L.	国Ⅱ、区Ⅰ
7	膜果麻黄	*E. przewalskii* Stapf.	麻黄科 phedraceae	圆柏属 *Juniperus* L.	国Ⅱ、区Ⅰ
8	灰杨	*P. pruinosa* Schrenk	杨柳科 Salicaceae	杨属 *Populus* L.	国Ⅱ、区Ⅰ
9	阿富汗杨	*P. afghanica* Schrenk.	杨柳科 Salicaceae	杨属 *Populus* L.	区II
10	塔里木沙拐枣	*C. roborovskii* A. Los.	蓼科 Polygonaceae	沙拐枣属 *Calligonum* L.	国II,区II
11	沙拐枣	*C. mongolicum* Turcz.	蓼科 Polygonaceae	沙拐枣属 *Calligonum* L.	国II

续表3-1-12

序号	中名	学名	科	属	保护等级
12	帕米尔金露梅	*P. dryadanthoides* (Juz.) Sojak	蔷薇科 Rosaceae	金露梅属 *Pentaphylloides* Ducham	国II
13	尖果沙枣	*E. oxycarpa* Schlecthtend.	胡颓子属科 Elaeagnaceae	胡颓子属 *Elaeagnus* L.	国II
14	沙生柽柳	*T. taklamakanensis* M. T. Liu	柽柳科 amaricaceae	柽柳属 *Tamarix* L.	国II
15	心叶水柏枝	*M. pulcherrima* Batalin	柽柳科 amaricaceae	水柏枝属 *Myricaria* Desv.	国II
16	匍匐水柏枝	*M. prostrata* Hook. f. et Thoms. ex Benth. et Hook. f. Gen.	柽柳科 amaricaceae	水柏枝属 *Myricaria* Desv.	国Ⅱ,区Ⅰ
17	五柱红砂	*R. kaschgarica* Rupr.	柽柳科 amaricaceae	红砂属 *Reaumuria* L.	国Ⅱ,区Ⅰ
18	新疆枸杞	*L. dasystemum* Pojark.	茄科 Solanaceae	枸杞属 *Lycium* L.	区Ⅰ
		合计	8	10	

和田地区各级重点保护野生木本种质资源隶属8科10属19种，分别占和田地区野生木本植物科、属和种数的47.06%、35.72%和28.79%（表3-1-13）。

和田地区各市、县的重点保护野生木本植物分布现状见表3-1-14。

表3-1-13 和田地区特有野生林木种质类群构成

保护类别	科数	比例(%)	属数	比例(%)	种数	比例(%)
国家Ⅱ级	7	87.50	9	90.00	16	88.89
自治区Ⅰ级	4	50.00	5	50.00	10	55.56
自治区Ⅱ级	3	37.50	3	30.00	3	16.67
合计	8	/	10	/	18	/

表3-1-14 和田地区重点保护野生木本植物物种及空间分布表

行政市、县	国家Ⅱ级保护种数	自治区Ⅰ级保护种数	自治区Ⅱ级保护种数	重点保护野生木本物种总数(种、变种)	重点保护野生木本植物物种丰富度(%)
和田市	0	0	0	0	0.00
和田县	7	3	2	12	66.67
皮山县	7	3	3	13	81.25
墨玉县	2	1	2	5	27.78
洛浦县	1	1	0	2	11.12
策勒县	3	2	0	5	27.78
于田县	8	6	1	15	83.34
民丰县	6	4	1	11	61.12
和田地区	16	10	3	18	/

第二节 野生林木种质资源

一、种质类群构成

野生林木种质资源指自然分布于和田地区的天然林区、天然次生林区、森林公园、湿地公园和自然保护区等区域内处于野生状态的林木个体及群体种质资源。

和田地区共调查记录到野生林木种质94分类单位(种、亚种、变种)395份,隶属17科32属,分别占和田地区林木种质资源科、属、种及份数的36.17%、32.00%、14.35%和7.97%(表3-2-1)。

表3-2-1 和田地区野生林木种质类群构成表

种质类群	科数	比例(%)	属数	比例(%)	种数	比例(%)	份数	比例(%)
种(sp.)	17	36.17	32	32.00	89	13.58	382	7.71
亚种(subs.)	1	2.12	1	1.00	2	0.31	7	0.14
变种(var.)	2	4.26	2	2.00	3	0.46	6	0.12
合计	17	36.17	32	32.00	94	14.35	395	7.97

其中,蓝枝麻黄 *Ephedra glauca*、蒙古沙拐枣 *Calligonum mongolicum*、准噶尔栒子 *Cotoneaster songoricus*、小叶金露梅 *Pentaphylloides parvifolia*、垫状驼绒藜 *Krascheninnikovia compacta*、疏花蔷薇 *Rosa laxa*、腺齿蔷薇 *Rosa albertii*、白刺 *Nitraria schoberi*、大果白刺 *Nitraria roborowskii*、甘青铁线莲 *Clematis tangutica*、木本猪毛菜 *Salsola arbuscula*、天山猪毛菜 *Salsola junatovii*、吐鲁番锦鸡儿 *Caragana turfanensis*、五柱琵琶柴 *Reaumuria kaschgarica*、甘蒙柽柳 *Tamarix austromongolica* 和鳞序水柏枝 *Myricaria squamosa* 为本地区的16个新记录种。

二、种质分布格局

和田地区野生林木种质资源在各市、县的分布数量及比例见(表3-2-2)。

表3-2-2 和田地区野生林木种质空间分布表

分类单元	地区	和田市	和田县	皮山县	墨玉县	洛浦县	策勒县	于田县	民丰县
分类单位	94	8	44	45	23	15	41	39	25
%	100.00	8.51	46.81	47.87	24.24	15.96	43.62	41.49	26.60
科	17	4	15	15	9	8	12	12	10
%	100.00	17.65	88.24	88.24	52.94	47.06	70.59	70.59	58.82
属	32	4	22	23	13	9	18	18	13
%	100.00	12.50	68.75	71.88	40.63	28.13	56.25	56.25	40.63
份	395	11	66	76	31	34	71	71	35
%	100.00	2.78	16.71	19.24	7.85	8.61	17.97	17.97	8.86

从表中可以看出:

和田地区各县、市按野生林木种质物分类单位数量从多至少的排序结果为:皮山县>和田县>策勒县>于田县>民丰县>墨玉县>洛浦县>和田市。

和田地区各县、市按野生林木种质资源包含科数从多至少的排序结果为:皮山县=和田县>策勒县=于田县>民丰县>墨玉县>洛浦县>和田市。

和田地区各县、市按野生林木种质资源包含属数从多至少的排序结果为:皮山县>和田县>策勒县=于田县>民丰县=墨玉县>洛浦县>和田市。

和田地区各县、市按野生林木种质份数从多至少的排序结果为：皮山县>策勒县>于田县>和田县>民丰县>洛浦县>墨玉县>和田市。

第三节　栽培林木种质资源

一、种质类群构成

栽培林木种质资源是指定植在和田地区境内的人工片林、防护林带、城乡园林绿地、四旁绿地和农家院落等处的栽培林木个体及群体种质资源。

和田地区共调查记录到栽培林木种质613分类单位（种、亚种、变种、变型和品种）3758份，隶属43科84属，分别占和田地区林木种质资源科、属、种及份数的91.49%、84.00%、93.59%和75.81%（表3-3-1）。

表3-3-1　和田地区栽培林木种质类群构成表

种质类群	科数	比例(%)	属数	比例(%)	种数	比例(%)	份数	比例(%)
种(sp.)	43	91.49	70	70.00	240	36.64	1842	37.16
亚种(subs.)	2	4.26	2	2.00	3	0.46	6	0.12
变种(var.)	11	23.40	15	15.00	53	8.09	319	6.44
变型(f.)	4	8.51	6	6.00	9	1.37	107	2.16
品种(cv.)	15	31.91	33	33.00	340	51.91	1484	29.93
合计	43	91.49	84	84.00	613	93.59	3758	75.81

二、种质分布格局

和田地区栽培林木种质资源在各市、县的空间分布数量及比例见（表3-3-2）。

表3-3-2　和田地区栽培林木种质空间分布表

种质类群	地区	和田市	和田县	皮山县	墨玉县	洛浦县	策勒县	于田县	民丰县
分类单位	613	174	92	161	212	186	189	173	122
%	100.00	28.34	15.01	26.26	34.58	30.34	30.83	28.22	19.90
科	43	33	22	28	36	26	31	29	25
%	100.00	76.74	51.16	65.12	83.72	60.46	72.10	67.44	58.14
属	84	57	37	47	57	47	50	49	43
%	100.00	67.86	44.05	55.95	67.86	55.95	59.52	58.33	51.19
份	3785	617	189	429	627	514	435	703	244
%	100.00	16.30	4.99	11.33	16.57	13.58	11.49	18.57	6.45

从表中可以看出：

和田地区各县、市按栽培林木种质物分类单位数量从多至少的排序结果为：墨玉县>策勒县>洛浦县>和田市>于田县>皮山县>民丰县>和田县。

和田地区各县、市按栽培林木种质资源包含科数从多至少的排序结果为：墨玉县>和田市>策勒县>于田县>皮山县>洛浦县>民丰县>和田县。

和田地区各县、市按栽培林木种质资源包含属数从多至少的排序结果为：墨玉县=和田市>策勒县>于田县>皮山县=洛浦县>民丰县>和田县。

和田地区各县、市按栽培林木种质份数从多至少的排序结果为：于田县>墨玉县>和田市>洛浦县>策勒县>皮山县>民丰县>和田县。

第四节　收集保存林木种质

一、种质类群构成

引种收集的林木种质资源指在和田地区行政区域内的良种基地(种子园、采穗圃、母树林、采种林)、试验林、植物园、树木园、保存林(圃)、露地及设施保存地种质资源库等地点定植保存的林木个体及群体种质资源。

和田地区引种收集保存林木种质322分类单位(种、亚种、变种、变型和品种)624份,隶属35科62属,分别占和田地区林木种质资源科、属、种及份数的74.47%、62.00% 、49.16%和12.59%(表3-4-1)。

表3-4-1　和田地区引种、收集和保存的林木种质类群构成表

种质类群	科数	比例(%)	属数	比例(%)	种数	比例(%)	份数	比例(%)
种(sp.)	33	70.21	60	60.00	123	18.78	283	5.71
亚种(subs.)	1	2.13	1	1.00	1	0.15	1	0.02
变种(var.)	7	14.89	9	9.00	16	2.44	33	0.67
变型(f.)	6	12.77	7	7.00	9	1.37	13	0.26
品种(cv.)	13	27.66	25	25.00	200	30.53	294	5.93
合计	35	74.47	62	62.00	322	49.16	624	12.59

二、种质分布格局

和田地区引种、收集和保存的林木种质资源在各市、县的空间分布数量见(表3-4-2)。

表3-4-2　和田地区引种、收集和保存的林木种质空间分布表

种质类型	地区	和田市	和田县	皮山县	墨玉县	洛浦县	策勒县	于田县	民丰县
分类单位	322	56	50	26	86	149	56	97	14
%	100.00	17.39	15.52	8.07	26.71	46.27	17.39	30.12	4.35
科	35	25	12	11	29	21	13	20	10
%	100.00	71.43	34.29	3.42	82.86	60.00	37.14	57.14	28.57
属	62	36	17	18	48	39	23	29	13
%	100.00	58.06	27.41	29.03	77.42	62.90	37.10	46.77	20.97
份	624	77	51	27	115	149	57	134	14
%	100.00	12.34	8.13	4.33	18.43	23.88	9.13	21.47	2.24

从表中可以看出:

和田地区各县、市按引种、收集和保存的林木种质物分类单位数量从多至少的排序结果为:洛浦县>于田县>墨玉县>和田市=策勒县>和田县>皮山县>民丰县。

和田地区各县、市按引种、收集和保存的林木种质资源包含科数从多至少的排序结果为:墨玉县>和田市>洛浦县>于田县>策勒县>和田县>皮山县>民丰县。

和田地区各县、市按引种、收集和保存的林木种质资源包含属数从多至少的排序结果为:墨玉县>洛浦县>和田市>于田县>策勒县>皮山县>和田县>民丰县。

和田地区各县、市按引种、收集和保存的林木种质份数从多至少的排序结果为:洛浦县>于田县>墨玉县>和田市>策勒县>和田县>皮山县>民丰县。

第五节　古树种质资源

一、古树种类构成

全国《古树名木保护管理暂行办法》和全国绿化委员会、国家林业局的《全国古树名木普查建档技术规定》中定义：古树名木系指在人类历史过程中保存下来的年代久远或具有重要科研、历史、文化价值的树木。古树指树龄在100年以上的树木；古树群是10株以上成片生长的大面积古树。名木指在历史上或社会上有重大影响的中外历代名人、领袖人物所植或具有极其重要的历史、文化价值、纪念意义的树木。

和田地区共调查记录到古树364株、古树群8个，隶属16科、21属、39分类单位（34种、4变种、1品种）。分别占和田地区林木种质资源科、属、种的42.86%、33.87%和12.43%（表3-5-1）。

表3-5-1　和田地区古树资源统计表

科	属	种	数量株（群）
杨柳科 Salicaceae	杨属 *Populus* L.	胡杨 *P. euphratica* Oliv.	7（2）
杨柳科 Salicaceae	杨属 *Populus* L.	银白杨 *P. alba* L.	96（1）
杨柳科 Salicaceae	杨属 *Populus* L.	新疆杨 *P. alba* var. *pyramidalis* Bge.	10
杨柳科 Salicaceae	杨属 *Populus* L.	箭杆杨 *P. nigra* var. *thevestina*（Dode）Bean	1
杨柳科 Salicaceae	杨属 *Populus* L.	阿富汗杨 *P. afghanica* Schneid	1
杨柳科 Salicaceae	柳属 *Salix* L.	白柳 *S. alba* L.	46（1）
杨柳科 Salicaceae	柳属 *Salix* L.	蓝叶柳 *S. capusii* Franch.	1
核桃科 Juglandacea	核桃属 *Juglans* L.	核桃 *J. regia* L.	21（2）
核桃科 Juglandacea	核桃属 *Juglans* L.	实生核桃 *J. regia* L.	61
核桃科 Juglandacea	核桃属 *Juglans* L.	圆土核桃 *J. regia* L.	1
核桃科 Juglandacea	核桃属 *Juglans* L.	长土核桃 *J. regia* L.	1
核桃科 Juglandacea	核桃属 *Juglans* L.	薄皮核桃 *J. regia* L.	1
核桃科 Juglandacea	核桃属 *Juglans* L.	厚皮核桃 *J. regia* L.	1
核桃科 Juglandacea	核桃属 *Juglans* L.	薄皮土核桃 *J. regia* L.	1
榆科 Ulmaceae	榆属 *Ulmus* L.	白榆 *U. pumila* L.	1（1）
桑科 Moraceae	无花果属 *Ficus* L.	无花果 *F. carica* L.	3
桑科 Moraceae	桑属 *Morus* L.	白桑 *M. alba* L.	15
桑科 Moraceae	桑属 *Morus* L.	药桑 *M. nigra* L.	2
悬铃木科 Platanaceae	悬铃木属 *Platanus* L.	三球悬铃木 *P. orientalis* L.	2
小檗科 Berberidaceae	小檗属 *Berberis* L.	红果小檗 *B. nommularia* Bge.	2
蔷薇科 Rosaceae	榅桲属 *Cydonia* Mill.	榅桲 *C. oblonga* Mill	1
蔷薇科 Rosaceae	杏属 *Armeniaca* Mill.	杏 *A. vulgaris* Lam.	7（1）
蔷薇科 Rosaceae	杏属 *Armeniaca* Mill.	毛杏 *A. vulgaris* Lam.	3
蔷薇科 Rosaceae	梨属 *Pyrus* L.	梨 *P. sinkiangensis* Yu	1
蔷薇科 Rosaceae	梨属 *Pyrus* L.	土梨 *P. sinkiangensis* Yu	2
蔷薇科 Rosaceae	梨属 *Pyrus* L.	阿木提香梨 *P. sinkiangensis* ‘Amutili’.	1

续表3-5-1

科	属	种	数量株(群)
豆科Leguminosae	槐属*Sophora* L.	国槐*S. japonica* L.	1
豆科Leguminosae	皂荚属*Gleditsia* L.	山皂荚*G. japonica* Miq.	1
鼠李科Rhamnaceae	枣属*Ziziphus* Mill.	酸枣*F. jujuba* var. *spinosa* (Bge.) Hu ex H. F. Chow	23
鼠李科Rhamnaceae	枣属*Ziziphus* Mill.	圆酸枣*Z. jujuba* var. spinosa (Bge.) Hu ex H. F. Chow	15
鼠李科Rhamnaceae	枣属*Ziziphus* Mill.	枣*Z. jujuba* Mill.	10
木樨科Oleaceae	白蜡树属*Fraxinus* L.	小叶白蜡*F. chinensis* Roxb	11
木樨科Oleaceae	丁香属*Syringa* L.	紫丁香*S. oblata* Lindl.	1
葡萄科Vitaceae	葡萄属*Vitis* L.	葡萄*V. vinifera* L.	1
柽柳科Tamaricaceae	柽柳属*Tamarix* L.	多枝柽柳*T. ramosissima* Ledeb.	1
柽柳科Tamaricaceae	柽柳属*Tamarix* L.	多花柽柳*T. ramosissima* Ldb.	1
柽柳科Tamaricaceae	柽柳属*Tamarix* L.	刚毛柽柳*T. hispida* Willd.	1
胡颓子科Elaeagnaceae	胡颓子属*Elaeagnus* L.	沙枣*E. angustifolia* L.	1
胡颓子科Elaeagnaceae	胡颓子属*Elaeagnus* L.	尖果沙枣*E. oxycarpa* Schlecht.	3
石榴科Punicaceae	石榴属*Punica* L.	石榴*P. granatum* L.	4
紫葳科Bignoniaceae	梓树属*Catalpa* Scop.	梓树*C. ovata* G. Don.	1

二、古树树龄结构

《全国古树名木普查建档技术规定》中对古树级别进行了如下界定：国家一级古树树龄500年以上，国家二级古树树龄300~499年，国家三级古树树龄100~299年；名木不受树龄限制，不分等级。

对和田地区现有记录的古树进行分级划分，结果如下：和田地区一级古树有33株3群，主要树种为杨柳科植物，占古树总株数的9.68%；二级古树有72株1群，主要树种为银白杨和核桃，占古树总株数的19.62%；三级古树总株数259株4群，主要树种为核桃、银白杨和白柳，占古树总株数的70.7%（表3-5-2）。

表3-5-2　和田地区古树资源分级表

树种	一级	%	二级	%	三级	%	小计	%
胡杨	3(2)	1.34	/	/	4	1.08	7(2)	2.42
新疆杨	/	/	2	0.54	8	2.15	10	2.69
箭杆杨	/	/	/	/	1	0.27	1	0.27
阿富汗杨	1	0.27	/	/	/	/	1	0.27
银白杨	11	2.96	42	11.29	43(1)	11.83	96(1)	26.08
白柳	5	1.34	5	1.34	36(1)	9.68	46(1)	12.63
蓝叶柳	1	0.27	/	/	/	/	1	0.27
核桃	8(1)	2.42	10	2.69	69(1)	18.82	87(2)	23.92
白榆	/	/	/	/	1(1)	0.54	1(1)	0.54
无花果	2	0.54	/	/	1	0.27	3	0.81
白桑	/	/	9	2.42	6	1.61	15	4.03
药桑	/	/	/	/	2	0.54	2	0.54
红果小檗	/	/	2	0.54	/	/	2	0.54
三球悬铃木	1	0.27	/	/	1	0.27	2	0.54

续表3-5-2

树种	一级	%	二级	%	三级	%	小计	%
榅桲	/	/	/	/	1	0.27	1	0.27
梨	/	/	/	/	4	1.08	4	1.08
杏	/	/	2(1)	0.81	8	2.15	10(1)	2.96
国槐	/	/	/	/	1	0.27	1	0.27
山皂荚	/	/	/	/	1	0.27	1	0.27
枣	/	/	/	/	10	2.69	10	2.69
酸枣	/	/	/	/	38	10.22	38	10.22
柽柳	1	0.27	/	/	2	0.54	3	0.81
沙枣	/	/	/	/	4	1.08	4	1.08
葡萄	/	/	/	/	1	0.27	1	0.27
小叶白蜡	/	/	/	/	11	2.96	11	2.96
紫丁香	/	/	/	/	1	0.27	1	0.27
梓树	/	/	/	/	1	0.27	1	0.27
石榴	/	/	/	/	4	1.08	4	1.08
合计	33(3)	9.68	72(1)	19.62	259(4)	70.70	364(8)	100

三、古树空间分布

全地区各县、市按古树物种数从多至少的排序结果为：墨玉县=策勒县>皮山县>于田县>民丰县>和田县>和田市=洛浦县。

全地区各县、市按古树科数从多至少的排序结果为：墨玉县>策勒县=于田县=皮山县>民丰县>和田县>洛浦县>和田市。

全地区各县、市按古树属数从多至少的排序结果为：墨玉县>皮山县>策勒县=于田县>和田县=民丰县>洛浦县>和田市。

全地区各县、市按古树株数从多至少的排序结果为：墨玉县>皮山县>于田县>策勒县>民丰县>和田县>和田市=洛浦县（表3-5-3）。

表3-5-3　和田地区古树资源空间分布表

类别	地区	和田市	和田县	墨玉县	皮山县	洛浦县	民丰县	于田县	策勒县
种数	39	3	6	14	15	3	8	11	15
%	100.00	7.50	15.00	35.00	32.50	7.50	20.00	27.50	35.00
科	16	2	4	10	8	3	5	7	7
%	100.00	13.34	26.67	66.67	46.67	20.00	33.34	46.67	46.67
属	21	2	6	12	10	3	6	8	8
%	100.00	9.53	28.57	61.90	42.86	14.29	28.57	38.10	38.10
株(群)数	372	5	10	95	79	5	56	62	60
%	100.00	1.32	2.64	25.27	22.37	1.32	15.00	16.06	15.79

第六节　林木种质资源变化分析

一、种质资源数量变化

(一)野生种质资源数量变化

与《新疆植物志》《新疆树木志》和《喀喇昆仑山—昆仑山地区植物名录》中所收录的和田地区野生木本植物种数相比,本次调查增加和补充了少数新记录种,但总体上野生木本种质资源种数变化较小。缘于该地区自然环境气候条件稳定,植物的生存环境并没有受到大的影响。近年来,该地区在荒山荒地以及防风固沙林的营造上,也使用了一定的乡土野生植物进行人工造林,使得野生种质资源的种数得以保存。

(二)栽培种质资源数量变化

和田地区未曾进行过针对栽培林木种质资源的系统调查,因此本次林木种质资源栽培种质数量的变化无可比较的前期数据,只能在所收集的文献和数据资料的基础上,对一些栽培的种质资源的年代历史进行分析,得出了一些初步的数量变化趋势。

随着新疆林果业的优良果树和防护林主栽品种的大面积推广,更多的果树良种和栽培品种从内地及新疆其他县市引进,使得本地区栽培木本资源种类数量呈现逐年上升趋势。但同时传统栽培农家品种逐渐消失,在一定程度上造成种质资源的损失。

(三)引种种质资源数量变化

引种种质资源数量在近10年得到了明显的增加。一方面,伴随着城镇化进程的快速推进,对于城市园林绿地的建设提出了更高的要求,大量的园林观赏树种通过园林苗圃、园林工程以及单位绿化被引进,使得本地区栽培林木种数增加。另一方面,和田地区林木种质管理机构对本地区的种质资源圃的建设工作逐渐重视,近年来,建立了越来越多的国有苗木基地,为实现本地区苗木的自给自足,许多集体与个体苗圃也纷纷从外省或外县调入本地区原来没有的新园林绿化苗木以及经济果木苗木。同时也大大增加了本地区栽培林木种质资源的收集汇集功能。因此,收集保存林木种质资源种数呈现明显的上升趋势。

(四)古树种质资源数量变化

和田地区古树的种类和数量相对单一,在林业部门、文物部门和城市建设部门的重视和有关部门的保护管理下,本地区城市中心区和集中分布的古树种类和数量总体上无明显变化。远离城镇和乡村的一些散生的古树数量有所下降。

二、种质资源面积变化

(一)野生种质面积变化

和田地区前期未曾针对每一个具体的木本植物种进行分布面积的调查,故本次林木每一个野生种质资源面积的变化无可比较的前期数据,在以往文献和数据资料的基础上,结合本次野外实地调查的结果,只能进行一些定性的初步分析。

和田地区平原地区主要的野生林木种质资源有胡杨、灰杨、多种柽柳、昆仑沙拐枣、沙枣、裸果木和沙棘等,山区的野生林木种质主要有阿富汗杨、线叶柳、昆仑锦鸡儿、昆仑方枝柏、昆仑圆柏以及天山雪杉等。由于城镇化建设、农业开发以及人工造林工程等人类活动的干扰,一部分野生木本植物的群落面积有所减少,但总体上面积的变化不显著。

(二)栽培种质面积变化

由于近10年来南疆特色林果业的迅速发展,优良果树和防护林主栽品种的大面积推广,和田地区的栽培林木种质面积发生了较大的变化,总的趋势是逐年增加。其中,生态树种栽培面积的增加小于经济树种面积的增加。

栽培面积增加较明显的生态及用材栽培树种(品种)主要有胡杨、柽柳、沙枣、沙拐枣、新疆杨和箭杆杨。

由于林木良种的大力推广、旧果园改造以及退耕还林工程的实施,栽培经济果木种质面积增加的幅度较大。主要的栽培种类(品种)有杏、枣、核桃和石榴等良种。

(三)引种种质面积变化

较多的果树良种和生态造林树种从全国各地及新疆其他县市大量引进到和田地区,使得本地区栽培木本资源的面积呈现逐年上升趋势。

近几年在和田地区城市园林景观建设过程中,对城市绿地质量和物种多样性提出了更新的要求,外来引进园林观赏树种的面积得到了显著的增加。由于园林观赏树种的引种存在一定的盲目性,有相当一些稀有和珍贵的观赏种类仍在苗圃中、单位院内或在示范区中种植,种植面积仍较小。大面积的园林绿化主栽品种仍是常规的树种。各县乡城镇绿地的同质化现象较严重。

(四)古树资源面积变化

由于重视对古树资源的保护,和田地区古树资源的总面积和各个种的面积基本上变化不大。特别是通过对胡杨及灰杨林的保护,胡杨古树得到了有效保护。

第七节 林木种质资源特点及评价

一、林木种质数量少遗传多样性丰富

与新疆其他地州(区)相比,和田地区林木种质资源数量所占绝对数量和比重相对不足。林木种质资源集中分布的区域除了其中较具规模的皮山绿洲、和田绿洲、策勒绿洲、于田绿洲和民丰绿洲外,许多野生种质和传统品种的居群和种群分布于被沙漠和戈壁分割成大小不等的300多块绿洲斑块中,基因交流存在相对较大隔离。野生和传统栽培林木品种中蕴藏大量的野生和半野生优异性状,具有抗病虫害、耐盐碱、抗低温、耐干旱高温、抗风沙的特异性。因此,本地区林木种质资源的遗传多样性相对丰富,存在丰富的潜在的可以利用的高抗逆林木种质资源。

二、林木种质地域分布不均匀

由于干旱缺水,林木种质资源集中分布于南部昆仑山山区、荒漠河流两岸、中部天然绿洲和人工灌溉绿洲的狭长地带。

不同县市比例差异大,林木种质物种数量最多的是洛浦县(43.97%),最少的是民丰县(20.31%);全地区林木种质资源科数最多的是墨玉县(78.72%),最少的是和田县(63.83%);全地区林木种质资源属数最多的是墨玉县(68%),最少的是和田县(52%);全地区林木种质份数最多的是于田县(19.02%),最少的是和田县(6.35%)。

栽培种质多,相对集中,野生种质少,相对分散,并大多分布于南部的昆仑山北坡。相对集中的人工用材林、经济林、农田防护林以及防风固沙林中的物种组成种类少,多样性低。受气候和自然条件影响,当地群众形成了“喜树爱树,自觉栽树”的良好习惯,城镇园林观赏绿地和乡政府所在局部区域以及四旁散生树木中的种质资源丰富度高。

三、优质特有种质资源相对少

由于受周边沙化土地影响,绿洲内部土地沙化现象十分严重,沙化耕地广泛分布,林木种质资源以农田防护林种质和经济林种质为主,多为人工栽培的优势树种和果木栽培品种。虽然大力发展经济林是和田市农村经济发展和农牧民收入提高的增长点,对当地的经济发展起到了一定的推动作用,但树木一直处于风沙、干旱、高温、冻害、病虫害以及土壤次生盐渍化的自然胁迫下,高抗逆的特有林木种质资源种类丰富度和应用相对较少。

四、种质组成结构多样性低

组成本地区各乡(镇)森林的物种结构简单,种质单一。常绿针叶林木的种质资源稀少;乔木树种资源分布范围小,种数多;灌木林分布面积大,种数少。森林生态功能脆弱,稳定性低。

南部山区有少量的昆仑方枝柏、昆仑圆柏和雪

岭云杉常绿乔木，落叶灌丛一部分是昆仑锦鸡儿。而北部平原荒漠区天然乔木林几乎全部是胡（灰）杨林。荒漠灌木林的优势种均以柽柳为主。人工绿洲区防护树种则以杨树一统天下，其他防护树种只有少量或零星的柳树、沙枣、桑树及白榆。平原人工用材林树种仅有胡杨、杨树、柳树、沙枣等少数几个优势树种。其中，胡杨面积占乔木林总面积的76.46%，杨树面积占乔木林总面积的12.52%，胡杨和杨树比例大。人工经济林树种以乔木食用果树类占绝对优势，优势树种未超过10个，并以核桃、杏和石榴为主，三者的面积占比达到经济林的90.94%。

第四章　各市县林木种质资源

第一节　和田市林木种质资源

一、自然经济地理概况

(一)自然地理

和田市位于喀喇昆仑山北麓,坐落于玉龙喀什河与喀拉喀什河冲积扇平原上,东沿玉龙喀什河与洛浦市相望,西、南、北面与和田县接壤。地理坐标为E79°50′20″~79°56′40″,N36°59′50″~37°14′23″,海拔1300~1450m。东西宽60km,南北长约200km。总面积525.45km²。地势南高北低,坡度约5.4%。南部地形狭窄,呈带状,中部为建成区。城中心高、东西低,呈鱼背形。

和田市从山坡高阶地向低阶地到河滩地依海拔分布着棕漠土、灌淤土和草甸土。山前冲积扇中上部地段地下水位低,主要分布棕漠土和灌淤土;扇缘地段,地下水位高,主要分布盐化灌淤土、潮土、草甸土、盐土、沼泽土和平原林土;在内陆河消失尽头是沙漠土和风沙土。

(二)行政区划

和田市辖4个街道(奴尔巴格街道、古江巴格街道、古勒巴格街道、纳尔巴格街道)、2个镇(拉斯奎镇、玉龙喀什镇)、6个乡(肖尔巴格乡、依里其乡、古江巴格乡、吐沙拉乡、吉亚乡、阿克恰勒乡)、111个行政村、33个社区和1个工业园区(北京工业园区)。

(三)土地利用

全市土地总面积52 545.21hm²。其中:林地面积17 531.79hm²,占全市土地总面积的33.37%。其中:林地11 921.51hm²,占林地面积的68%;疏林地54.4hm²,占林地面积的0.31%;灌木林地3182.65hm²,占林地面积的18.15%;未成林造林地1143.74hm²,占林地面积的6.52%;苗圃地73.95hm²,占林地面积的0.42%;无立木林地1.24hm²,占林地面积的0.01%;宜林地1154.30hm²,占林地面积的6.59%。

全市非林地面积35 013.42hm²,占全市土地总面积的66.63%。其中,未利用地面积最大,占41.25%,其次是建设用地,占39.85%。

(四)林业发展

和田市森林覆盖率28.75%,林木绿化率31.39%。森林面积15 104.16hm²。其中,乔木林面积11 921.51hm²,国家特别规定灌木林面积3182.65hm²,分别占森林面积的78.93%和21.07%。

乔木林中核桃面积最大,占乔木林总面积的48.85%,其次是枣,占19.68%;排第三位的是杨树,占14.69%。

全市天然乔木林面积400.84hm²,占乔木林面积的3.36%,树种全部为胡杨。

全市人工乔木林面积11 520.67hm^2，占乔木林面积的96.64%。人工乔木优势树种面积排列前三位的是：核桃、枣和杨树，面积合计9921.39hm^2，占人工乔木林面积的86.12%。

全市疏林面积54.40hm^2，占林地总面积的0.31%。疏林按优势树种仅有杨树和胡杨2种。其中胡杨面积47.10hm^2，占疏林总面积的86.58%；杨树面积7.30hm^2，占疏林总面积的13.42%。

全市灌木林面积3426.65hm^2，占全市林地面积的18.15%。全部为国家特别规定的灌木林。其中，柽柳面积2978.71hm^2，其他灌木面积203.94hm^2，分别占灌木林总面积的93.59%和6.41%。

全市经济林总面积9110.49hm^2，全部为乔木人工果树经济林。按优势树种面积排列前三位的是：核桃、枣和杏，面积合计8968.24hm^2，占经济林总面积的98.44%。

二、林木种质资源现状

（一）林木种质丰富度

和田市共有林木种质177种705份，隶属35科61属。其中，种85个，占和田地区林木种质资源种数的30.25%；亚种1个，占和田地区林木种质资源亚种数的25.00%；变种15个，占和田地区林木种质资源变种数的60.00%；变型4个，占和田地区林木种质资源变型数的100%；品种97个，占和田地区林木种质资源品种数的28.61%。

（二）野生林木种质资源

和田市野生林木种质资源共6分类单位（亚种、变种、变型）11份，隶属3科3属（表4–1–1）。

表4–1–1　和田市野生林木种质资源类群构成及在和田地区林木种质资源中的重要度

类群	科	属	种	份
和田市野生林木种质资源	4	4	8	11
和田市林木种质资源总数	35	61	177	705
占和田市林木种质资源总数比例(%)	11.43	6.56	4.52	1.56
占地区野生林木种质资源总数比例(%)	23.53	12.50	8.51	2.78
占地区林木种质资源总数比例(%)	8.51	4.00	0.08	0.22

（三）栽培林木种质资源

和田市栽培林木种质资源共174分类单位（亚种、变种、变型和品种）617份，隶属33科57属（表4–1–2）。

表4–1–2　和田市栽培林木种质资源类群构成及在和田地区林木种质资源中的重要度

类群	科	属	种	份
和田市栽培林木种质资源	33	57	174	617
和田市林木种质资源总数	35	61	177	705
占和田市林木种质资源总数比例(%)	94.29	93.44	98.31	87.52
占地区栽培林木种质资源总数比例(%)	76.47	69.14	28.38	16.42
占地区林木种质资源总数比例(%)	70.21	56.00	26.56	12.45

（四）收集保存的林木种质资源

和田市引种、收集保存的林木种质资源共24分类单位（亚种、变种、变型和品种）75份，隶属12科18属（表4–1–3）。

表4–1–3　和田市收集保存林木种质资源类群构成及在和田地区林木种质资源中的重要度

类群	科	属	种	份
和田市引种、收集保存林木种质资源	12	18	24	75
和田市林木种质资源总数	35	61	177	705
占和田市林木种质资源总数比例(%)	34.29	29.51	13.56	10.64
占地区收集保存林木种质资源总数比例(%)	34.29	29.03	7.45	12.02
占地区林木种质资源总数比例(%)	25.53	18.00	3.66	1.63

（五）古树种质资源

和田市现存古树资源5株，分属于2科2属3种。分别占和田市林木种质资源科数、属数和种数的5.71%、3.45%和1.69%，古树级别均为3级。古树种类单一，主要是乡土树种杨属和核桃属植物。孤立散生在和田市私人宅院及城市街边。具体分布地点为玉龙喀什镇阿鲁博依村农院、拉斯奎镇人民政府大院和吐沙拉乡私人苗圃（表4-1-4）。

表4-1-4 和田市古树资源统计表

种名	科	属	株数	级别	占本市古树总株数比例（%）
新疆杨 *P. alba* var. *pyramidalis* Bge.	杨柳科 Salicaceae	杨属 *Populus* L.	3	3	60.00
长土核桃 *J. regia* L.	胡桃科 uglandaceae	核桃属 *Juglans* L.	1	3	20.00
圆土核桃 *J. regia* L.	胡桃科 uglandaceae	核桃属 *Juglans* L.	1	3	20.00
合计 3	2	2	5	/	100.00

第二节 和田县林木种质资源

一、自然经济地理概况

（一）自然地理

和田县地理坐标为E78°00′~80°30′，N34°22′~38°07′。和田县与和田市、洛浦县紧密接壤。县境南宽北窄，东西宽21~150km，南北长约500km。全县总面积4 087 453.21hm²。

和田县地势南高北低，海拔1102~7282m。南部高山连绵，山势陡峭，峡谷遍布，坡陡流急，占全县总面积的95%，北部地势平坦，位于玉龙喀什河与喀拉喀什河的冲击平原地带，占总面积的1.3%，沙漠占总面积的3.7%。

南部海拔5000m以上，为现代冰川和永久积雪带。海拔2400~4200m为中山带和亚高山带。海拔1500~1600m以上为低山河谷带和山前戈壁带。地形较破碎，起伏不大，多属砂卵石戈壁。中部绿洲处于山前洪积—冲积扇的中下部，地势平坦。中下部绿洲处于潜水溢出带、河泉（库）混合灌溉地段，次生盐渍化严重。两河中间为绵延起伏的沙荒地。

和田县境内地表径流均属冰川融雪补给型河流，主要包括和田河的两大支流：玉龙喀什河和喀拉喀什河。玉龙喀什河、喀拉喀什河发源于昆仑山和喀喇昆仑山北坡，海拔5000m以上，全年地表水径流量$44.8\times10^8m^3$。泉水主要是上游河道、渠道和田间灌溉渗漏补给的回归水，年径流量$1.3\times10^8m^3$。

和田县共有13个土类、76个土种。耕地土壤主要有灌淤土、水稻土、灌淤风沙土、灌淤棕漠土。荒漠区土壤主要有五种类型；棕漠土、风沙土、草甸土、沼泽土和盐土。

和田县极端干旱，生物群落简单。由于南依昆仑山，北入塔克拉玛干沙漠，纬度跨越大，地形地貌有显著的垂直分布，从而造就了不同的水热状况，为动植物的地带性分布提供了特定环境，野生植物种类虽然贫乏，但独特和珍贵的种类不少。

（二）行政区划

和田县辖1镇（巴格其镇），11乡（吐沙拉乡、伊斯拉木阿瓦提乡、塔瓦库勒乡、色格孜库勒乡、吾宗肖乡、英艾日克乡、英阿瓦提乡、罕艾日克乡、朗如乡、布扎克乡、拉依喀乡、喀拉喀什乡），213个行政村，6个农场（拉依喀农场、色格孜库勒农场、巴格其农场、吐沙拉农场、布扎克农场、艾兰布隆农场），1个园艺场和1个苗圃（图4-2-1）。

（三）土地利用

全县土地总面积4 087 453.21hm²。其中：林地面积38 586.11hm²，占全县土地总面积的0.94%；非林地面积4 048 867.1hm²，占全县土地总面积的99.06%。

全县林地面积38 586.11hm²。其中：有林地面积15 326.17hm²，占林地面积的39.72%；其次是灌木林地8884.46hm²，占林地面积的23.02%；未成林造林地面积7797.4hm²，占林地面积的20.21%；宜林地5184.8hm²，占林地面积的13.43%；疏林地1379.51hm²，占林地面积的3.58%；苗圃地9.75hm²，占林地面积的0.03%；无立木林地4.02hm²，占林地面积的0.01%。

全县林地面积4 048 867.1hm²，其中未利用地面积占98.25%，耕地、牧草地、水域和建设用地面积占1.75%。

（四）林业发展

和田县森林覆盖率0.59%，林木绿化率0.62%。

全县森林面积24 210.63hm²。其中，有林地面积15 326.17hm²，灌木林面积8884.46hm²，分别占森林面积的63.30%和36.7%。

天然乔木林面积为4270.74hm²，占有林地总面积的27.87%，优势树种全部为胡杨，面积4271.07hm²。天然灌木林面积为12 639.25hm²，优势树种全部为柽柳（6989hm²）。

人工林面积1055.43hm²，占有林地面积的72.13%。核桃面积最大，占人工乔木林面积的43.24%；其次是枣和杨树，分别占24.32%和17.86%；其余优势树种面积共占14.58%。

除经济林树种外，人工乔木林优势树种仅有胡杨、杨树、柳树、沙枣、桑树和桦木等6个树种，而胡杨和杨树占据绝大多数，面积达6245.14hm²，占乔木林用材树种总面积的94.91%。

全县乔灌经济林面积8746.13hm²，占全县有林地、灌木林地总面积的36.13%%。经济林优势树种面积排列前三位的是：核桃、枣、杏，面积合计8160.33hm²，占经济林总面积的93.30%。

二、林木种质资源现状

（一）林木种质丰富度

和田县共有林木种质160种315份，隶属30科53属。其中，种92个，占和田地区林木种质资源种数的38.33%；亚种1个，占和田地区林木种质资源亚种数的33.33%；变种8个，占和田地区林木种质资源变种数的15.09%；变型1个，占和田地区林木种质资源变型数的25%；品种62个，占和田地区林木种质资源品种数的18.24%。

（二）野生林木种质资源

和田县野生林木种质资源共44分类单位（亚种、变种、变型）66份，隶属15科22属（表4-2-1）。

表4-2-1　和田县野生林木种质资源类群构成及在和田地区林木种质资源中的重要度

类群	科	属	种	份
和田县野生林木种质资源	15	22	44	66
和田县林木种质资源总数	30	53	160	315
占和田县林木种质资源总数比例（%）	50.00	41.51	27.50	20.95
占地区野生林木种质资源总数比例（%）	88.24	68.75	46.81	16.71
占地区林木种质资源总数比例（%）	31.91	22.00	6.72	1.33

（三）栽培林木种质资源

和田县共有栽培林木种质资源92分类单位（亚种、变种、变型和品种）189份，隶属22科37属（表4-2-2）。

表4-2-2　和田县栽培林木种质资源类群构成及在和田地区林木种质资源中的重要度

类群	科	属	种	份
和田县栽培林木种质资源	22	37	92	189
和田县林木种质资源总数	30	53	160	318
占和田县林木种质资源总数比例（%）	73.33	69.81	57.50	59.43
占地区栽培林木种质资源总数比例（%）	51.16	44.05	15.01	4.99
占地区林木种质资源总数比例（%）	46.81	37.00	14.05	3.81

（四）收集保存的林木种质资源

和田县引种、收集保存的林木种质资源共50分类单位（亚种、变种、变型和品种）53份，隶属12科17属（表4-2-3）。

表4-2-3　和田县收集保存林木种质资源类群构成及在和田地区林木种质资源中的重要度

类群	科	属	种	份
和田县引种、收集保存林木种质资源	12	17	50	53
和田县林木种质资源总数	30	53	160	318
占和田县林木种质资源总数比例（%）	40.00	32.08	31.25	16.67
占地区引种收集保存林木种质资源总数比例（%）	34.29	27.42	15.53	8.49
占地区林木种质资源总数比例（%）	25.53	17.00	7.63	1.07

（五）古树种质资源

和田县有古树资源8株、古树群2个，分属4科6属6种。分别占和田县林木种质资源科数、属数和种数的13.34%、11.54%和3.75%，古树级别为3级5株1群、2级1群（大于500株）、1级3株。（表4-2-4）。

表4-2-4　和田县古树资源构成表

种名	科	属	株数（群）	级别	占本县古树总株数比例（%）
白柳*S. alba* L.	杨柳科Salicaceae	柳属*Salix* L.	2	3	20.00
银白杨*P. alba* L.	杨柳科Salicaceae	杨属*Populus* L.	1	3	10.00
核桃*J. regia* L.	核桃科Juglandaceae	核桃属*Juglans* L.	1（1）	3	20.00
核桃*J. regia* L.	核桃科Juglandaceae	核桃属*Juglans* L.	1	1	10.00
无花果*F. carica* L.	桑科Moraceae	无花果属*Ficus* L.	2	1	20.00
榅桲*C. oblonga* Mill.	蔷薇科Rosaceae	榅桲属*Cydonia* Mill.	1	3	10.00
杏*A. vulgaris* Lam.	蔷薇科Rosaceae	杏属*Armeniaca* Mill.	（1）	2	10.00
合计　6	4	6	8（2）	/	100.00

第三节　墨玉县林木种质资源

一、自然经济地理概况

（一）自然地理

墨玉县位于和田地区西北部，是和墨洛绿洲的一部分。东隔喀拉喀什河、和田河与和田县、洛浦县相望，西临戈壁与皮山县毗邻，南抵喀喇昆仑山北麓，北入塔克拉玛干大沙漠与阿克苏地区的阿瓦提县接壤。地理坐标E79°08′~80°51′，N36°36′~39°38′，海拔1120~3600m。南北长319.5km，东西宽45.0~112.5km。国土总面积为2 487 250.39hm^2，其中山地占8.50%，平原绿洲占5.90%，沙漠占85.60%。

墨玉县地势由南向北倾斜，大致可分为三个地貌单元。南部山前起伏带，海拔1400~3600m，该带是山麓平原接近山体的过渡带。受新构造运动的影响，山地部分不断抬升，经喀拉喀什河下切侵蚀，形成很深的河谷，扇形地上部坡度较陡；山前洪积—冲积扇，海拔1290~1400m，从东部喀拉喀什河高阶地至西部有长达15~20km的山前戈壁砾石带，为第四纪早期河流冲积洪积所形成，以碎石、沙质黏土夹杂组成，厚度可达百米，其下沉积了深厚的第四纪洪积—冲积物。洪积—冲积扇在河流的出山口形成了深厚的土层，故扇形地中下部地形平坦，灌溉方便，是主要的农业区；北部冲积沙漠平原，海拔1290m以下，最北部塔克拉玛干沙漠腹地为流动沙丘，喀拉喀什河与玉龙喀什河汇合后流入塔里木河，沿河冲积平原是第四纪冲积沙层和粉砂层，最大厚度达300m。该带以风成地貌为主，成土母质风化作用微弱。

墨玉县地表主要水源是喀拉喀什河与境内泉水。喀拉喀什河年径流量为$21.80\times10^8m^3$，70%以上的水量集中于6、7、8三个月。全县地下水储量约$3\times10^8m^3$，可用于灌溉的水约为$2\times10^8m^3$，地下水矿化度约0.52g／L。

全县土壤分为9个土类，17个亚类，28个土属，57个土种。从南部山区到北部沙漠，土壤呈垂直地带性规律分布，又因灌区水利条件、耕种历史影响程度不同，形成地域性土类。灌淤土、潮土、水稻土是本县农业主要土壤，集中分布于人口稠密的中部古老绿洲。淤沙土、灌溉棕漠土主要分布于北部邻近沙漠新垦农区。草甸土、盐土、沼泽土分布于冲积扇内、地形地洼和戈壁沙漠边缘自然条件差的地形部位。风沙土、棕漠土主要分布于绿洲边缘的戈壁沙漠前沿。

墨玉县自然植被分布极不均匀，植物群落结构简单，植被稀疏。从山区到平原依次分布着山地草原、荒漠、盐化低地草甸及河岸荒漠林等自然植被。

在平原荒漠区的河流两岸，分布着由胡（灰）杨林组成的荒漠河岸林，面积达20 997.72hm²，分别占全县有林地乔木林面积和天然乔木林面积的55.15%和99.90%。绿洲外围及新垦荒地上有少量野生沙枣和柳树群落分布。天然灌木林由以柽柳为主要优势种，面积9513.48hm²，占全县灌木林总面积的45.60%。

（二）行政区划

墨玉县辖4个镇（喀尔赛镇、奎雅镇、墨玉镇、扎瓦镇），12个乡（阿克萨拉依乡、加汗巴格乡、卡瓦克乡、柯其乡、芒来乡、普恰克其乡、萨依巴格乡、吐外特乡、托呼拉乡、乌尔其乡、雅瓦乡、英也尔乡），2个开发区（玉北开发区、玉西开发区）。有行政村364个，自然村1603个。

（三）土地利用

全县土地总面积2 487 250.44hm²，其中：林地面积341 434.37hm²，占全县土地总面积的13.73%；非林地面积2 145 816.07hm²，占全县土地总面积的86.27%。

在林地中，疏林地面积146 354.68hm²，占林地面积的42.86%；宜林地面积126 562.01hm²，占林地面积的37.07%；有林地面积38 073.16hm²，占林地面积的11.15%；灌木林地20 862.25hm²，占林地面积的6.11%；未成林造林地8940.07hm²，占林地面积的2.62%；无立木林地266.04hm²，占林地面积的0.08%；苗圃地376.16hm²，占林地面积的0.11%。

非林地面积中，未利用地面积2 038 629.85hm²，占非林地总面积的95.01%；耕地、水域和建设用地面积很小，合计面积仅占非林地总面积的4.99%。

（四）林业发展

全县森林覆盖率2.37%，林木绿化率2.63%。森林面积58 935.41hm²，其中，乔木林面积和灌木林面积分别占森林面积的64.60 %和35.4%。

天然乔木林地面积20 997.72hm²，占全县有林地总面积的55.15%。天然乔木林只涉及两个优势树种（组），其中胡杨为主要树种，面积占天然乔木林面积的99.90%；沙枣有少量分布。全县灌木林面积为176 855.98hm²，优势树种全部为柽柳（9513.48hm²）。

人工有林地面积17 075.44hm²，占全县有林地面积的44.85%。人工乔林用材树种中，杨树面积最大为2461.67hm²，占人工乔木林面积的14.42%。

全县以特色林果业为重点的林果经济林总面积已发展到13 946.00hm²，占全县有林地、灌木林地总面积的23.66%。经济林面积排列前三位的优势树种是核桃（6591.05hm²）、枣（3406.91hm²）和杏（2826.45hm²），面积合计为12 824.41hm²，所占比例在90%以上。

2016年春季，墨玉县完成新造林1173.60hm²，其中：生态林594.13hm²，经济林579.47hm²；完成过密核桃移栽703.33hm²，移栽10.94万株；完成缺行断垄的林地补植补造1191.20hm²，其中核桃1050.67hm²。完成果树修剪面积8066.67hm²，其中核桃2753.33hm²;完成大田果树嫁接23.00万株,其中核桃4.40万株。苗木繁育39.53hm²,圃内苗木嫁接5.80万株。

二、林木种质资源现状

(一)林木种质丰富度

墨玉县县共有林木种质230种796份,隶属37科71属。其中,种140个,占和田地区林木种质资源种数的49.82%;亚种1个,占和田地区林木种质资源亚种数的25.00%;变种9个,占和田地区林木种质资源变种数的36.00%;变型3个,占和田地区林木种质资源变型数的75.00%;品种99个,占和田地区林木种质资源品种数的29.20%。

(二)野生林木种质资源

墨玉县野生林木种质资源共23分类单位(亚种、变种、变型)31份,隶属9科13属(表4-3-1)。

表4-3-1 墨玉县野生林木种质资源类群构成及在和田地区林木种质资源中的重要度

类群	科	属	种	份
墨玉县野生林木种质资源	9	13	23	31
墨玉县林木种质资源总数	37	71	230	796
占墨玉县林木种质资源总数比例(%)	24.32	18.31	10.00	3.89
占地区野生林木种质资源总数比例(%)	52.94	40.63	24.47	7.85
占地区林木种质资源总数比例(%)	19.15	13.00	3.51	0.63

(三)栽培林木种质资源

墨玉县栽培林木种质资源共212分类单位(亚种、变种、变型和品种)627份,隶属36科57属(表4-3-2)。

表4-3-2 墨玉县栽培林木种质资源类群构成及在和田地区林木种质资源中的重要度

类群	科	属	种	份
墨玉县栽培林木种质资源	36	57	212	627
墨玉县林木种质资源总数	37	71	230	796
占墨玉县林木种质资源总数比例(%)	97.30	80.28	92.17	78.77
占地区栽培林木种质资源总数比例(%)	87.80	70.37	34.58	16.68
占地区林木种质资源总数比例(%)	76.60	57.00	32.73	12.65

(四)收集保存的林木种质资源

墨玉县收集保存的林木种质资源共86分类单位(亚种、变种、变型和品种)115份,隶属29科48属(表4-3-3)。

表4-3-3 墨玉县收集保存林木种质资源类群构成及在和田地区林木种质资源中的重要度

类群	科	属	种	份
墨玉县引种、收集保存林木种质资源	29	48	86	115
墨玉县林木种质资源总数	37	71	230	796
占墨玉县林木种质资源总数比例(%)	78.38	67.61	37.39	14.45
占地区引种、收集保存林木种质资源总数比例(%)	82.86	77.42	26.71	18.43
占地区林木种质资源总数比例(%)	61.70	48.00	13.13	2.32

(五)名木古树种质资源

墨玉县有古树资源95株,分属10科12属14种。分别占墨玉县林木种质资源科数、属数和种数的27.03%、17.65%和6.09%,古树级别为3级75株、2级16株、1级4株(表4-3-4)。

表4-3-4　墨玉县古树资源构成表

种名	科	属	株数	级别	占本县古树总株数比例(%)
胡杨*P. euphratica* Oliv.	杨柳科Salicaceae	杨属*Populus* L.	1	1	1.03
银白杨*P. alba* L.	杨柳科Salicaceae	杨属*Populus* L.	13	2	13.41
银白杨*P. alba* L.	杨柳科Salicaceae	杨属*Populus* L.	1	3	1.03
白柳*S. alba* L.	杨柳科Salicaceae	柳属*Salix* L.	1	3	1.03
核桃*J. regia* L.	核桃科uglandaceae	核桃属*Juglans* L.	55	3	56.71
核桃*J. regia* L.	核桃科uglandaceae	核桃属*Juglans* L.	1	2	1.03
核桃*J. regia* L.	核桃科uglandaceae	核桃属*Juglans* L.	1	1	1.03
白榆*U. pumila* L.	榆科Ulmaceae	榆属*Ulmus* L.	1	3	1.03
白桑*M. alba* L.	桑科Moraceae	桑属*Morus* L.	2	2	2.06
药桑*M. nigra* L.	桑科Moraceae	桑属*Morus* L.	1	3	1.03
三球悬铃木*P. orientalis* L.	悬铃木Platanaceae	悬铃木属*Platanus* L.	1	3	1.03
三球悬铃木*P. orientalis* L.	悬铃木Platanaceae	悬铃木属*Platanus* L.	1	1	1.03
杏*A. vulgaris* Lam.	蔷薇科Rosaceae	杏属*Armeniaca* Mill.	1	1	1.03
杏*A. vulgaris* Lam.	蔷薇科Rosaceae	杏属*Armeniaca* Mill.	1	3	1.03
梨*P. sinkiangensis* Yu	蔷薇科Rosaceae	梨属*Pyrus* L.	1	3	1.03
山皂荚*G. japonica* Miq.	豆科Leguminosae	皂荚属*Gleditsia* L.	1	3	1.03
枣*Z. jujuba* Mill.	鼠李科Rhamnaceae	枣属*Ziziphus* Mill.	10	3	10.31
紫丁香S. *oblata* Lindl.	木樨科Oleaceae	丁香属*Syringa* L.	1	3	1.03
梓树*C. ovata* G. Don.	紫葳科Bignoniaceae	梓树属*Catalpa* Scop.	1	3	1.03
合计　14	10	12	95		100.00

第四节　皮山县林木种质资源

一、自然经济地理概况

(一)自然地理

皮山县地处塔克拉玛干大沙漠西南缘，喀喇昆仑山北麓，地理坐标E79°1′06″~79°38′42″，N37°20′52″~39°61′53″。东与和田县和墨玉县接壤，西与叶城县相连，南与印度在克什米尔的实际控制区交界，北入塔克拉玛干大沙漠与麦盖提县毗邻，总面积3.98 × 10^4km^2。县境南北长423km，东西宽67~145km。海拔1200~5500m。

皮山县位于冲积细土平原区，为杜瓦河洪积扇前缘地带，地形呈纺锤形，地势北低南高，海拔1200~4000m，由上更新统冲洪积细砂土和亚黏土组成。绿洲区地面比较平坦，地势西南高东北低，地下水位一般埋深8~50m。地形可分为5个带：南部冰山积雪地带、高山地带、中部山前河谷带、北部平川带和沙漠带。

在山间谷地的土壤发育与阶地的发育相一致，从山坡高阶地到低阶地到河滩地，依次分布着棕漠土、灌淤土和草甸土；在山前冲积扇地段，主要分布有棕漠土和灌淤土；在人类活动频繁的绿洲地区，分布有灌淤土、棕漠土和淤沙土等土壤。

（二）行政区划

皮山县辖5个街道、13个乡（皮亚勒玛乡、藏桂乡、木吉乡、桑株乡、康克尔柯尔克孜民族乡、乔达乡、木奎拉乡、科克铁热克乡、阔什塔格乡、克里阳乡、皮西那乡、巴西兰干乡、垴阿巴提塔吉克民族乡）、3个镇（杜瓦镇、固玛镇、赛图拉镇）、2个国营牧场（国营牧场、良种场）、1个开发区（皮亚勒玛开发区）、172个行政村和667个村民小组。

（三）土地利用

皮山县土地总面积3 983 426.00hm²，其中，林地面积80 299.04hm²，占全县土地总面积的2.02%。其中：灌木林地面积最大，占林地面积的37.52%；有林地次之，占林地面积的34.77%。

非林地面积3 903 126.96hm²，占全县土地总面积的97.98%。其中，未利用地分布最广，面积占非林地总面积的97.72%；耕地、牧草地、水域和建设用地合计，仅占2.28 %。

（四）林业发展

森林覆盖率1.46%，林木绿化率1.59%。

全县森林面积58 048.93hm²。其中，有林地面积占森林面积的48.10%，国家特别规定的灌木林面积占森林面积的51.90%。

全县天然有林地面积7615.96hm²，占有林地面积的27.28%。面积最大的天然乔木林昆仑方枝柏、昆仑圆柏和胡杨3个树种，其中昆仑圆柏分布最广，圆柏面积占天然乔木林面积和蓄积的59.81%。

全县人工有林地面积20 303.91hm²，占全县有林地面积的72.72%。

在人工乔木林中，优势用材树种面积3886.84hm²，占人工乔木林面积的19.14%；在用材树种中，面积最大的是杨树，杨树面积占人工乔木林面积的11.72%，沙枣次之。

全县疏林面积7537.91hm²，占全县林地面积的9.39%。疏林优势树种全部为胡杨。

全县灌木林面积30 129.06hm²，占全县林地面积的37.52%。全部是国家特别规定灌木林。灌木林中的柽柳灌木林(24 503.35hm²)占灌木林总面积的81.33%。

全县人工乔灌果树经济林总面积16 417.07hm²，占全县乔木林地、灌木林地总面积的28.28%。经济林按优势树种面积排列前三位的是：核桃、杏和石榴，面积合计 14 929.71hm²，占经济林总面积的90.94%。

二、林木种质资源现状

（一）林木种质丰富度

皮山县共有林木种质资源212种581份，隶属34科62属。其中，种136个，占和田地区林木种质资源种数的75.44%；变种10个，占和田地区林木种质资源变种数的40.00%；亚种1个，占和田地区林木种质资源亚种数的25.00%；变型4个，占和田地区林木种质资源变型数的100.00%；品种67个，占和田地区林木种质资源品种数的19.76%。

（三）野生林木种质资源

皮山县野生林木种质资源共45分类单位（亚种、变型）76份，隶属15科23属（表4-4-1）。

表4-4-1 皮山县野生林木种质资源类群构成及在和田地区林木种质资源中的重要度

类群	科	属	种	份
皮山县野生林木种质资源	15	23	45	76
皮山县林木种质资源总数	34	62	212	581
占皮山县林木种质资源总数比例(%)	44.12	37.10	21.23	13.08
占地区野生林木种质资源总数比例(%)	88.24	71.88	41.87	19.24
占地区林木种质资源总数比例(%)	31.91	23.00	6.87	1.53

（三）栽培林木种质资源

皮山县栽培林木种质资源共161分类单位（亚种、变型和品种）429份，隶属28科47属（表4-4-2）。

表4-4-2　皮山县栽培林木种质资源类群构成及在和田地区林木种质资源中的重要度

类群	科	属	种	份
皮山县栽培的林木种质资源	28	47	161	429
皮山县林木种质资源总数	34	62	212	581
占皮山县林木种质资源总数比例(%)	82.35	75.81	75.94	73.84
占和田地区栽培林木种质资源总数比例(%)	65.12	55.95	26.26	11.33
占地区林木种质资源总数比例(%)	59.57	47.00	24.58	8.65

（四）收集保存的林木种质资源

皮山县引种、收集保存的林木种质资源共26分类单位（亚种、变型和品种）27份，隶属11科18属（表4-4-3）。

表4-4-3　皮山县收集保存林木种质资源类群构成及在和田地区林木种质资源中的重要度

类群	科	属	种	份
皮山县引种、收集保存的林木种质资源	11	18	26	27
皮山县林木种质资源总数	34	62	212	581
占皮山县林木种质资源总数比例(%)	32.35	29.03	12.26	4.65
占地区引种、收集保存林木种质资源总数比例(%)	31.43	29.03	8.07	4.33
占地区林木种质资源总数比例(%)	23.40	18.00	3.97	0.54

（五）古树种质资源

皮山县有古树资源75株、古树群4个，分属8科10属14种。分别占皮山县林木种质资源科数、属数和种数的21.22%、14.76%和6.14%，古树级别为3级61株3群、2级10株、1级4株1群（表4-4-4）。

表4-4-4　皮山县古树资源构成表

种名	科	属	株数（群）	级别	占本县古树总株数比例(%)
胡杨*P. euphratica* Oliv.	杨柳科Salicaceae	杨属*Populus* L.	4	3	5.19
新疆杨*P. alba* var. *pyramidalis* Bge.	杨柳科Salicaceae	杨属*Populus* L.	2	2	2.56
银白杨*P. alba* L.	杨柳科Salicaceae	杨属*Populus* L.	12(1)	3	16.67
白柳*S. alba* L.	杨柳科Salicaceae	柳属*Salix* L	12(1)	3	16.67
白柳*S. alba* L.	杨柳科Salicaceae	柳属*Salix* L	2	1	2.56
蓝叶柳*S. capusii* Franch.	杨柳科Salicaceae	柳属*Salix* L	1	1	1.28
实生核桃*J. regia* L.	核桃科Juglandaceae	核桃属*Juglans* L.	12	3	15.38
实生核桃*J. regia* L.	核桃科Juglandaceae	核桃属*Juglans* L.	8	2	10.26
实生核桃*J. regia* L.	核桃科Juglandaceae	核桃属*Juglans* L.	(1)	1	1.28
白榆*U. alba* L.	榆科Ulmaceae	榆属*Ulmus* L.	(1)	3	1.28
白桑*M. alba* L.	桑科Moraceae	桑属*Morus* L.	1	3	1.28
杏*A. vulgaris* Lam	蔷薇科Rosaceae	杏属*Armeniaca* Mill.	1	3	1.28
实生杏*A. vulgaris* Lam	蔷薇科Rosaceae	杏属*Armeniaca* Mill.	3	3	3.85
土梨*P. sinkiangensis* Yu	蔷薇科Rosaceae	梨属*Pyrus* L.	2	3	2.56
酸枣Z. jujuba var. spinosa(Bge.)Hu ex H. F. Chow	鼠李科Rhamnaceae	枣属*Ziziphus* Mill.	10	3	12.82
沙枣*E. angustifolia* L.	胡颓子科Elaeagnaceae	胡颓子属*Elaeagnus* L.	1	1	1.28
石榴*P. granatum* L.	石榴科Punicaceae	石榴属*Punica* L.	4	3	5.19
合计　14	8	10	75(4)		100

第五节 洛浦县林木种质资源

一、自然经济地理概况

(一)自然地理

洛浦县位于E79°59′30″~81°32′18″,N36°30′18″~39°29′12″,东与策勒县相连,南倚昆仑山,西隔玉龙喀什河与和田县、和田市相望,北展塔克拉玛干大沙漠,与阿克苏市、阿瓦提县相邻。南北长337.5km,东西宽24.8~67.5km。海拔1200~5400m。总面积14 287km^2。其中山地占10.2%,平原绿洲占5.8%,沙漠占84%。

洛浦县全境划为四个地貌单元:南部高山带,海拔3300m以上,峰峦重叠;山腰起伏带,海拔1500~3300m,山峦起伏,沟壑纵横;山前洪积—冲积扇,海拔1300~1500m,1400m以上为山前戈壁砾石带,以下为绿洲,坡度平缓,由西南向东北倾斜;北部冲积平原,海拔1300m以下,绝大部分为沙漠,多为流动沙丘,极少部分为绿洲农区和沼泽。

洛浦县地表径流丰富,县境有6条河流,皆为融雪融冰补给型。其中阿其克河、沙格河、苦兰母里克河、勿土黑河、帕赫得里克河均系间歇性河流,源近流短,开发利用程度低。玉龙喀什河是主要的灌溉水源,平均年流量23×10^8m^3。该县地下水主要来源于灌溉水和大河补给。农区地下水较丰富,河道泉水溢出地段以灌区下游为多。地下水净贮量为5.60×10^8m^3。

洛浦县土壤共分9个土类,16个亚类,19个土属,40个土种。其中:灌淤土类8个土种,分布于农区中较高地形部位;潮土类2个土种,分布于碱滩、河滩,水库附近等低洼部位;水稻土类2个土种,分布农区东北古老绿洲泉水溢出地带;风沙土类2个土种,分布于绿洲北部地带,沙性大,干燥疏松,有机质和养分含量很低;棕漠土类13个土种,分布于冲积扇和北部冲积平原地带;草甸土类7个土种,分布于扇缘泉水溢出带及洼地,河滩等低湿地带;盐土类2个土种,分布于低洼碱滩上;沼泽土类1个土种,分布于扇缘洼地和泉水溢出带。

海拔3300~5500m区域,自上而下依次分布着终年积雪带、高寒草甸、高寒草原和山地干草原;海拔1500~3300m区域,从上至下依次为山地草原化荒漠、山地荒漠和干旱荒漠。山区植被群落简单,主要由狭果蒿草、珠芽蓼、紫花针茅、小早熟禾、细叶蒿草、黄花棘豆、昆仑针茅、昆仑蒿、芨芨草、山葱、水柏枝、芦苇和骆驼刺组成,分布稀疏,呈现荒漠植被景观。组成平原区荒漠植被的主要建群种有柽柳、骆驼刺、沙拐枣和猪毛菜等。

(二)行政区划

洛浦县辖6乡(布亚乡、恰尔巴格乡、纳瓦乡、多鲁乡、拜什托格拉克乡、阿其克乡),3镇(山普鲁镇、杭桂镇、洛浦镇),1个街道办事处,210个行政村,14个社区居委会,良种场、苗圃、林场各1个。

(三)土地利用

全县土地总面积1 353 999.16hm^2。其中:林地面积99 860.44hm^2,占全县土地总面积的7.38%(有林地面积31 630.03hm^2,占林地面积的31.67%;疏林地面积25 147.91hm^2,占林地面积的25.18%;灌木林地12 990.24hm^2,占林地面积的13.01%;未成林造林地1494.90hm^2,占林地面积的1.50%;无立木林地0.73hm^2,占林地面积的0.00%;宜林地28 596.63hm^2,占林地面积的28.64%);非林地面积1 254 138.72hm^2,占全县土地总面积的92.62%,其中,未利用地面积1 194 076.41hm^2,占非林地总面积的95.21%;耕地、水域和建设用地面积很小,合计面积仅占非林地总面积的4.79%。

(四)林业发展

全县森林面积44 620.27hm^2,森林覆盖率3.30%,林木绿化率3.43%。

天然有林地面积11 372.51hm^2,占全县有林地面积的35.95%。人工有林地面积20 257.52hm^2,占全县有林地面积的64.05%。全县天然乔木林优势树种为胡杨。灌木林面积为49 494.95hm^2,优势树种以柽柳为主(12 402.07hm^2)。

全县乔、灌经济林总面积17 740.39hm²，占全县有林地、灌木林地总面积的39.76%。优势林果树种主要为核桃、红枣和石榴。其中核桃面积最大，占经济林总面积的77.73%。

二、林木种质资源现状

(一)林木种质丰富度

洛浦县共有林木种质287分类单位699份，隶属31科58属。其中，种104个，占和田地区林木种质资源种数的37.37%；亚种1个，占和田地区林木种质资源亚种数的25.00%；变种21个，占和田地区林木种质资源变种数的84.00%；变型3个，占和田地区林木种质资源变型数的75.00%；品种165个，占和田地区林木种质资源品种数的48.67%。

(二)野生林木种质资源

洛浦县野生林木种质资源共15分类单位(亚种、变种、变型)34份，隶属8科9属(表4-5-1)。

表4-5-1 洛浦县野生林木种质资源类群构成及在和田地区林木种质资源中的重要度

类群	科	属	种	份
洛浦县野生林木种质资源	8	9	15	34
洛浦县林木种质资源总数	31	58	287	699
占洛浦县林木种质资源总数比例(%)	25.81	15.52	5.23	4.86
占地区野生林木种质资源总数比例(%)	47.06	28.13	15.96	8.61
占地区林木种质资源总数比例(%)	17.02	9.00	2.29	0.69

(三)栽培林木种质资源

洛浦县栽培林木种质资源共186分类单位(亚种、变种、变型和品种)514份，隶属26科47属(表4-5-2)。

表4-5-2 洛浦县栽培林木种质资源类群构成及在和田地区林木种质资源中的重要度

类群	科	属	种	份
洛浦县栽培林木种质资源	26	47	186	514
洛浦县林木种质资源总数	31	58	287	699
占洛浦县林木种质资源总数比例(%)	83.87	81.03	64.81	73.53
占地区栽培林木种质资源总数比例(%)	60.46	55.95	30.34	13.67
占地区林木种质资源总数比例(%)	55.32	47.00	28.40	10.37

(四)收集保存的林木种质资源

洛浦县收集保存的林木种质资源共149分类单位(亚种、变种、变型和品种)149份，隶属21科39属(表4-5-3)。

表4-5-3 洛浦县收集保存林木种质资源类群构成及在和田地区林木种质资源中的重要度

类群	科	属	种	份
洛浦县引种、收集保存林木种质资源	15	21	99	149
洛浦县林木种质资源总数	31	58	287	699
占洛浦县林木种质资源总数比例(%)	48.39	36.21	34.50	21.32
占地区引种、收集保存林木种质资源总数比例(%)	42.86	33.87	30.75	23.88
占地区林木种质资源总数比例(%)	31.91	21.00	15.11	3.01

(五)名木古树种质资源

洛浦县古树数量少，仅有5株，隶属3科3属3种。分别占洛浦县林木种质资源科数、属数和种数的9.68%、5.36%和1.05%，古树级别均为3级。孤立散生在洛浦县私人宅院及城市街边。具体地点为下多鲁乡农村信用合作联社多鲁信用社旁、纳瓦乡奥斯曼·伊根巴提家和杭桂乡吾斯塘乌其村(表4-5-4)。

表4-5-4　洛浦和田市古树资源统计表

种名	科	属	株数	级别	占本县古树总株数比例(%)
银白杨 *P. alba* L.	杨柳科 Salicaceae	杨属 *Populus* L.	3	3	60.00
无花果 *F. carica* L.	桑科 Moraceae	无花果属 *Ficus* L.	1	3	20.00
葡萄 *V. vinifera* L.	葡萄科 Vitaceae	葡萄属 *Vitis* L.	1	3	20.00
合计　3	3	3	5	/	100.00

第六节　民丰县林木种质资源

一、自然经济地理概况

(一)自然地理

民丰县位于和田地区东部。地跨E82°22′~84°55′，N35°22′~39°29′。南北长451km，东西宽130km，总面积为5.76×10⁴km²，约占和田地区总面积的23%。西邻于田县，东与巴音郭楞蒙古族自治州的且末县交界，北接阿克苏地区的沙雅县，南与西藏自治区接壤。

全县地势南高北低，由山区、冲积平原和沙漠三个地貌区域组成：南部为昆仑山区，海拔1450m以上，最高点海拔6360m，占全县面积的42.5%；中部地势平坦，为沙漠与冲积平原区，海拔在1350~1450m，占全县面积的6.8%；北部为沙漠区，海拔在1350m以下，最低点海拔为1125m，占全县面积的50.7%。

民丰县地表水由5条较大河流、4条小河和11处泉水溢出带构成。地表水平均年径流量为$5.23\times10^8m^3$。主要补给来源于南部昆仑山区的降水补给。县内所有河流均为季节性河流。全县地下水总动储量为$2.01\times10^8m^3$。

民丰县土壤共分7个土类，8个亚类，11个土层，13个土种。

全县自然植被多为稀疏荒漠植被，郁闭度小。山地荒漠主要组成植物物种有：狭果蒿、黄花蒿、昆仑羊茅、银穗草、紫花针茅、芨芨草、昆仑蒿、早熟禾、锦鸡儿、驼绒藜和琵琶柴等。冲积扇平原和北部沙漠荒原植被的主要组成植物种类有甘草、骆驼刺、铃铛刺、白刺、沙拐枣、胡杨、柽柳、芦苇、花花柴和黑果枸杞等。

(二)行政区划

全县辖1个镇(尼雅镇)，6个乡(尼雅乡、若可雅乡、萨勒吾则克乡、叶亦克乡、安迪尔乡、亚瓦通古孜乡(安迪尔牧场)。

(三)土地利用现状

全县土地总面积5 783 856.47hm²。其中：林地面积120 781.45hm²，占全县土地总面积的2.09%；非林地面积5 663 075.02hm²，占全县土地总面积的97.91%。

在林地面积中，灌木林地面积53 721.45hm²，占林地面积的44.48%；宜林地40 116.78hm²，占林地面积的33.21%；有林地17 789.51hm²，14.73%；疏林地8915.09hm²，占林地面积的7.38%；未成林地238.16hm²，占林地面积的0.20%；无立木林地0.46hm²，占林地面积的0.00%。

在非林地面积中，未利用地面积5 651 876hm²，占非林地总面积的99.80%；耕地、水域和建设用地面积很小，合计面积仅占非林地总面积的0.20%。

(四)林业发展现状

全县森林覆盖率1.24%，林木绿化率1.24%。

全县森林面积71 440.52hm²，其中，乔木林面积17 719.07hm²，国家特别规定灌木林面积53 721.45hm²，分别占森林面积的24.8%和75.2%。

面积排在前3位的乔木林优势树种(组)是胡杨、枣、核桃，面积合计为16 380.77hm²，占乔木林面积的92.08%。全县天然乔木林的优势树种为胡杨，天然灌木林优势树种为柽柳(53 721.45hm^2)。

全县乔灌经济林总面积7 172.61hm^2，占全县有林地、灌木林地总面积71 510.96hm^{2}的10.03%。经济林面积排列前三位的优势树种是枣、核桃和杏，面积合计7 127.93hm^2，占经济林总面积的99.38%，占人工乔木林面积的93.05%。

通过近几年民丰县产业结构的调整，林业已发展成为全县农牧民中长期脱贫致富的支柱产业。

二、林木种质资源现状

(一)林木种质丰富度

民丰县共有林木种质133分类单位321份，隶属36科57属。其中，种102个，占和田地区林木种质资源种数的36.30%；亚种1个，占和田地区林木种质资源亚种数的25.00%；变种16个，占和田地区林木种质资源变种数的64.00%；变型3个，占和田地区林木种质资源变型数的75.00%；品种32个，占和田地区林木种质资源品种数的9.44%。

(二)野生林木种质资源

民丰县野生林木种质资源共25分类单位(亚种、变种、变型)35份，隶属10科13属(表4-6-1)。

表4-6-1　民丰县野生林木种质资源类群构成及在和田地区林木种质资源中的重要度

类群	科	属	种	份
民丰县野生林木种质资源	10	13	25	35
民丰县林木种质资源总数	36	57	133	321
占民丰县林木种质资源总数比例(%)	27.78	22.81	18.80	10.90
占地区野生林木种质资源总数比例(%)	58.82	40.63	26.60	8.86
占地区林木种质资源总数比例(%)	21.28	13.00	3.82	0.71

(三)栽培林木种质资源

民丰县栽培林木种质资源共122分类单位(亚种、变种、变型和品种)244份，隶属25科43属(表4-6-2)。

表4-6-2　民丰县栽培林木种质资源类群构成及在和田地区林木种质资源中的重要度

类群	科	属	种	份
民丰县栽培林木种质资源	25	43	122	244
民丰县林木种质资源总数	36	57	133	321
占民丰县林木种质资源总数比例(%)	69.44	75.34	91.72	76.01
占地区栽培林木种质资源总数比例(%)	58.14	51.19	19.90	6.49
占地区林木种质资源总数比例(%)	53.19	43.00	18.63	4.92

(四)收集保存林木种质资源

民丰县引种、收集保存林木种质共14分类单位(亚种、变种、变型和品种)14份，隶属10科13属(表4-6-3)。

表4-6-3　民丰县收集保存林木种质资源类群构成及在和田地区林木种质资源中的重要度

类群	科	属	种	份
民丰县引种、收集保存林木种质资源	10	13	14	14
民丰县林木种质资源总数	36	57	133	321
占民丰县林木种质资源总数比例(%)	27.78	22.81	10.53	4.36
占地区引种、收集保存林木种质总数比例(%)	28.57	20.97	4.35	2.24
占地区林木种质资源总数比例(%)	21.28	13.00	2.14	0.28

（五）名木古树种质资源

民丰县共有古树55株1群，隶属5科6属8种（变种），分别占民丰县林木种质资源科数、属数和种数的13.89%、10.91%和6.02%，古树级别为3级52株、2级1株、1级3株1群。古树主要以散生为主，群生有2处，分别是枣树和银白杨（表4-6-4）。

表4-6-4　民丰县古树种质资源统计表

种名	科	属	株数（群）	级别	占本县古树总株数比例(%)
胡杨*P. euphratica* Oliv.	杨柳科Salicaceae	杨属*Populus* L.	2(1)	1	5.27
新疆杨*P. alba* L. var. *pyramidalis* Bge.	杨柳科Salicaceae	杨属*Populus* L.	2	3	3.51
银白杨*P. alba* L.	杨柳科Salicaceae	杨属*Populus* L.	26	3	47.37
银白杨*P. alba* L.	杨柳科Salicaceae	杨属*Populus* L.	1	2	1.76
银白杨*P. alba* L.	杨柳科Salicaceae	杨属*Populus* L.	1	1	1.76
白柳*S. alba* L.	杨柳科Salicaceae	柳属*Salix* L.	1	3	1.76
实生核桃*J. regia* L	核桃科Juglandaceae	核桃属*Juglans* L.	2	3	3.51
毛杏*A. vulgaris* Lam.	蔷薇科Rosaceae	杏属*Armeniaca* Mill.	2	3	3.51
酸枣*Z. jujuba* var. *spinosa* Hu ex H. F. Chow	鼠李科Rhamnaceae	枣属*Ziziphus* Mill.	13	3	22.81
小叶白蜡*F. sogdiana* Bge.	木樨科Oleaceae	白蜡树属*Fraxinus* L.	5	3	8.78
合计　8	5	6	55(1)		100.00

第七节　于田县林木种质资源

一、自然经济地理概况

（一）自然地理

于田县地处E81°09′~82°51′，N35°14′~39°29′。东邻民丰县，西接策勒县。克里雅河自南向北纵贯全境，形成南北长约466km、东西宽120km的长条状地带，总面积40 328km²。

于田县一面为高山，三面为戈壁沙漠所环绕，整个地势南高北低，具有鲜明的垂直地带性差异，东西两侧水平差异不甚明显。

全县绿洲面积2382.6km²，占总面积的6%，主要分布于中部山前洪积冲积扇和北部洪积冲积荒漠平原，多与沙漠为邻或处于沙漠、戈壁包围之中。海拔最高点为6920m，最低点1091m。山地草场分布于海拔3320~4500m。主要农作区分布于海拔1350~2000m。海拔1350m以下是塔克拉玛干沙漠。

于田县境内有大小季节性河流11条，年总径流量$9.968\times10^8m^3$，其中可利用的河流有克里雅河、土米亚河、皮什盖河和阿羌河等4条河流，年径流量为$9.178\times10^8m^3$。泉水主要分布于克里雅河沿岸和西部冲积—洪积扇缘沟地带，山区和东部很少。泉水年径量为$3.037\times10^8m^3$，其中可利用$1.242\times10^8m^3$。于田县地下水资源很丰富，动储量$2.9\times10^8m^3$，占可利用水资源的30%。

于田县土壤具有明显的垂直分布规律。南部高山、亚高山为寒漠土、高山漠土和亚高山高原土，中山带为山地草原土和山地棕漠土，低山带主要为山地棕漠土和灌淤土，中部绿洲多灌淤土，北部沙漠分布风沙土。

主要自然植物群落类型有荒漠河岸林（胡杨、灰杨）、盐尘灌丛（耐盐性的潜水旱生、中生灌木）、盐化草甸（多年生耐盐中生植物）、盐生荒漠（盐生和湿生的小灌木或半灌木）等。

于田县属于绿洲农业区，垦殖历史悠久，以栽培农作物和栽培树木为主。自古盛产大麦、小麦、玉米、水稻、棉花、苜蓿、胡麻、油菜、葵花、小茴香，瓜果树木有甜瓜、西瓜、杏、桃、苹果、梨、葡萄、石榴、核桃、玫瑰、桑、杨树、柳树、沙枣、红枣等，以及甘草、大芸、麻黄、红花和紫草等多种名贵中药材。特别是大芸因质优价廉而声名远扬，被誉为"中国大芸之乡""中国胡杨之乡"和"中国大叶紫花苜蓿之乡"。

（二）行政区划

县辖14个乡（阿羌乡、阿热勒乡、阿日希乡、奥依托格拉克乡、达里雅博依乡、加依乡、喀尔克乡、科克亚乡、兰干乡、斯也科乡、托格日尕孜乡、希吾勒乡、英巴格乡），2个镇（木尕拉镇、先拜巴扎镇），3个场（依拉苏农场、兰干博孜亚农场、羊场），1个稻田指挥部，1个劳改农场（于田监狱），173个村民委员会和754个村民小组（图4-7-1）。

（三）土地利用现状

全县土地总面积3 868 822.74hm^2。其中：林地面积125 927.30hm^2，占全县土地总面积的3.25%；非林地面积3 742 895.44hm^2，占全县土地总面积的96.75%。

在林地总面积中，有林地12 431.94hm^2，占林地面积的9.87%；疏林地12 432.64hm^2，占林地面积的9.87%；灌木林地42 322.18hm^2，占林地面积的33.61%；未成林地17 786.31hm^2，占林地面积的14.12%；宜林地40 545.80hm^2，占林地面积的32.20%；苗圃地408.40hm^2，占林地面积的0.32%；

在非林地中，未利用地面积占非林地面积的97.94%；耕地、牧草地、水域和建设用地仅占2.06%。

全县森林面积54 754.12hm^2。其中，乔木林面积12 431.94hm^2，占森林面积的22.71%，国家特别规定灌木林面积42 322.18hm^2，占森林面积的77.29%。

（四）林业发展现状

全县森林覆盖率1.42%。全县天然有林地和疏林的优势树种均为胡杨（面积分别为9505.81hm^{2}和12 432.64hm^2）。于田县天然灌木林面积42 322.18hm^2，其中，优势树种为柽柳（41 801.49hm^2）。

全县其他主要的用材和生态优势树种为杨树（1555.93hm^2）、沙枣（263.7hm^2）、柳树（34.06hm^2）和桑树（4.93hm^2）。

全县经济林面积已达到27 348.71hm^2。其中，红枣18 266hm^2、核桃3848.67hm^2、葡萄3220hm^2、杏610.35hm^2、桃73.42hm^2、玫瑰1330.27hm^2。

于田县具有丰富的光热、水土资源优势，南部山区农民依托自然优势历来就有喜好栽种经济林的传统习惯和丰富的种植经验。经过逐年的林木良种推广，已形成了品质较好的核桃、大枣、鲜食杏和鲜食葡萄为主的特色林果业和沙产业，并将以前经济效益低的低产园进行改造，对工程造林的部分野山杏进行嫁接换种，加大了经济林示范园建设力度。

二、林木种质资源现状

（一）林木种质丰富度

于田县共有林木种质204分类单位943份，隶属36科66属。其中，种135个，占和田地区林木种质资源种数的48.04%；亚种1个，占和田地区林木种质资源亚种数的25.00%；变种21个，占和田地区林木种质资源变种数的84.00%；变型3个，占和田地区林木种质资源变型数的75.00%；品种165个，占和田地区林木种质资源品种数的48.67%。

（二）野生林木种质资源

于田县野生林木种质资源共39分类单位（亚种、变种、变型）71份，隶属12科18属（表4-7-1）。

表4-7-1　于田县野生林木种质资源类群构成及在和田地区林木种质资源中的重要度

类群	科	属	种	份
于田县野生林木种质资源	12	18	39	71
于田县林木种质资源总数	36	66	204	943
占于田县林木种质资源总数比例(%)	33.33	27.27	19.12	7.53
占地区野生林木种质资源总数比例(%)	37.50	56.25	41.49	17.97
占地区林木种质资源总数比例(%)	25.53	18.00	5.95	1.43

（三）栽培林木种质资源

于田县栽培林木种质资源共173分类单位（亚种、变种、变型和品种）703份，隶属29科49属（表4-7-2）。

表4-7-2 于田县栽培林木种质资源类群构成及在和田地区林木种质资源中的重要度

类群	科	属	种	份
于田县栽培林木种质资源	29	49	173	703
于田县林木种质资源总数	36	66	204	943
占于田县林木种质资源总数比例（%）	80.56	74.24	84.80	71.55
占地区栽培林木种质资源总数比例（%）	67.44	58.33	28.22	18.71
占地区林木种质资源总数比例（%）	61.70	49.00	26.41	14.18

（四）收集保存林木种质资源

于田县引种、收集保存栽培林木种质共97分类单位（亚种、变种、变型和品种）134份，隶属20科29属（表4-7-3）。

表4-7-3 于田县收集保存林木种质资源类群构成及在和田地区林木种质资源中的重要度

类群	科	属	种	份
于田县引种、收集保存林木种质资源	20	29	97	134
于田县林木种质资源总数	36	66	204	943
占于田县林木种质资源总数比例（%）	55.56	43.94	47.55	14.21
占地区引种、收集保存林木种质总数比例（%）	57.14	46.77	30.12	21.47
占地区林木种质资源总数比例（%）	42.55	29.00	14.81	2.70

（五）名木古树种质资源

于田县共有古树61株1群，隶属7科8属11种（变种）。分别占于田县林木种质资源科数、属数和种数的19.45%、12.70%和5.40%，古树级别为3级61株、1级1群。古树主要以散生为主（表4-7-4）。

表4-7-4 于田县县古树种质资源统计表

种名	科	属	株数（群）	级别	占本县古树总株数比例（%）
胡杨 *P. euphratica* Oliv.	杨柳科 Salicaceae	杨属 *Populus* L.	（1）	1	1.62
新疆杨 *P. alba* var. *pyramidalis* Bge.	杨柳科 Salicaceae	杨属 *Populus* L.	3	3	4.84
银白杨 *P. alba* L.	杨柳科 Salicaceae	杨属 *Populus* L.	16	3	25.81
银白杨 *P. alba* L.	杨柳科 Salicaceae	杨属 *Populus* L.	1	1	1.62
白柳 *S. alba* L.	杨柳科 Salicaceae	柳属 *Salix* L.	5	3	8.07
药桑 *M. nigra* L.	桑科 Moraceae	桑属 *Morus* L.	1	3	1.62
白桑 *M. alba* L.	桑科 Moraceae	桑属 *Morus* L.	11	3	17.75
阿木提香梨 *P. sinkiangensisi* 'Amutili'.	蔷薇科 Rosaceae	梨属 *Pyrus* L.	1	3	1.62
国槐 *S. japonica* L.	豆科 Leguminosae	槐属 *Sophora* L.	1	3	1.62
圆酸枣 *Z. jujuba* var.*spinosa* Hu ex H. F. Chow	鼠李科 hamnaceae	枣属 *Ziziphus* Mill.	15	3	24.20
刚毛柽柳 *T. hispida* willd.	柽柳 Tamaricaceae	柽柳属 *Tamarix* L.	1	3	1.62
小叶白蜡 *F. sogdiana* Bge.	木樨科 Oleaceae	白蜡树属 *Fraxinus* L.	6	3	9.68
合计 11	7	8	61（1）	/	100.00

第八节 策勒县林木种质资源

一、自然经济地理概况

(一)自然地理

策勒县地理坐标范围为E80°04′~82°11′,N35°18′~39°30′。东邻于田县,西与洛浦县毗邻,北部沙漠与阿克苏市、沙雅县相邻,南靠昆仑山与西藏自治区交界,西南跨沙漠戈壁与和田县接壤。南北长467.7km,东西宽35.1~120.9km。国土总面积32 727.638km^2。

策勒县地势南高北低,南部为昆仑山区,山峰连绵,峡谷纵横;中部地势平坦,为冲积平原;北部为沙漠区。全境划分为四个地貌单元:南部高山带,海拔3400m以上,5500m以上的高山带终年冰雪覆盖;山腰起伏带,海拔1900~3400m;山前洪积—冲积扇区,海拔1300~1900m,1400m以上是戈壁砾石带,以下是绿洲地带,坡度平缓,地势从西南向东北倾斜;北部沙漠区,海拔1300m以下,绝大部分是流动沙丘。

县内有9条季节性的内陆小河,年总径流量$5.85 \times 10^8m^3$。其中努尔河和策勒河年总径流量均超过$1 \times 10^8m^3$。另有6条泉水沟,年总径流量为$1.2 \times 10^8m^3$。各河流成独立水系,水土分布不平衡。地下水储藏量丰富,水质差异较大。

全县土壤共分8个土类,16个亚类,40个土种。主要有灌淤土类、潮土类、风沙土类、棕漠土类、草甸土类、盐土类和沼泽土类等。土壤依海拔高度自上而下为高山草原土、棕钙土、栗钙土、棕漠土、灌淤土及风沙土。

县域内的自然乔木植物群落仅胡杨林1个类型,灌木群落柽柳灌丛1个类型,小灌木群落有塔里木沙拐枣—琵琶柴、膜果麻黄和琵琶柴3个类型,小半灌木群落有昆仑蒿群落和合头草群落,多年生草本群落在平原区有芦苇、骆驼刺和花花柴3个群落。除了胡杨、芦苇和骆驼刺有时可形成较郁闭的群落外,其他群落都十分稀疏,覆盖度普遍在30%以下。大多数植物群落为单层结构,多层结构只见于芦苇(双层)、柽柳(双层)和胡杨(三层)群落。

(二)行政区划

策勒县辖7乡(策勒乡、固拉哈玛乡、达玛沟乡、恰哈乡、努尔乡、乌鲁克萨依乡和博斯坦乡),1镇(策勒镇),125个行政村。其中策勒乡、策勒镇、固拉哈玛乡、达玛沟乡位于平原;恰哈乡、努尔乡、乌鲁克萨依乡、博斯坦乡位于山区。

(三)土地利用现状

策勒县土地总面积3 197 939.10hm^2,其中林地面积66 728.08hm^2,占全县土地总面积的2.09%;非林地面积3 131 211.02hm^2,占全县土地总面积的97.91%。

在林地面积中,灌木林地30 265.70hm^2,占林地面积的45.36%;有林地23 105.95hm^2,占林地面积的34.63%;宜林地9150.26hm^2,占林地面积的13.71%;未成林造林地2527.95hm^2,占林地面积的3.79%;疏林地1629.51hm^2,占林地面积的2.44%;无立木林地8.89hm^2,占林地面积的0.01%;苗圃地39.82hm^2,占林地面积的0.06%;

在非林地中,未利用地占3 051 073.01hm^2,占非林地面积97.44 %;耕地、牧草地、水域及建设用地面积仅占2.56%。

(四)林业发展现状

全县森林覆盖率1.67%,林木绿化率1.80%。

森林面积53 371.65hm^2。其中,有林地面积23 105.95hm^2,占森林面积的43.29%,其中,天然有林地面积2934.30hm^2,占全县有林地面积的12.70%,人工有林地面积20 171.65hm^2,占全县有林地面积的87.30%。

全县灌木林面积30 265.70hm^2,占森林面积的56.71%,占全县林地面积的45.36%。灌木林的优势树种为柽柳(30 263.1hm^2)。

除经济林以外和乔木林树种按面积比重从大

到小依次是胡杨(99.71%)、其他杨树(4.36%)、沙枣(0.36%)和柳树。全县天然乔木林只有胡杨1个优势树种。

策勒县以特色林果业为重点的乔、灌林果面积已发展到18 306.63hm^2,占全县有林地、灌木林地总面积的34.29%。经济林优势树种是核桃(9325.00hm^2)、杏(3564.28hm^2)、石榴(509.34hm^2)、枣(4569.95hm^2)、梨(59.21hm^2)和苹果(278.85hm^2)6种。其中,苹果、梨、杏、枣、核桃和石榴种植面积占经济林的89.57%。面积最大的核桃占经济林种植面积的51.06%。

二、林木种质资源现状

(一)林木种质丰富度

策勒县共有林木种质226分类单位594份,隶属36科64属。其中,种132个,占和田地区林木种质资源种数的46.98%;亚种2个,占和田地区林木种质资源亚种数的50.00%;变种19个,占和田地区林木种质资源变种数的76.00%;变型4个,占和田地区林木种质资源变型数的100.00%;品种102个,占和田地区林木种质资源品种数的30.09%。

(二)野生林木种质资源

策勒县野生林木种质资源共41分类单位(变种、亚种、变型)71份,隶属12科18属(表4-8-1)。

表4-8-1 策勒县野生林木种质资源类群构成及在和田地区林木种质资源中的重要度

类群	科	属	分类单位	份
策勒县野生林木种质资源	12	18	41	71
策勒县林木种质资源总数	36	64	226	594
占策勒县林木种质资源总数比例(%)	33.33	28.13	18.14	11.95
占地区野生林木种质资源总数比例(%)	70.59	56.25	43.62	17.97
占地区林木种质资源总数比例(%)	25.53	18.00	6.26	1.43

(三)栽培林木种质资源

策勒县栽培林木种质资源共189分类单位(亚种、变种、变型和品种)435份,隶属31科50属(表4-8-2)。

表4-8-2 策勒县栽培林木种质资源类群构成及在和田地区林木种质资源中的重要度

类群	科	属	分类单位	份
策勒县栽培林木种质资源	31	50	189	435
策勒县林木种质资源总数	36	64	226	594
占策勒县林木种质资源总数比例(%)	86.11	78.13	83.63	73.23
占地区栽培林木种质资源总数比例(%)	72.09	59.52	30.83	11.58
占地区林木种质资源总数比例(%)	65.96	50.00	28.85	8.76

(四)收集保存林木种质资源

策勒县引种、收集保存的林木种质资源共56分类单位(亚种、变种、变型和品种)57份,隶属13科23属(表4-8-3)。

表4-8-3 策勒县收集保存林木种质资源类群构成及在和田地区林木种质资源中的重要度

类群	科	属	分类单位	份
策勒县引种、收集保存林木种质资源	13	23	56	57
策勒县林木种质资源总数	36	64	226	594
占策勒县林木种质资源总数比例(%)	36.11	35.94	24.78	9.60
占地区引种、收集保存林木种质资源总数比例(%)	37.14	37.10	17.39	9.13
占地区林木种质资源总数比例(%)	27.66	23.00	8.55	1.15

（五）名木古树种质资源

策勒县保存古树资源60株，分属7科8属15种（14种，1变种），分别占策勒县林木种质资源科数、属数和种数的20.00%、13.34%和6.20%。古树级别为3级37株、2级10株、1级13株（表4-8-4）。主要以散生为主，聚集生长的古树群有2处。

表4-8-4　策勒县古树资源构成表

种名	科	属	株数	级别	占本县古树总株数比例（%）
阿富汗杨 *P. afghanica* Schneid.	杨柳科 Salicaceae	杨属 *Populus* L.	1	1	1.67
箭杆杨 *P. nigra* var. *thevestina* Bean	杨柳科 Salicaceae	杨属 *Populus* L.	1	3	1.67
银白杨 *P. alba* L.	杨柳科 Salicaceae	杨属 *Populus* L.	9	1	15.00
银白杨 *P. alba* L.	杨柳科 Salicaceae	杨属 *Populus* L.	9	2	15.00
银白杨 *P. alba* L.	杨柳科 Salicaceae	杨属 *Populus* L.	3	3	5.00
白柳 *S. alba* L.	杨柳科 Salicaceae	柳属 *Salix* L.	2	1	3.33
白柳 *S. alba* L.	杨柳科 Salicaceae	柳属 *Salix* L.	1	2	1.67
白柳 *S. alba* L.	杨柳科 Salicaceae	柳属 *Salix* L.	20	3	33.33
核桃 *J. regia* L.	核桃科 Juglandaceae	核桃属 *Juglans* L.	1	3	1.67
厚皮核桃 *J. regia* L.	核桃科 Juglandaceae	核桃属 *Juglans* L.	1	3	1.67
薄皮核桃 *J. regia* L.	核桃科 Juglandaceae	核桃属 *Juglans* L.	1	3	1.67
薄皮土核桃 *J. regia* L.	核桃科 Juglandaceae	核桃属 *Juglans* L.	1	3	1.67
白桑 *M. alba* L.	桑科 Moraceae	桑属 *Morus* L.	1	3	1.67
红果小檗 *B. nommularia* Bge.	小檗科 Berberidaceae	小檗属 *Berberis* L.	2	3	3.33
杏 *A. vulgaris* Lam.	蔷薇科 Rosaceae	杏属 *Armeniaca* Mill.	1	3	1.67
毛杏 *A. vulgaris* Lam.	蔷薇科 Rosaceae	杏属 *Armeniaca* Mill.	1	3	1.67
多花柽柳 *T. hohenackeri* Bge.	柽柳科 Tamaricaceae	柽柳属 *Tamarix* L.	1	3	1.67
多枝柽柳 *T. ramosissima* Ldb.	柽柳科 Tamaricaceae	柽柳属 *Tamarix* L.	1	1	1.67
尖果沙枣 *E. oxycarpa* Schlecht.	胡颓子科 Elaeagnaceae	胡颓子属 *Elaeagnus* L.	3	3	5.00
合计　15	7	8	60	/	100.00

第五章 林木种质资源保护管理现状

第一节 林木种质资源保护管理机构

一、和田地区林木种质资源保护机构

和田地区林木种苗管理站：和田地区林木种苗管理站成立于2001年5月21日。目前和田地区共有5个林木种苗机构，在编人员31人。种苗管理站职责：承担林木良种资源的保护和管理工作；指导全地区林木种苗生产和苗圃生产建设工作；负责全地区林木良种的示范和推广工作；负责全地区林木良种的生产经营活动的管理，承担全地区林木种苗的质量检验工作。

二、和田市林木种质资源保护机构

和田市林业局：下设单位有林业站、市林业委员会、林政股、护林防火指挥部、林业有害生物检疫站、防沙治沙办、森林公安派出所、胡杨林管理站、两个苗圃等单位。

和田市的森林资源管理机构主要有：资源林政科、天然林保护办公室、林区派出所、护林防火办、木材检查站、森林管护所（站）等。森林资源管理机构的主要职责是严格按照林业法律法规认真贯彻执行国家林业方面的政策，完善管护制度，管护机制，加大宣传力度，加强现有森林资源的管理，确保森林资源安全。

和田市1991年成立了胡杨林管理站，对胡杨林和柽柳林等进行管护。为提高重点公益林的管护水平，市里每年对管护人员开展法律法规和管护制度的培训。

三、和田县林木种质资源保护机构

和田县林木种质资源保护主管部门为和田县人民政府林业局。和田县林业局于1984年4月成立，现有机构包括林业工作站、资源林政办、森防检疫站、技术推广站、护林防火办公室、和田县胡杨林管理站、野生动植物保护站、治沙站、种苗站、和林业派出所等11个部门。林业局下属12个乡（镇）林业站，1个经济林研究所、1个国营苗圃及和田县国家重点防护林管理站（负责管护$1.91\times10^4hm^2$天然胡杨林和柽柳林）。

四、墨玉县林木种质资源保护机构

墨玉县林木种质资源保护主管部门为墨玉县人民政府林业局。墨玉县林业局成立于1982年，是墨玉县人民政府专门从事林业行政管理、林业资源的培育与管理、园艺技术的推广与指导、森林病虫害的检疫与防治、荒漠化的治理与研究的职能部门。内设办公室、天然林管理站、种苗站、治沙站、林政股等。县林业局辖县林业站、16个乡（镇）林业站、墨玉县胡杨林管理站、林业派出所、两个国营苗

圃及林工商开发公司。

五、皮山县林木种质资源保护机构

皮山县林木种质资源保护主管部门为墨玉县人民政府林业局。县林业局是皮山县人民政府直属的科级行政单位，是为本县主管林木种质资源的中心机构，承担行政和行业管理职能。1980年8月县人民政府设立林业科，由于林业事业的不断发展，1985年5月将林业科改设林业局。皮山县林业局在局机关直接领导下下设皮山县林业站、林业派出所、胡杨林管理站、国营苗圃和各乡镇林业站等。

六、洛浦县林木种质资源保护机构

洛浦县林木种质资源保护主管部门为洛浦县林业局。洛浦县林业局位于洛浦县山普拉路10号。1985年成立。林业局下属8个单位：林业派出所、林业工作站、园艺技术推广站、防沙治沙办、森林病虫害防治检疫局、洛浦县胡杨林管理站、国有林场和国营苗圃。8个乡、镇设有林管站，人员编制属各乡镇管理，未列入县林业局，县林业局只对其进行业务指导。

七、民丰县林木种质资源保护机构

民丰县林木种质资源保护管理机构为民丰县林业局。县林业局于1979年5月成立，现有资源林政办、森防检疫站、技术推广站、护林防火办公室、民丰县胡杨林管理站、林业派出所和林业苗圃场共计7个机构。乡林业工作站7个。

八、于田县林木种质资源保护机构

于田县林木种质资源保护管理机构为于田县林业局。县林业局于1985年9月成立，现有造林科、资源林政办、森防检疫站、技术推广站、护林防火办公室、于田县胡杨林管理站、野生动植物保护站、种苗站、林业派出所、防沙治沙办和国营苗圃11个机构。乡林业工作站18个。

九、策勒县林木种质资源保护机构

策勒县林木种质资源保护主管部门为策勒县人民政府林业局。策勒县林业局成立于1984年，是策勒县人民政府专门从事林业行政管理，林业资源的培育与管理，园艺技术的推广与指导，森林病虫害的检疫与防治，荒漠化的治理与研究的职能部门。内设办公室、策勒县胡杨林管理站、森防站、种苗站、治沙站、林政股、园艺技术推广中心、退耕还林办、项目办和森林公安派出所。

第二节　林木种质资源原地保护现状

一、和田核桃王景区

和田核桃王景区位于和田市西南15km的巴格其镇境内。2007年12月被评为国家3A级旅游景区和全国农业旅游示范点。园内建有核桃博物馆。

景区内保存了1株核桃古树(核桃王)。古树株高16.7m，胸径2.1m，树冠幅21.5m × 10.7m，占地700m²。据考证，这株古核桃树植于唐代(公元644年)，距今已有1300余年的历史。古树保存完好，枝叶繁盛，树体挺拔，生机盎然。年产核桃果实6000余颗，个大皮薄，果仁饱满。

二、桑株古核桃园

桑株古核桃园位于皮山县东南的桑株乡色依提拉提村，距离皮山县72km，距和田市169km，占地4hm²，为国家A级景区和县历史文化旅游景点。这里很好地保存了核桃古树群。该古树群共有53株古核桃树。其中有39株800年以上树龄的古核桃树。古树连片成群，颇为壮观。枝干苍劲，叶茂果繁，形态各异。其中最大的核桃王古树高20m，胸围5.5m，树冠投影面积680m²，年产核桃5万余个。核桃个大皮薄，果仁饱满。

三、拉里昆国家湿地公园

拉里昆国家湿地公园地处墨玉县西北部20km的喀拉喀什河下游，坐落在雅瓦乡、扎瓦乡和乌尔其乡境内。2012年被国家林业局批准为国家湿地公园，是和田地区唯一的国家级湿地公园。公园总面积24 438.13hm²，其中，湿地面积10 651.45hm²，占湿地公园总面积的43.59%；沼泽湿地面积为9217.37hm²，占湿地面积的37.72%；人工湿地面积

1434.08hm²,占湿地面积的5.87%。

湿地公园主要植被为芦苇沼泽群系和柽柳灌丛,在地势低洼的水面分布有香蒲、水烛和眼子菜等水生植物,湿地植物种类资源较为丰富。国家湿地公园重点保护对象是拉里昆湿地生态系统、湿地范围内的野生动植物资源及其栖息地。

拉里昆湿地公园内已就地保存了胡杨 *Populus euphratica*、灰杨 *Populus pruinosa*、线叶柳 *Salix wilhelmsiana*、盐节木 *Halocnermum strobilaceum*、盐穗木 *Halostachys caspica*、东方铁线莲 *Clematis orientalis*、盐豆木 *Halimodendron halodendron*、泡泡刺 *Nitraria schoberi*、唐古特白刺 *Nitraria tangutorum*、多枝柽柳 *Tamarix ramosissima*、短穗柽柳 *Tamarix laxa*、长穗柽柳 *Tamarix elongata*、紫杆柽柳 *Tamarix androssowii*、刚毛柽柳 *Tamarix hispida*、多花柽柳 *Tamarixhohenacheri*、心叶水柏枝 *Myricaia pulcherrima*、蒙古沙棘 *Hippophae rhamnoides* subsp.*mongolica*、黑果枸杞 *Lycium ruthenicum* 等近20种(约20份)野生林木种质资源。

四、排孜瓦提杏花村

排孜瓦提杏花村坐落于和田县朗如乡排孜瓦提村。保存有杏树古树群种质资源74hm²。其中,300年以上的2级古杏树500余株。

五、无花果王公园

无花果王公园位于和田县拉依喀乡,距和田市约18km,海拔1430m。

公园内保存了1株近500年树龄的无花果古树(无花果王)。古树历经数百年,周围新枝根连根,盘根错节,向四周蔓延,生长茂盛。树高5m,冠幅50m×30m,占地近1000m²。产果旺盛,结实期为6~10月,每年产果实2万余颗。

六、巴什兰干乡尤勒琼景区

尤勒琼景区位于皮山县巴什兰干乡,E77°41′,N37°19′,海拔2094m,这里是新疆黑叶杏种质资源的唯一原生地。栽培保存着近700hm²的黑叶杏种质资源。

在景区山前的戈壁荒滩山脚下,还保存着一株古白柳。古树树干斜卧于地,盘根错节,葱郁苍莽,树冠上有九个高大的分枝,当地人称"九头柳"。

周边还分布着1株胡杨古树和1株新疆杨古树。3株古树相互混生成林,也被称为"三仙林"。

七、吾斯坦乌其村葡萄王景点

位于洛浦县杭桂乡吾斯坦乌其村,海拔1370m。这一区域种植葡萄有2000多年的历史。在村民的宅院中,保存着一株枝条如巨蟒般盘扭着的古葡萄树(葡萄王)。据国家林业部门测定,这株古葡萄树现已有150年树龄。主干比水桶还粗,占地约800m²,似一片葡萄树林。古葡萄树已有60多年未覆土越冬,未受到冻害,仍枝繁叶茂,每年生产鲜葡萄近1000 kg。所结葡萄果实皮薄肉脆,汁多味甘,每一串葡萄重量达1kg。

第三节 林木种质资源异地保护现状

一、其娜民俗风情园

其娜民俗风情园位于墨玉县城南的阿克萨拉依乡古勒巴克村,距和田市40km,距和田县18km。占地面积约3hm²。2008年被评为国家3A级景区。主要保护对象是一株生长千年的古梧桐王(三球悬铃木)。古梧桐树株高约35m,胸径3.5m,树冠投影面积约1000m²。据实地测算,树龄近千年。

此外,园内还收集保存着40多种林木种质:白桦、钻天杨、白榆、兴安落叶松、大叶白蜡、侧柏、新疆杨、臭椿、牡丹、五叶地锦、美人指葡萄、木瓜、旱柳、垂柳、龙爪柳、榆叶梅、五角枫、木槿、刺槐、红叶海棠、皮亚曼石榴、李子、桃树、砀山梨、库尔勒香梨、苹果梨、阿月浑子、白榆、花椒、水蜡、皂角、药桑、丁香、夏橡、桃叶卫矛、毛白杨、白桑、黄金树、暴马丁香和圆柏等。

二、和田蚕桑科学研究所

和田蚕桑科学研究所地处和田地区和田市境内玉龙喀什路52号,创建于1943年,是新疆唯一的蚕桑科学研究机构。以干旱地区蚕桑实用技术为主要研究方向，同时担负新疆桑、蚕品种选育及繁育推广，蚕桑综合利用研究开发，蚕桑技术人员培训，蚕桑科技咨询，生产资料供应和蚕药销售等专业技术职责。建有新疆桑、蚕生物技术重点实验室。研究团队专业结构完整。

1964年开始收集保存桑树种质资源，建立桑树种质资源原始材料圃。有过三次规模化调查收集工作（1964—1965年、1980—1982年、2009—2010年），现保存15个桑种、3个变种、1553份种质资源（引进种质资源346份、新疆种质资源1207份），其中野生8份、育成品种5份、优良单株88份、创新种质资源（人工多倍体植株）113份。来源8个国家、12个地区。

三、夏合勒克庄园

夏合勒克庄园位于墨玉县城西南18km的扎瓦乡夏合勒克村，E79°37′，N37°09′，海拔1361m。夏合勒克庄园占地2hm²，形成于19世纪中叶，为典型的维吾尔农村庄园，是自治区重点文物保护单位和国家2A级景区。园内原栽培有上千种植物，其中不乏珍奇树种，据说为原主人从国外买回。庄园内古树参天，绿树成荫。主要收集保存的林木种质资源有：黑桑（80年）、刺槐、句句梨、苹果、侧柏（80多年）、沙枣（40年）、文冠果（80年）、巴旦木（30年）、枣、新疆杨、银白杨（70年）和馒头柳等。百年以上的古树有：山皂荚（100年）、紫丁香（100年）、药桑（100年）、梓树（100年）、杏树（100年）、法国梧桐（120-150年）、梨树（100年）和核桃（100多年）。

四、民丰县市政园林管理中心苗圃

位于民丰县斗瓦艾格仔村，地理位置E82°38′，N37°03′，海拔1429m。2014年12月16日成立，经营范围包括市政园林绿化工程、园林绿化苗木、花卉盆景种植等。

五、洛浦县核桃高接引种示范园

位于洛浦县多鲁乡核桃林木良种推广采穗圃。面积7hm²。地理坐标N37°07′，E80°17′，海拔1333m。主要从外省区引种汇集核桃种质资源。

主要引种示范的品种有56个：‘香1’核桃、‘香2’核桃、‘香3’核桃、‘薄壳香’核桃、‘礼1’核桃’、‘礼2’核桃、‘寒丰’核桃、‘辽瑞丰’核桃、‘50501’核桃、‘强特勒’核桃、‘西扶1号’核桃、‘奇异’核桃、‘西洛3号’核桃、‘绿龄’核桃、‘魁香’核桃、‘赞美’核桃、‘鲁果9号’核桃、‘鲁果7号’核桃、‘鲁核1号’核桃、‘早硕’核桃、‘晋香’核桃、‘晋丰’核桃、‘清香’核桃、‘XH2-2’核桃、‘XH-1’核桃、‘A76’核桃、‘A71’核桃、‘A68’核桃、‘A26’核桃、‘A64’核桃、‘A53’核桃、‘A205’核桃、‘A20’核桃、‘A19’核桃、‘B17’核桃、‘A13’核桃、‘B20’核桃、‘B26’核桃、‘B76’核桃、‘B99’核桃、‘B110’核桃、‘香玲’核桃、‘鲁光’核桃、‘B112’核桃、‘下营’核桃、‘YJP’核桃、‘F6’核桃、‘F4’核桃、‘F3’核桃、‘F2’核桃、‘F1’核桃、‘辽10’核桃、‘辽4’核桃、‘辽7’核桃、‘辽1’核桃、‘绿波’核桃、‘辽5’核桃、‘辽6’核桃和‘辽3’核桃。

六、洛浦县布亚乡个人果园

多年几代人引种汇集了各种乡土农家林木品种资源。主要有：木纳格葡萄、马奶子葡萄、无核白葡萄、李子、黑桑、石榴、巴旦木、吊死干杏、红枣、无花果、杏（加纳，乡土品种，口感脆，味酸甜）和早熟苹果等。

七、北京洛浦核桃文化创意产业试验园

位于洛浦县多鲁乡洛浦县北京工业园区内。地理坐标N37°08′，E80°17′，海拔1327m。主要引种汇集文玩核桃种质。主要保存品种有：狮子头、鸡心、公子帽、虎头、‘新疆4号’核桃、‘新疆5号’核桃、‘新疆3号’核桃、‘新疆11号’核桃和‘新疆12号’核桃等12个文玩核桃品种。

八、和田县核桃研究所

位于和田县巴格其镇林管站。总面积9.75hm²。地理坐标N37°08′，E79°49′，海拔1386m。主要繁育核桃良种：温185核桃、扎343核桃、‘拉依喀4号’核桃、‘拉依喀5号’核桃、‘拉依喀6号’核桃、‘拉依喀8号’核桃、‘拉依喀9号’核桃、‘拉依喀13号’核桃、‘拉依喀14号’核桃、‘巴格其2号’核桃、‘巴格其4号’核桃、‘巴格其5号’核桃、‘巴格其12号’核桃、‘巴格其14号’核桃、‘巴格其15号’核桃、‘布扎克2

号’核桃、‘布扎克3号’核桃、‘布扎克4号’核桃、‘布扎克10号’核桃、‘罕艾日克1号’核桃、‘罕艾日克3号’核桃、‘罕艾日克7号’核桃、‘罕艾日克9号’核桃和恰喀村土品种核桃。

第四节　古树名木资源保护现状

一、和田市古树名木资源保护现状

和田市现还未成立专门的“人文古树”保护专门机构，暂由和田市文物管理局和和田市林业局负责古树的保护工作。和田市共有古树名木5株。其中，1株古树由和田地区文物管理厅立牌保护，由和田市文物局负责日常管理和保护；1株位于山普鲁镇街边，已挂牌保护，并委托相关单位负责进行保护；另2株位于城市街道孤立，未进行挂牌，也已委托相关单位负责进行保护；最后1株古树位于居民庭院内，由居民个人管理。

市委市政府充分重视古树保护工作，明确古树保护主体责任部门为古树所在单位，并由市林业局协同管理。林业部门与相关单位及个人均签订了古树保护管理责任书，管理中出现问题及时与林业部门保持联系。并由技术能力强的专业技术人员负责保护管理工作，古树均以棵为单位建立了档案，树种、树龄、保护情况等均有详细记载。古树得到了有效的保护，多年来未发生过与古树保护有关的案件。

二、墨玉县古树名木资源保护现状

墨玉县在政府领导下，林业部门与旅游部门联合对古树群资源进行旅游开发，主要通过景区的形式对古树名木进行保护。例如：阿克萨拉依乡其娜尔民俗风情园的“中华桐（梧桐王）”——三球悬铃木。通过申请自治区级文物保护单位的形式对古树名木进行保护，例如拥有各种树木且不乏珍奇树种的扎瓦镇夏合勒克庄园，1962年被列为第二批自治区级文物保护单位，由和田地区文馆所进行管理。另有部分由林业部门围栏保护，但大多数古树都没有保护措施。

三、民丰县古树名木资源保护现状

民丰县的银白杨古树群由于位于胡杨林管理站内，得到了专人保护。其他古树散生在农家院落、道路旁、农田中，没有挂牌，也没有围栏保护。

四、于田县古树名木资源保护现状

于田县林业部门对古树群资源进行保护，主要通过围栏、挂牌、专人看护等方法进行看护。由于古树散生在荒野、农田、路边、农民家里，分布范围比较大，由乡里和大队指定专人看管。于田县对50年以上的树木做过调查，并有详细的资料和准确的编号。

五、策勒县古树名木资源保护现状

在政府领导下，林业部门与旅游部门联合对古树群资源进行旅游开发，主要通过景区的形式对古树名木进行保护。例如：策勒县策勒镇千年白柳、策勒乡策勒村事件纪念馆的银白杨、白桑等。

第六章　林木良种资源开发利用现状

第一节　良种审定和认定现状

新疆和田阳光沙漠玫瑰有限公司2013年从于田县阿热勒乡引入和田玫瑰，在和田县高新农业开发区试验基地、洛浦县杭桂乡阿克来克村、和田市伊力其乡进行种植筛选、区域试验、田间观测及种质评价。总结制定了和田玫瑰花的栽培管理技术规范。2016年，通过新疆林木良种委员会的林木良种审定：和田玫瑰 *Rosa damascena* 'Hetian'（新S-SV-RD-002-2016）。

皮山县巴什兰干乡多年来一直种植着700hm^{2}的黑叶杏。这里是新疆黑叶杏种质资源的唯一产地，所产黑叶杏素有“西域圣果”美称。2001年通过新疆维吾尔自治区无公害农产品认证。2003年荣获新疆维吾尔自治区杏类评选第一名。2004年通过良种审定：黑叶杏 *Armeniaca vulgaris* 'Heiye'（新-S-SV-AV-062-2004）。

胡安娜杏 *Armeniaca vulgaris* 'Huanna'（新-S-SV-AV-064-2004）和明星杏 *Armeniaca vulgaris* 'Mingxing'（新-S-SV-AV-063-2004），为1992—1998年从当地杏中选出的6株优良单株中产生，主要在皮山县阔什塔克乡、克里阳乡试验，目前已经成为和田地区主栽品种。

皮山县皮亚曼的石榴果品着色鲜艳、口感酸甜，品质极佳。1998年，皮山县在国家商标局为皮亚勒玛乡的石榴注册了“皮亚曼”牌水果商标，成为和田地区首家注册的水果商标，也是和田地区目前唯一获得商标注册权的特色果品。2004年得到了良种审定：‘皮亚曼1号’石榴 *Punica granatum* 'Piyaman-1'（新S-SV-PG-066-2004）和‘皮亚曼2号’石榴 *Punica granatum* 'Piyaman-2'（新S-SV-PG-067-2004）。

‘三倍体’毛白杨 *Populus tomentosa* 'Triplold'（新S-SC-PT-007-2010），是2000—2003年从北京林业大学引进，在民丰县沙荒地试验，由新疆和田地区绿色方舟林业开发有限责任公司申请林木良种。

‘新温724’核桃 *Juglans regia* 'Xinwen724'（新S-SV-JR-018-2010）、‘新温915’核桃 *Juglans regia* 'Xinwen 915'（新S-SV-JR-019-2010）、‘新温917’核桃 *Juglans regia* 'Xinwen917'（新S-SV-JR-020-2010），是由新疆林业科学研究院研究，在和田县与温宿县、叶城县等地选育完成。

第二节 良种引种和种质创新

一、林木良种引种

和田地区多年来引进和应用的林木良品种约有64个：

（一）防风固沙良种(10个)：

胡杨 *Papulus eupharatica*（新S-SV-PE-023-2004）

大果沙枣 *Elaeagnus moorcroftii*(新-S-SV-EA-033-2010）

尖果沙枣 *Elaegnus oxycarpa*（新-S-SC-EO-034-2010）

红皮沙拐枣 *Calligonum rubicundum*(新S-SP-CR-020-2016）

头状沙拐枣 *Calligonum caput-medusae*(新-S-SC-CC-032-2010）

乔木状沙拐枣 *Calligonum arbaoresdens*(新-S-SC-CA-025-2004）

沙木蓼 *Atraphaxis bracteata*(新S-ETS-AB-019-2016）

多枝柽柳 *Tamarix ramosissima*(新-S-SV-TR-036-2010）

梭梭 *Haloxylong ammodendrong*(新S-SV-HA-024-2004）

花棒 *Hedysarum scoparium*(新S-ETS-HS-018-2016）

（二）用材良种(6个)：

大叶白蜡 *Fraxinus americana*（新S-SV-FA-017-2013）

小叶白蜡 *Fraxinus sogdiana*(新S-SV-FS-021-2004）

新疆杨 *Papulus alba* var. *pyramidalis*(新S-SC-PA-013-2004）

小黑杨 *Populus simoni* × *nigra*(新S-SC-PSN-018-2004）

加拿大杨 *Populus* × *canadensis* Moench（新S-SC-PC-005-2004）

雪岭云杉 *Picea schrenkiana*(新S-CSO-PSZ-005-2014）

（三）经济果木良种(28个)：

'新新2号'核桃 *Juglans regia* 'Xinxin 2'(新S-SV-JR-038-2004）

'扎343'核桃 *Juglans regia* 'Zha 343'(新S-SV-JR-005-1995）

'温185'核桃 *Juglans regia* 'Wen 185'（新S-SV-JR-004-1995）

'新丰'核桃 *Juglans regia* 'Xinfeng'(新S-SV-JR-002-1995）

库尔勒香梨 *Pyrus bretscneideri* 'Kuerlexiangli'(新-S-SV-PS-068-2004）

库车小白杏 *Armeniaca vulgaris* 'Kuchexiaobaixing'(新-S-SV-PAK-018-2009）

白明星杏 *Armeniaca vulgaris* 'baimingxin'(新-S-SV-PA-063-2004）

轮台白杏 *Armeniaca vulgaris* 'Luntaibaixing'(新-S-SV-PAL-017-2009）

色买提杏 *Armeniaca vulgaris* 'Saimaiti'(新-S-SV-AV-060-2004）

艾努拉'酸梅 *Prunus domestica* 'Ainula'(新-S-SV-PD-058-2004）

野苹果 *Malus sieversii*(新S-SP-MS-006-2014）

'皇家嘎啦'苹果 *Malus pumila* 'Huangjiangala'(新S-SV-MP-016-2009）

'新梅4号' *Prunus domestica* 'Xinmei4'(新-S-SV-PDX-014-2013）

拉宾斯樱桃 *Cerasus avium* 'Lapins'(新-R-SV-CA-004-2018 ）

灰枣 *Ziziphus jujuba* 'Huizao'（新-S-SV-ZJ-052-2004）

骏枣 *Ziziphus jujuba* 'Junzao'（新-S-SV-ZJ-001-2009）

赞皇枣 *Ziziphus jujuba* 'Zanhuangzao'（新-S-

SV-ZJ-053-2004)

冬枣 *Ziziphus jujuba* 'Dongzao'(新-S-SV-ZL-004-2010)

金昌1号 *Ziziphus jujuba* 'jinchang1'(国S-SV-ZJ-015-2013)

哈密大枣 *Ziziphus jujuba* 'Hami'(新-S-SV-ZJ-012-1995)

金丝小枣 *Ziziphus jujuba* 'Jinsixiaozao'(新-S-SV-ZJ-054-2004)

红果山楂 *Crataegus sanguinea*(新S-SP-CSP-015-2016)

无核白葡萄 *Vitis vinifera* 'Seedless'(新-S-SC-VV-004-2009)

无核白鸡心 *Vitis vinifera* 'Jixinseedless'(新-S-SC-VV-005-2009)

白木纳格葡萄 *Vitis vinifera* 'Munage'(新-S-SC-VV-022-2009)

红地球葡萄 *Vitis vinifera* 'Red Globe'(新-S-SC-VV-024-2009)

白桑 *Morus alba*(新S-SV-MA-007-2014)

和田蚕桑科学研究所收集保存黑桑、药桑以及其他桑种质资源1900余份。

(四)园林绿化良种(20个):

紫叶稠李 *Padus virginiana* 'Canada Red'(新-S-SC-PV-012-2014)

大叶白蜡 *Fraxinus americana*(新S-SV-FA-017-2013)

小叶白蜡 *Fraxinus sogdiana*(新S-SV-FS-021-2004)

天山桦 *Butula tianschanica*(新S-SV-BT-004-2014)

疣枝桦 *Betula pendula*(新S-SV-BP-015-2013)

樟子松 *Pinus sylvestris* var.*mongolica*(新-S-SV-PSM-005-2010)

夏橡 *Qurecus robur*(新S-SV-QR-016-2013)

二球悬铃木 *Platanus acerifolia*(新S-SV-PA-001-2014)

金叶榆 *Ulmus pumila* 'Jinye'(新S-SC-UP-010-2014)

裂叶榆 *Ulmus laciniata*(新S-SC-UL-011-2014)

圆冠榆 *Ulmus densa* Litv.(新S-ETS-ZJ-028-2015)

红果山楂 *Crataegus sanguinea*(新S-SP-CSP-015-2016)

阿尔泰山楂 *Crataegus altaica*(新S-SP-CAL-016-2016)

红叶海棠 *Malus pumila* var. *niedzwetzkyana*(新R-SC-MP-007-2014)

红叶李 *Prunus cerasifera* f. *atropurpurea*(新S-SC-PC-009-2014)

复叶槭 *Acer negundo*((新S-ETS-ZJ-026-2015))

紫枝红玫瑰 *Rose rugosa*'Red'(新S-ETS-RRR-026-2016)

紫枝粉玫瑰 *Rose rugosa* 'Pink'(新S-ETS-RRP-027-2016)

紫枝白玫瑰 *Rose rugosa* 'White'(新S-ETS-RRW-028-2016)

紫丁香 *Syringa oblata*(新S-ETS-ZJ-027-2015)

二、林木种质创新

本地选育的林木品种有:

阿木图梨 *Pyrus sinkiangensis* 'Amutu'

华纳杏 *Armeniaca vulgaris* 'Huana'

白优杏 *Armeniaca vulgaris* 'Baiyui'

荷叶杏 *Armeniaca vulgaris* 'Heye'

奇纳胡瓦纳杏 *Armeniaca vulgaris* 'Qinahuwana'

托乎提杏 *Armeniaca vulgaris* 'Tuehuti'

艾合买提杏 *Armeniaca vulgaris* 'Aihemaiti'

阿恰买提杏 *Armeniaca vulgaris* 'Aqiamaiti'

木克亚克拉杏 *Armeniaca vulgaris* 'Mukeyakela'

加奈乃杏 *Armeniaca vulgaris* 'Jalainai'

吐奶斯塘杏 *Armeniaca vulgaris* 'Tunaisitang'

浑代克杏 *Armeniaca vulgaris*'Hundaike'

吉乃斯台杏 *Armeniaca vulgaris* 'Jinaisitai'

王恩茂杏 *Armeniaca vulgaris*'Wangenmao'

和田红油桃 *Persica vulgaris* var. *nectarina* 'Hetianhong'

和田绿油桃 *Persica vulgaris* var. *nectarina* 'Hetianlu'

和田大枣 *Ziziphus jujuba* 'Hetaian'

'新疆2号'核桃 *Juglans regia* 'Xinjang 2'

和香9号核桃 *Juglans regia* 'Hexiang 9'

千籽红石榴 *Punica granatum* 'Qianzihong'

娜胡西石榴 *Punica granatum* 'Nahuxi'

和田红葡萄 *Vitis vinifera* 'Hetianhong'

和田黄葡萄 *Vitis vinifera* 'Hetianhuang'

和田长葡萄 *Vitis vinifera* 'Hetianchang'

和田绿葡萄 *Vitis vinifera* 'Hetianlu'

洛浦县拜什托格拉克乡的红枣以品优质高,居全县首位。生产的红枣以个大味甜闻名全疆内外,2004年注册"沙林"牌红枣商标。

第三节　良种繁育基地建设

一、和田市林木良种繁育基地

(一)和田市玫瑰生态园

位于和田市拉斯圭镇。总面积1.5hm²。繁殖培育各种玫瑰品种。

(二)和田市无花果种质资源圃

位于和田市肖尔巴格乡库木巴格村。共收集保存了无花果种质资源5个品种(含乡土品种和引种品种)10份以上。

(三)和田市古江巴格乡林木良种基地

欣荣农业有限公司创建,面积0.7hm²。

(四)和田市吉亚乡杨树良种基地

塔吾阿孜村杨树良种基地主要繁育生产的苗木有:新疆杨、苹果、沙枣和核桃等。

(五)和田市玉龙喀什镇核桃采穗圃

面积14hm²。主要生产和提供核桃的良种穗条和嫁接苗木:新丰核桃和扎343核桃。

二、和田县林木良种繁育基地

(一)和田县核桃研究所

位于巴格其镇,总面积9.75hm²。主要繁育核桃良种:温185核桃、扎343核桃、'拉依喀4号'核桃、'拉依喀5号'核桃、'拉依喀6号'核桃、'拉依喀8号'核桃、'拉依喀9号'核桃、'拉依喀13号'核桃、'拉依喀14号'核桃、'巴格其2号'核桃、'巴格其4号'核桃、'巴格其5号'核桃、'巴格其12号'核桃、'巴格其14号'核桃、'巴格其15号'核桃、'布扎克2号'核桃、'布扎克3号'核桃、'布扎克4号'核桃、'布扎克10号'核桃、'罕艾日克1号'核桃、'罕艾日克3号'核桃、'罕艾日克7号'核桃、'罕艾日克9号'核桃和恰喀村土品种核桃。

(二)和田县农业发展服务中心良种园

位于和田县拉依喀乡。地理坐标E79°44′,N37°04′,海拔1427m。主要繁育林木良种:核桃、无花果、桃树、桑树、葡萄和榅桲等。

(三)布扎克乡林业站核桃采穗圃

位于和田县布扎克乡。地理坐标E79°49′,N37°03′,海拔1400m。主要繁育的林木良种:扎343核桃、温185核桃。

三、墨玉县林木良种繁育基地

(一)墨玉县核桃良种采穗圃

墨玉县已被列为自治区四大核桃基地县之一,为了保障万亩核桃基地建设工程、老核桃及低劣核桃园品种改优工程的良种苗木需求,针对新定植实生苗较多、品质良莠不齐的现状,新建阿克萨拉依乡核桃良种采穗圃4.9hm²。主要定植繁育的核桃品种是:新丰、扎343和温185等。

(二)墨玉县加罕巴格乡核桃采穗圃

位于墨玉县加罕巴格乡。地理坐标E79°42′,N37°11′,海拔1343m。面积5.33hm²,核桃主要采穗品种有温185、新新2号。2个品种间行混交。

(三)墨玉县吐外特乡核桃采穗圃

位于墨玉县吐外特乡。地理坐标E79°46′,N37°20′,海拔1305m。面积26.67hm²。主要的核桃采穗品种为新丰核桃、和香9号核桃。

(四)墨玉县英也尔乡核桃采穗圃

位于墨玉县英也尔乡库木雅依拉克村。地理坐标E79°47′,N37°22′,海拔1309m。面积5.33hm²。2009年建成。主要核桃采穗品种:温185核桃、新丰2号核桃和扎343核桃。

四、皮山县林木良种繁育基地

(一)皮山县县直属林业局采穗圃

地理坐标E78°16′,N37°35′,海拔1394m。收集保存并培育新新2号核桃品种、侧柏、刺柏、龙爪槐、扎343核桃、旱柳、臭椿、旱柳、桃、桑、新疆杨、悬铃木、葡萄、白榆、黑桑和杏等林木良种。

(二)皮山县固玛镇核桃采穗圃

位于皮山县固玛镇,地理坐标E78°16′,N37°35′,海拔1396m。良种繁育品种:新丰核桃。

(三)皮山县阔什塔格镇核桃采穗圃

地理坐标E78°04′,N37°24′,海拔1769m。良种繁育品种:扎343核桃。

(四)皮山县木吉镇红枣采穗圃

位于巴什巴格拉村24大队。地理坐标E78°32′,N37°18′,海拔1638m。面积13.33hm²。主要繁育良种:骏枣。

(五)皮山县木吉镇核桃采穗圃

建于1997年。位于巴格拉吉村23大队。地理坐标E78°32′,N37°19′,海拔1598m。1997年建成。主要繁育良种:扎343核桃、新丰核桃。面积53.33hm²。

(六)皮山县木奎拉乡桃采穗圃

位于木奎拉乡兰干村。地理坐标E78°19′,N37°31′,海拔1412m。个人所有。面积33.33hm²。主要品种:水蜜毛桃、蟠桃、李光桃和山东毛桃等。

五、洛浦县林木良种繁育基地

(一)西北农林科技大学红枣研究基地

位于洛浦县拜什托格拉克乡伊斯勒克敦村一大队。面积34hm²。以引种繁殖、培育和研究红枣良种为主要功能。主要的良繁品种有:灰枣和骏枣。

(二)洛浦县林果园艺专业培训基地

位于洛浦县山普鲁镇五大队。除进行林果园艺专业培训外,基地主要繁育的林木良种苗木有:白桑、银白杨、青杨、梨树、油桃(加木达、山东油桃、美国油桃、油蟠桃)、乡土桃(11种)和樱桃(4种)等。

六、民丰县林木良种繁育基地

(一)民丰县直属林业局采穗圃

地理坐标E78°16′,N37°35′,海拔1394m。主要繁育的品种有:新新2号核桃、扎343核桃、侧柏、刺柏、龙爪槐、旱柳、臭椿、桃、桑、新疆杨、悬铃木、葡萄、白榆、黑桑和杏等。

(二)民丰县林木良种科技繁育示范基地

在原民丰县苗圃的基础上建成。引种造林、果树和园林花卉等林木良种100余种(品种)。建立了红枣、杏和核桃等资源汇集圃和采穗圃14hm²。拥有2个繁育种苗温室大棚。可大量繁育紫穗槐、红花槐、四季玫瑰和月季等林木良种苗木。

七、于田县林木良种繁育基地

(一)于田县国家杏、核桃良种基地

基地原址为于田县国有苗圃,始建于1956年,占地90hm²,2009年被国家林业局授予"国家杏、核桃良种基地"。建有核桃种子园6.67hm²、采穗圃48hm²(其中杏33.33hm²、核桃14.67hm²)、种质资源库6.67hm²(核桃1.33hm²、杏5.34hm²),试验林27hm²(核桃21.33hm²、杏5.67hm²)。

2010年以来,于田县国有苗圃同新疆林科院建立了长期的科技合作关系,在中央财政林业补贴资金(林木良种补贴)的大力支持下,不断提高于田县国家杏、核桃良种基地的科技含量,提升工作人员的业务技能,进一步强化了对种子园、采穗圃、种质资源库和试验林的林木良种管理,完善了各功能区基础设施建设,起到了林木良种基地的示范作用。

(二)科克亚乡于田县国有苗圃

国家核桃、红枣良种基地。地理坐标E81°19′,N36°57′,海拔1394m。面积200hm²。主要收集保存的林木品种有:新疆杨(优势林分)、刺柏、小叶白蜡、旱柳、银白杨、臭椿、骏枣、法国梧桐、白杏(克孜郎、花娜)。

(三)于田县喀孜纳克开发区优良品种采穗圃

地理坐标E81°21′,N36°56′,海拔1413m。优良

品种采穗圃666.67hm²。

（四）于田县林木良种基地

位于于田县托格日尕孜乡。地理坐标E81°28′，N36°51′，海拔1434m。面积14hm²。所繁育的良种种质资源有：核桃、柽柳、山杏和小叶白蜡等。

（五）于田县先拜巴扎镇枣采穗圃

地理坐标E81°33′，N36°53′，海拔1422m。总面积27hm²。保存并生产18份枣种质资源的接穗材料。

（六）兰干博孜亚万家种植农民专业合作社

位于于田县兰干博孜亚农场。地理坐标E80°40′，N36°35′，海拔1967m。收集保存了和田蜜桃、新农红等20多个桃树品种资源；香妃、无核白和鸡心等20多个葡萄品种资源。

八、策勒县林木良种繁育基地

（一）策勒县林木良种穗圃

策勒县策勒乡县林业局3号苗圃。地理坐标E80°44′，N37°01′，海拔1363m。2015年建成。核桃种质采穗圃7.33hm²（扎343、温185、新新2号、新丰）。新疆杨种质采穗圃18.67hm²。

（二）策勒县林木良种科技繁育示范基地

位于策勒县策勒乡托帕村。地理坐标E80°47′，N37°00′，海拔1386m。面积97hm²。策勒县林木良种科技繁育示范基地始建于2001年，前身为策勒县国营中心1号苗圃（成立于1992年），是一家集科研、实验、生产、销售为一体的林木良种繁育基地。共设引种区、采穗圃、示范区、试验区、良种繁殖圃等5个作业区，其中红枣、石榴、杏、核桃等资源汇集圃和采穗圃面积达15hm²。相继引种林业、园艺、花卉等品种100余种。多年来，策勒县林木良种科技繁育示范基地开展了许多防沙治沙课题实验与研究，并承担着策勒县林业、园艺育苗繁育技术的科普与宣传工作。

第四节 良种推广与应用

一、在道路防护林中的应用

胡杨、灰杨、圆冠榆、裂叶榆、小叶白蜡、大叶白蜡等在道路防护林中广泛应用。

二、在防风固沙林中的应用

胡杨、灰杨、柽柳、头状沙拐枣、乔木状沙拐枣、梭梭、沙棘等在三北防护林建设工程、退耕还林工程、重点公益林建设工程、防沙治沙综合示范区等重点林业生态工程中得到了大面积的应用。

三、在农田防护林中的应用

胡杨、灰杨、美洲黑杨*Populus deltoids*、银×新杨*Populus alba* × *P. alba* var. *pyramidalis*、安格杨*Populus nigra* ‘Ange’等在农田防护林中广泛应用。

四、在城镇园林绿化中的应用

樟子松、二球悬铃木、榆叶梅、刺槐、紫穗槐、臭椿、火炬树、复叶槭、水蜡、合欢、红瑞木、紫丁香、毛泡桐、葡萄、核桃、杏等已作为行道树或庭园树在和田地区得到了大量的应用。

五、在特色经济林中的应用

林木良种的推广和应用对农村经济的发展和脱贫致富起到了至关重要的作用。和田市特色林果业的发展，如核桃、红枣、葡萄等优质主栽品种，成为新疆重要的林果产品生产基地，源源不断地生产和供给优质生态林果产品，成为和田市调整优化农业产业结构的重点、加速农村经济发展的增长点和促进农民增收的着力点和新农村建设的支撑点。

2008年，和田地区从新疆林科院引进了新疆林科院经济林研究所选育的核桃矮化新品种：新温609、新温724、新温908、新温915、新温916、新温917等核桃品种，在和田县推广种植74.40hm²，在墨玉县推广种植90.13hm²。

墨玉县实施林果品种改良来，注重加强林果新品种引进、品种改良和示范园建设，大力推广名、特、优、新经济林品种。截至目前，已改良杏0.28万公顷（改良品种为加纳杏、明星杏、白叶杏、赛买提杏）；改良核桃0.66万公顷（改良品种为扎343、温185、新丰、新新2号等）；红枣3400hm²（改良品种为灰枣、骏枣、金丝小枣）。

截至2015年，洛浦县完成特色精品园建设

675.00hm²(其中，核桃科学化疏密移栽和修剪管理精品园20.33hm²，核桃高接引种种植示范园3.33hm²和1个国营苗圃)。

民丰县已改良杏0.73万公顷(改良品种为赛买提杏、明星杏、小白杏等)；改良核桃0.145万公顷(改良品种为新丰、扎343、温185等)；红枣733.5公顷(改良品种为骏枣、灰枣等)。

于田县对前几年用实生苗定植的0.33万公顷(核桃0.13万公顷、红枣0.2万公顷)经济林进行了林木品种嫁接改良，主要使用的林木良种品种为：核桃扎343、新丰、温185；红枣骏枣和灰枣等。

策勒县优质核桃示范基地133.33hm²。主要有新丰、扎343及温185等。

黑叶杏已成为和田地区杏的主栽品种之一，应用推广面积1000hm²；明星杏为和田地区杏的主栽品种之一，应用推广面积1666.67hm²；胡安娜杏为和田地区杏的主栽品种之一，应用推广面积280hm²；‘皮亚曼1号’及‘皮亚曼2号’石榴是和田地区石榴的主栽品种，应用推广面积1846.67hm²；和田玫瑰在和田市、和田县及洛浦县种植推广8600hm²。大象心脏李、黄桃、油桃和绿油桃等引入栽培种经地方培育后已各具特色，林果产品品质好。果个大，口感细腻，香甜多汁，现已在和田地区逐步推广种植。

第五节 林木种苗生产及经营

一、和田地区种苗生产与经营

2014年，和田地区育苗面积为1853.33hm²，苗木产量10 300万株。

二、和田市种苗生产与经营

和田市苗圃面积73.95hm²，为和田市的林业建设提供了种苗保证。其中，依力其乡有苗圃7.01hm²，吐沙拉乡有苗圃3.33hm²(主要培育沙枣、新疆杨、东方铁线莲、竹柳、白桑、和田红葡萄、中华桃、骏枣、紫叶稠李、木槿、无花果、油桃、樱桃李、乡土核桃、塔克桃、速生杨等苗木)，和田市玉龙喀什镇有苗圃33.37hm²(主要培育大叶白蜡、小叶白蜡、樱桃李、实生核桃、灰枣、冬枣、馒头柳、沙枣等苗木)，吉亚乡有苗圃109.29hm²(主要培育核桃实生苗、红枣实生苗、新疆杨、紫丁香、红王子锦带、圆柏、金叶榆、红叶海棠、梧桐、胡杨、杨树、核桃、多花柽柳、四季玫瑰、枣、杏等苗木)，肖尔巴格乡有苗圃：7.55hm²(主要培育刺柏、圆柏、刺槐、新疆杨、新丰核桃、温185核桃、新新2号核桃、扎343核桃、红叶速生杨、速生杨、红枣和枸杞等苗木)，古江巴格乡有苗圃7.06hm²(主要培育夏橡、圆柏、银杏、刺槐、臭椿、金叶榆、榆叶梅、柳树、丁香、红叶李、银白杨和箭杆杨苗木)。

三、和田县种苗生产与经营

和田县林业苗圃从1998年的114.67hm²发展到2014年的207.27hm²。主要育苗种类有核桃、杨、红枣、桃、杏、沙枣、皂角、银杏和刺槐等。除局属苗圃外，其余仍以散户经营为主，集体、个人都在办苗圃。

四、墨玉县种苗生产与经营

墨玉县现有苗圃428.42hm²。其中，吐外特乡苗圃8.52hm²，英也尔乡苗圃367.64hm²，芒来乡苗圃33.33hm²，阿克萨拉依乡苗圃5.40hm²，墨玉县第二国营苗圃4.20hm²，扎瓦镇墨玉国营苗圃9.33hm²。主要培育的苗木树种(品种)有核桃、新疆杨、玫瑰、沙枣、夏橡、白桦、水蜡、小叶白蜡、大叶白蜡、国槐、法国梧桐、圆柏、垂柳、旱柳、无花果、玫瑰和馒头柳等。

五、皮山县种苗生产与经营

皮山县现有育苗面积207.37hm²(集体)。其中木奎拉乡苗圃面积最大(41.48hm²)，主要苗木种类有杨树、柽柳、沙枣、核桃、杏、枣、石榴等。

六、洛浦县种苗生产与经营

洛浦县国营苗圃。位于洛浦县布亚乡。地理坐标E37°08′，N80°02′，面积43.33hm²。主要繁育的品种有：金叶榆、水蜡、倒榆、刺柏、油松、大叶黄杨、青海云杉、白皮松、大叶白蜡、木槿、榆叶梅、句句梨、西梅、竹柳、合欢、红叶李、紫叶矮樱、五角枫、大叶丁香、四季丁香和红瑞木等。

洛浦县林业局中心苗圃。面积13.3hm²。主要繁育苗木有天山云杉、蜀桧柏、龙柏、新疆杨、扎343核桃、柳、榆、李子、海棠、大叶白蜡、丁香、桃叶卫矛、红叶小檗、枣和樱桃等。

多鲁乡肖尔库塔格村巴亚湾合作社育苗基地。面积2hm²。主要育苗种类为小叶白蜡、三球悬铃木、沙枣、胡杨和旱柳。

洛浦县纳瓦乡樱桃园。为个人苗圃。主要繁育生产的品种有：酸杏、李子、梨、美国大樱桃、毛樱桃、早熟樱桃、车厘子樱桃、拉宾斯樱桃、黑樱桃、油桃、乡土毛桃、西梅、阿木提梨、黄桃、杏树、晚熟杏、石榴、毛樱桃和马奶子葡萄等。

洛浦县杭桂乡个人苗圃。面积2hm²。主要培育土桃和油桃苗木。

2013年，全县新育苗木面积103.6hm²。其中，新疆杨48.4hm²、核桃1.2hm²、石榴2.27hm²、玫瑰1.87hm²、沙枣39.87hm²、其他7.6hm²。基本为一级或二级苗。留床苗面积59.76hm²，其中新疆杨6.07hm²，核桃15.27hm²、沙枣4.93hm²，红枣6.8hm²，杏子13.67hm²，其他13.00hm²，合计162.67hm²。

2015年，洛浦县完成育苗212.40hm²。

七、民丰县种苗生产与经营

林业局苗圃从2003年发展到现在已经达到25hm²。年生产苗木能力达200万株。

民丰县市政园林管理中心苗圃场。位于斗瓦艾格仔村，地理坐标E82°38′，N37°03′，海拔1429m。

除县林业局局属苗圃外，其余仍以散户经营苗木为主，集体、个人都在办苗圃。集体所属的可出圃苗木面积近40hm²，苗木生产能力达400万株。

主要繁育与经营的苗木种类有胡杨、杨树、沙枣、杏、柽柳和柳树等。

八、于田县种苗繁育与经营

于田县种苗产业建设按照“基地化、良种化、产业化”的发展思路，以基地建设为基础，以种苗质量为核心，大力加强各类苗木的繁育力度，到目前基本形成了以国营苗圃为中心基地，各乡镇林业站分别建立育苗基地的育苗网络体系。

于田县国营苗圃。始建于1956年，占地90hm²，育苗面积47hm²。主要从事经济果木、生态防护和园林绿化育苗。2013年被自治区列入第一批保障性苗圃。每年出圃各类优质苗木近160余万株，收入达300余万元。是于田县乃至和田地区最大的林业科技苗木繁育培训基地。经济林苗木主要有核桃、红枣和葡萄。其中，每年新育核桃苗（新新2号和温185）达26.67hm²，嫁接核桃苗18.67hm²，年出圃优质核桃苗80余万株，年采集核桃种子10余吨，核桃良种接穗100余万条。生态防护林苗木有杨树、柳树和沙枣。园林绿化苗木有小叶白蜡、黄丁香、垂柳、海棠、金叶榆、法国梧桐、紫叶绸李和馒头柳等20多个树种（品种）。

全县各种苗木繁育基地总面积约415.07hm²。其中，阿羌乡2.23hm²，喀尔克乡6.67hm²（核桃苗圃），加依乡9.06hm²，木尕拉镇9.41hm²，先拜巴扎镇4.02hm²，稻田指挥部383.70hm²。

九、策勒县种苗繁育与经营

策勒县林业局辖3个苗圃。1号苗圃位于策勒县策勒乡托帕村，占地面积达30hm²，经营面积28.67hm²；2号苗圃位于策勒县城东北9km处，占地面积33.33hm²，建于2012年；3号苗圃位于策勒县城西面，距县城8km，占地面积50hm²，始建于2013年。重点开展大叶白蜡、小叶白蜡、山楂、榆叶梅、金叶榆、紫叶稠李、柳树、核桃、杨树、红枣、杏、沙棘、沙枣、柽柳、枸杞、葡萄、桃、梨、苹果、樱桃、西梅、杏李、蟠桃、沙拐枣和玫瑰等林木良种种苗繁育。

1号苗圃有着多年的林木、园艺绿化苗木培植和销售经验，林木园艺品种规格齐全、质量上乘。为策勒县乃至和田地区生态建设、防沙治沙工程、特色林果业发展生产提供各类林木种苗。林木种苗及种子远销内蒙古、河南、山东等地。

策勒县达玛沟乡建有苗圃39.82hm²。主要繁育的林木品种有：大叶白蜡、胡杨、旱柳、刺柏、核桃（扎343、温185）、丝棉木、桃树、葡萄（美人指、马奶子、青葡萄等）、杏（白明星、克孜郎、赛买提、吐奶斯塘等）、大果山楂、红花刺槐、红枣（鸡心、红满堂等15个品种）。

第六节　特色林副产品及旅游开发

一、特色林果业开发

丰富的光、热、土资源及其优化组合，为喜光、喜温、耐旱优质温带落叶果树提供了适宜的发展条件，使林果产品具有品质好、含糖量高、香甜多汁、口感细腻、酥脆和营养丰富等特点。以核桃、石榴、红枣、葡萄、杏、李等为代表的特色果树资源和果品蜚声中外。和田地区颇具特色的品牌林产品主要有：

和田玉枣，原产地山西太古。后因其质优、产量高、寿命长，被前后引种到山西交城及新疆阿克苏、和田等地。因此，和田玉枣也称为和田枣、和田大枣、山西壶瓶枣、骏枣、阿克苏红枣、新疆和田大枣。和田玉枣有鸡蛋大小，皮薄、核小、肉厚、着色好、干而不皱。经分析测定，与山西原产地红枣以及阿克红枣相比，和田玉枣的长势更好、营养更丰富。

皮亚曼石榴，原产于波斯，张骞出使西域，将石榴引入中原。皮亚曼石榴产于皮山县的皮亚勒玛乡。特点是个大、皮薄、糖分高、口感好，品质上乘。策勒自古也享有“石榴之乡”美誉，石榴种植历史长达两千年以上。策勒县已将石榴等特色林果产业发展定作立县产业，目前石榴种植面积约达1084.27hm²，年产量近8000t。该县计划再建设2000hm²的特色石榴生产基地，同时着力开发石榴延伸产业。

和田玫瑰。是和田地区的特产之一，其花朵主要用于食品及提炼香精玫瑰油，应用于化妆品、食品和精细化工等工业。有几千年种植历史的小枝玫瑰在中东阿拉伯地区乃至欧美都声名远扬。如今玫瑰花种植产业已成为和田地区农民致富的重要支柱产业之一。

和田县核桃。和田县是有名的“核桃之乡”。和田县核桃栽培历史悠久，资源丰富，品质优良，有纸皮核桃、薄皮核桃、早熟核桃等，年产核桃6000多吨，居中国前列。曾被国家列为名、优、特核桃商品基地县。2002年，和田县薄皮核桃被国家经济林协会命名为“中国名优果品”。

和田地区林果业立足资源优势发展特色林果经济，初步实现由重规模向重管理、由粗放管理向集约经营的重大转变。农民对种植传统的核桃、葡萄、红枣和杏的积极性更高。水果和干果的收入给农民带来了可观的收入，从产业化向市场发展，也拉动了全县经济。

许多林果品种在塔里木盆地南缘特殊的自然环境下，自发性病虫害程度轻，可不施或少施农药，具备发展绿色有机果品的潜在优势。每年有数十万吨的林果产品在这里生产加工，品质均为上乘的绿色有机食品，已逐步在全国范围赢得了市场的认可。

策勒县自古以来就盛产红枣，红枣具有果色浓、味道甘美、皮薄肉厚核小、营养丰富、绿色有机等特点，享有“沙漠珍珠”的美誉。策勒县着力将红枣产业打造成农民脱贫和增收致富的支柱产业。近年来，策勒县引进推广红枣新品种，加快建设红枣精品园，积极扶持红枣产业龙头企业，大力研制开发红枣新品牌，切实提高红枣产业的经济效益和附加值。特别是自2013年举办红枣推介会以来，全县红枣知名度进一步提高，2013年策勒红枣获得农业部地理产品标志，有力推动了全县红枣生产、加工和销售。2016年2月14日，新疆策勒县红枣协会正式揭牌成立，标志着策勒县在做大做强红枣产业、实现特色林果产业突破发展上又向前迈进一步。

二、林副产品市场化

和田地区加强了林果产品深加工转化力度，增加林果产品附加值。一是积极引导和鼓励具有林果生产经验和一定投资能力的企业或大户投资林果加工项目，按市场规律进行加工经营；二是制定行业整合政策，对目前良莠不齐的加工企业通过市场手段优胜劣汰，鼓励和扶持环保型、节约型、效益型加工业上规模、上档次；三是加大林果招商引资力度，带领果品销售大户、加工大户、种植大户，组织有目的的专题招商活动，加大宣传地区林果发展的基础和优势，给予相应政策，吸引外来资本或大型加工企业进驻，促进林果发展向产业化、优质化、高效化迈进。2016年，68%的红枣由招商引资企业进行开发种植，4%由林果专业合作社种植，28%由乡镇农户种植。现仅和田县从事林果种植的企业约120家，林果专业合作社约12家。和田市已经建立林产品加工龙头企业3个，累计全年加工核桃干果需求量近100t，杏制干需求量近800t。入驻洛浦县已形成规模的种植及加工的龙头企业主要有和田帝辰医药生物科技有限公司、和田昌和枣业有限公司、和田早上农业开发有限公司、腾达枣业有限公司及元康果业有限公司。

和田地区通过招商引资先后引来和田皮雅曼酒堡公司等8家知名的石榴系列产品加工企业。和田地区酒厂生产的石榴酒，曾被内地外贸及港澳客商抢购一空。

塔里木盆地南缘地区以管花肉苁蓉、甘草、党参、麻黄、大黄、柽柳、沙拐枣等荒漠植被为主体的产业正在兴起。柽柳大芸（红柳大芸、管花肉苁蓉）是以平原荒漠区的柽柳灌丛为主要寄主的特色药材，也称“沙漠人参”。和田地区的于田县是柽柳大芸的主产地和原产地，出产大芸的区域主要集中分布于奥依托格拉克乡、托格日尕孜乡、阿热勒乡、阿日希乡浅沙丘地带和克里雅河下游的达里雅博依乡。2002年，于田县被国家农业部授予“中国大芸之乡”称号。于田县有野生柽柳面积近53 333.33hm^2，有大芸寄生的野生柽柳面积近40 000hm^2，年产野生红柳大芸（干品）约120t。于田县目前已营造人工柽柳林（已接种大芸）5333.33hm^2，在野生柽柳林中接种大芸3333.33hm^2。策勒县完成红柳大芸接种133.33hm^2。洛浦县接种柽柳大芸1786.67hm^2（其中：野生柽柳413.33hm^2、人工柽柳1373.33hm^2）。和田地区现年产大芸约4000t，年创产值6500多万元。和田地区有全国规模最大的大芸生产基地，面积达1333.33hm^2，以中国管花肉苁蓉龙头企业——新疆博远欣绿生物科技有限公司为支撑，其生产的管花肉苁蓉产品也成为和田地区的名牌特产之一。

成立于2004年的和田阳光沙漠玫瑰公司在洛浦县、于田县建立了近3333.33hm^{2}沙漠玫瑰（大马士革玫瑰）种植基地。年加工新鲜玫瑰花400多吨，干花80多吨。产品包括玫瑰精油、玫瑰露、玫瑰花茶、玫瑰花酱、玫瑰花酱馕、玫瑰花粉、玫瑰干花、玫瑰干花蕾、玫瑰干花瓣、玫瑰纯露（玫瑰花水）、玫瑰饮料、玫瑰化妆品等系列产品。旗下的“沙漠香魂”系列获得“新疆著名商标”。公司的产品均获得有机、AA级绿色食品认证，是中国唯一获得此认证的有机玫瑰产品。产品销售到北京、上海等国内主要城市，远销日本、韩国，年产值近亿元。

三、特色旅游业开发

和田地区是典型的干旱区，沙漠旅游资源均为独一无二的精品，特色突出，不仅有著名的和田河风景和塔克拉玛干沙漠风景游览、漂流旅游区，还有以令考古者神往的沙漠古城遗址和古朴的民族风情为主的探险、科学考察和民俗旅游区。

和田千里葡萄长廊、无花果王、核桃王、其娜树（悬铃木王）等极具魅力。红柳大芸一直被中外游客青睐。和田玫瑰享誉中外。因盛产核桃、枣、杏、石榴、无花果和葡萄，被称为“瓜果之乡”。河流两岸分布的原始胡杨林和其他一些荒漠植被更有极高的科研价值和地域景观价值。

众多旅游公司积极参与特色沙区旅游业开发，不断推出新的旅游路线，使沙漠旅游不断向规模化、产业化方向发展。沙漠旅游的蓬勃发展为沙产业提供了资金，带动了沙产业的发展。2016年5月28日，策勒县举办首届石榴花节，策勒县策勒乡托帕村万亩石榴基地歌声如潮，游人如织，连片的石榴花竞相绽放。当天开幕的策勒县首届石榴花节吸引了万余名游客赏鲜花、享美食。

四、新兴沙产业发展

许多果树种质同时具有防风固沙、盐碱土壤改良和受损荒漠修复的生态价值功能。通过人工林改造更新、林地结构优化调整和林木良种推广应用，和田地区防护林已经由单纯生态型向生态—经济型防护林体系转化,使林果业成了和田生态环境和绿色高效产业中的重要组成部分。

和田地区把防沙治沙生态建设与沙产业有机结合,已初步形成了以经济林、中药材、沙区设施农业、建材和旅游等为重点的沙区特色产业,并带动了种植、加工、贮藏、运输、销售等相关产业的发展。沙产业发展为沙区农牧民增收,加快区域经济发展发挥了积极作用。

第七章　特色林木种质资源价值评价

第一节　具有遗传价值的林木种质资源

一、抗旱林木种质资源

胡杨 *Populus euphratica*、灰杨 *Populus pruinosa*、沙枣 *Elaeagnus angustifolia*、东方沙枣 *Elaeagnus angustifolia* var. *orientalis*、梭梭 *Haloxylon ammodendron*、旱柳 *Salix matshudana*、白榆 *Ulmus pumila*、多花柽柳 *Tamarix hohenackeri*、塔克拉玛干柽柳 *Tamarix taklamakanensis*、沙拐枣 *Calligonum mongolicum*、昆仑沙拐枣 *Calligonum roborowskii*、膜翅麻黄 *Ephedra przewalskii*、喀什麻黄 *Ephedra prewalskii* var. *kaschgarica*、蓝枝麻黄 *Ephedra glauca*、昆仑锦鸡儿 *Caragana polourensis*、木蓼 *Atraphaxis frutescens*、刺木蓼 *Atraphaxis spinosa*、鹰爪柴 *Convolvulus gortschakovii*、木霸王 *Sarcozygium xanthoxylon*。

二、抗寒林木种质资源

胡杨 *Populus euphratica*、昆仑方枝柏 *Juniperus turkestanica*、天山云杉 *Picea schrenkiana*、琵琶柴 *Reaumuria soongorica*、侧柏 *Platycladus orientalis*、圆柏 *Juniperus chinensis*、西藏麻黄 *Ephedra tibetica*、昆仑麻黄 *Ephedra fedtschenkoae*、山川柽柳 *Tamarix arceuthoides*、多花柽柳 *Tamarixho henackeri*、黑果小檗 *Berberis sphaerocarpa*、喀什小檗 *Berberis kaschgarica*、帕米尔金露梅 *Pentaphylloides fruticosa*、喀什疏花蔷薇 *Rosa laxa* var. *kaschgarica*、大果蔷薇 *Rosa webbiana*、粗毛锦鸡儿 *Caragana dasyphylla*、多叶锦鸡儿 *Caragana pleiophylla*、单头亚菊 *Ajania scharnhorstii*、矮亚菊 *Ajania trilobata*、策勒亚菊 *Ajania qiraica*、桃叶卫矛 *Euonymus bungeanus*、合头木 *Sympegma regelii*、欧洲李 *Prunus domestica*、海棠 *Malus prunifolia*、酸枣 *Ziziphus jujuba* var. *spinosa*、苹果梨 *Pyrus* ‘Pingguoli’、阿木提香梨 *Pyrus sinkiangensisi* ‘Amuti’。

三、耐盐碱林木种质资源

铃铛刺 *Halimodendron halodendron*、细穗柽柳 *Tamarix leptostachys*、多枝柽柳 *Tamarix ramosissima*、甘肃柽柳 *Tamarix gansuensis*、刚毛柽柳 *Tamarix hispida*、短毛柽柳 *Tamarix karelinii*、短穗柽柳 *Tamarix laxa*、细枝盐爪爪 *Kalidium gracile*、盐爪爪 *Kalidium foliatum*、盐穗木 *Halostachys caspica*、盐节木 *Halocnemum strobilaceum*、琵琶柴 *Reaumuria soongorica*、梭梭 *Haloxylon ammodendron*、黑果枸杞 *Lycium ruthenicum*、唐古特白刺 *Nitraria tangutorum*、沙枣 *Elaeagnus angustifolia*。

四、抗病虫林木种质资源

小叶白蜡 *Fraxinus sodgiana*、刺槐 *Robinia pseudoacacia*、臭椿 *Ailanthus altissima*、东方铁线莲 *Clem-*

atis orientalis、桃叶卫矛 *Euonymus bungeanus*、红瑞木 *Swida alba*、欧洲李 *Prunus domestica*。

五、具有科学价值的林木种质资源

昆仑方枝柏 *Juniperus turkestanica*、天山云杉 *Picea schrenkiana*、膜果麻黄 *Ephedra przewalskii*、裸果木 *Gymnocarpos przewalskii*、胡杨 *Populus euphratica*、灰杨 *Populus pruinosa*、胡杨古树 *Populus euphratica*、新疆杨古树 *Populus alba* var. *pyramidalis*、银白杨古树 *Populus alba*、红枣古树 *Ziziphus jujuba*、白柳古树 *Salix alba*、旱柳古树 *Salix matshudana*、蓝叶柳古树 *Salix capusii*、小叶白蜡古树 *Fraxinus sodgiana*、古梧桐树 *Platanus acerifolia*、古杏树 *Armeninca sibirica*、古梨树 *Pyrus bretscneideri*、古药桑 *Morus nigra*、古香梨树、核桃古树 *Juglans regia*、柽柳古树 *Tamarix ramosissima*、无花果古树 *Ficus carica*、三刺皂荚古树 *Gleditsia triacanthos*、紫丁香古树 *Syringa oblata*、古梓树 *Catalpa ovata*、榅桲古树 *Cydonia oblonga* 、民丰琵琶柴 *Reaumuriaminfengensis*、心叶水柏枝 *Myricaria pulcherrima*、塔里木沙拐枣 *Calligonum roborovskii*、昆仑锦鸡儿、中麻黄 *Ephedra intermedia*、文玩核桃 *Juglans regia*（狮子头、鸡心、公子帽、虎头等12份种质）、帕米尔金露梅 *Pentaphylloides dryadanthoides*、甘肃柽柳 *Tamarix gansuensis*、莎车柽柳 *Tamarix sachuensis*、塔克拉玛干柽柳 *Tamarix taklamakanensis*、塔里木柽柳 *Tamarix taremensis*。

第二节　具有公益价值的林木种质资源

一、具有防风固沙功能的林木种质资源

胡杨 *Populus euphratica*、灰杨 *Populus pruinosa*、沙枣 *Elaeagnus angustifolia*、东方沙枣 *Elaeagnus angustifolia* var. *orientalis*、短穗柽柳 *Tamarix laxa*、长穗柽柳 *Tamarix elongata*、细穗柽柳 *Tamarix leptostachys*、多花柽柳 *Tamarix hohenackeri*、塔克拉玛干柽柳 *Tamarix taklamakanensis*、紫杆柽柳、塔里木柽柳 *Tamarix taremensis*、多枝柽柳 *Tamarix ramosissima*、刚毛柽柳 *Tamarix hispida*、新疆杨 *Populus alba* var. *pyramidalis*、箭杆杨 *Populus nigra* var. *thevestina*、银白杨 *Populus alba*、白榆 *Ulmus pumila*、梭梭 *Haloxylon ammodendron*、昆仑沙拐枣 *Calligonum roborowskii*、喀什霸王 *Sarcozygium xanthoxylon*、琵琶柴 *Reaumuria soongorica*、鹰爪柴 *Convolvulus gortschakovii*、唐古特白刺 *Nitraria tangutorum*、膜果麻黄 *Ephedra przewalskii*、木蓼 *Atraphaxis frutescens*、黑沙蒿 *Artemisia ordosica*。

二、具有环境修复价值的林木种质资源

林木的净化作用包括对大气污染的净化和对土壤污染的净化。林木在抗生范围内能够吸收镉(Cd)、铜(Cu)、镍(Ni)和锌(Zn)铅(Pb)等有害物质，还具有减轻光化学烟雾污染和净化放射性物质等作用。

箭杆杨 *Populus nigra* var. *thevestina* 对大气 SO_2 有很强的吸收富集功能。小叶杨 *Populus simonii* 忍耐和富集重金属锌(Zn)。沙棘 *Hippophae rhamnoides* 可用于土壤中硝酸铅的监测，富集土壤砷(As)、汞(Hg)和铅(Pb)。旱柳 *Salix matsudana* 是土壤中铅(Pb)耐性及富集植物。黄花柳 *Salix caprea* 对土壤中镉(Cd)、锌(Zn)有累积修复效果。白桑 *Morus alba* 耐烟尘，抗有毒气体，可富集土壤中金属镉(Cd)。鞑靼桑 *Morus alba* var. *tatarica* 耐烟尘和有害气体。蔷薇 *Rosa* spp. 可以忍耐和富集重金属锌(Zn)。刚毛柽柳 *Tamarix hispida*、短穗柽柳 *Tamarix laxa* 可用于富集金属镉(Cd)。水蜡 *Ligustrum obtusifolium* 对镉(Cd)、铜(Cu)和锌(Zn)的吸收能力较强。紫穗槐 *Amorpha fruticosa* 对大气 SO_2 有一定的抗性，对土壤中的铅(Pb)有一定修复作用。白榆 *Ulmus pumila* 对镉(Cd)、铅(Pb)和锌(Zn)的吸收能力较强。大叶榆 *Ulmus laevis* 对镉(Cd)、铜(Cu)、镍(Ni)和锌(Zn)的吸收能力较强。圆冠榆 *Ulmus densa* 对铜(Cu)、镍(Ni)、锌(Zn)和铅(Pb)的吸收能力较强。复叶槭 *Acer negundo* 可用于大气中氯及氯化物的监测和土壤中铅(Pb)的修复。丁香 *Syzygium ob-*

*lata*对SO_2及氟化氢等多种有毒气体都有较强的抗性，也可用于监测大气中O_3。合欢*Albizia julibrissin*对SO_2和氯化氢等有害气体有较强的抗性。

三、具有美学价值的林木种质资源

天山云杉*Picea schrenkiana*、龙柏*Sabina chinensis* var. *kaizuka*、油松*Pinus tabuliformis*、青海云杉*Picea crassifolia*、爬地柏*Juniperus procumbens*、圆柏*Juniperus chinensis*、侧柏*Platycladus orientalis*、千头柏*Platycladus orientalis*'Sieboldii'、一球悬铃木*Platanus occidentalis*、二球悬铃木*Platanus acerifolia*、三球悬铃木*Platanus orientalis*、大叶白蜡*Fraxinus americana*、小叶白蜡*Fraxinus sodgiana*、中华红叶杨*Populusdeltoids* 'Zhonghua hongye'、馒头柳*Salix matsudana* f. *umbraculifera*、龙爪柳*Salix matshudana* var. *tortuosa*、垂柳*Salix babylonica*、金丝垂柳*Salix × aureo-pendula*、欧洲大叶榆*Ulmus laevis*、圆冠榆*Ulmusdensa*、垂榆*Ulmus pumila* var. *pendula*、金叶榆*Ulmus pumila* 'Jingyeyu'、山杏*Armeniaca sibirica*、山桃*Percica davidiana*、月季*Rosa chinensis*、四季玫瑰*Rosa rugosa* 'Sijimeigui'、紫枝玫瑰*Rosa rugosa*、黄刺玫*Rosa xanthina*、红王子锦带*Weigela florida* cv. 'Red Prince'、夏橡*Qurecus robur*、合欢*Albizia julibrissin*、华北卫矛*Euonymus maackii*、桃叶卫矛*Euonymus bungeanus*、樱桃李*Prunus cerasifera*、山荆子*Malus baccata*、榆叶梅*Louiscania triloba*、大叶黄杨*Buxus megistophylla*、四季丁香*Syringa pubescens* subsp.*microphylla*、普通丁香*Syringa vulgaris*、紫丁香*Syringa oblata*、暴马丁香*Syringa reticulata* subsp. *amurensis*、紫荆*Cercis chinensis*、木槿*Hibiscus syriacus*、红叶海棠*Malus micromalus* 'American'、国槐*Sophora japonica*、龙爪槐*Sophora japonica* f. *pendula*、红花刺槐*Robinia hispida*、紫花泡桐*Paulownia tomentosa*、水蜡*Ligustrum obtusifolium*、掌叶地锦、臭椿、荆条、紫叶矮樱、紫叶稠李*Prunus virginiana*、东方铁线莲*Clematis orientalis*、粉绿铁线莲*Clematis glauca*、疏花蔷薇*Rosa laxa*、小檗*Berberis amurensis*、红果小檗*Bereris nommularia*、紫叶小檗*Berberis thunbergii* var. *atropurpurea*、短穗柽柳*Tamarix laxa*、长穗柽柳*Tamarix elongata*、短毛柽柳*Tamarix karelinii*、刚毛柽柳*Tamarix hispida*、细穗柽柳*Tamarix leptostachys*、多枝柽柳*Tamarix ramosissima*、多花柽柳*Tamarixhohenackeri*、心叶水柏枝*Myricaria pulcherrima*、银杏、五角枫、鸡爪槭、五叶地锦、火炬树、白桦*Butula plattyphylla*、梓树、山皂荚、皂角、文冠果、黄金树、牡丹、红瑞木、灌木紫菀木*Asterothamnus fruticosus*。

四、土壤改良和水土保持林木种质

合欢*Albizia julibrissin*、铃铛刺、山川柽柳、紫穗槐、昆仑锦鸡儿、粗毛锦鸡儿*Caragana dasyphylla*、多叶锦鸡儿*Caragana pleiophylla*、火炬树、国槐*Sophora japonica*、刺槐*Robinia pseudoacacia*、沙枣*Elaeagnus angustifolia*、尖果沙枣*Elaeagnus oxycarpa*、大果沙枣*Elaeagmis moorcroftii*、东方沙枣*Elaeagnus angustifolia* var. *orientalis*。

第三节 具有商业价值的林木种质资源

一、药用林木种质资源

胡杨*Populus euphratica*、核桃*Juglans regia*、臭椿*Ailanthus altissima*、白桑*Morus alba*、药桑*Morus nigra*、侧柏*Platycladus orientalis*、中麻黄*Ephedra intermedin*、蓝麻黄*Ephedra glauca*、沙棘*Hippophae rhamnoides*、大果山楂*Crataegus pinnatifida*、黑果枸杞*Lycium ruthenicum*、宁夏枸杞*Lycium barbarum*、枣*Zizyphus jujuba*、玫瑰*Rosa rugosa*、石榴*Punica granatum*、沙枣*Elaeagnus angustifolia*、东方沙枣*Elaeagnus angustifolia* var. *orientalis*、唐古特白刺*Nitraria tangutorum*、长穗柽柳*Tamarix elongata*、塔克拉玛干柽柳*Tamarix taklamakanensis*、榅桲*Cydonia oblonga*、酸枣*Ziziphus jujuba* var. *spinosa*、紫丁香*Syringa oblata*、粉绿铁线莲*Clematis glauca*、东方铁线莲*Clematis orientalis*、金银忍冬*Lonicera Maakii*、法国梧桐*Platanus acerifolia*、连翘*Forsythia suspensa*。

二、生物质能源林木种质资源

燃料植物通常又被称为能源植物、石油植物，是指以枝干或含油脂的叶、果实或种子作为原料，通过生物质转换技术来生产生物能源的林木。

梭梭 *Haloxylon ammodendron*、胡杨 *Populus euphratica*、细穗柽柳 *Tamarix leptostachys*、多花柽柳 *Tamarix hohenackeri*、多枝柽柳 *Tamarix ramosissima*、密花柽柳 *Tamarix arceuthoides*、长穗柽柳 *Tamarix elongata*、刚毛柽柳 *Tamarix hispida*、昆仑方枝柏 *Juniperus centrasiatica*、天山云杉 *Picea schrenkiana*、核桃 *Juglans regia*。

三、工业原料类林木种质资源

（一）木本油料林木种质资源

油脂既是重要的生活资料，也是重要的工业原料。油料植物是指植物体内（果实、种子或茎叶）含油脂8%（或现有条件下出油率高于80%以上）的植物。

核桃 *Juglans regia*、沙棘 *Hippophae rhamnoides*、文冠果、巴旦杏、天山云杉 *Picea schrenkiana*、圆柏 *Juniperus chinensis*、连翘 *Forsythia suspensa*、玫瑰 *Rosa rugosa*。

（二）有鞣料用途的林木种质资源

在裸子植物中，松科、柏科植物中多含丰富的鞣质，尤其是以松科的云杉等鞣质含量高、质量好；双子叶植物中，蔷薇科、胡桃科、桦木科及槭树科等大多种类中均含有丰富的鞣质，是制革的重要药剂，同时广泛应用于印染、硬塑料等工业制剂中。

天山云杉 *Picea schrenkiana*、核桃 *Juglans regia*、白桑 *Morus alba*、五角枫 *Acer mono*。

（三）有纤维用途的林木种质资源

白柳、旱柳、黄皮柳 *Salix carmanica*、线叶柳 *Salix wilhelmsiana*、塔克拉玛干柽柳 *Tamarix taklamakanensis*、多枝柽柳 *Tamarix ramosissima*。

四、具有木本饲用价值的林木种质资源

饲用植物中主要饲用部位是枝叶以及果实，大部分集中在野生灌木类植物中。

沙枣 *Elaeagnus angustifolia*、东方沙枣 *Elaeagnus angustifolia* var. *orientalis*、白榆 *Ulmus pumila*、国槐 *Sophora japonica*、葡萄 *Vitis vinifera*、驼绒藜 *Ceratoides latens*、沙棘 *Hippophae rhamnoides*、膜果麻黄 *Ephedra przewalskii*、黑沙蒿 *Artemisia ordosica*、内蒙古旱蒿 *Artemisia xerophytica*、宁夏枸杞 *Lycium barbarum*、黑果枸杞 *Lycium ruthenicum*、合头草 *Sympegma regelii*、燥原荠 *Ptilotricum canesce*、梭梭 *Haloxylon ammodendron*、四翅滨藜 *Atriplex canescens*、红花岩黄耆 *Hedysarum multijugum*、唐古特白刺 *Nitraria tangutorum*、琵琶柴 *Reaumuria soongorica*、中亚沙棘 *Hippophae rhamnoides* subsp. *trukestanica*、蒙古沙棘 *Hippophae rhamnoides* subsp.*mongolica*、长穗柽柳 *Tamarix elongata*、短穗柽柳 *Tamarix laxa*、塔克拉玛干柽柳 *Tamarix taklamakanensis*、紫杆柽柳、细穗柽柳 *Tamarix leptostachys*。

五、具有香料价值的林木种质资源

和田玫瑰 *Rosa damascena*、香水月季 *Rosa chinensis*、玫瑰 *Rosa rugosa*、刺槐 *Robinia pseudoacacia*、国槐 *Sophora japonica*、沙枣 *Elaeagnus angustifolia*、东方沙枣 *Elaeagnus angustifolia* var. *orientalis*、花椒 *Zanthoxylum bungeanum*、普通丁香 *Syringa vulgaris*、暴马丁香 *Syringa reticulata* subsp. *Amurensis*、紫丁香 *Syringa oblata*、四季丁香 *Syringa pubescens* subsp. *Microphylla*、杜松 *Juniperus rigida*、云杉 *Picea asperata*、女贞 *Ligustrum lucidum*、金叶女贞 *Ligustrum vicaryi* 'Jinye'、金边女贞 *Ligustrum obtusifolium* 'Jinbian'。

六、具有食用价值的林木种质资源

（一）果品种质

枣（实生红枣、灰枣、骏枣、鸡心、红满堂、金枣、冬枣、酸枣）、核桃（实生核桃、农家土核桃、乡土核桃、薄皮核桃、厚皮核桃、阿布都热依木非185、新丰、温185、扎343、新新2号、和香9号）、杏（酸杏、晚熟杏、加纳杏、白明星杏、明星杏、于田白杏、白优杏、克孜郎杏、花娜杏、黑花娜杏、麻雀杏、山杏、荷叶杏、黑叶杏、农家土杏、赛买提杏、吐奶斯塘杏、吊死干杏）、桃（农家土桃、乡土毛桃、中华桃、水蜜桃、水蜜毛桃、黄蜜桃、和田蜜桃、新农红桃、大青桃、蟠桃、油蟠桃、李光桃、黄桃、山东毛桃、香优9号、塔克桃）、油桃（加木达油桃、山东油桃、美国油桃、京和1号、超红株、望春、新春、丽春）、苹果（红富士、农家

土苹果、黄香蕉、金冠、冰糖心、青香蕉、红星、早熟苹果)、梨(句句梨、鸭梨、砀山梨、阿木提梨)、欧洲李(夏日红、优选1号、优选2号)、李、西梅、酸梅、杏李(味帝、味馨、恐龙蛋、风味玫瑰)、石榴(千紫红石榴、皮亚曼1号石榴、突尼斯软籽石榴)、巴旦木、桑(黑桑、白桑)、药桑、鞑靼桑 *Morus alba* var. *tatarica*、榅桲、葡萄(和田红、无核白、香妃、木纳格、喀什噶尔、美国红提、美人指、马奶子、青葡萄、鸡心)、中亚沙棘 *Hippophae rhamnoides* subsp. *trukestanica*、蒙古沙棘 *Hippophae rhamnoides* subsp.*mongolica*、无花果(6份)、樱桃李、樱桃(艳阳、秦樱、拉宾斯、红灯、毛樱桃、野樱桃、大樱桃、美国大樱桃、早熟樱桃、车厘子樱桃、拉宾斯樱桃、黑樱桃)、阿月浑子、唐古特白刺 *Nitraria tangutorum*、黑果枸杞、榛子等。

(二)蜜源种质资源

蜜源木本种质是指供蜜蜂采集花蜜及花粉的植物,泛指所有气味芳香能制造花蜜以吸引蜜蜂的林木种质资源。

昆仑沙拐枣 *Calligonum roborowskii*、沙枣、枣、酸枣、盐豆木 *Halimodendron holodendron*、巴旦木、桃、杏、梨、苹果、刺槐、国槐、玫瑰、月季、合欢、丁香、柽柳、水柏枝等

七、具有用材价值的林木种质资源

阿富汗杨 *Populus afghanica*、新疆杨 *Populus alba* var. *pyramidalis*、箭杆杨 *Populus nigra* var. *thevestina*、钻天杨 *Populus nigra* var. *italica*、小叶杨 *Populus simonii*、加拿大杨 *Populus canadensis*、黑杨 *Populus nigra*、速生杨 *Populus tomentosa*、青杨 *Populus cathayana*、银白杨 *Populus alba*、光皮银白杨 *Populus alba* var. *bachofenii*、毛白杨 *Populus tomentosa*、小叶白蜡 *Fraxinus sogdiana*、大叶白蜡 *Fraxinus americana*、白榆 *Ulmus pumila*、药桑 *Morus nigra*、核桃 *Juglans regia*。

第八章 林木种质资源保护与利用对策

第一节 存在的主要问题及趋动因素

一、种质资源保护管理中存在的问题

(一)野生林木种质资源多样性丧失

由于大面积人工造林、农业垦荒、城镇扩张、水资源开发和大型重点工程建设,使野生树种生境破碎化或分布地环境改变,野生荒漠树种面积减少或树种消失,部分野生林木种质资源面积缩小,分布格局由聚集性向零散性转化,群落物种多样性下降。一些物种(胡杨、灰杨)以种子发生形成的种群数量减少,多以根孽苗(无性繁殖)的形式进行种群繁殖和扩散,遗传多样性逐渐丧失。受经济利益的驱动,每年野生果树果实或种子成熟季节,当地林农对野生果树资源(如沙棘)随意采挖乱砍或放牧现象多有发生,直接破坏了野生植物种群的自我有性维系和更新过程。

(二)传统农家栽培林木种质资源流失

乡土栽培种、农家品种以及引进的经济果木及园林绿化树种除大面积应用外,数量较少的种类大部分以迁地保护的形式保存在各类生产苗圃、单位绿地和私人院落中。由于生产性苗圃的苗木种类流动性较大,加之近年来城市绿化大苗的使用比例增加,许多较少的种质资源被作为商品出售,有所流失。

单一林木品种的大面积推广,大量引进外来的果树品种和园林绿化树种,本地传统栽培的农家品种的种植空间受到挤占,过期品种受到排斥,一些珍稀和特有的地方性林木种质资源生存受到威胁,数量和面积正在减少。果树生产中长期根据同一目标(如高产性、商品性)进行选择,导致现有林木育种材料的遗传基础变窄,多样性下降。

(三)自然灾害和病虫害发生概率增加

为了改善城市景观、增加观赏树种多样性,近年来盲目大量引入外来园林观赏树种,特别是带土球的大树,有害生物入侵的生态风险增大。部分引进的栽培园林树种不适应和田地区极端干旱的气候和贫瘠的土壤条件,生长发育不良,易受到干旱及大风危害,大大增加了绿化造林和管护成本,景观绿地稳定性和可持续性降低。

在外来栽培果树品种的引进推广过程中,有些未进行前期的适应性评价和区域栽培试验,急于求成,仓促推广。为了追求单位面积产量,滥用化肥和生长激素,栽培林果品种风味和质量下降,降低了林木抵御自然灾害风险的抗逆性。

核桃、红枣、扁桃、杏和香梨的抗寒新品种有限,现有主栽品种易受到极端气候(如低湿冻害)的

影响。有害生物、低温冻害和大风沙尘已成为和田地区特色林果良种推广和主栽品种种植的三大天敌。

(四)古树管理工作中存在的问题

和田地区部分县市还未成立专门的"人文古树"保护管理机构。

和田地区的部分古树存在围栏保护措施不到位的问题,大多数古树没有采取任何保护措施,随时有可能被破坏。群众对保护古树的重要性认识不足,如有些个体农户农田中的古树核桃被当做棺木或优质木材卖掉。努尔乡的一株银白杨古树在修渠时被挖掘。基础设施建设过程中砍伐了部分古树,如因新农村改造工程,许多传统品种的古杏树被砍伐。

和田地区部分县市虽然做了古树的调查和标记,但在保护和管理名木古树方面专项资金投入不够。大多数古树未进行挂牌保护,未进行数据入档建库工作。距离城市中心较远的边远乡村,古树疏于管理,散生在农家院落、道路旁和农田中的古树大多数没有挂牌,也未进行围栏保护。

很多古树名木作为旅游产品,供游人参观,地面铺装、游人践踏和机械碾压造成生境土壤通气性不良,地下水位下降,影响了古树根系正常发育生长。对古树的定义和科学概念不太清楚,有些县乡或旅游部门扩大了古树的界定范围。

二、种质资源开发利用中存在的问题

(一)野生种质资源尚未得到充分利用

和田地区自然分布的昆仑方枝柏、昆仑圆柏、昆仑锦鸡儿、柽柳属植物、蔷薇属植物、白刺属植物以及诸多野生果木和观赏灌木的特有种质资源,具有抗逆性强、遗传多样性高、管理成本低等特点。大多或基本上未得到发掘和大面积利用,乡土野生木本植物的育苗难以形成规模。生态防护林建设、沙荒地绿化、退耕还林工程、城镇园林绿化和特色经济林果业发展,基本上应用外来引进的种类和传统单一的常见栽培种(品种)。

(二)经济林木种质资源利用比重大

和田县是全疆重要的林果业生产基地,也是和田县调整农业结构的重点和加速农村经济发展、促进农民增收的着力点。但是,由于受北部周边大面积沙漠环境和风沙过程影响,绿洲内部土地沙化现象十分严重,次生盐渍化土地和沙化耕地广泛分布,农田林网和经济林木无时不处于沙化土地和风沙的威胁之下。从调查统计结果上看,本地区用于生态建设的高抗逆林木种质资源多样性和比例相对较低,而用于发展林果业的经济林木种质的种(品种)数量相对比例较高。全地区林木种质资源利用结构不合理。

(三)林木良种的推广面积和多样性低

受经济利益和市场导向的趋动,和田地区自主创新的林木良种推广应用速度缓慢,面积较少。大多数林木良种是从外地通过政府推广或自发跟风引入,主栽品种数量单一,地方特色品种多样性少。育苗生产面积起伏不定,苗圃培育的树种(品种)重复,缺少特色和专业性。现有林木良种的繁育能力、产业化发展的新型优良林木品种推广和管理技术服务力量比较薄弱,不能适应地区经济发展和生态建设的需求。

(四)特色林木种质资源产品附加值低

地处塔里木盆地南缘的和田地区虽然林果业已经形成一定规模,但特色林果业的优势产品集中在传统产业,初级产品多,附加值不高,深加工产品少,资源综合利用水平低,产业链条短,均以原始产品的形式进入流通领域。从事特色林果业产品开发的企业总体上存在规模小、产品结构单一的问题。缺乏有规模、有市场、牵动力大的特色林果产品产业化龙头企业,没有形成充分发挥资源优势的产业集群,无法形成规模效益和品牌效益。产品结构矛盾仍然突出,未形成合理的产业发展格局,以原材料初级产品为主导的格局未改变。林果业深加工潜力和人工生态经济质量提高仍有较大空间,尤其是经济林果品质量和附加值提升空间更大。

三、科学研究中存在的问题及趋动要素

(一)林木种质资源基础本底不清

缺少针对和田地区野生、栽培和引入保存的林木种质资源多样性前期全面性调查和编目工作。对一些重要的野生和特色林木种质资源,如重要野生优势种、稀有种和区域特有种的核心种质分布区不清楚。核桃、杏和枣树栽培已有几百年历史，产生了许多种下变异、优良单株及优良林分，但未进行调查统计和认定。部分引入的经济果木和园林观赏树种（品种）品种混杂，种源不明。同物异名，同名异物现象严重，引种树种登记和栽培定植技术未建档。传统农家品种的引进栽培历史、遗传多样性现状及资源价值调查评价工作尚未系统开展过，故无法对本地区的林木种质资源分布、数量及面积变化趋势进行分析评估。

（二）科技创新与成果转化能力不强

林木种质资源保护与管理的专业人才缺乏，科技力量薄弱，品种分类鉴定手段落后，研究资源少而分散，种苗科技发展缺乏多元化投入机制。对国内外林木种质资源保护、管理和开发利用的新技术、新成果缺乏了解，林木种苗规模化繁育、种质创新和良种培育的科技能力较弱，林木良种创新与推广缺乏科学引导。林木良种科学研究技术成果对林果业生态和产业发展的支撑作用还不够强。

四、种质创新中存在的问题及趋动要素

政府、相关企业和当地群众对本土野生林木种质资源的潜力和价值认知不到位，对乡土植物的开发利用不重视，野生资源开发利用和新品种培育投入见效周期长，回报率低，对种质创新的研究手段及技术人才要求高，而外来林木良种（品种）的大量引进周期短，效果显著。因此，野生林木种质资源发掘和新品种创新培育的资金投入积极性不高。本地林木良种审定认定工作滞后，本土植物很少被认定或审定为林木育种，未经审定认定的种类不能得到大面积推广应用。

第二节　林木种质资源保护对策

一、野生林木种质资源保护对策

针对重要野生物种和传统特色栽培品种的核心种源区，建立自然保护区或保护小区。加强林业公安、森防、林政、防护和种质资源输入输出等的执法力度，保护目标种质资源。

在现有的国家级生态公益林，特别是荒漠胡杨林和柽柳林中，针对一些具有特性、分布面积狭小的野生种群、优良林分和优良单株，应采用围栏隔离、挂牌宣传等措施，并建立保护小区予以原地保护。

建立和田地区野生林木种质异地田间种质资源引种汇集圃。重点收集保存本地区特有、珍稀和濒危的野生林木种质资源。引种驯化适宜当地自然环境的优良野生生态树种、经济树种和观赏树种，研究野生林木种质资源育苗和栽培的关键技术。为和田地区未来生态建设、林木新品种培育、科学研究和林果业经济可持续发展提供更多的林木种质资源战略贮备。

加强林木种质资源保护与管护的专业技术队伍建设。建立健全林木种质资源专职管理机构、基层工作站和执法机构等队伍建设，强化教育培训，提高队伍的专业素质，充分发挥基层林木种质资源多样性保护的主体作用。

实施种质资源的动态管理。在现有森林资源监测体系的基础上，增加林木种质资源监测相关内容，建立地区林木种质资源数据库和信息管理系统。在国家、省级宏观指导或控制下，定期组织种质调查和动态监测，适时进行种质资源的数据变更，掌握和田地区野生林木种质资源的动态变化。

二、栽培林木种质资源保护对策

加强栽培种质资源保护和管理，防止林木种质资源丧失和流失。强化对现有种质资源库种质资源汇集圃树种的管理。增加和建立新的树木引种汇集圃、树木园或植物园，使传统品种、农家品种和过期栽培林木品种种质资源实现长期永久性保存。

加强林木良种选育与推广、强化种源选择与管理。注重林木种苗遗传品质提升和种质资源创新。新建和扩大培育林木良种繁殖圃的数量和面积，不断完善育种繁育圃基础设施。强化和田地区本土野生和农家特色优良品种审定工作，开展和田地区优良林分和优良单株的调查认定工作，增大本土林木良种推广应用的比例和规模。

健全林木良种繁育推广、种苗生产社会化服务、科技示范服务以及市场营销服务的保障支撑体系，发挥区内外专家和科研院所的科技合作和技术支撑优势，引进适宜性优质林木品种，对现有经济果木园进行嫁接改造和本地品种的更新改良，提高林木良种使用普及率，做好良种推广示范等工作。

执行林木良种和新品种从种苗引进、培育、推广种植、果品采收、加工、包装、销售等各环节的标准，逐步与国内外质量标准相衔接，并与现代化国际国内大市场相融合。进一步实行名特优林果品牌制度、商标保护制度、无公害检疫制度和产品认证制度。

建立种苗运输、新品种引进的外来引种苗木检疫体系和有害生物入侵预警机制，从源头做好引进林木种子和苗木的质量关，减少生态风险。

三、古树名木资源复壮保护对策

尽快出台古树名木的保护性地方法规，制定古树名木保护管理条例，明确古树保护的主体责任部门和管理部门。

设立古树名木保护专项资金。开展专项研究，探明古树名木致衰原因，确定古树名木衰弱等级评价体系，提出可行的保护、修复实施方案及技术措施（土壤改良措施、促进古树自身复壮措施、病虫害防治措施、古树破损修复措施等）。

对农户开展古树保护的宣传，增强农户对古树重要性的认识，尽可能地贴补农户部分保护费用。加强对农户自行管理经营的核桃、杏树等经济古树的保护。

完善保护设施；建筑物与古树名木风貌景观相互协调；加强与古树名木相关的水体、河道的保护和自然恢复、自然灾害和病虫害防治等。

第三节 林木种质资源可持续利用对策

一、制订种质保护管理与利用发展规划

林木种苗是传承林木遗传基因和保证森林世代繁衍的载体，加强林木种质资源的保护管理、开发利用是关系林业长期发展的一项战略性基础工作。

和田地区从北至南，地理高差明显，气候和土壤差异巨大，在长期的自然选择和人工培育过程中，野生和传统栽培林木品种中蕴藏着无数特异优良性状和遗传多样性，含有大量的野生和半野生优异基因，它们是林木良种培育的宝贵种质资源，也是研究物种起源和演化必不可少的物质材料。应围绕林业生态发展的新形势和生物多样性保护的新需求，编制和田地区林木种质保护、管理与利用的中长期发展规划，为丰富的野生和传统林木种质资源的有效保护和可持续利用提供依据。

提出和田地区野生林木种质资源优先保护、引种驯化和发掘利用顺序。通过现代生物技术的应用，直接利用野生类型和野生材料中的有益基因，创新具有抗病虫害、耐盐碱、抗低温、耐干旱高温、抗风沙的特异性林木良种。为和田地区社会进步、城镇化发展、新型经济产业发展和特色旅游业的提供多样性的种质基因材料。

二、强化本地林木种质保护与创新

做好区内现有乡土林果资源树种及优良林木品种选优、培育和推广应用工作，建立优良品种基因库。

评估野生林木种质资源潜在的商品、生态、经济和科学价值，开展优质、特异林木种质基因的挖掘与创新研究。

对引种的外来林木良种开展适应性、商品性、高产高效性评价，评价发现现有种质资源可利用特性，减少推广应用的盲目性。

加大抗寒林木新品种和林木良种的育种及种质创新投入，筛选和引进抗寒果树种质资源和优良抗寒砧木品种。利用生物技术培育适应性强的树种（品种）。利用遗传基因与栽培技术，优化树木品种与果品品质。

利用和田地区经济果木种质资源的相对优势，实施综合开发与多产业协调发展，提升林业系统发展功能。力争建成生态林果业、生态药业、生态畜牧业和生态农业等多种形式的沙产业基地和发展模式。

通过产、供、销、服务一体化，搞好林木种质资源综合开发，推动林业产业的协调发展，提高地区林业经济的整体经营效益和竞争力。鼓励各类投资主体和经济成分参与特色林木种质资源开发利用。支持和引导有实力、技术水平较高的苗圃，立足本地，培育适合和田地区实际的名优特用材、防护林、景观绿化林及经济林良种壮苗。

三、工业原料基地建设及后续加工

塔里木盆地南缘地区，野生动植物种类较多，有丰富的药用植物、林果和其他经济植物，具有很高的药用价值和经济价值；还有众多的野生饮料植物品种等食用植物资源，具有较高的食用价值和经济价值。因此，可在沙区因地制宜地发展特有药材、果品和食用植物资源原料基地，并建立相应的加工企业，实施产业化经营。

沙区许多灌木种质具有很高的饲用价值，可结合重点林业生态工程建设，因地制宜地发展灌木饲料林，并适当发展饲料加工业，形成区域化、规模化和标准化的高效低耗畜牧业养殖模式，研究开发创新性的技术体系和设备设施，大力发展畜牧养殖业。进一步加强畜产品深加工和精加工的研究开发以获得产品的更高附加值，实现更佳的经济效益。逐步形成饲料资源培育、资源加工及畜牧养殖业完整的产业链。

和田地区适宜大芸寄生的柽柳灌丛约有105 220hm^2。尽快形成以红柳大芸、和田玉枣、石榴、核桃、葡萄、杏、和田玫瑰、麻黄和甘草等为主的原料基地建设，保障后续加工利用产业开发的可持续发展。

四、野生林木种质资源综合高效利用

针对个别野生种质资源量少、恢复再生能力弱、规模化利用承载力低的特点，研发综合加工利用技术，根据林木种质的资源生态、经济价值和商品价值（果品、饲用、食品添加原料、育种亲本、优良砧木、园林资材、观光旅游、工业原料、用材等），做到一树多用，重复利用，提高利用效率和商品率，减少资源的损耗和浪费。

沙区具有丰富的灌木资源，灌木具有防风固沙的生态效益，同时，通过平茬还可以为人造板、纸浆造纸提供原料，如柽柳等。因此，应在适宜地区，积极发展与生态效益相结合的工业原料林基地，并有计划地建设原料加工企业。

随着经济林面积的增长，林果产品产量的不断攀升，原有的落后的加工方式和加工规模已不能消化增加的果品产量，也不利于果品的商品率的提高，就需要引进有实力、深加工、综合利用的果品加工企业，不断增值，带动林果业向良性循环发展，逐步向产、供、销、贸、工、农一体化方向转变。

五、发展以沙产业为主导的特色旅游

沙漠是一种特殊的旅游资源，在国际上，沙漠旅游正成为一种新兴的旅游方式。塔里木盆地南缘沙区旅游资源十分丰富，文化遗迹星罗棋布，历史悠久，形成了丰厚的文化积淀。与历史人文旅游资源相比，和田地区的自然景观更具特色。沙漠、戈壁、雅丹地貌、草原、河流和原始胡杨林交融在一起，形成了奇特的风光。被誉为“和田三棵树”的千年梧桐王、千年无花果王和千年核桃王更是和田地区独一无二的生物旅游资源。加上热情好客的维吾尔族浓郁的文化底蕴，构成了沙漠地区旅游资源的丰富内涵，蕴藏着巨大的开发价值。

应根据和田地区自然环境特点，以多样丰富的灰杨和胡杨林遗传种质及景观资源为重点，结合本地光照资源、土地资源、人文资源和生物资源丰富的优势，将保护和发掘利用林木种质资源同森林绿色食品、花卉园艺、特色加工业和森林旅游等有机整合，推进以当地林木种质资源为基础的旅游产品培育和开发，发展沙产业主题旅游业。

下篇　各　论

第九章　野生林木种质资源

第十章　栽培林木种质资源

第十一章　收集保存的种质资源

第十二章　特殊林木种质资源

第九章　野生林木种质资源

第一节　裸子植物

一、柏科 Cupressaceae

昆仑方枝柏 *Juniperus turkestanica* Kom.

圆柏属 *Juniperus* L.

种质编号：HT-PS-00-006。

形态特征：常绿针叶乔木，高8~15m，胸径10~20cm。树皮灰色，灰褐色，薄条状纵裂。树冠宽阔，稀疏，主枝横展或斜上展；小枝常被灰色粉质，圆柱形，末回小枝全由鳞叶组成，四棱形，淡灰绿色。苗期叶刺形，成年树叶异型。雌雄球花异株。雌球果长9~13mm，径8~10mm，褐黄色或黑褐色，微被白粉，含1粒种子。种子卵形，硬骨质，长8~11mm，径6~7mm，色淡，顶端常为扁嘴状，沿棱脊具棕色暗带，基部钝圆，背腹加厚，具沟槽。

分布地点与数量：分布于皮山县亚高山至高山带阴坡、半阴坡、山脊、山谷、山河谷及河滩，海拔2600~3600m。分布面积81.48hm²。

繁育方式：种子繁殖，根蘖繁殖。

保护利用现状：新疆特有，国家Ⅱ级保护、新疆Ⅱ级保护。

开发利用前景：工业用材，水源涵减养，园林绿化。

昆仑多籽柏　昆仑圆柏 *Juniperus semiglobosa* Regel

圆柏属 *Juniperus* L.

种质编号：HT-PS-00-007。

形态特征：常绿针叶乔木，高8~10(12)m，胸径10~20cm。树皮灰色或淡灰红色，薄条状脱落。树冠开阔，稀疏，多分枝；主干枝斜上展，生多数横展或斜上展、顶端俯垂的小枝；木质化小枝常被灰色粉质，有时甚密。雌雄同株少异株；雌球花着生短校顶端，直立后倾斜，不下弯。成熟球果干燥，被有灰粉；果梗短，直或微弯；含2~4种子。花期5月，果2年成熟。

分布地点与数量：分布于皮山县亚高山至高山带下部的阳坡和岩石裸露的半阴坡和碎石河谷、河滩，海拔2500~3300m。分布面积4555.17hm²。

繁育方式：种子繁殖，根蘖繁殖。

保护利用现状：原地保护。未利用。易危种（VU）。

开发利用前景：水土保持，固沙造林，园林观赏。

二、麻黄科 Ephedraceae

雌雄麻黄 昆仑麻黄 *Ephedra fedtschenkoae* Pauls.

麻黄属 *Ephedra* L.

种质编号：HT-HTX-00-002；HT-YT-LGX-048。

形态特征：垫状常绿小灌木，高3~10cm。成熟雌球花肉质，红色或橙红色，长圆状卵形，顶端钝。花期6月，果期8月。

分布地点与数量：分布于山地干旱石质山坡石缝中，海拔1900~3800m。和田县；于田县兰干乡。呈小片分布。

繁育方式：种子繁殖。

保护利用现状：原地保护。未利用。国家Ⅱ级保护、新疆区Ⅰ级保护。

开发利用前景：防风固沙植物。

中麻黄 *Ephedra intermedia* Schrenk

麻黄属 *Ephedra* L.

种质编号：HT-PS-STL-005。

形态特征：常绿小灌木，高20~40cm，具发达的根状茎。苞片成熟时肉质，红色，后期微发黑。种子2粒。花期6月，果期8月。

分布地点与数量：分布于荒漠石质戈壁、沙地、沙质、砾质和石质干旱低山坡。皮山县赛图拉镇成片分布。

繁育方式：种子和根茎繁殖。

保护利用现状：易危种（VU），国家Ⅱ级、新疆Ⅰ级保护。原地保护。

开发利用前景：药用，饲用，防风固沙。

西藏麻黄 西藏中麻黄 *Ephedra intermedia* var. *tibetica* Stapf.

麻黄属 *Ephedra* L.

种质编号：HT-HTX-00-019；HT-MF-00-007；HT-YT-CQ-001；HT-CL-WLKSYX-016。

形态特征：常绿小灌木，高10~40cm，具发达的根状茎。茎不发达，粗短。叶2枚。雄球花球形或阔卵形，常2~3个密集于节上成团状；苞片3~4对，交互对生，具膜质边。雌球花卵形；苞片3~4对，交互对生，成熟时肉质，红色，后期微发黑。种子2粒。花期6月，果期8月。

生态习性：阳性，耐寒，超旱生，抗风沙，耐土壤瘠薄。

分布地点与数量：分布旱生戈壁。和田县；民丰县；于田县315国道；策勒县乌鲁克萨依乡巴干村。成片分布。

繁育方式：种子和根茎繁殖。

保护利用现状：国家Ⅱ级、新疆Ⅰ级保护植物。原地保护。未利用。

开发利用前景：药用，饲用，防风固沙。

蓝枝麻黄 蓝麻黄 *Ephedra glauca* Regel

麻黄属 *Ephedra* L.

种质编号：HT-PS-SZ-024；HT-YT-00-005。

形态特征：常绿小灌木，高20~80cm。当年生枝淡灰绿色，密被蜡粉，光滑，具浅沟纹。雌球花含2种子；苞片3~4对，成熟时红色，后期微发黑。花期6月，果期8月。

生态习性：阳性，耐寒，超旱生，耐土壤瘠薄。

分布地点与数量：皮山县桑株乡巴什坡斯喀村；于田县。成片分布。

繁育方式：种子和根蘖繁殖。

保护利用现状：国家Ⅱ级、新疆Ⅰ级保护。原地封育保护。未利用。

开发利用前景：药用，饲用，防风固沙。

膜翅麻黄 *Ephedra przewalskii* Stapf

麻黄属 *Ephedra* L.

种质编号：HT-YT-AQX-001；HT-MF-YYKX-030。

形态特征：常绿小灌木，高20~100cm。基部多分枝；上年小枝淡黄绿色；当年生枝淡绿色；小枝末端常呈“之”字形弯曲或拳卷。雄球花无梗，密集成团伞花序，淡褐色或淡黄褐色；雌球花幼时淡绿褐色或淡红褐色，近圆球形，成熟时苞片增大，成淡棕色、干燥、半透明的薄膜片。种子常3粒，少2粒。花期5~6月，果期7~8月。

生态习性：阳性，耐寒，超旱生，抗风沙，耐土壤瘠薄。

分布地点与数量：分布于石质荒漠和沙地。于田县阿羌乡（大面积）；民丰县叶亦克乡（大面积）。

繁育方式：种子和根蘖繁殖。

保护利用现状：国家Ⅱ级、新疆Ⅰ级保护。原地保护。未利用。

开发利用前景：防风固沙，药用，饲用。

第二节　被子植物

一、杨柳科 Salicaceae

胡杨 *Populus euphratica* Oliv.

杨属 *Populus* L.

种质编号：HT-HTX-YARK-002；HT-MY-TWT-008；HT-PS-BSLG-028；HT-MF-ADRX-008；HT-YT-LYSNC-045、HT-YT-LGX-049、HT-YT-YBGX-054；HT-CL-GLhm2X-002、HT-CL-DMGX-035、HT-CL-BSTX-030等17份。

形态特征：落叶阔叶乔木。叶形多变化，在幼树、成年树基部及萌生条上叶披针形或线状披针形，全缘或具疏波状齿；成年树的叶子有广卵形、菱形、心脏形、三角形，秋季落叶前变为金黄色。花期5月，果期7~8月。

生态习性：喜光、抗热、抗大气干旱、抗盐碱、抗风沙。

分布地点与数量：和田县4271.07（含灰杨）hm^2，主要分布于吾宗肖乡，英艾日克乡和巴什兰干乡；墨玉县167 321.77（含灰杨）hm^2，主要分布于吐外特乡；皮山县2979.31（含灰杨）hm^2，主要分布于木吉镇；于田县9505.81（含灰杨）hm^2，主要分布于昆仑羊场，喀拉克尔乡，柯克亚乡，拉伊苏农场天然林保护区，兰干乡和英巴格乡；民丰县10 129.08（含灰杨）hm^2，主要分布于安迪尔乡和吐外特乡；策勒县2934.3（含灰杨）hm^2，主要分布于达玛沟乡，博斯坦乡和固拉哈马乡。

繁育方式：种子繁殖，根蘖繁殖。

保护利用现状：原地保护。

开发利用前景：生态造林，防风固沙，药用，用材，工业原料，园林绿化。

灰杨 灰叶胡杨 *Populus pruinosa* Schrenk

杨属 *Populus* L.

种质编号：HT-HTX-TWKL-015、HT-HTX-YAWT-023；HT-MY-KWK-012；HT-PS-00-005；HT-YT-KLKRX-041、HT-YT-TGRGZX-049、HT-YT-XBBZZ-046、HT-YT-YBGX-048；HT-MF-00-002；HT-CL-00-013等13份。

形态特征：落叶阔叶乔木，高至10(20)m。萌条枝密被灰色短绒毛；萌枝叶椭圆形，两边被灰绒毛；短枝叶肾脏形，全缘或先端具2~3疏齿牙，两面灰蓝色，密被短绒毛。果序轴、果柄和蒴果均密被短绒毛。花期5月，果期7~8月。

生态习性：喜光、抗热、抗大气干旱、抗盐碱、抗风沙。

分布地点与数量：分布于荒漠河流沿岸、排水良好的冲积沙质壤土上。和田市400.84(含胡杨)hm^2;和田县主要分布于吾宗肖乡巴格其村,英艾日克乡巴什阔尕其村,伊斯拉木阿瓦提乡库如勒克村,阔是诺尔村和英阿瓦提乡艾吉克村,面积较大;墨玉县主要分布于喀瓦克乡吾斯坦艾格孜村,成片分布;皮山县主要分布于民丰县喀瓦克乡吾斯坦艾格孜村,成片分布;洛浦县11 372.51(含胡杨)hm^2;于田县分布于喀拉克尔乡宗塔勒村,托格日喀孜乡,先拜巴扎镇和英巴格乡艾斯提尼木村,零星小片分布;策勒县1778(含胡杨)hm^2。

繁育方式:种子繁殖,根蘖繁殖。

保护利用现状:原地保护。易危种(VU),国家Ⅱ级保护、新疆Ⅰ级保护植物。

开发利用前景:生态造林,防风固沙,道路防护,农田防护,工业用材,园林绿化,饲用。

阿富汗杨 *Populus afghanica* Schneid.

杨属 *Populus* L.

种质编号:HT-HTX-00-001;HT-MY-00-009;HT-PS-00-001。

形态特征:落叶阔叶乔木。树冠宽阔,开展;树皮淡灰色,基部较暗。小枝淡灰色,圆筒形,一年生枝色较深,微有棱;萌枝有细棱,暗色。萌枝叶菱状卵圆形或倒卵形,基部楔形;短枝叶下部者较小,长2~3cm,倒卵圆或卵圆形,基部楔形;中部者长4~5cm,长宽近相等,圆状卵圆形;上部叶较大,长6~7cm,三角状卵圆或扁圆形,先端渐尖或短渐尖,基部阔楔形、圆形或截形,边缘具钝圆锯齿,微半透明,两边无毛;叶柄侧扁,无毛或有时微有毛,近等长或稍长于叶片。花期4~5月,果期6月。

分布地点与数量:分布于昆仑山区河岸边,海拔1400~3000m。和田县244.09hm^2;墨玉县7.79hm^2;皮山县14.77hm^2。

繁育方式:种子繁殖。

保护利用现状:新疆Ⅱ级保护。原地保护。

开发利用前景:造林绿化,用材。

线叶柳 毛柳 *Salix wilhelmsiana* M. B.

柳属 *Salix* L.

种质编号:HT-HTX-WZX-027;HT-MY-00-010;HT-MF-YYKX-019、HT-MF-YYKX-034、HT-MF-SLWZKX-011;HT-CL-QHX-021、HT-CL-BSTX-048。

形态特征:落叶阔叶灌木或小乔木。小枝细长,末端半下垂,被疏毛。叶线形或线状披针形,嫩叶两面密被绒毛,边缘有细锯齿;托叶细小,早落。花期5月,果期6月。

生态习性:分布于荒漠、沙地、河谷岸边。适应性强。

分布地点与数量:和田县主要分布于吾宗肖乡;墨玉县有小片分布(2.11hm^2);民丰县零星分布于叶亦克乡和萨勒吾则克乡;策勒县零星分布于恰哈乡和博斯坦乡。

繁育方式:种子和无性繁殖。

保护利用现状:原地保护。防护林树种。

开发利用前景:农田、河岸及道路防护,园林观赏,编织(枝条),工业原料。

蓝叶柳 *Salix capusii* Franch.

柳属 *Salix* L.

种质编号：HT-MY-YYE-013。

形态特征：落叶阔叶大灌木，高5~6m，皮暗灰色。小枝纤细，无毛，当年生枝淡黄色，有疏短毛。叶灰蓝色，线状披针形或狭披针形，全缘或有细齿，基部楔形，幼叶有短绒毛，成叶无毛；叶柄长2~4mm。花期4~5月，果期5~6月。

生态习性：耐旱、耐寒，耐瘠薄土壤。

分布地点与数量：生长于海拔60~2800m的地区，多分布于山区及河谷。墨玉县英也尔乡有小片分布。

繁育方式：种子和根蘖繁殖。

保护利用现状：就地保存。未利用。

开发利用前景：农田、河岸及道路防护，园林观赏，饲用。

二、蓼科 Polygonaceae

沙拐枣 蒙古沙拐枣 *Calligonum mongolicum* Turcz

沙拐枣属 *Calligomim* L.

种质编号：HT-HTS-JYX-060；HT-PS-STL-001。

形态特征：落枝半灌木，株高25~150cm，差异很大。老枝灰白色或淡黄灰色。花白色或淡红色，通常2~3朵簇生叶腋；花被片卵圆形，果期水平伸展。果实（包括刺）宽椭圆形，通常长8~12mm，宽7~11mm；瘦果条形、窄椭圆形至宽椭圆形，每条果肋有刺2~3行。花期5~7月，果期6~8月。

生态习性：耐极度干旱，抗风沙，耐沙埋，耐寒，耐贫瘠，不耐水湿。

分布地点与数量：分布于固定、半固定沙丘及沙地。和田市吉亚乡大芸基地；皮山县赛图拉镇2400.06hm^2。

繁育方式：种子和根蘖繁殖。

保护利用现状：国家II级保护。已应用于生态公益林建设中。

开发利用前景：防风固沙，蜜源，观赏，饲用，生物质能源植物。

昆仑沙拐枣 塔里木沙拐枣 若羌沙拐枣 *Calligonum roborovskii* A. Los.

沙拐枣属 *Calligomim* L.

种质编号：HT-MY-00-002；HT-HTS-JYX-049；HT-HTX-00-017；HT-PS-BSLG-032、HT-PS-MKL-054；HT-LPX-BSTGLKX-018；HT-YT-CQ-003、HT-YT-AQX-002；HT-MF-RKYX-060；HT-CL-BSTX-049等14份。

形态特征：落枝灌木，高0.3~1.5m。老枝灰白色或淡灰色。花被片淡红色或近白色，果期反折。瘦果长卵形，极扭转，果肋突起，沟槽深；刺每肋2行，较密或较疏，粗壮，坚硬，基部扩大，分离或稍连合，中部或中上部2~3次2~3分叉，末叉短，刺状。花期5~6月，果期6~7月。

生态习性：耐极度干旱，抗风沙，耐沙埋，耐寒，耐贫瘠，不耐水湿。

分布地点与数量：分布于洪积扇沙砾质荒漠、砾质荒漠中的沙地上及冲积平原和干河谷，海拔940~2100m。和田市吉亚乡吉勒格艾力克村有零星分布；和田县有大面积分布；皮山县主要分布于藏桂乡，皮西那乡，阔什塔格镇，桑株乡阿亚格萨瓦村，巴什兰干乡和木奎拉乡；洛浦县拜什托格拉克乡木纳墩村有小片分布；于田县主要分布于315国道两旁和阿羌乡；民丰县若克雅乡；策勒县博斯坦乡及墨玉县有零星分布。

繁育方式：种子繁殖和根蘖繁殖。

保护利用现状：新疆特有，国家II级、新疆II级保护。原地保护，未利用。

开发利用前景：防风固沙，蜜源，观赏，饲用，生物质能源植物。

三、藜科 Chenopodiaceae

盐穗木 *Halostachys caspica*（M. B.）C. A. Mey.

盐穗木属 *Halostachys* C. A. Mey.

种质编号：HT-MF-ADRX-013、HT-MF-SLW-ZKX-037；HT-YT-00-013。

形态特征：落枝灌木，高50~200cm。茎直立，多分枝，一年生小枝蓝绿色，肉质多汁，圆柱状，有关节，密生小突起。叶鳞片状，对生，顶端尖，基部联合，老枝上通常无叶。花序穗状，圆柱形，具有关节的花序柄，交互对生。泡果卵形，果皮膜质；种子卵形或矩圆状卵形，红褐色。花期7~9月，果期9月。

生态习性：生冲积洪积扇扇缘地带、河流冲积平原及盐湖边的强盐渍化土、结皮盐土、龟裂盐土等，海拔480~1500m。耐旱、耐盐碱、耐寒、耐贫瘠土壤。

分布地点与数量：民丰县安迪尔乡沙漠公路，萨勒吾则克乡国道；于田县。

繁育方式：种子繁殖。

保护利用现状：原地保护，未利用。

开发利用前景：盐碱地造林绿化，饲用，工业原料，杀虫剂，防风固沙。

驼绒藜 优若藜 *Ceratoides latens* Reveal et Holmgren.

驼绒藜属 *Ceratoides*（Tourn.）Gagnebin

种质编号：HT-HTX-KSTS-016；HT-PS-BSLG-034；HT-MF-YYKX-032；HT-CL-BSTX-055、HT-CL-NRX-062、HT-CL-WLKSYX-006。

形态特征：落叶阔叶直立灌木，高20~30cm。叶条形、条状披针形或披针形，基部楔形或圆形，叶脉通常1条。雌花管裂片较大。花期6~7月，果期8~9月。

生态习性：抗旱、耐寒、耐瘠薄、耐干旱。

分布地点与数量：分布山前平原、低山干谷、山麓洪积扇、河谷阶地沙丘到山地草原阳坡的砾质荒漠、沙质荒漠及草原地带，海拔200~3200m。和田县喀什塔什乡；皮山县巴什兰干乡；民丰县叶亦克乡；策勒县：博斯坦乡，策勒县努尔乡，乌鲁克萨依乡。

繁育方式：种子和根蘖繁殖。

保护利用现状：原地保护，牧草。

开发利用前景：荒山荒地绿化。

垫状驼绒藜 *Ceratoides compacta* Tsien et C. G. Ma

驼绒藜属 *Ceratoides*（Tourn.）Gagnebin

种质编号：HT-PS-STL-002、HT-PS-KSTG-028；HT-YT-00-001。

形态特征：矮小垫状灌木，高10~25cm。分枝短而密集。叶柄较长，舟状，宿存；雌花管裂片兔耳状，管外被短毛。花果期6~8月。

生态习性：抗干旱，土壤贫瘠。分布于高原地带的山间谷地、砾石山坡，海拔3500~5000m。

分布地点与数量：皮山县：赛图拉镇，阔什塔格镇阔什塔格村；于田县。

自然繁育方式：种子繁殖。

保护利用现状：原地保护，饲用。

开发利用前景：饲用植物、生态绿化。

盐节木 *Halocnemum strobilaceum* Bieb.

盐节木属 *Halocnemum* Bieb.

种质编号：HT-PS-BSLG-006。

形态特征：落枝半灌木，植株通常黄绿色，高20~50cm。一年生小枝对生，圆柱状，有关节；老枝木质，近互生，枝上有对生的，短缩成芽状的短枝。叶不发育，极小的鳞片状，对生，连合。分布于枝条上部的穗状花序无柄，交互对生，每3朵花分布于1苞片内；雄蕊1。花期8~10月，果期10月。

生态习性：耐盐碱、水湿。生洪积扇扇缘低地、冲积平原、盐湖边等地的低洼潮湿盐土、强盐渍化结壳盐土及沙质盐土、盐渍地上，海拔540~1700m。

分布地点与数量：皮山县巴什兰干乡2村托喀依村。

繁育方式：种子繁殖。

保护利用现状：原地保护。

开发利用前景：防风固沙，工业原料，盐碱地绿化，育种材料。

合头木 合头草 黑柴 *Sympegma regelii* Bge.

合头草属 *Sympegma* Bge.

种质编号：HT-HTX-00-006；HT-PS-KSTG-027、HT-PS-SZ-025；HT-YT-00-002；HT-CL-WLKSYX-046。

形态特征：落枝直立半灌木，高20~70cm。叶互生，条形，圆柱状，肉质。花两性，通常1~3朵簇分布于小枝的顶端，花簇下通常具1对基部合生的苞状叶，状如头状花序；花药伸出花被外；柱头有颗粒状突起。胞果淡黄色。花果期7~10月。

生态习性：常单优势种形成群落。适分布于砾质、轻度盐化及山地干旱土壤上。耐干旱，耐盐碱，耐土壤瘠薄。

分布地点与数量：和田县；皮山县：阔什塔格镇、桑株乡巴什坡斯喀村；于田县；策勒县乌鲁克萨依乡。

繁育方式：种子繁殖。

保护利用现状：原地保护，野生牧草。

开发利用前景：荒山荒地绿化，荒漠及半荒漠地区优良牧草。

木本猪毛菜 *Salsola arbuscula* Pall.

猪毛菜属 *Salsola* L.

种质编号：HT-PS-STL-008、HT-PS-SZ-026。

形态特征：落枝小灌木，高20~100cm。小苞片比花被长或等长；果时翅以上的花被片基部包覆果实，上部膜质，反折，呈莲座状。种子横生。花期6~8月，果期8~10月。

生态习性：分布于海拔450~1000m的砾质、沙质土壤及盐土上。喜阳，耐旱，抗寒，耐盐碱。

分布地点与数量：皮山县赛图拉镇，桑株乡巴什坡斯喀村。

繁育方式：种子繁殖。

保护利用现状：原地保护，为骆驼全年都采食的中等饲料。

开发利用前景：荒山荒地绿化，防风固沙。

天山猪毛菜 *Salsola junatovii* Botsch.

猪毛菜属 *Salsola*

种质编号：HT-LPX-AQKX-016。

形态特征：落枝半灌木，高20~50cm，多分枝；老枝及小枝上的叶均互生，穗状花序再构成圆锥状花序。花期8~9月，果期9~10月。

生态习性：耐旱，耐瘠薄。分布于海拔1700~2200m的砾石洪积扇、山间盆地及干旱山坡。

分布地点与数量：洛浦县阿其克乡—比来勒克村河道旁。

繁育方式：种子繁殖。

保存方式：新疆特有，原地保护。

开发利用前景：防护，饲用。

细枝盐爪爪 *Kalidium gracile* Fenzl.

盐爪爪属 *Kalidium* Moq.

种质编号：HT-MY-00-003。

形态特征：落枝直立小半灌木，高20~50cm，自基部分枝。枝互生。叶不发育，瘤状，肉质，黄绿色，顶端钝，基部较窄，下延。顶生穗状花序为长圆柱形，每朵花分布于1鳞片状苞片内；花被合生，顶端有4个膜质小齿，上部扁平成盾状。种子直立。花期7~9月，果期9月。

生态习性：耐旱，耐瘠薄。

分布地点与数量：分布于墨玉县的平原荒漠区的盐碱地、盐湖边盐化沙地、芨芨草草甸及河谷阶地等。

繁育方式：种子繁殖。

保存方式：原地保护。

开发利用前景：防风固沙，盐碱地绿化，饲用。

四、毛茛科 Ranunculaceae

甘青铁线莲 *Clematis tangutica* (Maxim.) Korsh.

铁线莲属 *Clematis* L.

种质编号：HT-HTX-LR-002；HT-MY-JHBG-021；HT-PS-STL-016、HT-PS-BSLG-023、HT-PS-DWZ-027；HT-CL-CLX-035、HT-CL-CQ-065、HT-CL-WLKSYX-038。

形态特征：落叶阔叶木质藤本，茎直立，有明显的棱，长1~4m。一回羽状复叶。花单生，花梗粗壮。花期6~9月，果期9~10月。

生态习性：耐高温，抗干旱，耐盐碱，耐土壤瘠薄。

分布地点与数量：分布于山地河谷和河漫滩，海拔2160~3800m。和田县朗如乡大红柳村；墨玉县加汗巴格乡；皮山县：巴什兰干乡，杜瓦镇，219国道旁；策勒县：策勒乡，县城(零星)，乌鲁克萨依乡。

自然繁育方式：种子繁殖。

保护利用现状：原地保护。

开发利用前景:药用,牧草,绿化。

东方铁线莲 *Clematis orientalis* L.

铁线莲属 *Clematis* L.

种质编号:HT-HTX-YAWT-005;HT-MY-SYBG-025;HT-PS-STL-015、HT-PS-MKL-029;HT-LPX-BSTGLKX-052;HT-YT-LYSNC-013、HT-YT-AQX-037、HT-YT-AQX-046、HT-YT-AYT-GLKX-044;HT-MF-RKYX-058等11份。

形态特征:落叶阔叶攀缘藤本。茎纤细,有棱。一至二回羽状复叶。萼片内面无毛;小叶裂片常为狭长圆形至披针形。花丝线形,有短柔毛,花药无毛。花期6~7月,果期8~9月。

生态习性:耐高温,抗干旱,耐盐碱,耐土壤瘠薄。分布于河漫滩、沟旁及田边。

分布地点与数量:和田县英阿瓦提乡吐如孜村;墨玉县:奎牙镇,卡拉喀什河道;皮山县:219国道旁,木奎拉乡艾提喀尔村教育服务公司;洛浦县前往拜什托格拉克乡的公路两侧;于田县:拉伊苏农场,阿羌乡,于田大芸种植基地;民丰县若克雅乡。

繁育方式:种子繁殖。

保护利用现状:原地保护。

开发利用前景:药用,绿化,牧草,防护。

粉绿铁线莲 *Clematis glauca* Willd.

铁线莲属 *Clematis* L.

种质编号:HT-MY-KES-052;HT-PS-SZ-013;HT-CL-QHX-023。

形态特征:落叶阔叶攀缘藤本。茎稍细,有棱。一至二回羽状复叶;小叶有柄,2~3全裂或深裂、浅裂至不裂。萼片4,黄色,或外面基部带紫红色,除外面边缘有短绒毛外,其余无毛。宿存花柱长4cm。花期6~7月,果期8~10月。

生态习性:分布于山地灌丛、平原河漫滩、城郊、田间及荒地,海拔800~2500m。耐高温,抗干旱,耐盐碱,耐土壤瘠薄。

分布地点与数量:墨玉县喀尔赛镇;皮山县桑株乡喀热墩村;策勒县恰哈乡。

自然繁育方式:种子繁殖。

保护利用现状:原地保护。

开发利用前景:药用,绿化,牧草,防护。

五、小檗科 Berberidaceae

喀什小檗 *Berberis kaschgarica* Rupr.

小檗属 *Berberis* L.

种质编号:HT-HTX-00-012;HT-MY-TWT-498;HT-PS-STL-006;HT-YT-AQX-040;HT-CL-00-006。

形态特征：落叶阔叶灌木，高60~100cm，分枝极多。叶狭窄，匙形，基部楔形；枝刺长于叶。花单生或2~3朵簇分布于叶腋。浆果蓝黑色。花期5~6月。

生态习性：抗寒性强，耐旱、耐盐碱。长于灌木荒漠及高寒荒漠，海拔2200~4200m。

分布地点与数量：和田县；墨玉县吐外特乡奥依村；皮山县赛图拉镇；于田县阿羌乡；策勒县。

繁育方式：种子繁殖。

保护利用现状：原地保护。

开发利用前景：药用，防护，园林绿化。

红果小檗 *Berberis nommularia* Bge.

小檗属 *Berberis* L.

种质编号：HT-HTS-JYX-066；HT-HTX-00-009；HT-MY-JHBG-22；HT-PS-KLY-013、HT-PS-KKE-004；HT-LPX-AQKX-011；HT-CL-BSTX-026、HT-CL-QHX-013、HT-CL-NRX-064。

形态特征：落叶阔叶灌木，高1~4m。果实较小，长5~6mm，红色；种子表面无皱纹。花期4~5月，果期5~7月。

生态习性：抗寒性强，耐旱。

分布地点与数量：分布于山地灌丛及草原带，海拔1100~2050m。和田市吉亚乡乡政府大院墙边（零星）；和田县；墨玉县加汗巴格乡（零星）；皮山县：克里阳乡，康克尔乡桑株河；洛浦县阿其克乡；策勒县：博斯坦乡，努尔乡。

繁育方式：种子繁殖。

保护利用现状：原地保护，未利用。

开发利用前景：药用，园林绿化，经济果木。

黑果小檗 *Berberis heteropoda* Schrenk

小檗属 *Berberis* L.

种质编号：HT-HTX-00-008；HT-PS-00-004；HT-YT-00-003；HT-CL-00-005。

形态特征：落叶阔叶灌木，高1~2m。果实较大，直径1.2cm，紫黑色；种子表面有皱纹。花期5月，果期7~8月。

生态习性：抗寒性强，耐旱。

分布地点与数量：分布于山前灌丛及中山带的河岸两边，海拔1700~2900m。和田县；皮山县；于田县；策勒县。

繁育方式：种子繁殖。

保护利用现状：原地保护。已用做经济浆果开发及人工种植。

开发利用前景：药用，食用，园林观赏。

六、蔷薇科 RosaceaeL.

腺齿蔷薇 *Rosa albertii* Rgl.

蔷薇属 *Rosa* L.

种质编号:HT-PS-KKE-001。

形态特征:落叶阔叶灌木,高1~2m。小叶片椭圆形、卵形或倒卵形,齿尖常具腺体。花常单生,花瓣白色。果实卵圆形、椭圆形或瓶状,长1~2cm,橘红色,果期萼片脱落。花期5~6月,果期7~8月。

生态习性:分布于中山带林缘、林中空地及谷地灌丛,海拔1400~2300m。抗寒性强,耐旱、耐盐碱。

分布地点与数量:皮山县康克尔乡康克尔村。

繁育方式:种子繁殖。

保护利用现状:已小范围用于城镇园林绿化。

开发利用前景:园林观赏,蜜源植物,药用植物。

大果蔷薇 藏边蔷薇 *Rosa webbiana* Wall. ex Royle

蔷薇属 *Rosa* L.

种质编号:HT-PS-00-003;HT-CL-00-001。

形态特征:落叶阔叶灌木,高1~2m。枝条具有散生或成对的皮刺,刺通常直,长可达1cm,黄白色。小叶片圆形、倒卵形或椭圆形,边缘具单锯齿,上面无毛,下面有伏毛。花单生,少2~3朵,花直径3~5cm;花瓣玫瑰红色或粉红色;花柱离生、被长毛。果实近球形或卵球形,下垂,红色,萼片宿存。花期6~7月,果期7~9月。

生态习性:分布于干旱坡地及灌丛,海拔2800m左右。抗寒性强,耐旱。

分布地点与数量:皮山县;策勒县。数量多。

繁育方式:种子繁殖。

保护利用现状:已小范围用于城镇园林绿化。

开发利用前景:园林观赏、经济果木、蜜源植物、药用植物。

落花蔷薇 弯刺蔷薇 *Rosa beggeriana* Schrenk

蔷薇属 *Rosa* L.

种质编号:HT-HTX-00-013;HT-YT-00-006;HT-CL-00-007。

形态特征:落叶阔叶灌木,高1~3m。小枝有成对或散生的皮刺,大而坚硬,基部扁宽,呈镰刀状弯曲,淡黄色,有时混生细刺。果实红色或橘黄色,萼片脱落。花期5~7月，果期7~10月。

生态习性：分布于河谷、溪旁及林缘，海拔1000~2400m。较耐寒，喜水湿。

分布地点与数量：和田县；于田县；策勒县。

繁育方式：种子繁殖。

保护利用现状：原地保护，平原地区已有栽培。

开发利用前景：生态造林，庭院绿化，蜜源植物。

疏花蔷薇 *Rosa laxa* Retz.

蔷薇属 *Rosa* L.

种质编号：HT-HTS-TSLX-032。

形态特征：落叶阔叶灌木，高1~2m。当年生小枝具有细直皮刺，老枝上刺坚硬，呈镰刀状弯曲，基部扩展，淡黄色。果卵球形或长圆形，直径1~1.8cm，红色，萼片宿存。花期5~6月，果期7~8月。

生态习性：喜阳光，亦耐半阴，较耐寒，耐干旱，耐瘠薄，不耐水湿。

分布地点与数量：分布于山坡灌丛、林缘及干河沟旁。和田市吐沙拉乡。

自然繁育方式：种子繁殖，根蘖繁殖。

保护利用现状：已用于城镇绿化。

开发利用前景：蜜源植物，生态造林。

喀什疏花蔷薇 *Rosa laxa* var. *kaschgarica* Han

蔷薇属 *Rosa* L.

种质编号：HT-HTX-KSTS-009；HT-PS-STL-013。

形态特征：与疏花蔷薇的区别在于本变种枝条上的刺宽大，粗壮坚硬；叶片较小，近革质。

生态习性：分布于干旱荒漠及河边砂地，海拔1200~2300m。喜阳光，亦耐半阴，较耐寒，耐干旱，耐瘠薄，不耐水湿。

分布地点与数量：和田县喀什塔什乡；皮山县赛图拉镇。

繁育方式：种子繁殖。

保护利用现状：新疆特有，原地保护。

开发利用前景：园林绿化，蜜源植物，生态造林。

帕米尔金露梅 *Pentaphylloides dryadanthoides* Sojak

金露梅属 *Pentaphylloides* Duham.

种质编号：HT-PS-00-009；HT-YT-00-007。

形态特征：落叶阔叶矮小灌木，高7~15cm。枝条铺散。奇数羽状复叶，小叶椭圆形，边缘平坦或略向下反卷，被绢状柔毛，沿脉有开展的长柔毛。花瓣黄色。花期6~7月。

生态习性：分布于干旱草原及石质坡地，海拔3800~4500m。耐寒，耐干旱，耐瘠薄。

分布地点与数量：皮山县；于田县。

自然繁育方式：种子繁殖。

保护利用现状：原地保护，国家Ⅱ级保护。

开发利用前景：药用，饲用，防护。

小叶金露梅 *Pentaphylloides parvifolia* (Fiseh. ex Lehm.) Sojak

金露梅属 *Pentaphylloides* Duham.

种质编号：HT-CL-00-013。

形态特征：落叶阔叶灌木，高0.2~1m，枝条开展。奇数羽状复叶，小叶片披针形，全缘，明显向下反卷，两面被绢毛或疏柔毛。花单生黄色。花期6~8月，果期8~10月。

生态习性：分布于碎石坡地、山地草原及谷地灌丛，海拔1100~1800m。耐寒。

分布地点与数量：策勒县。

繁育方式：种子繁殖。

保护利用现状：原地保护。

开发利用前景：防护，饲用。

准噶尔栒子 *Cotoneaster songoricus* (Rgl. et Herd.) M. Pop.

栒子属 *Cotoneaster* B. Ehrhart

种质编号：HT-PS-KSTG-023。

形态特征：灌木，高1~1.5m。枝幼时密被灰色绒毛，后脱落无毛。叶片卵形、广椭圆形或近圆形。花瓣平展，白色；花柱2，子房顶端密生白色柔毛。果实卵形或椭圆形，长7~10mm，红色，具2核。花期5~6月，果期9~10月。

生态习性：分布于干旱山坡，海拔2300m左右。

分布地点与数量：皮山县。

繁育方式：种子繁殖。

保护利用现状：原地保护。

开发利用前景：防护，饲用。

七、豆科 Leguminosae

粗毛锦鸡儿 *Caragana dasyphylla* Pojark.

锦鸡儿属 *Caragana* Fabr.

种质编号：HT-PS-00-002。

形态特征：落叶阔叶矮灌木，高20~30cm。树皮有不规则条棱，托叶在长枝者针刺状宿存，长2~3mm；叶轴在长枝者硬化成针刺，长8~25mm，短枝上叶无轴，密集；小叶全部2对。在长枝上小叶羽

状，短枝上小叶无叶轴；翼瓣具短瓣柄，柄长为瓣片的1/3，耳与瓣柄近等长。花期4~5月，果期6~7月。

生态习性：分布于皮山县山坡、河边、沟谷、荒漠。海拔1200~2500m。喜光，耐干旱、耐寒及瘠薄土壤。

分布地点与数量：皮山县。

繁育方式：种子繁殖。

保护利用现状：原地保护。

开发利用前景：荒山绿化、改良土壤、园林绿化、木本饲料。

多叶锦鸡儿 *Caragana pleiophylla*（Regel）Pojark.

锦鸡儿属 *Caragana* Fabr.

种质编号：HT-CL-00-002。

形态特征：落叶阔叶灌木，高0.8m。嫩枝被柔毛。羽状复叶，叶轴灰白色，硬化成针刺，宿存；小叶两面被伏贴柔毛；花单生，花冠黄色；子房密被灰白色柔毛。荚果圆筒状，外面有短柔毛，里面密被褐色绒毛。花期6~7月，果期9月。

生态习性：分布于前山干旱山坡、山地灌丛、山谷阶地、河边林下及砾石阴坡，平原干旱荒漠石质冲积扇也分布。海拔1500~3000m。喜光。耐干旱，耐寒及瘠薄土壤。

分布地点与数量：策勒县。

繁育方式：种子繁殖。

保护利用现状：原地保护。

开发利用前景：荒山绿化，改良土壤，木本饲料。

粉刺锦鸡儿 *Caragana pruinosa* Kom.

锦鸡儿属 *Caragana* Fabr.

种质编号：HT-CL-00-003。

形态特征：落叶阔叶灌木，高0.4~1m。嫩枝密被短柔毛。叶轴在长枝上硬化成粗壮针刺，宿存，被柔毛，短枝上脱落；小叶长5~10mm，有刺尖。花梗、花萼及子房被短柔毛。花期5月，果期7月。

生态习性：分布于干旱河谷、砾石低山山麓、向阳山坡及山地荒漠带，偶尔可发现在湿地生长。海拔1800~3100m。喜光。耐干旱，耐寒及瘠薄土壤。

分布地点与数量：策勒县。

繁育方式：种子繁殖。

保护利用现状：原地保护。

开发利用前景：荒山绿化，改良土壤，园林绿化，木本饲料。

昆仑锦鸡儿 *Caragana polourensis* Franch.

锦鸡儿属 *Caragana* Fabr.

种质编号：HT-HTX-KSTS-015、HT-HTX-LR-020；HT-MY-00-004；HT-PS-NABT-001、HT-PS-

BSLG-007;HT-YT-AQX-041;HT-MF-YYKX-029;HT-CL-NRX-066。

形态特征:落叶阔叶小灌木,高30~50cm,多分枝。假掌状复叶,叶柄硬化成针刺;小叶倒卵形,有刺尖,两面被伏贴短柔毛。花梗、花萼被柔毛。花期4~5月,果期6~7月。

生态习性:分布于低山、河谷、山前平原、干旱山坡、山坡灌丛、山前冲积扇平原带、冲积扇缘干沟、低山山麓路边石质盐渍化荒漠带及亚高山坡地。海拔1300~3200m。喜光。耐干旱,耐寒及瘠薄土壤。

分布地点与数量:和田县喀什塔什乡,郎如乡朗如村;墨玉县;皮山县垴阿巴提塔吉克民族乡,巴什兰干乡;于田县阿羌乡;民丰县叶亦克乡;策勒县努尔乡。分布总面积约3077.93hm^2。

繁育方式:种子繁殖。

保护利用现状:原地保护。

开发利用前景:荒山绿化,改良土壤,木本饲料。

吐鲁番锦鸡儿 *Caragana turfanensis* (Krassn.) Kom.

锦鸡儿属 *Caragana* Fabr.

种质编号:HT-PS-STL-007。

形态特征:本种与昆仑锦鸡儿 *C. polourensis* 的区别在于嫩枝和子房无毛。花期5月,果期7月。

生态习性:分布于山地阳坡、草原、砾石冲积扇、石灰质盐渍化荒漠及河漫滩。海拔1280~3040m。喜光。耐干旱,耐寒及瘠薄土壤。

分布地点与数量:皮山县。

繁育方式:种子繁殖。

保护利用现状:新疆特有,原地保护。

开发利用前景:荒山绿化,改良土壤,园林绿化,木本饲料。

铃铛刺 盐豆木 *Halimodendron halodendron* Vos

盐豆木属 *Halimodendron* Fisch. ex DC.

种质编号:HT-HTX-YARK-015、HT-HTX-YAWT-006、HT-HTX-WZX-029;HT-MY-KWK-025;HT-PS-KSTG-038;HT-LPX-DLX-093、HT-LPX-SPLZ-053。

形态特征:落叶阔叶灌木,高0.5~2m。叶轴宿存,呈针刺状,倒卵形,先端圆或微凹。总状花序,花冠淡紫色。荚果膨胀椭圆形,背腹稍扁,两侧缝线稍下凹,无纵隔膜,先端有喙,基部偏斜,裂瓣通常扭曲;种子小,微呈肾形。花期7月,果期8月。

生态习性:分布于荒漠盐化沙土和河流沿岸的盐质土壤。喜光,耐寒,耐旱,耐盐碱,耐水湿。

分布地点与数量:和田县英艾日克乡,英阿瓦提乡吐如孜村,吾宗肖乡;墨玉县喀瓦克乡;皮山县阔什塔格镇克什拉克村;洛浦县多鲁乡合作社和山普鲁镇。

繁育方式:种子繁殖。

保护利用现状:原地保护。

开发利用前景:防风固沙,盐碱土改良,荒地造林绿化。

八、白刺科 Nitrariaceae

大果白刺 大果泡泡刺 *Nitraria roborowskii* Kom

白刺属 *Nitraria* L.

种质编号:HT-HTX-KSTS-002、HT-HTX-LR-017;HT-MY-SYBG-036;HT-PS-STL-010、HT-PS-MJ-023;HT-YT-AQX-051;HT-MF-YYKX-028;HT-CL-CLX-015、HT-CL-WLKSYX-010、HT-CL-WLKSYX-015等12份。

形态特征:落叶阔叶灌木,高1~2m。枝白色,顶端针刺状。叶较大,全缘或顶端具1~2齿牙。核果长10~18mm,熟时深红色,果汁紫黑色。花期6月,果期7~8月。

生态习性:分布于湖盆、绿洲和低地边缘及荒漠沙地,农田的渠畔、路旁、田边、防护林缘等水位条件较好的地方,海拔1000~2500m。耐旱,喜湿,耐盐碱。

分布地点与数量:和田县喀什塔什乡,朗如乡;墨玉县喀瓦克乡;皮山县219国道边,巴什兰干乡,赛图拉镇和木吉镇龙尕村公益林;于田县阿羌乡;民丰县叶亦克乡;策勒县策勒乡及乌鲁克萨依乡。

自然繁育方式:种子繁殖。

保护利用现状:原地保护。

开发利用前景:防风固沙,药用,食用,饲用。

唐古特白刺 *Nitraria tangutorum* Bobr

白刺属 *Nitraria* L.

种质编号:HT-HTX-00-018;HT-PS-KSTG-024、HT-PS-SZ-022、HT-PS-BSLG-031;HT-YT-00-009。

形态特征:落叶阔叶直立小灌木,高1~2m。多分枝,开展或平卧,小枝灰白色,先端成刺状。叶大,长圆状披针形。核果卵及椭圆形,熟时深红色,果汁玫瑰色。花期5~6月,果期7~8月。

生态习性:分布于荒漠草原到荒漠带的湖盆边缘、河流阶地、盐化低洼地。喜光,耐旱,抗寒,喜湿,耐盐碱。

分布地点与数量:和田县;皮山县阔什塔格镇,桑株乡墩巴格村和巴什兰干乡;于田县。

繁育方式:种子繁殖。

保护利用现状:原地保护。

开发利用前景:防风固沙,药用,饲用。

九、蒺藜科 Zygophyllaceae

木霸王 喀什霸王 *Sarcozygium xanthoxylon* Bge.

木霸王属 *Sarcozygium* Bge.

HT-HTX-00-015；HT-PS-00-008；HT-MF-00-004。

形态特征：落叶阔叶灌木，高约1m。枝开展，先端刺状。叶在老枝上簇生，幼枝上对生。花生叶腋。蒴果球形，具翅，果下垂。果期2月。

生态习性：分布于荒漠及砾石坡地，低山冲蚀沟边。耐旱、耐贫瘠。

分布地点与数量：和田县；皮山县；民丰县。

繁育方式：种子繁殖。

保护利用现状：原地保护。

开发利用前景：防风固沙，荒山造林，饲用。

十、柽柳科 Tamaricaceae

(一)水柏枝属 *Myricaria* Desv.

秀丽水柏枝 *Myricaria elegans* Royle

种质编号：HT-PS-STL-011。

形态特征：落叶阔叶灌木，高达3~5m。叶披针形或长圆状披针形，基部渐狭缩。花瓣倒卵状长圆形，粉红色；雄蕊略短于花瓣，花丝仅基部合生。花期6~7月，果期8~10月。

生态习性：分布于河岸、河谷砾石地，海拔3000~4000m。耐寒、耐水湿。

分布地点与数量：皮山县。

繁育方式：种子繁殖。

保护利用现状：原地保护。

开发利用前景：园林绿化，湿地造林，饲用，蜜源植物。

心叶水柏枝 *Myricaria pulcherrima* Batal.

种质编号：HT-HTX-00-020；HT-YT-00-011；HT-CL-QHX-015。

形态特征：落叶阔叶灌木或半灌木，高1~1.5m。叶宽卵形、心形，基部呈深心形，抱茎。总状

花序顶生；花瓣紫红色或淡粉红色，花丝合生达其长度的1/2或1/3左右。花果期6~9月。

生态习性：分布于和田河下游荒漠河岸林河漫滩。耐寒，耐水湿。

分布地点与数量：和田县；于田县；策勒县恰哈乡。

繁育方式：种子繁殖。

保护利用现状：原地保护。新疆南部特有种，国家II级保护植物。

开发利用前景：园林观赏、湿地造林、蜜源植物。

鳞序水柏枝 鳞叶水柏枝 具鳞水柏枝 *Myricaria squamosa* Desv.

种质编号：HT-HTX-KSTS-010、HT-HTX-LR-001、HT-HTX-LR-022。

形态特征：落叶阔叶灌木，高1~1.5m。老枝褐色，常有白色皮膜；总状花序侧分布于两年枝上；苞片披针形或卵状披针形，宿存；花瓣紫红色或粉红色。花果期5~8月。

生态习性：分布于荒漠低山、山间河谷，海拔1500~4600m。耐寒，耐水湿。

分布地点与数量：和田县喀什塔什乡，朗如乡。

繁育方式：种子繁殖。

保护利用现状：原地保护。

开发利用前景：湿地造林，饲用，蜜源植物。

宽苞水柏枝 *Myricaria bracteata* Royle

种质编号：HT-YT-00-004。

形态特征：落叶阔叶灌木，高约0.5~3m。叶密分布于当年生绿色小枝上。总状花序顶生当年枝上，苞片宽卵形或椭圆形，脱落。花瓣倒卵长圆形，粉红色或淡紫色，果实宿存。花期6~7月，果期8~9月。

生态习性：分布于沙质河滩、湖边、冲积扇，海拔可达3000m。耐寒、耐水湿。

分布地点与数量：于田县。

繁育方式：种子繁殖。

保护利用现状：原地保护。

开发利用前景：湿地造林，蜜源植物，饲用。

匍匐水柏枝 *Myricaria prostrata* Hook. f. et Thoms. ex Benth. et Hook. f. Gen.

种质编号：HT-YT-00-008。

形态特征：落叶阔叶匍匐灌木，呈垫状，高仅10 cm。枝上常生不定根；叶在当年枝上密集；总状花序具1~4朵花；花瓣淡紫色或粉红色。花果期6~8月。

生态习性：分布于河谷沙滩、砾石山坡，常呈块状分布，海拔4000~5200m。耐寒、耐水湿。

分布地点与数量：于田县。

繁育方式：种子繁殖。

保护利用现状：原地保护。国家Ⅱ级、新疆Ⅰ级保护植物。

开发利用前景：防护，饲用。

(二)琵琶柴属 *Reaumuria* L.

准噶尔琵琶柴 琵琶柴 红砂 *Reaumuria soongorica*(Pall.)Maxim.

种质编号：HT-HTX-00-016；HT-MY-SYBG-041；HT-PS-BSLG-025、HT-PS-STL-003、HT-PS-STL-017、HT-PS-SZ-023、HT-PS-KSTG-025。

形态特征：落枝小灌木，高10~30cm。多分枝；叶肉质，短圆柱形，微弯，具泌盐腺体，常4~6枚簇生。花单生叶腋，无梗。花瓣粉红色，花柱3；种子无香味。花期6~8月，果期8~9月。

生态习性：分布于海拔500~3200m的山地丘陵，剥蚀残丘、山麓淤积平原、山前沙砾和砾质洪积扇。喜光，耐旱，耐寒，耐盐碱，耐土壤瘠薄。

分布地点与数量：和田县；墨玉县萨依巴格乡；皮山县巴什兰干乡，赛图拉镇，219国道旁，桑株乡和阔什塔格镇。

繁育方式：种子繁殖，分株繁殖。

保护利用现状：原地保护。

开发利用前景：防风固沙，荒山荒地、盐碱地造林，饲用。

民丰琵琶柴 *Reaumuria minfengensis* D. F. Cui et M. J. Zhong

种质编号：HT-HTX-00-014；HT-LPX-AQKX-015；HT-PS-BSLG-035；HT-YT-AQX-003、HT-YT-CQ-002；HT-MF-YYKX-033；HT-CL-WLKSYX-035、HT-CL-QHX-001。

形态特征：落枝灌木，高达50cm。多分枝。叶短圆柱形或长卵形，肉质，通常2~8片小叶簇生。花单分布于叶腋，无梗，形成带叶的穗状花序；花瓣黄白色；花柱3~4；种子有香味。花期6~8月，果期8~9月。

生态习性：分布于海拔500~3200m的山地丘陵、剥蚀残丘、山麓淤积平原、山前沙砾和砾质洪积扇。喜光，耐旱，耐寒，耐盐碱，耐土壤瘠薄。

分布地点与数量：和田县；洛浦县阿其克乡；皮山县巴什兰干乡；于田县315国道(大面积)；民丰县叶亦克乡(大面积)和阿羌乡(零星)；策勒县乌鲁克萨依乡(大面积)和恰哈乡(大面积)。

繁育方式：种子繁殖，分株繁殖。

保护利用现状：原地保护。和田地区特有，濒危物种(EN)。

开发利用前景：荒山荒地绿化，盐碱地造林，饲用，药用。

五柱琵琶柴 五柱红砂 *Reaumuria kaschgarica* Rupr.

种质编号：HT-MF-00-006；HT-YT-00-010；HT-CL-00-012。

形态特征：落枝矮灌木，高10~30cm；垫状枝致密。叶肉质棒状。花单分布于枝顶，花柱5。花期5~8月，果期8月。

分布地点与数量：分布于山前砾质洪积扇和低山的盐土荒漠和多石荒漠草原，海拔1300~3000m左右。民丰县；于田县；策勒县。

繁育方式：种子繁殖，分株繁殖。

保护利用现状：原地保护。易危种(VU)，国家Ⅱ级、新疆Ⅰ级保护植物。

开发利用前景：荒山荒地绿化，盐碱地造林，饲用。

(三)柽柳属 *Tamarix* L.

短穗柽柳 *Tamarix laxa* Willd.

种质编号：HT-HTS-AKQLX-027、HT-HTS-GLBGJD-034；HT-HTX-WZX-030；HT-MF-SLWZ-KX-035；HT-CL-CLX-014、HT-CL-DMGX-030、HT-CL-WLKSYX-036。

形态特征：落枝灌木，高1~1.5m。花序只有0.5~3cm，苞片长不超过花梗1/2处，且膜质半透明、匙形。花期早，3月末~4月初。

生态习性：分布于荒漠河流阶地、湖盆和沙丘边缘、土壤强盐渍化或盐土上。耐干旱，耐寒，耐盐碱，耐土壤贫瘠。

分布地点与数量：和田市阿克恰勒乡托甫恰村道路旁和古勒巴格街道首邦花园小区；和田县吾宗肖乡；民丰县萨勒吾则克乡国道；策勒县策勒乡，达玛沟乡和乌鲁克萨依乡。

繁育方式：种子繁殖。

保护利用现状：原地保护。部分种已用于城镇、乡村道路等绿化和防护林建设。

开发利用前景：盐碱地造林，水土保持，防风固沙，蜜源，饲用，编织材料，薪炭用材。

长穗柽柳 *Tamarix elongata* Ledeb.

种质编号：HT-HTX-00-022；HT-PS-MJ-024；HT-MF-NYX-045；HT-CL-CLX-012、HT-CL-DMGX-031、HT-CL-NRX-040。

形态特征：落枝大灌木，高1~3m。枝粗壮挺直。总状花序粗壮，长达6~25cm，花在花序上呈紧密穗状排列；叶基明显具耳，苞片长披针形，长于花萼，花瓣淡红色或淡玫瑰色，充分张开，花后脱落。春季4~5月开花，秋季二次开花。

生态习性：耐干旱，耐寒，耐盐碱，耐土壤贫瘠。

分布地点与数量：分布于荒漠区河谷阶地、沙丘、冲积平原，具不同程度盐渍化的土壤上。和田县；皮山县木吉镇公益林；民丰县尼雅乡防护治沙林；策勒县：策勒乡，达玛沟乡和努尔乡。

繁育方式：种子繁殖。

保护利用现状：原地保护。部分种已用于城镇、乡村道路等绿化及防护林建设。

开发利用前景：盐碱地造林，水土保持，园林绿化，蜜源，饲用，药用，编织，薪炭。

细穗柽柳 *Tamarix leptostachys* Bge.

种质编号：HT-HTS-AKQLX-023；HT-HTX-YSLMAWT-011；HT-MY-SYBG-032；HT-PS-DWZ-014；HT-LPX-BYX-105；HT-YT-KLKRX-060；HT-MF-ADRX-014；HT-CL-CLX-011、HT-CL-GLhm2X-045、HT-CL-WLKSYX-040等13份。

形态特征：落枝大灌木，高2~4(6)m。春季不开花，夏季总状花序细长生于当年枝顶，形成大型圆锥花序。苞片细长披针形，尖端弯曲；叶细狭长卵形。花期6~8月，果期7~8月。

生态习性：分布于荒漠地区盆地下游的潮湿河谷阶地和松陷盐土上。耐寒，耐盐碱，耐土壤贫瘠。

分布地点与数量：和田市阿克恰勒乡托甫恰村道路旁；墨玉县萨依巴格乡；洛浦县布亚乡—买买提热依木农家院零星分布；和田县吾宗肖乡，英艾日克乡和伊斯拉木阿瓦提乡；皮山县杜瓦镇拉木斯村；于田县喀拉克尔乡；民丰县安迪尔乡沙漠公路；策勒县：策勒乡，固拉哈玛乡和乌鲁克萨依乡。

繁育方式：种子繁殖。

保护利用现状：原地保护。部分种已用于城镇、乡村道路等绿化及防护林建设。

开发利用前景：盐碱地造林，防风固沙，蜜源，饲用，编织，薪炭。

甘肃柽柳 *Tamarix gansuensis* X. Z. Zhang

种质编号：HT-CL-00-004。

形态特征：落枝大灌木，高2~4m。花序上的花四五数混生。花瓣淡紫色或粉红色。花期4月末至5月中旬。

生态习性：耐盐碱，耐土壤贫瘠、耐水湿。

分布地点与数量:散生于策勒县河岸、湖地盐渍化土壤上。

繁育方式:种子繁殖。

保护利用现状:原地保护。中国特有种。

开发利用前景:盐碱地造林,水土保持,园林绿化,蜜源,饲用,编织,薪炭。

多花柽柳 霍氏柽柳 *Tamarix hohenackeri* Bge.

种质编号:HT-HTX-YAWT-007,HT-HTX-TWKL-016;HT-LPX-BSTGLKX-017、HT-LPX-SPLZ-046、HT-LPX-LPXC-064;HT-PS-SZ-034;HT-MF-00-001;HT-CL-CLX-016、HT-CL-CLX-017、HT-CL-DMGX-029。

形态特征:落枝大灌木或小乔木,高3~5m。花冠半张开,呈球状腰鼓形;苞片条状,干膜质;花瓣玫瑰色或粉红色。花期5~9月,果期6~9月。

生态习性:分布于河、湖岸边的沙地和弱盐渍地。较耐盐碱,耐土壤贫瘠,耐水湿。

分布地点与数量:和田县英阿瓦提乡和塔瓦库勒乡进乡路边;洛浦县:县城,拜什托格拉克乡和山普鲁镇买买提果园;皮山县桑株乡;民丰县;策勒县:策勒乡和达玛沟乡小佛寺。

繁育方式:种子繁殖。

保护利用现状:原地保护。已少量用于城镇和庭院绿化。

开发利用前景:盐碱地造林,防风固沙,蜜源,饲用,编织,薪炭。

多枝柽柳 *Tamarix ramosissima* Ldb.

种质编号:HT-HTS-JYX-048;HT-HTX-LR-021;HT-MY-YX-005;HT-PS-STL-012、HT-PS-PYLM-022;HT-LPX-SPLZ-047、HT-LPX-DLX-090;HT-YT-AQX-004;HT-MF-NYX-046;HT-CL-GLhm2X-046等42份。

形态特征:落枝大灌木或小乔木。叶披针形,基部短,半抱茎。花序在枝的两边整齐分开排列,花瓣靠合呈酒杯状。花瓣形成闭合的酒杯花冠,宿存,淡红色、紫红色或粉白色。花期5~9月。

生态习性:分布于荒漠区河漫滩、泛滥带、河岸、湖岸、盐渍化沙土,常形成大片丛林。耐干旱,耐寒,耐盐碱,耐土壤贫瘠。

分布地点与数量:和田市吉亚乡;和田县吾宗肖乡巴格其村;皮山县:藏桂乡县道边,杜瓦镇,木吉镇和塔瓦库勒乡进乡路边;墨玉县喀瓦克乡,萨依巴格乡,乌尔其乡和玉西开发区;皮山县皮亚勒玛乡;洛浦县阿其克乡,拜什托格拉克乡,纳瓦乡乡大院街道(零星),纳瓦乡山普鲁镇和多鲁乡合作社;于田县兰干博孜亚农场,昆仑羊场,喀拉克尔乡,喀孜纳克开发区,托格日喀孜乡,英巴格乡,柯克亚乡,阿羌乡和柯克亚乡阿羌乡;民丰县尼雅乡防护治沙林,安迪尔牧场,安迪尔乡及沙漠公路,若克雅乡及萨勒吾则克乡国道边均大面积分布;策勒县:策勒镇,固拉哈玛乡,达玛沟乡,努尔乡,乌鲁克萨依乡和恰哈乡。

繁育方式:种子繁殖。

保护利用现状:原地保护。部分种已用于城镇、乡村道路等绿化及防护林建设。

开发利用前景:盐碱地造林,防风固沙,蜜源,药用,饲用,编织,薪炭。

山川柽柳 密花柽柳 *Tamarix arceuthoides* Bge.

种质编号:HT-HTX-KSTS-008;HT-MY-KES-003、HT-MY-SYBG-051、HT-MY-YYE-012;HT-PS-BSLG-030、HT-PS-SZ-042;HT-LPX-AQKX-014;HT-MF-00-003;HT-CL-BSTX-052、HT-CL-QHX-017。

形态特征:落枝大灌木,高2~4m。春季总状花序侧生于去年枝上,花密,1cm的枝上有花23朵,花期最长;叶几抱茎,骤尖略下延。花期5~9月。

生态习性:分布于山前河地,砾质河谷湿地和砾石戈壁。耐旱,不耐盐碱。

分布地点与数量:和田县喀什塔什乡;墨玉县喀尔赛镇,萨依巴格乡和英也尔乡;皮山县巴什兰干乡和桑株乡;洛浦县阿其克乡;民丰县;策勒县博斯坦乡和恰哈乡。

繁育方式:种子繁殖。

保护利用现状:原地保护。

开发利用前景:水土保持,防风固沙,园林绿化,蜜源,饲用,编织,薪炭。

刚毛柽柳 *Tamarix hispida* Willd.

种质编号:HT-HTS-AKQLX-026;HT-HTX-WZX-007;HT-MY-00-005;HT-PS-STL-012;HT-YT-TGRGZX-053;HT-MF-NYX-047、HT-MF-ADRX-001、HT-MF-SLWZKX-034;HT-CL-CLX-013、HT-CL-GLhm2X-044等17份。

形态特征:落枝灌木或小乔木,高1.5~4m。枝叶密被短直毛,叶卵状披针形,具发达耳,花开时张,反折。花期7~9月。

生态习性:耐干旱,耐寒,耐盐碱,耐土壤贫瘠。分布于荒漠地带、河湖沿岸、风集沙堆、沙漠边缘不同类型的盐渍化土壤上。

分布地点与数量:和田市阿克恰勒乡托甫恰村道路旁;和田县吾宗肖乡;墨玉县;皮山县杜瓦镇和219国道边;于田县兰干博孜亚农场,希吾勒乡,喀拉克尔乡和托格日喀孜乡;民丰县尼雅乡防护治沙林,安迪尔乡和萨勒吾则克乡国道边;策勒县策勒乡,固拉哈玛乡,达玛沟乡及恰哈乡。

繁育方式:种子繁殖。

保护利用现状：原地保护。已用于城镇道路防护林建设。

开发利用前景：盐碱地造林，防风固沙，水土保持，园林绿化，蜜源，饲用，编织，薪炭。

紫杆柽柳 白花柽柳 *Tamarix androssowii* Litv.

种质编号：HT-HTX-WZX-028；HT-YT-AYT-GLKX-060；HT-CL-DMGX-033。

形态特征：落枝大灌木或小乔木，茎杆直立呈发亮紫红色。苞片长或等于花梗，苞片鳞甲状，具透明内弯钻状小弯头，花瓣淡绿粉白色。花期4~5月，果期5月。

生态习性：分布于沙漠地区盐渍化洼地，河流沿岸沙地湖盆边缘沙地。耐盐碱，耐土壤贫瘠。

分布地点与数量：和田县吾宗肖乡；于田县大芸种植基地（0.2hm²）；策勒县达玛沟乡（1株）。

繁育方式：种子繁殖。

保护利用现状：原地保护。

开发利用前景：防风固沙，水土保持，园林绿化，蜜源，饲用，编织，小型用材。

塔克拉玛干柽柳 沙生柽柳 *Tamarix taklamakanensis* M. T. Liu

种质编号：HT-HTS-JYX-062；HT-HTX-YARK-018、HT-HTX-YSLMAWT-010；HT-LPX-AQKX-013、HT-LPX-BSTGLKX-019；HT-PS-ZG-049、HT-PS-SZ-031；HT-YT-AYTGLKX-049；HT-MF-SLWZKX-033；HT-CL-00-010等12份。

形态特征：大灌木或小乔木，高3~7m。叶成鞘状，全部抱茎，枝上叶如分节一般。苞片三角管状，基部宽半抱茎。种子大型。花期8~9月，果期9~10月。

生态习性：分布于塔克拉玛干沙漠。耐干旱，耐土壤贫瘠。

分布地点与数量：和田市伊里其乡阿克铁热克村道路10~50株和吉亚乡大芸基地广泛分布（大于1000株）；和田县喀什塔什乡，英艾日克乡及伊斯拉木阿瓦提乡；皮山县藏桂乡，桑株乡；洛浦县阿其克乡比来勒克村河道旁（51~100株）和拜什托格拉克乡木纳墩村（51~100株）；民丰县安迪尔牧场（7.99hm²）、和萨勒吾则克乡国道（0.067hm²）；策勒县。

繁育方式：种子繁殖。

保护利用现状：中国特有种，濒危种（EN），国家II级保护。

开发利用前景：防风固沙，蜜源，饲用，编织，薪炭，药用，工业原料。

短毛柽柳 盐地柽柳 *Tamarix karelinii* Bge.

种质编号：HT-MF-SLWZKX-036；HT-CL-00-014。

形态特征：落枝大灌木，高2~4m。枝上有乳头状短毛。叶几抱茎。花瓣半开张,花后花瓣宿存或部分脱落。花期7~9月,果期9月。

生态习性:分布于荒漠地带河湖沿岸,沙漠边缘不同类型的盐渍化土壤上。耐干旱,耐盐碱,耐土壤贫瘠。

分布地点与数量:民丰县萨勒吾则克乡国道大面积;策勒县。

自然繁育方式:种子繁殖。

保护利用现状:已小面积用于生态防护林。

开发利用前景:盐碱地造林,防风固沙,园林绿化,蜜源,饲用,编织,薪炭。

塔里木柽柳 *Tamarix taremensis* P. Y. Zhang et Liu

种质编号:HT-MF-00-005。

形态特征:落枝灌木,高2~5m。叶披针形排列稀疏,贴茎生,先端急尖,花半开张,略内曲。

生态习性:耐干旱,耐寒,耐盐碱,耐土壤贫瘠。

分布地点与数量:分布于塔里木盆地民丰安迪尔河下游沙地。

自然繁育方式:种子繁殖。

保护利用现状:原地保护。新疆塔里木盆地特有种。濒危物种(EN)。

开发利用前景:园林绿化,防风固沙,蜜源,饲用,编织,薪炭。

十一、胡颓子科 Elaeagnaceae

尖果沙枣 *Elaeagnus oxycarpa* Schlecht.

胡颓子属 *Elaeagnus* L.

种质编号:HT-HTX-TWKL-018;HT-MY-KWK-009;HT-LPX-SPLZ-033;HT-YT-YBGX-

011、HT-YT-GYMP-050；HT-MF-ADRX-003、HT-MF-RKYX-007、HT-MF-YYKX-005、HT-MF-SL-WZKX-028；HT-CL-QHX-012等38份。

形态特征：落叶阔叶乔木。枝具明显的棘。花盘顶端有毛，萼齿三角形；果实较小，卵圆形或近圆形，长8~10mm，粉红色，密被银白色鳞片。花期5~6月，果期9月。

生态习性：分布于戈壁沙滩、田边、路旁，海拔300~1500m。喜光，耐干旱，耐高温，耐寒，抗风沙，耐水湿，耐土壤瘠薄，抗盐碱。

分布地点与数量：和田县塔瓦库勒乡进乡路边；墨玉县20.73hm²，主要分布于喀瓦克乡；洛浦县0.22hm²：布亚乡，洛浦县城，纳瓦乡，恰尔巴格乡和山普鲁镇；于田县：木尕拉镇，兰干博孜亚农场，希吾勒乡，昆仑羊场，拉伊苏农场，阿热勒乡，喀拉克尔乡喀孜纳克开发区，托格日喀孜乡，托格日喀孜乡，先拜巴扎镇，兰干乡，英巴格乡和国有苗圃林边；民丰县尼雅乡，安迪尔牧场，安迪尔乡，若克雅乡，叶亦克乡和喀萨勒吾则克乡均有大片分布(317.09hm²)；策勒县4.10hm²：主要分布于策勒镇，达玛沟乡，努尔乡和恰哈乡。

繁育方式：种子繁殖。

保护利用现状：已在城镇生态绿地、防风固沙林和农田防护林中大量栽培应用。

开发利用前景：生物质能源，饲用，蜜源，防风固沙，药用，园林绿化。

中亚沙棘 *Hippophae rhamnoides* subsp. *trukestanica* Rousi.

沙棘属 *Hippophae* L.

种质编号：HT-HTX-00-023；HT-MY-00-008；HT-PS-BSLG-033；HT-MF-00-008；HT-YT-00-014；HT-CL-00-015。

形态特征：落叶阔叶灌木或小乔木。小枝表皮白色，发亮、刺多，分枝；叶线形，长20~45mm，宽2~5mm，两面银白色。果梗长3~7mm。花期5月，果期8~9月。

生态习性：多分布于湿润的河流两岸或河滩，海拔800~3000m。喜光、耐寒、耐风沙、耐干旱、耐贫瘠，较耐水湿和大气干旱。

分布地点与数量：和田县；墨玉县；皮山县；民丰县；于田县；策勒县。

繁育方式：种子繁殖，根蘖繁殖。

保护利用现状：沙漠绿化，防风固沙，水土保持。

开发利用前景：食用，药用，饲用，工业原料，经济果木。

蒙古沙棘 *Hippophae rhamnoides* subsp.*mongolica* Rousi.

沙棘属 *Hippophae* L.

种质编号：HT-CL-00-008。

形态特征：落叶阔叶灌木，高2~6m。小枝表皮非白色，刺少，常不分枝，叶中部以上最宽；果梗长1~4mm。花期5月，果期8~9月。

生态习性：多分布于湿润的河流两岸或河滩，海拔1800~2000m。喜光、耐寒、耐贫瘠，较耐水湿和大气干旱。

分布地点与数量：策勒县。

自然繁育方式：种子、根蘖繁殖。

保护利用现状：沙漠绿化，防风固沙，水土保持。

开发利用前景：食用，药用，饲用，经济果木。

十二、忍冬科 Caprifoliaceae

小叶忍冬 *Lonicera microphylla* Willd. ex Roem. et Schult.

忍冬属 *Lonicera* L.

种质编号：HT-PS-00-010。

形态特征：落叶灌木，高达2~3m。叶较小，膜质。花冠唇瓣长约等于基部一侧具囊的花冠筒状，黄或白色。果实红色或橙黄色，圆形。花期5~7月，果期7~9月。

生态习性：分布于山地草原至高山草甸、针叶林下、林缘、河谷灌丛。海拔1300~3200m。

分布地点与数量：皮山县。

繁育方式：种子繁殖。

保护利用现状：未利用。

开发利用前景：园林观赏，饲用，药用。

十三、茄科 Solanaceae

黑果枸杞 苏枸杞 黑刺 *Lycium ruthenicum* Murr.

枸杞属 *Lycium* L.

种质编号：HT-HTS-TSLX-050；HT-HTX-KSTS-006、HT-HTX-SGZKL-024；HT-MY-SYBG-034；HT-PS-SZ-012；HT-LPX-SPLZ-052；HT-YT-XBBZZ-045；HT-CL-QHX-014、HT-CL-NRX-065等26份。

形态特征：落叶小灌木，多棘刺，高20~70cm。多分枝，常呈“之”字形曲折。叶条形、条状披针形或条状倒披针形；花冠筒部长约为檐部裂片长的2~3倍。浆果成熟后黑紫色。花果期5~10月。

生态习性：分布于平原荒漠、盐碱地、盐化沙地、河湖沿岸、干河床或路旁。耐干旱贫瘠土质。

分布地点与数量：多地少量分布。和田市阿恰克勒乡，吉亚乡和吐沙拉乡；和田县喀什塔什乡，朗如乡，吾宗肖乡，英阿瓦提乡和色格孜库勒乡其格里克国家公益林管护站；墨玉县喀瓦克乡和萨依巴格乡；洛浦县阿其克乡比来勒克村河道旁(片分)，拜什托格拉克乡街道旁，纳瓦乡和山普鲁镇草场附近；皮山县克里阳乡，巴什兰干乡，阔什塔格镇，桑株乡和木吉镇；于田县先拜巴扎镇；策勒县策勒乡，策勒镇，乌鲁克萨依乡，恰哈乡和努尔乡。

繁育方式：种子繁殖和根蘖繁殖。

保护利用现状：已作为经济物种利用。

开发利用前景：改良盐碱，水土保持，防风固沙，工业原料，药用，食用，饲用。

新疆枸杞 *Lyciumdasystemum* Pojark.

枸杞属 *Lycium* L.

种质编号：HT-YT-00-012。

形态特征：落叶灌木，高达1.5m。多分枝，枝条坚硬，老枝具长的硬棘刺。花冠筒长约为檐部裂片的2倍；花丝基部稍上处被极稀疏的绒毛。浆果红色。花果期6~7月。

生态习性：分布于山前荒漠、河谷、山地草原、干山坡，海拔1200~2700m。

分布地点与数量：于田县。

繁育方式：种子繁殖，根蘖繁殖。

保护利用现状：新疆Ⅰ级保护。

开发利用前景：改良盐碱，水土保持，药用，食用，饲用。

十四、菊科 Compositae

灌木紫菀木 *Asterothamnus fruticosus* (C. Winkl.) Novopokr.

紫菀木属 *Asterothamnus* Novopokr.

种质编号：HT-HTX-00-005。

形态特征：落叶半灌木，高20~45cm。茎分枝多，帚状，被薄而不明显的绒毛。叶线形，长5~15mm，宽1~1.5mm。总苞片顶端淡绿色或白色，少淡紫色。瘦果长圆形，黄色，长3.5~4mm，被白色长伏毛，基部收缩具1白色小环。花果期6~9月。

生态习性：分布于荒漠草原、戈壁，海拔1100~3300m。

分布地点与数量：和田县。

繁育方式：种子繁殖。

保护利用现状：未利用。

开发利用前景：荒山荒地绿化，木本饲料。

第十章 栽培林木种质资源

第一节 裸子植物

一、银杏科 Ginkgoaceae

银杏 白果 公孙树 *Ginkgo biloba* L.

银杏属 *Ginkgo* L.

种质编号：HT-HTS-NWGJD-025、HT-HTS-YLKSZ-044、HT-HTS-XEBGC-009、HT-HTS-BJHTGYY-017；HT-MY-ZW-041；HT-LPX-BST-GLKX-034、HT-LPX-LPXC-015；HT-MF-CQ-041；HT-YT-AYTGLKX-019；HT-CL-CQ-048等11份。

种质类型及来源：栽培种；原产地：浙江天目山。

形态特征：阔叶落叶乔木。树冠圆锥形至广卵形。叶扇形，有长柄，无毛，秋季落叶前变为黄色。花期3~4月，果期9~10月。

生态习性：深根性，生长较慢，寿命极长。喜光，喜湿，耐寒，较能耐干旱，不耐水涝。对大气污染也有一定的抗性，喜适当湿润而排水良好的深厚壤土。

栽培地点与数量：和田市（少量）：纳瓦格街道玉石广场，玉龙喀什镇巴什依格子艾日克村文化大院前，肖尔巴格乡乡政府大院，北京和田工业园区广场；墨玉县扎瓦镇铁克阿依拉村（零星）；洛浦县（零星）：洛浦镇政府大院，拜什托格拉克乡乡大院，洛浦县城青年公园；民丰县县城博斯坦巷（零星）；于田县奥依托格拉克乡（零星）；策勒县县城色日克西路（零星）。

繁育方式：种子繁殖。

栽培应用现状：园林绿化。

开发利用前景：食用，药用，蜜源，用材。

二、南洋杉科 Araucariaceae

南洋杉 *Araucaria cunninghamii* Sweet

南洋杉属 *Araucaria* Juss.

种质编号:HT-CL-NRX-047。

种质类型及来源:栽培种;原产南美、澳洲及太平洋群岛。

形态特征:常绿针叶乔木。高1m,胸径1cm,冠幅0.5m×0.5m。

生态习性:生长较快,萌蘖力强,喜暖湿气候,抗风性,不耐干旱与寒冷,喜土壤肥沃。

栽培地点与数量:策勒县努尔乡政府楼前8株。海拔2241m,E81°00′,N36°17′。

繁育方式:种子繁殖,扦插及根插繁殖。

栽培应用现状:园林观赏。

开发利用前景:城镇绿化,用材,药用。

三、松科 Pinaceae

雪松 香柏 *Cedrus deodara* (Roxb.) G. Don

雪松属 *Cedrus* Trew

种质编号:HT-HTS-GJBGJD-011、HT-HTS-BJHTGYY-043;HT-MY-ZW-064;HT-CL-CQ-031。

种质类型及来源:栽培种。原产喜马拉雅山西部。

形态特征:常绿针叶乔木。大枝一般平展,为不规则轮生,小枝略下垂。叶在长枝上为螺旋状散生,在短枝上簇生。花期为10~11月,雄球花比雌球花花期早10天左右。球果翌年10月成熟。

生态习性:喜阳光充足环境,适生温和凉润气候和上层深厚而排水良好的土壤。

栽培地点与数量(零星):和田市古江巴格街道张老板苗圃,北京和田工业园区阳光沙漠有限公司内部;墨玉县农业园区;策勒县县城。

繁育方式:种子繁殖。

栽培应用现状:园林观赏。

开发利用前景:城镇绿化,用材,药用。

油松 *Pinus tabuliformis* Carrière

松属 *Pinus* L.

种质编号:HT-HTS-BJHTGYY-043;HT-PS-GM-034。

种质类型及来源:栽培种;引自华北地区。

形态特征：常绿针叶乔木，高达25m，胸径可达1m以上。树皮灰褐色或褐灰色，裂成不规则较厚的鳞状块片；老树树冠平顶。针叶2针一束，深绿色，粗硬。雄球花圆柱形，在新枝下部聚生成穗状。球果卵形或圆卵形，向下弯垂，成熟前绿色，熟时淡黄色或淡褐黄色，常宿存树上近数年之久。花期4~5月，球果第二年10月成熟。

生态习性：喜干冷气候，在土层深厚、排水良好的酸性、中性或钙质黄土上均能生长良好。

栽培地点与数量：和田市北京和田工业园区阳光沙漠有限公司内部（零星）；皮山县固玛镇县城公园（零星）。

繁育方式种子繁殖。

栽培应用现状：园林观赏。

开发利用前景：水土保持，建筑家具用材，工业原料，饲用，药用。

樟子松 *Pinus sylvestris* var. *mongolica* Litv.

松属 *Pinus* L.

种质编号：HT-HTS-GLBGJD-048；HT-MF-CQ-043；HT-YT-CQ-027。

种质类型及来源：栽培变种；林木良种（新-S-SV-PSM-005-2010）。

形态特征：常绿针叶乔木。幼树冠尖塔形，较浓密，大枝斜或平展，老树冠稀疏。针叶2针一束，硬直，扭曲，长4~9cm，粗1.5~2mm，边缘有细齿，两面有气孔线。球花单性，同株；雄球花卵状圆柱形，聚生新枝下部；雌球花淡紫褐色，具短梗。球果卵圆形，成熟前绿色，成熟时淡灰褐色。花期5~6月，果期为次年秋天。

生态习性：喜光，耐寒，耐旱，耐土壤瘠薄，较耐盐碱，抗大风，寿命长，

栽培地点与数量：和田市古勒巴格街道首邦花园小区（零星）；民丰县1320m^2；于田县县城文化南路（零星）。

繁育方式：种子繁殖。

栽培应用现状：城镇绿化。

开发利用前景：园林观赏，造林绿化，用材，工业原料，药用，饲用，蜜源。

天山云杉 雪岭云杉 *Picea schrenkiana* Fisch. et Mey.

云杉属 *Picea* A. Dietr.

种质编号：HT-CL-CQ-008、HT-CL-BSTX-022。

种质类型及来源：乡土栽培种；林木良种：新S-CSO-PS-005-2014。

形态特征：常绿针叶乔木。树冠圆柱形或尖塔形。小枝下垂，一年生枝无毛或被毛，淡黄色。花期4~5月，球果9~10月成熟。

生态习性：耐寒，耐旱，耐土壤瘠薄，喜中性土壤，忌水涝。幼树耐阴，喜寒冷潮湿环境。

栽培地点与数量：策勒县（零星）：县城色日克西路旁，博斯坦乡政府院内。

繁育方式：种子繁殖。

栽培应用现状：园林观赏。

开发利用前景：工业用材，药用，植化原料（油料、鞣料）。

红皮云杉 *Picea koraiensis* Nakai

云杉属 *Picea* A. Dietr.

种质编号:HT-HTS-XEBGC-014、HT-HTS-GJBGJD-001;HT-YT-CQ-028。

种质类型及来源:栽培种。原产地:大小兴安岭及长白山区。

形态特征:常绿针叶乔木。树皮灰褐色或淡红褐色。树冠尖塔形,一年生枝黄色或淡红褐色;2~3年生枝淡黄褐色。叶四棱状条形,各面有气孔线,上面每边5~8条,下面每边3~5条。花期5~6月,果期9~10月。

生态习性:中生,喜空气湿度大、土壤肥厚而排水良好的环境,较耐阴,耐寒,也耐干旱。

栽培地点与数量:和田市:肖尔巴格乡乡政府大院,古江巴格街道昆明湖公园10~50株;于田县县城文化南路5株。

繁育方式:种子繁殖。

栽培应用现状:城镇园林绿化。

开发利用前景:工业用材,栲胶,蜜源,药用。

青海云杉 *Picea crassifolia* Kom.

云杉属 *Picea* A. Dietr.

种质编号:HT-LPX-LPXC-061。

种质类型及来源:栽培种。原产地:中国祁连山区。

形态特征:常绿针叶乔木,高达23m,胸径30~60cm。一年生嫩枝淡绿黄色。叶四棱状条形,四面有气孔线。球果圆柱形或矩圆状圆柱形,成熟前种鳞背部露出部分绿色,上部边缘紫红色。花期4~5月,球果9~10月成熟。

生态习性:生长缓慢,适应性强。耐旱,耐瘠薄,喜中性土壤。抗风力差。喜寒冷潮湿环境。

观测地点与数量:洛浦县城街道1~10株。

繁育方式:种子繁殖。

栽培应用现状:城镇园林绿化。

开发利用前景:生态防护,用材,工业原料,蜜源,药用。

四、柏科 Cupressaceae

(一)侧柏属 *Platycladus* Spach

侧柏 *Platycladus orientalis* (L.) Franco

种质编号:HT-HTS-YLQX-067;HT-HTX-WZX-002;HT-MY-AKSLY-003、HT-MY-SYBG-003;HT-PS-MJ-031、HT-PS-MKL-039;HT-LPX-LPZ-067;HT-MF-CQ-003;HT-YT-KLKRX-019;HT-CL-GLhm2X-003等38份。

种质类型及来源：栽培种。

形态特征：常绿针叶乔木。树冠卵形至广圆形。大枝向上伸展或斜展，生鳞叶的小枝细，扁平，细瘦，成直立羽状小枝系统。叶鳞形，交叉对生，上下两面几同色。雌雄球花同株；雄球花黄色，卵圆形；雌球花近球形，深绿色，被白粉。球果卵圆形，成熟前深绿色。肉质，被白粉，成熟后木质，开裂，棕褐色。花期4~5月，果期10月。

生态习性：喜光，耐寒，耐旱，抗盐碱，耐土壤瘠薄，较抗风，不耐水涝。

栽培地点与数量：和田市：少量分布于伊里其乡阿特巴扎村花林基地，纳瓦格街道台北东路，玉龙喀什镇英阿瓦提村村委会前，北京和田工业园区阳光沙漠有限公司内部和拉斯奎镇人民政府大院；和田县零星分布于吾宗肖乡巴格其村；墨玉县总分布面积有29.68hm^2：扎瓦镇夏合勒克庄园，芒来乡喀亚什村，托呼拉乡，阔其乡，奎牙镇，喀尔赛镇，萨依巴格乡，加汗巴格乡丘那克拉村林管站；皮山县：少量分布于木吉镇木吉村，木奎拉乡兰干村委会大院和巴什兰干乡；洛浦县：零星分布于洛浦镇，拜什托格拉克乡乡街道，多鲁乡合作社，杭桂乡巴格基村和县城青年公园；民丰县：零星分布于县城街道，安迪尔牧场，若克雅乡且西木巴扎路和萨勒吾则克乡政府；于田县：零星分布于喀拉克尔乡宗塔勒村，喀孜纳克开发区，先拜巴扎镇，英巴格乡艾斯提尼木村30号和奥依托格拉克乡公路管理局；策勒县：零星分布于固拉哈马乡，县城和达玛沟乡。

繁育方式：种子繁殖。

栽培应用现状：园林绿化，庭院观赏。

开发利用前景：药用，用材，工业原料。

千头柏 子孙柏 凤尾柏 扫帚柏 *Platycladus orientalis* 'Sieboldii'

种质编号：HT-PS-GM-063。

种质类型及来源：栽培品种。中国华北、西北至华南及日本等地久经栽培。

形态特征：常绿针叶灌木或小乔木，高可达3~5m，植株丛生状，树冠卵圆形或圆球形。3~4月开花，10~11月果熟。

生态习性：喜光，适应性强，对土壤要求不严，但需排水良好。

栽培地点与数量：皮山县县城（零星）。

繁育方式：播种繁殖。

栽培应用现状：庭院观赏。

开发利用前景：园林绿化，药用，用材，工业原料。

金枝千头柏 *Platycladus orientalis* 'Jinzhi Sieboldii'

种质编号：HT-HTS-YLQX-052、HT-HTS-TSLX-051、HT-HTS-XEBGC-058、HT-HTS-BJHT-GYY-020。

种质类型及来源：栽培品种；我国华南地区多栽培（绿篱）。

形态特征：针叶丛生常绿灌木，高1.5m。无明显主干。带叶枝密集，树冠卵圆形或球形。叶淡黄绿色，入冬略转褐绿。

生态习性：喜光，耐寒，耐旱，抗盐碱，耐土壤瘠薄，较抗风，不耐水涝。

栽培地点与数量：和田市伊里其乡阿克铁热克村街道1~10株，吐沙拉乡加木达村1~10株，肖尔巴格乡阿然巴格烤肉美食园1~10株，北京和田工业园区广场多于1000株。

繁育方式：播种繁殖。

栽培应用现状：园林绿化。

开发利用前景：庭院观赏。

（二）圆柏属 *Juniperus* L.

刺柏 *Juniperus formosana* Hayata

种质编号：HT-HTX-YSLMAWT-004；HT-MY-AKSLY-049；HT-PS-NABT-003；HT-MF-CQ-014、HT-MF-ADRMC-010、HT-MF-NYZ-007、HT-MF-SLWZKX-001；HT-YT-TGRGZX-012、HT-YT-TGRGZX-033；HT-CL-GLhm2X-004等23份。

种质类型及来源：栽培种。

形态特征：常绿针叶乔木。高达20m，胸径达3.5m。树皮深灰色，纵裂，成条片开裂。幼树的枝条通常斜上伸展，形成尖塔形树冠，老则下部大枝平展，形成广圆形的树冠。小枝通常直或稍成弧状弯曲。生鳞叶的小枝近圆柱形或近四棱形。

生态习性：喜光，耐寒、耐热，较耐阴，喜温凉、温暖气候及湿润土壤，忌积水，耐修剪，易整形。

栽培地点与数量：和田县（少量）：伊斯拉木阿瓦提乡政府，色格孜库勒乡政府；墨玉县（少量）：阿克萨拉依乡人民政府，加汗巴格乡阿碧凯吾维吾尔医产品厂，农业园区，普恰克其乡，芒来乡巴什芒来村；皮山县（零星）：垴阿巴提塔吉克民族乡，木吉镇阿萨尔村，巴什兰干乡巴什兰干村，科克铁热克乡乡政府；民丰县（零星）：县城街道，安迪尔牧场，尼雅镇，萨勒吾则克乡政府；于田县（零星）：托格日喀孜乡，斯也克乡阔克买提村554号，兰干乡政府；策勒县（零星）：策勒乡策勒村事件纪念馆，固拉哈马乡，策勒县城，博斯坦乡，努尔乡。

繁育方式：种子繁殖，扦插、压条繁殖。

栽培应用现状：园林绿化。

开发利用前景：防护，观赏，用材，工业原料，药用。

杜松 *Juniperus rigida* Sieb. et Abh.

种质编号：HT-LPX-LPZ-034、HT-LPX-AQKX-040、HT-LPX-BSTGLKX-026、HT-LPX-SPLZ-034、HT-LPX-DLX-016、HT-LPX-QEBGX-013、HT-LPX-HGX-025、HT-LPX-LPXC-026。

种质类型及来源：栽培种。

形态特征：常绿针叶灌木或小乔木。树冠塔形或圆柱形，枝直立向上展；小枝下垂；幼枝三棱形，光滑无毛。叶3枚轮生，条状披针形，厚且坚硬。雄球花椭圆形，成熟前紫褐色，成熟时淡褐黑色或蓝黑色，被白粉。花期5月，球果10月。

生态习性：喜光，喜冷凉气候，耐干旱，稍耐阴，较耐寒，耐干旱瘠薄土壤。

栽培地点与数量：洛浦县洛浦镇政府大院101~

1000株，阿其克乡乡政府院内51~100株，拜什托格拉克乡乡中学51~100株，山普鲁镇村大院1~10株，多鲁乡小学门口1~10株，恰尔巴格乡政府大院3株，杭桂乡巴格基村林管局1~10株，县城青年公园1~10株。

繁育方式：种子繁殖，扦插繁殖。

栽培应用现状：园林绿化。

开发利用前景：防护，药用，用材。

圆柏 中国圆柏 *Juniperus chinensis* L.

种质编号：HT-HTS-GJBGX-048；HT-HTX-HARK-014；HT-MY-THL-082；HT-PS-KKE-003、HT-PS-SZ-001；HT-LPX-BSTGLKX-032、HT-LPX-LPXC-014；HT-MF-RKYX-017；HT-YT-CQ-007；HT-CL-CQ-052等31份。

种质类型及来源：栽培种。

形态特征：常绿针叶乔木。树冠塔形。叶二型，刺叶3枚交叉对生，先端渐尖，基部下延，上面微凹，有两条白粉带；鳞叶交互对生或3枚轮生，菱形或菱状卵圆形，直伸而紧密，先端钝或微尖。雌雄异株；雄球花近椭圆形，黄色；雌球果圆球形，成熟前淡紫褐色，成熟时暗褐色，被白粉。花期5月，果次年秋末成熟。

生态习性：喜光树种，喜温凉、温暖气候及湿润土壤。

栽培地点与数量：和田市（少量）：古江巴克乡，伊里其乡，纳瓦格街道玉石广场，玉龙喀什镇英阿瓦提村村委会，玉龙喀什镇巴什依格子艾日克村村委会，肖尔巴格乡乡政府大院，拉斯奎镇人民政府大院，吉亚乡马路边，古勒巴格街道友谊路，奴尔瓦克街道塔乃依北路；和田县罕艾日克镇；墨玉县（零星）：托呼拉乡，阿克萨拉依乡其娜尔民俗风情园，托呼拉乡人民政府（零星）；皮山县（少量）：康克尔乡，桑株乡乡政府外街道，杜瓦镇；洛浦县（少量）：拜什托格拉克乡乡街道，洛浦镇镇政府院内，山普鲁镇，县城青年公园；民丰县：县城街道（0.27hm²），若克雅乡（1.0hm²），萨勒吾则克乡政府（零星）；于田县（零星）：县城浙江大酒店院内，托格日喀孜乡，兰干乡政府院内，兰干乡；策勒县县城色日克西路（零星）。

繁育方式：种子繁殖，压条繁殖。

栽培应用现状：园林绿化。

开发利用前景：用材，药用。

塔柏 *Sabina chinensis* 'Pyramidalis'

种质编号：HT-HTS-YLQX-061、HT-HTS-BJHTGYY-001、HT-HTS-LSKZ-007、HT-HTS-GL-BGJD-001、HT-HTS-NRWKJD-018；HT-HTX-WZX-004、HT-HTX-TWKL-002；HT-PS-MJ-006；HT-CL-CQ-035、HT-CL-BSTX-023等16份。

种质类型及来源：栽培品种。

形态特征：常绿针叶乔木。树冠卵形至广圆形。叶鳞形。球果卵圆形，长1.5~2cm，成熟前深绿色。肉质，被白粉，成熟后木质，开裂，棕褐色。花期4~5月，果期10月。

生态习性：喜光，耐寒，耐旱，抗盐碱，耐土壤瘠薄，较抗风，不耐水涝。

栽培地点与数量：和田市（零星）：伊里其乡阿特巴扎村花林基地，吐沙拉乡乡政府大院，纳瓦格街道台北东路，玉龙喀什镇巴什依格子艾日克村村委会，肖尔巴格乡阿然巴格烤肉美食园，古江巴格街道，北京和田工业园区广场，北京和田工业园区阳光沙漠有限公司内部，拉斯奎镇人民政府大院，古勒巴格街道建设路，奴尔瓦克街道玉泉湖公园；和田县(零星)：吾宗肖乡巴格其村，塔瓦库勒乡；皮山县木吉镇阿萨尔村11~50株；策勒县：县城色日克西路0.067hm²，博斯坦乡1株。

繁育方式：播种繁殖。

栽培应用现状：园林绿化，庭院观赏。

开发利用前景：防护，药用。

龙柏 *Juniperus chinensis* var. *kaizuka* Hort.

种质编号：HT-HTS-XEBGC-043；HT-MY-KES-012；HT-PS-GM-065；HT-YT-AYTGLKX-029、HT-YT-TGRGZX-062；HT-CL-CLZ-037、HT-CL-GLhm2X-015、HT-CL-CQ-029、HT-CL-NRX-042、HT-CL-QHX-062等19份。

种质类型及来源：栽培变种。

形态特征：常绿针叶乔木。小枝长到一定高度，螺旋盘曲向上生长，好像盘龙姿态。

生态习性：喜阳，稍耐阴。喜温暖、湿润环境，抗寒，抗干旱，忌积水。

栽培地点与数量：和田市：肖尔巴格乡巴格万园林11~50株，北京和田工业园区玉龙庄园前51~100株，古勒巴格街道迎宾路南大于1000株，奴尔瓦克街道玉泉湖公园1~10株；墨玉县(少量)：喀尔赛镇台吐尔库勒村，奎牙镇苏安巴村，芒来乡，墨玉镇其乃巴格南路309号，卡拉喀什河道渠，阔其乡科克亚村；皮山县县城；于田县(零星)：奥依托格拉克乡，托格日尕孜乡；策勒县(零星)：策勒镇，固拉哈玛乡卫生院，县城色日克西路，努尔乡，恰哈乡。

繁育方式：嫁接、扦插繁殖。

栽培应用现状：园林绿化，庭院观赏。

开发利用前景：药用，用材，工业原料，园林观赏。

第二节　被子植物

一、木兰科 Magnoliaceae

玉兰 白玉兰 *Magnolia denudata* Desr.

木兰属 *Magnolia* L.

种质编号：HT-HTS-XEBGC-017；HT-MY-ZW-102；HT-YT-AYTGLKX-013。

种质类型及来源：栽培种；原产于长江流域。

形态特征：落叶乔木，树冠卵形，大型叶为倒卵形。叶互生。花顶生、朵大，钟状，芳香。花期4月下旬，果多次年10~11月成熟。

生态习性：喜光，耐半阴，耐旱、耐热、耐寒，耐水涝。

栽培地点与数量:和田市肖尔巴格乡乡政府大院(零星),墨玉县国家农业科技园(零星);于田县奥依托格拉克乡街道旁1株(树高2m,冠幅1.5m×2m,胸径15cm)。

繁育方式:播种繁殖,扦插、分株或压条繁殖。

栽培应用现状:园林观赏。

开发利用前景:绿化,药用,蜜源。

广玉兰 洋玉兰 荷花玉兰 *Magnolia grandiflora* L.

木兰属 *Magnolia* L.

种质编号:HT-HTS-GJBGJD-016、HT-HTS-NRWKJD-022。

种质类型及来源:栽培种。原产北美洲东南部。

形态特征:落叶阔叶乔木。叶厚革质,椭圆形、长圆状椭圆形或倒卵状椭圆形,叶面深绿色,有光泽。花白色,有芳香,直径15~20cm。聚合果圆柱状长圆形或卵圆形。花期5~6月,果期9~10月。

生态习性:喜光,幼时稍耐阴,喜温湿气候,有一定抗寒能力。适分布于干燥、肥沃、湿润与排水良好微酸性或中性土壤,忌积水,抗风力强。

栽培地点与数量:和田市(少量):古江巴格街道,玉泉湖公园。

繁育方式:播种繁殖,扦插、分株或压条繁殖。

栽培应用现状:园林观赏。

开发利用前景:绿化,药用,食用,蜜源。

二、黄杨科 Buxaceae

大叶黄杨 *Buxus megistophylla* Levl.

黄杨属 *Buxus* L.

种质编号:HT-HTS-YLQX-013;HT-HTX-WZX-015、HT-HTX-SGZKL-004、HT-HTS-XEB-GC-057;HT-MY-ZW-068、HT-MY-MYZ-025、HT-MY-TWT-002;HT-LPX-LPZ-016、HT-LPX-QEB-GX-021;HT-MF-RKYX-024等16份。

种质类型及来源:栽培种。原产广东、贵州等地。

形态特征:落叶阔叶灌木或小乔木,高0.6~2.2m,胸径5cm;小枝四棱形,无毛。叶革质或薄革质,卵形、椭圆状或长圆状披针形以至披针形。蒴果近球形。花期3~4月,果期6~7月。

生态习性:喜光,稍耐阴,有一定耐寒力,对土壤要求不严,在肥沃和排水良好的土壤中生长迅速,分枝多,耐修剪,对二氧化硫抗性较强。

分布地点与数量:和田市:伊里其乡,肖尔巴格乡合尼村巴格万园林,北京和田工业园区玉龙庄园,吉亚乡乡政府大院,古勒巴格街道友谊路,奴尔瓦克街道塔乃依北路;和田县:吾宗肖乡巴格其村,和田县色格孜库勒乡政府;墨玉县:农业园区,墨玉镇同心路,吐外特乡;洛浦县:洛浦镇博斯坎村,恰尔巴格乡乡政府大院,县城街道;民丰县若克雅乡。

繁育方式:扦插繁殖。

栽培利用现状:园林绿化。

开发利用前景:园林观赏、城市绿化、药用、蜜源。

小叶黄杨 瓜子黄杨 *Buxus sinica* var. *parvifolia* M. Cheng

黄杨属 *Buxus* L.

种质编号:HT-HTS-YLQX-007、HT-HTS-XE-BGC-044、HT-HTS-GJBGJD-009、HT-HTS-BJHT-GYY-053、HT-HTS-JYX-064;HT-YT-ARLX-004、HT-YT-TGRGZX-038;HT-CL-CQ-033。

种质类型及来源:栽培变种。分布于中国长江流域以南地区。

形态特征:常绿灌木,高2m。分枝多。茎枝四棱,光滑,密集。叶小,对生,革质,椭圆形或倒卵形。花多在枝顶簇生;花淡黄绿色,没有花瓣,有香气。

生态习性:喜光,稍耐阴,有一定耐寒力,对土壤要求不严,在微酸、微碱土壤中均能生长,在肥沃和排水良好的土壤中生长迅速。

分布地点与数量:和田市:伊里其乡,肖尔巴格乡合尼村巴格万园林,昆明湖公园,北京和田工业园区开发区广场杭州大道,吉亚乡乡政府大院;于田县:阿热勒乡乡政府,托格日喀孜乡;策勒县县城色日克西路。

繁育方式:扦插、嫁接、压条繁殖。

栽培利用现状:园林绿化,多以绿篱形式种植。

开发利用前景:园林观赏,药用,防护。

三、杨柳科 Salicaceae

(一)杨属 *Populus* L.

钻天杨 *Populus nigra* var. *italica* (Moench) Koehne

种质编号:HT-HTS-YLQX-041;HT-HTX-KSTS-013;HT-PS-ZG-038;HT-LPX-BYX-106;HT-MF-NYZ-014;HT-YT-MGLZ-026、HT-YT-AYTGLKX-070、HT-YT-SYKX-053;HT-CL-CLX-010、HT-CL-CLZ-035等39份。

种质类型及来源:栽培变种。

形态特征:落叶阔叶乔木,高达30m。树皮粗糙,暗灰色。树冠圆柱形;侧枝呈20°~30°角开展。长枝叶扁三角形,通常宽大于长;短枝叶菱状三角形,或菱状卵圆形。仅有雄株。花期4月。

生态习性:喜光,耐寒、耐干冷气候,湿热气候多病虫害,不耐干旱,稍耐盐碱和水湿,忌低洼积水及土壤干燥黏重。

栽培地点与数量:和田市:伊里其乡,吐沙拉乡,肖尔巴格乡库杷格村道路旁,北京和田工业园区阳光沙漠有限公司外道路,拉斯奎镇,吉亚乡吉勒格艾力克村私人苗圃园外路旁,古勒巴格街道三环路,奴尔瓦克街道,玉泉湖公园培;和田县:喀什塔什乡;皮山县:藏桂乡乡政府,乔达乡,科克铁热克乡;洛浦县:拜什托格拉克乡,布亚乡买买提热依木农家院,多鲁乡小学门口,洛浦镇,纳瓦乡,山普鲁镇手工艺合作社,恰尔巴格乡,杭桂乡,县城街道;民丰县尼雅镇;于田县:木尕拉镇,加依乡,阿日希乡,希吾勒乡,昆仑羊场,喀拉克尔乡,喀孜纳克开发区,托格日喀孜乡,先拜巴扎镇,兰干乡,英巴格乡,于田大芸种植基地,斯也克乡;策勒县:策勒乡,策勒镇,县城色日克西路,博斯坦乡。

繁育方式:扦插繁殖。

栽培应用现状:农田、城乡道路防护林,用材。

开发利用前景:绿化,饲用,工业原料。

箭杆杨 *Populus nigra* var. *thevestina* (Dode) Bean

种质编号:HT-HTS-YLKSZ-032;HT-HTX-YAWT-011;HT-MY-JHBG-014;HT-PS-MJ-019;HT-MF-YYKX-007;HT-YT-MGLZ-019、HT-YT-AQX-021;HT-CL-CLZ-004、HT-CL-NRX-004、HT-CL-WLKSYX-020等30份。

种质类型及来源:栽培变种。

形态特征:落叶阔叶乔木,高20~30m;树冠圆柱形,侧枝成20°~30°角开展,几与主干平行;树皮灰白或灰绿色,幼树时平滑,老树干基部暗灰色,微粗糙。叶三角状卵形、三角形、菱状卵形;叶柄侧扁,无毛。仅有雌株。

生态习性:阳性,喜光,耐寒,抗大气干旱,稍耐盐碱。

定植栽培地点:和田市玉龙喀什镇阿鲁博依村路旁;和田县:英阿瓦提乡,色格孜库勒乡;墨玉县:加汗巴格乡,夏贺农民专业合作社,阔其乡,喀日克萨依巴格村,吐外特乡,雅瓦乡,喀瓦克乡,奎牙镇,芒来乡行道树,阿克萨拉依乡;皮山县:木吉镇,木奎拉乡,固玛镇,桑株乡;民丰县:叶亦克乡,萨勒吾则克乡;于田县:木尕拉镇,加依乡,阿日希乡,阿热勒乡,托格日喀孜乡,斯也克乡,阿羌乡;策勒县:策勒镇,努尔乡,乌鲁克萨依乡,恰哈乡。

繁育方式:扦插繁殖。

栽培应用现状:农田、城乡道路防护林,用材。

开发利用前景:绿化,饲用,工业原料。

美洲黑杨 *Populus deltoides* Marsh.

种质编号:HT-MY-THL-014、HT-MY-WEQ-019;HT-LPX-BSTGLKX-004、HT-LPX-NWX-079、

HT-LPX-HGX-036；HT-MF-YYKX-022；HT-YT-SYKX-036、HT-YT-YBGX-007；HT-CL-CLX-072、HT-CL-NRX-017。

种质类型及来源：栽培种。

形态特征：落叶阔叶乔木，高30m。树冠广阔。小枝光滑，微具棱或近圆筒形，初绿色，后变淡褐绿色至红褐色；冬芽淡褐色，具黏胶，细圆锥形，渐尖，紧贴基部离生。叶三角状卵形，具2~3至4腺，长宽各约7~12cm，两面均绿色；叶柄扁平。雌雄株都有。花果期5~6月。

生态习性：生长迅速，喜光照，不耐荫蔽，适应性强，耐水湿，又能耐程度不同的碱土，耐干旱瘠薄。

栽培地点与数量：墨玉县（零星）：托呼拉乡人民政府，乌尔其乡希坎尔库什村小学；洛浦县（零星）：拜什托格拉克乡木纳墩村，纳瓦乡努依木家，杭桂乡巴格基村街道；民丰县叶亦克乡夏玛勒路49号1株；于田县（零星）：斯也克乡可可买提205号，英巴格乡乡政府；策勒县（零星）：策勒乡县苗圃边，努尔乡。

繁育方式：扦插繁殖。

栽培应用现状：防护，城镇绿化。

开发利用前景：用材，饲用。

银白杨 *Populus alba* L.

种质编号：HT-HTS-JYX-039；HT-HTX-WZX-022；HT-MY-ML-010、HT-MY-SYBG-005、HT-MY-THL-025、HT-MY-TWT-019；HT-PS-MJ-013；HT-LPX-AQKX-025；HT-MF-NYX-002；HT-YT-GYMP-102等38份。

种质类型及来源：栽培种；原产额尔齐斯河河岸。

形态特征：落叶阔叶乔木，高15~30m。树冠宽阔。树皮白色至灰白色，平滑，下部常粗糙，具纵沟。小枝常被白色绒毛，萌条密被绒毛。短枝叶较小，卵圆形或椭圆状卵形，先端钝尖，基部阔楔形、圆形、少数心形或平截，边缘有不规则且不对称的钝齿牙，上面光滑，下面被白色绒毛；叶柄短于或等于叶片，近叶片处略侧扁，被白绒毛。花期4~5月，果期5~6月。

生态习性：喜光，耐寒，抗风力强，耐干旱气候，但不耐湿热。

栽培地点与数量：和田市（少量）吉亚乡吉勒格艾力克村道路旁；和田县（行道树片状分布）：吾宗肖乡，塔瓦库勒乡，罕艾日克镇，喀什塔什乡，布扎克乡林管站院内；墨玉县（行道树片状分布）：芒来乡，墨玉镇，普恰克其乡，萨依巴格乡，托呼拉乡，吐外特乡，乌尔其乡，雅瓦乡，英也尔乡，墨玉国家农业科技园，阿克萨拉依乡，阿克萨拉依乡，加汗巴格乡，喀尔赛镇，阔其乡，喀瓦克乡，奎牙镇；皮山县（零星）：木吉镇阿萨尔村，木奎拉乡土孜鲁克村，阔什塔格镇，桑株乡，皮亚勒玛乡兰干库勒村，巴什兰干乡；洛浦县（行道树片状分布）：阿其克乡比来勒克村河道旁，拜什托格拉克乡，多鲁乡小学门口，洛浦镇，杭桂乡，洛浦县城街道；民丰县尼雅乡托皮村（行道树片状分布）；于田县柯克亚乡（行道树片状分布）。

繁育方式：扦插繁殖。

栽培应用现状：防护林，行道树。

开发利用前景：防风固沙，造林绿化，园林观赏，用材，工业原料。

光皮银白杨 *Populus alba* var. *bachofenii* (Weirzb) Wesm.

种质编号：HT-CL-GLX-012。

种质类型及来源：栽培变种；原产额尔齐斯河流域。

形态特征:落叶阔叶乔木。树皮灰色或青灰色,光滑。仅见雄株。花期4~5月,果期5~6月。

生态习性:喜光,耐寒,抗风力强,耐旱。

栽培地点与数量:策勒县固拉哈马乡1株。

繁育方式:扦插繁殖。

栽培应用现状:防护林,行道树。

开发利用前景:生态造林,园林绿化,用材,工业原料。

毛白杨 *Populus tomentosa* Carr.

种质编号:HT-MY-AKSLY-091;HT-MF-NYX-018、HT-MF-ADRMC-009、HT-MF-ADRMC-014;HT-CL-CLZ-003、HT-CL-GLX-029、HT-CL-NRX-015。

种质类型及来源:栽培种。

形态特征:落叶阔叶乔木,高达30m。树干灰白色,树冠圆锥形至卵圆形或圆形。长枝叶阔卵形或三角状卵形,上面暗绿色,光滑,下面密生毡毛,后渐脱落。叶柄上部侧扁。花期3月,果期4月。

生态习性:深根性,抗风力较强,生长快,喜光,耐寒,较耐干旱瘠薄及盐碱土,抗病虫性好,抗烟尘、抗污染能力强。

栽培地点与数量:墨玉县阿克萨拉依乡其娜尔民俗风情园;民丰县(片状分布):尼雅乡托皮村,安迪尔牧场;策勒县(零星):策勒镇克克买提村,固拉哈玛乡卫生院,努尔乡。

繁育方式:扦插繁殖。

栽培应用现状:道路、农田防护林。

应用推广前景:工业用材,园林绿化。

新疆杨 *Populus alba* var. *pyramidalis* Bge.

种质类型及来源:栽培变种;林木良种(新S-SC-PA-013-2004)。

种质编号:HT-HTS-TSLX-033、HT-HTS-NW-GJD-018、HT-HTS-YLKSZ-003;HT-HTX-YSL-MAWT-021;HT-MY-SYBG-006;HT-PS-KLY-019;HT-LPX-AQKX-001;HT-MF-CQ-021;HT-YT-MGLZ-020;HT-CL-CLX-001等96份。

形态特征:落叶阔叶乔木,树冠塔形或圆柱形。嫩枝常被白绒毛。长枝叶阔三角形或阔卵形,

边缘具不规则粗齿牙，表面无毛或局部被毛，背面被白绒毛；短枝叶较小，近革质，初时背面被白绒毛，以后无毛，广椭圆形，基部常平截，边缘有粗齿。花期4~5月，果期5月。

生态习性：速生，喜光，耐寒，耐干旱瘠薄及盐碱土，抗风力强，抗病虫性好，具有一定的防尘防噪作用，对有毒气体有抗性。

栽培地点与数量：各地多以绿化及防护林形式呈带状分布。和田市：各乡镇、街道均有种植；和田县：伊斯拉木阿瓦提乡，塔瓦库勒乡，拉依喀乡，罕艾日克镇，罕艾日克镇，喀什塔什乡，朗如乡；墨玉县：萨依巴格乡，托呼拉乡，吐外特乡，乌尔其乡，玉北开发区，雅瓦乡，玉西开发区，英也尔乡，扎瓦镇，阿克萨拉依乡，加汗巴格乡，喀尔赛镇，阔其乡，喀瓦克乡，奎牙镇，芒来乡，墨玉镇，普恰克其乡；皮山县：克里阳乡，皮西那乡，巴什兰干乡，杜瓦镇，乔达乡，科克铁热克乡，桑株乡，木奎拉乡，阔什塔格镇，皮亚勒玛乡；洛浦县：阿其克乡，拜什托格拉克乡，多鲁乡核桃基地，洛浦镇，纳瓦乡大院，恰尔巴格乡防护林，杭桂乡，县城青年公园；民丰县：县城索达西路，尼雅乡，安迪尔牧场，安迪尔乡，若克雅乡，尼雅镇兰帕西路，叶亦克乡，叶亦克乡，喀萨勒吾则克乡；于田县：叶亦克乡，加依乡，阿日希乡，兰干博仔亚农场，希吾勒乡，昆仑羊场，拉伊苏农场，阿热勒乡，喀拉克尔乡，喀孜纳克开发区，托格日喀孜乡，先拜巴扎镇，斯也克乡，兰干乡，英巴格乡，阿羌乡，阿羌乡，于田大芸种植基地；策勒县：策勒乡，策勒乡，策勒镇，固拉哈马，达玛沟，博斯坦乡，努尔乡，恰哈乡。

繁育方式：扦插繁殖。

栽培应用现状：道路、农田防护林。

应用推广前景：造林绿化，用材，工业原料。

小叶杨 *Populus simonii* Carr.

种质编号：HT-MY-ML-011；HT-PS-MJ-027；HT-YT-ARLX-032、HT-YT-XBBZZ-040、HT-YT-YBGX-008、HT-YT-GYMP-092、HT-YT-AQX-048、HT-YT-AYTGLKX-069；HT-CL-CLX-110、HT-CL-BSTX-051等12份。

种质类型及来源：栽培种。

形态特征：落叶阔叶乔木，高达20m。芽细长。叶菱状卵形、菱状椭圆形或菱状卵形，长3~12cm，宽2~8cm，中部以上较宽，先端突急尖或渐尖，基部楔形、宽楔形或窄圆形，边缘平整，细锯齿，无毛，表面淡绿色，背面灰绿色或微白，无毛。花期3~5月，果期4~6月。

生态习性：喜光树种，不耐荫蔽，适应性强，对气候和土壤要求不严，耐旱，抗寒，耐瘠薄或弱碱性土壤。

栽培地点与数量：墨玉县芒来乡喀亚什村（片状分布）；皮山县（零星）：木吉镇汗吐格村，桑株乡；于田县（少量）：阿热勒乡，先拜巴扎镇，英巴格乡，柯克亚乡巴什艾格来村248号，阿羌乡，于田大芸种植基地；策勒县（零星）：策勒乡，博斯坦乡。

繁育方式：扦插繁殖。

栽培应用现状：绿化及行道用树种。

开发利用前景：药用，用材，防护林。

加杨 加拿大杨 *Populus canadensis* Moench

种质编号：HT-PS-SZ-048；HT-LPX-HGX-048；HT-MF-NYX-050、HT-MF-NYX-053。

种质类型及来源：栽培种。林木良种：新S-SC-PC-005-2004。

形态特征：落叶阔叶大乔木，高30m。干直，树皮粗厚，深沟裂。萌枝及苗茎棱角明显。芽大，先端反曲，初为绿色，后变为褐绿色，富黏质。叶三角形或三角状卵形，长枝和萌枝叶较大，长10~20cm，一般长大于宽。叶柄侧扁而长，带红色（苗期特明显）。花期4月，果期5~6月。

生态习性：阳性，速生，喜温暖湿润气候，耐瘠薄及微碱性土壤；喜肥沃、深厚的沙质土，对杨树褐斑病和硫化物具有很强的抗性。

栽培地点与数量：皮山县桑株乡（零星）；洛浦县杭桂乡巴格基村防护林（片分）；民丰县尼雅乡尕孜路（片分）。

繁育方式：扦插繁殖。

栽培应用现状：道路防风林，园林绿化。

开发利用前景：经济用材。

青杨 *Populus cathayana* Rehd.

种质编号：HT-CL-WLKSYX-030。

种质类型及来源：栽培种。

形态特征：落叶阔叶乔木，树冠阔卵形；树皮光滑，灰褐色，老时暗灰色，沟裂。枝圆柱形，有时具角棱，无毛。短枝叶卵形、椭圆状卵形、椭圆形或狭卵形，最宽处在中部以下，边缘具钝圆锯齿，表面亮绿色，背面淡绿白色，无毛；叶柄圆柱形，无毛；长枝或萌枝叶较大，卵状长圆形，基部常微心形。花期3~5月，果期5~7月。

生态习性：喜光，喜温凉湿润，较耐寒，不耐盐碱，稍耐阴，耐旱，不耐水淹。

栽培地点与数量：策勒县乌鲁克萨依乡巴干村101~1000株。

繁育方式：扦插繁殖。

栽培应用现状：防风固沙。

开发利用前景：造林绿化，经济用材。

中华红叶杨 *Populus deltoids* 'Zhonghuahongye'

种质编号：HT-HTS-GJBGX-055；HT-HTX-SGZKL-009；HT-MY-KES-011、HT-MY-KWK-004、HT-MY-MYZ-021；HT-PS-SZ-002、HT-PS-GM-008、HT-PS-MKL-001、HT-PS-PXN-009；HT-LPX-BSTGLKX-044等18份。

种质类型及来源：栽培品种。种源：山西省。

形态特征：落叶阔叶乔木。叶片、叶柄、叶脉、苗及枝干均为鲜亮的玫瑰红色，叶色三季四变；发芽早，落叶晚；雄性。

生态习性：耐旱涝，抗寒，耐冻，抗性强，速生。

栽培地点与数量：和田市和田县英阿瓦提乡卫生院（少量）；和田县色格孜库勒乡中心小学（少量）；皮山县火车站前广场（少量）；墨玉县（零星）：喀尔赛镇台吐尔库勒村，喀瓦克乡，墨玉镇大巴扎路；皮山县：桑株乡乡政府101~1000株，县火车站前广场101~1000株，木奎拉乡乡政府11~50株，皮西那乡乡政府101~1000株，皮西那乡布拉克贝希村101~1000株，巴什兰干乡巴什兰干村101~1000株；洛浦县（少量）：拜什托格拉克乡街道旁，恰尔巴格乡。

繁育方式：扦插、埋条繁殖。

栽培应用现状：园林绿化，观赏。

开发利用前景：防护林，经济用材。

（二）柳属 *Salix* L.

白柳 *Salix alba* L.

种质编号：HT-PS-MJ-026、HT-PS-MJ-039；HT-LPX-LPXC-019；HT-YT-LYSNC-047。

种质类型及来源：野生驯化种。

形态特征：落叶阔叶乔木。树冠开展；树皮暗灰色，深纵裂。幼枝有银白色绒毛，老枝无毛，淡褐色。芽贴生，急尖。叶披针形、线状披针形、阔披针形、倒披针形或倒卵状披针形，先端渐尖或长渐尖，叶两面有银白色绢毛，成叶表面常无毛，背面稍有绒毛或近无毛，侧脉12~15对，成30°~45°角开展，边缘有细锯齿；叶柄0.2~1cm，有白色绢毛；托叶披针形，有伏毛，边缘有腺点，早脱落。花4~5月，果期5月。

生态习性：喜光，抗寒，耐轻度盐碱，喜深厚肥沃的土壤。

栽培地点与数量：皮山县（零星）：木吉镇，木吉镇；洛浦县县城青年公园（零星）；于田县拉伊苏农场（零星）。

繁育方式：扦插繁殖。

栽培应用现状：园林绿化，用材。

开发利用前景：防护造林，蜜源，用材，药用，编织（枝条）。

旱柳 *Salix matshudana* Koidz

种质编号：HT-HTS-YLQX-002、HT-HTS-TSLX-048；HT-HTX-LYK-022；HT-MY-KQ-004、HT-MY-KWK-013；HT-LPX-AQKX-006；HT-MF-CQ-001；HT-YT-CQ-006、HT-YT-MGLZ-022、HT-YT-MGLZ-025；HT-CL-CLX-038等73份。

种质类型及来源：栽培种。

形态特征：树冠广圆形；枝细长，直立或斜展。花期4月，果期4~5月。

生态习性：喜光，耐寒，稍耐盐碱，耐旱，耐水湿，速生。

栽培地点与数量：和田市（零星）：伊里其乡，吐沙拉乡，纳瓦格街道玉石广场，玉龙喀什镇阿鲁博依村道路，阿克恰勒乡，肖尔巴格乡，北京和田工业

园区关怀大道，拉斯奎镇，古勒巴格街道阿恰西路（处分），奴尔瓦克街道塔乃依北路；和田县拉依喀乡（零星）；墨玉县（少量）：阔其乡，喀瓦克乡，奎牙镇，托呼拉乡，乌尔其乡，玉北开发区，阿克萨拉依乡其娜尔民俗风情园，芒来乡，萨依巴格乡，雅瓦乡，英也尔乡，扎瓦镇百合提路，喀尔赛镇，加汗巴格乡；洛浦县（少量）：洛浦镇，阿其克乡，拜什托格拉克乡，纳瓦乡，乡鲁乡，杭桂乡；民丰县（片分）：县城街道，安迪尔牧场，尼雅镇兰帕西路，叶亦克乡，喀萨勒吾则克乡；于田县（片分）：兰干博孜亚农场，希吾勒乡，昆仑羊场，县城浙江大酒店院内，木尕拉镇幸福东路，加依乡确及其拉村，阿日希乡人民政府，拉伊苏农场，阿热勒乡也台巴什村055号，喀拉克尔乡，喀孜纳克开发区，托格日喀孜乡，托格日尕孜乡土万空巴格村，先拜巴扎镇，斯也克乡可可买提205号，兰干乡，英巴格乡，柯克亚乡，阿羌乡；策勒县（零星）：策勒乡，策勒镇，固拉哈玛乡卫生院，县城，达玛沟乡，博斯坦乡，努尔乡，乌鲁克萨依乡巴干村，恰哈乡。

繁育方式：扦插繁殖。

栽培应用现状：行道绿化，防护林，庭园绿化。

开发利用前景：药用，蜜源，用材，纤维，工业原料，薪材。

馒头柳 *Salix matshudana* f. *umbraculifera* Rehd.

种质编号：HT-HTS-YLQX-003；HT-HTX-LR-013；HT-MY-ZW-066；HT-PS-ZG-042、HT-PS-PYLM-008；HT-LPX-AQKX-0265；HT-MF-CQ-018；HT-MF-SLWZKX-003；HT-YT-CQ-018；HT-CL-CLX-004等89份。

种质类型及来源：栽培变型。

形态特征：落叶阔叶灌木，树冠半圆形，状如馒头，似修剪过，规则独特。叶披针形，小枝向上。花期4月，果期4~5月。

生态习性：阳性，喜温凉气候，耐污染，速生，耐寒，耐湿，耐旱耐水湿。

栽培地点与数量：和田市（少量）：伊里其乡，吐沙拉乡，纳瓦格街道台北东路，玉龙喀什镇，阿克恰勒乡，肖尔巴格乡，古江巴格街道，北京和田工业园区阳光沙漠有限公司内部，拉斯奎镇，吉亚乡，古勒巴格街道迎宾路南，奴尔瓦克街道；和田县（少量）：吾宗肖乡，伊斯拉木阿瓦提乡，英阿瓦提乡卫生院，色格孜库勒乡，拉依喀乡，罕艾日克镇，喀什塔什乡检查站，朗如乡；皮山县（少量）：藏桂乡，皮亚勒玛乡，皮西那乡，巴什兰干乡，杜瓦镇，乔达乡，科克铁热克乡，木吉镇，木奎拉乡，桑株乡；墨玉县（少量）：农业园区，喀尔赛镇，阔其乡，喀瓦克乡，奎牙镇，芒来乡，喀日克萨依巴格村，托呼拉乡，吐外特乡，乌尔其乡，雅瓦乡，墨玉镇，普恰克其乡，玉北开发区，英也尔乡，阿克萨拉依乡其娜尔民俗风情园，阿克萨拉依乡，加汗巴格乡；洛浦县：阿其克乡比来勒克村1~10株，拜什托格拉克乡大院（片分），布亚乡，多鲁乡塔瓦尔尕孜家（片分），洛浦镇（片分），纳瓦乡路旁10~50株，恰尔巴格乡道路林（片分），山普鲁镇手工艺合作社（片分），杭桂乡巴格基村街道（片分），洛浦县青年公园1~10株；民丰县：县城街道索达西路（片分），安迪尔牧场（片分），安迪尔乡（片分），若克雅乡且西木巴扎路（片分），叶亦克乡阿依塔村1株，萨勒吾则克乡（片分）；于田县：县城昆仑广场，木尕拉镇幸福东路，加依乡，阿日希乡，兰干博仔亚农场，希吾勒乡人民政府院（片分），昆仑羊场（片分），拉伊苏农场，阿热勒乡，喀拉克尔乡（片分），托格日尕孜乡，先拜巴扎镇，斯也克乡，兰干乡，英巴格乡，阿羌乡，于田大芸种植基地；策勒县（零星）：策勒乡，固拉哈马乡，县城色日克西路，达玛沟乡，博斯坦乡0.067hm^2，努尔乡，乌鲁克萨依乡，恰哈乡。

繁育方式：扦插、嫁接繁殖。

栽培应用现状:园林观赏,造林绿化。

开发利用前景:防护,药用,蜜源,编织(枝条)。

垂柳 *Salix babylonica* L.

种质编号:HT-HTS-YLQX-016;HT-HTX-YAWT-025;HT-MY-KQ-042、HT-MY-SYBG-049;HT-PS-MJ-002、HT-PS-GM-009;HT-LPX-SPLZ-032;HT-MF-CQ-017;HT-YT-CQ-004;HT-CL-CQ-017等32份。

种质类型及来源:栽培种。

形态特征:落叶阔叶乔木。树冠开展。小枝细,下垂。花期3月下旬至4月中旬;果期4~5月。

生态习性:喜光,喜温暖湿润气候及潮湿深厚土壤,较耐寒,喜水湿,也能分布于干旱处。

栽培地点与数量:和田市(少量,散生):伊里其乡,纳瓦格街道玉石广场,北京和田工业园区广场,拉斯奎镇,奴尔瓦克街道玉泉湖公园(片分);和田县(零星):英阿瓦提乡卫生院,朗如乡,拉伊苏农场;墨玉县(零星):阔其乡,萨依巴格乡,托呼拉乡,乌尔其乡,雅瓦乡,扎瓦镇;皮山县(少量,散生):木吉镇政府院内,火车站前广场,皮西那乡,皮西那乡,杜瓦镇;洛浦县山普鲁镇手工艺合作社;民丰县(片分):县城街道,安迪尔牧场,若克雅乡,叶亦克乡;于田县:县城浙江大酒店院内(片分),木尕拉镇幸福东路,阿日希乡人民政府内,托格日尕孜乡;策勒县(零星):县城色日克西,达玛沟乡,努尔乡,恰哈乡。

繁育方式:扦插繁殖。

栽培应用现状:园林绿化。

开发利用前景:观赏,防护,工业原料。

龙爪柳 *Salix matshudana* var. *tortuosa* (Vilm.) Rehd.

种质编号:HT-HTS-YLKSZ-039;HT-HTX-YSLMAWT-014;HT-MY-ML-008;HT-PS-MKL-046;HT-LPX-NWX-060;HT-MF-CQ-049、HT-MF-YYKX-027;HT-YT-YBGX-012;HT-CL-GL-hm2X-048、HT-CL-DMGX-042等31份。

种质类型及来源:栽培变种。

形态特征:枝不规则扭曲,全叶呈波状弯曲。

生态习性:喜光,耐寒,耐水湿地,较耐旱,在湿润而排水良好土壤上生长最好。

栽培地点与数量:和田市:玉龙喀什镇英阿瓦提村道路旁(片分),肖尔巴格乡阿克达艺园,吉亚乡团结新村,古勒巴格街道首邦花园小区后三地零星;和田县(零星):伊斯拉木阿瓦提乡,罕艾日克镇,朗如乡;墨玉县(少量):芒来乡,吐外特乡,乌尔其乡,阿克萨拉依乡,阔其乡,奎牙镇;皮山县木奎拉乡麻扎墩村(零星);洛浦县纳瓦乡(零星);民丰县:县城广场(片分),叶亦克乡(零星);于田县:昆仑羊场(片分),县城健康路,木尕拉镇齐勒太科路,加依乡库什塔勒村,拉伊苏农场,英巴格乡后几地零星;策勒县(零星):达玛沟乡(片分),固拉哈玛乡,博斯坦乡及恰哈乡。

繁育方式:嫁接繁殖。

栽培应用现状:园林观赏,造林绿化。

开发利用前景:药用,蜜源,工业原料。

金丝柳 金丝垂柳 *Salix × aureo-pendula* CL.

种质编号：HT-HTS-GLBGJD-047；HT-MY-YYE-047、HT-MY-ZW-138；HT-PS-MKL-041；HT-LPX-LPXC-013；HT-YT-AYTGLKX-063；HT-CL-GLhm2X-049、HT-CL-CQ-001、HT-CL-BSTX-011、HT-CL-NRX-045等25份。

种质类型及来源：栽培杂交品种。

形态特征：小枝细长下垂，颜色鲜艳(生长季节呈黄绿色，休眠季节呈金黄色)。

生态习性：喜光，耐寒，耐水湿地，较耐旱，抗病性强，春季无不飞絮，不耐阴，生长迅速。

栽培地点与数量：和田市(少量)：伊里其乡，古勒巴格街道；墨玉县(零星)：乌尔其乡，墨玉镇(大巴扎路、银河南路、火车站路)，吐外特乡，玉北开发区，萨依巴格乡，英也尔乡，扎瓦镇；皮山县木奎拉乡(零星)；洛浦县(零星)：洛浦镇，县城青年公园；于田县(零星)：喀孜纳克开发区，先拜巴扎镇，兰干乡，英巴格乡，于田大芸种植基地；策勒县(零星)：固拉哈玛乡，策勒县城，博斯坦乡，努尔乡，乌鲁克萨依乡。

繁育方式：嫁接繁殖。

栽培应用现状：园林绿化。

开发利用前景：园林观赏，防护林，药用，蜜源。

吐兰柳 土伦柳 *Salix turanica* Nas.

种质编号：HT-HTS-00-001。

种质类型及来源：驯化野生种；原产北疆荒漠河谷沿岸。

形态特征：落叶大灌木，高2~3m。小枝淡黄褐色，密被灰白色绒毛。叶宽披针形。长圆形或卵圆状长圆形，下部较宽，上面污绿或灰绿色，被密绒毛或疏毛，下面有暗银白色绢毛，边缘内卷，全缘或微波状，叶脉褐色，成钝角开展；叶柄长2~5mm，有密绒毛。花期4月，果期5月。

生态习性：适应性强。

栽培地点与数量：和田市。

繁育方式：根蘖繁殖。

栽培应用现状：防护林。

开发利用前景：观赏，饲料，蜜源，工业原料。

竹柳 美国竹柳 *Salix* ‘Zhuliu’

种质编号：HT-HTS-JYX-041；HT-MY-YYE-006、HT-MY-AKSLY-083；HT-PS-MJ-007、HT-PS-GM-012。

种质类型及来源：栽培品种；从美国寒柳、朝鲜柳和筐柳组合杂交中选育而成；种源地：美国加州。

形态特征：落叶阔叶乔木。树皮幼时绿色，光滑。顶端优势明显，腋芽萌发力强，分枝较早，侧枝与主干夹角30°~45°。树冠塔形，分枝均匀。叶披针形，单叶互生，叶片长达15~22cm，宽3.5~6.2cm，先端长渐尖，基部楔形，边缘有明显的细锯齿，叶片正面绿色，背面灰白色，叶柄微红、较短。

生态习性：喜光，耐低温，喜水湿，不耐干旱，对土壤要求不严，但以肥沃、疏松，潮湿土壤最为适宜。

栽培地点与数量：和田市吉亚乡吉勒格艾力克村道路旁>1000株；墨玉县(零星)：英也尔乡，阿克萨拉依乡其娜尔民俗风情园；皮山县(零星)：木吉镇,火车站前广场。

繁育方式:扦插或嫁接繁殖。

栽培应用现状:园林观赏,城镇绿化。

开发利用前景:防护,工业原料,饲用。

四、核桃科 Juglandaceae

核桃属 *Juglans* L.:和田市6032.26hm²;和田县10 269.39hm²(古树为主);墨玉县11 022.13hm²;皮山县9 166.45hm²;洛浦县18 440.00hm²;民丰县1475.04hm²(以温185、扎343为主);于田县4394.36hm²;策勒县9728.7hm²。

繁育方式:嫁接繁殖。

栽培应用现状:乡村果园种植以食用为主,少量市镇绿化。

开发利用前景:经济果木,木本油料,药用,用材,蜜源,防护。

薄皮核桃 *Juglans regia* L.

种质编号:HT-MF-NYX-014;HT-CL-CLX-100、HT-CL-CLX-111、HT-CL-CLZ-031。

种质类型及来源:栽培品种。

形态特征:果实皮薄如纸,用手就能把核桃壳捏碎,许多人又叫它"纸皮核桃"。成熟期早,口味好,含油量高,经济价值比老品种核桃高出2~3倍。木质坚硬。

生态习性:喜光,喜肥沃湿润沙质土壤。对环境条件要求不严。

栽培地点与数量:民丰县尼雅乡托皮村(片分);策勒县(零星):沙漠研究站,司马义·艾买提故居,策勒镇1株。

'温185'核桃 *Juglans regia* 'Wen 185'

种质编号:HT-HTS-LSKZ-029;HT-HTX-LR-004、HT-HTX-LYK-030;HT-MY-ZW-144;HT-PS-QD-025;HT-LPX-SPLZ-021;HT-YT-KLKRX-068、HT-YT-TGRGZX-063、HT-YT-ARLX-035、HT-YT-AYTGLKX-082等22份。

种质类型及来源:栽培品种;在新疆温宿县选育;林木良种(新S-SV-JR-004-1995)。

形态特征:果稍大,椭圆形,壳稍厚,壳面较光滑，色浅，内褶壁较发达，横膈膜革质，易取整仁，果仁充实饱满，色浅、味香甜，产量上等，仁黄褐色，品质较优良。壳面粗糙。4月中下旬开花，果实9月中旬成熟。

生态习性：抗逆性强，较耐干旱，抗寒性强。对环境条件要求不严。

栽培地点与数量：和田市：伊里其乡，吐沙拉乡，玉龙喀什镇，肖尔巴格乡，拉斯奎镇；和田县：英艾日克乡，朗如乡，罕艾日克镇，拉依喀乡铁路援建核桃精品园；墨玉县：喀尔赛镇，吐外特乡，扎瓦镇，加汗巴格乡，芒来乡核桃园，扎瓦镇；皮山县：藏桂乡，杜瓦镇，乔达乡；洛浦县山普鲁镇培训地(零星)；于田县：喀拉克尔乡，托格日尕孜乡，阿热勒乡，奥依托格拉克乡。

'扎343'核桃 *Juglans regia* 'Zha 343'

种质编号：HT-HTS-JYX-016；HT-HTX-YARK-003；HT-MY-ZW-139；HT-PS-PXN-001、HT-PS-MJ-047；HT-LPX-LPZ-072、HT-LPX-NWX-018、HT-LPX-SPLZ-063、HT-LPX-QEBGX-003、HT-LPX-LPXC-009等27份。

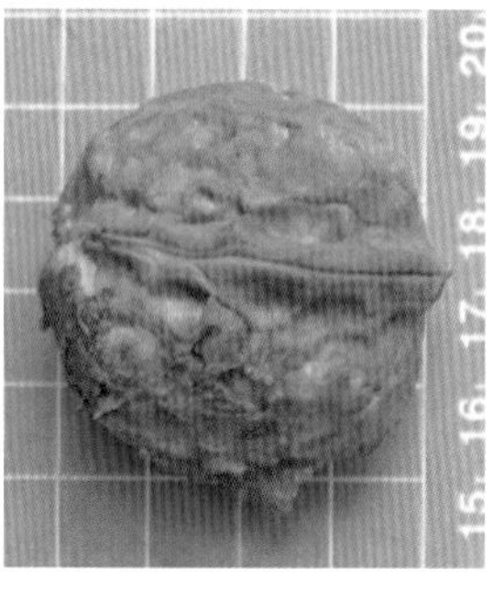

种质类型及来源：栽培品种；在新疆温宿县选育；林木良种(新S-SV-JR-005-1995)。

形态特征：果实椭圆形，直径约5cm，灰绿色。幼时具腺毛，老时无毛，内部坚果球形，黄褐色，表面有不规则槽纹。

生态习性：长势旺，适应性强。

栽培地点与数量(片分)：和田市：古江巴克乡，伊里其乡，吐沙拉乡，肖尔巴格乡，拉斯奎镇，吉亚乡吉勒格艾力克村私人苗圃2园外路旁(少量)；和田县：英艾日克乡，罕艾日克镇，拉依喀乡铁路援建核桃精品园；墨玉县：墨玉镇，吐外特乡，芒来乡核桃园，扎瓦镇英吾斯塘村核桃片林；皮山县：皮西那乡，皮西那乡，皮西那乡，杜瓦镇，乔达乡，阔什塔格镇，木奎拉乡，木吉镇；洛浦县：拜什托格拉克乡，洛浦镇艾尔肯·吉力力农庄，纳瓦乡，山普鲁镇，恰尔巴格乡，洛浦县城青年公园(少量)。

'新丰'核桃 *Juglans regia* 'Xinfeng'

种质编号：HT-HTS-JYX-003；HT-HTX-HARK-002；HT-MY-MYZ-017；HT-PS-ZG-029、HT-PS-MJ-048；HT-LPX-LPZ-073、HT-LPX-NWX-001、HT-LPX-SPLZ-064、HT-LPX-QEBGX-002、HT-LPX-HGX-002等25份。

种质类型及来源：选育品种；在阿克苏市选育；林木良种：新S-SV-JR-002-1995。

形态特征：坚果长圆形，果基平，顶部有尖，壳面较光滑，缝线突出，结合紧密。

生态习性：长势旺盛，适应性强。

栽培地点与数量(片分)：和田市：古江巴克乡，伊里其乡，肖尔巴格乡，拉斯奎镇，吉亚乡；和田县：英阿瓦提乡，拉依喀乡林业站，罕艾日克镇；墨玉县：墨玉镇，芒来乡核桃园，扎瓦镇，芒来乡核桃园；皮山县：藏桂乡，皮西那乡，乔达乡，科克铁热克乡，木奎拉乡，皮亚勒玛乡，木吉镇，固玛镇；洛浦县：洛尔肯·吉力力农庄，纳瓦乡，山普鲁镇，恰尔巴格乡，杭桂乡(零星)，县城街道(零星)。

'新丰2号'核桃 *Juglans regia* 'Xinfeng 2'

种质编号：HT-PS-ZG-032、HT-PS-QD-023、HT-PS-KKTRK-020。

种质类型及来源：栽培品种。

形态特征：坚果椭圆形，单重11g，壳面较光滑，色浅。

生态习性：长势旺盛，适应性强。

栽培地点与数量：皮山县：藏桂乡兰干村1.67hm²，乔达乡阿亚格乔达村1~10株，科克铁热克乡英坎特村1~10株。

'新新2号'核桃 *Juglans regia* 'Xinxin 2'

种质编号：HT-HTS-XEBGC-037；HT-MY-KES-001、HT-MY-TWT-004；HT-MY-JHBG-015、HT-MY-ML-020；HT-PS-MKL-015；HT-LPX-LPZ-026、HT-LPX-NWX-010、HT-LPX-QEBGX-004；HT-YT-ARLX-036等12份。

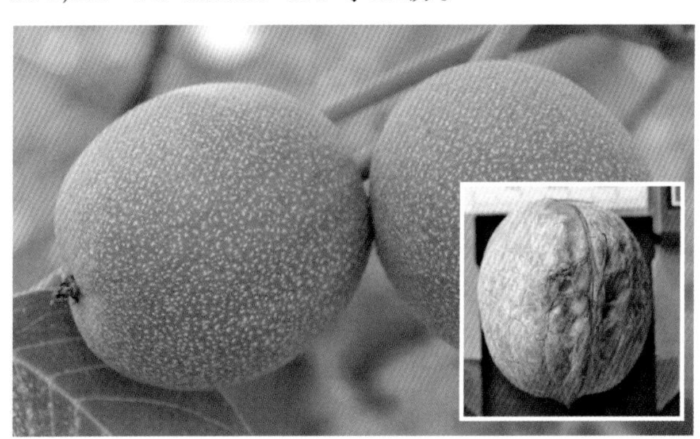

种质类型及来源：选育品种；林木良种：新S-SV-JR-038-2004；原产地：新疆新和县。

形态特征：坚果卵圆形，果基圆，果顶部小而圆，壳面光滑，缝合线平。

生态习性：长势旺，适应性强。

栽培地点与数量：和田市：拉斯奎镇，肖尔巴格乡；墨玉县：喀尔赛镇，吐外特乡，扎瓦镇，加汗巴格乡，芒来乡核桃园，国家农业科技园；皮山县木奎拉乡；洛浦县：洛浦镇，纳瓦乡，恰尔巴格乡巴格其村私人果园；于田县阿热勒乡。

上游9号核桃 *Juglans regia* 'Shangyou 9'

种质编号：HT-HTS-YLKSZ-001、HT-HTS-LSKZ-032。

种质类型及来源：栽培品种。

形态特征：树皮幼时灰绿色。花期5月，果实9月成熟。

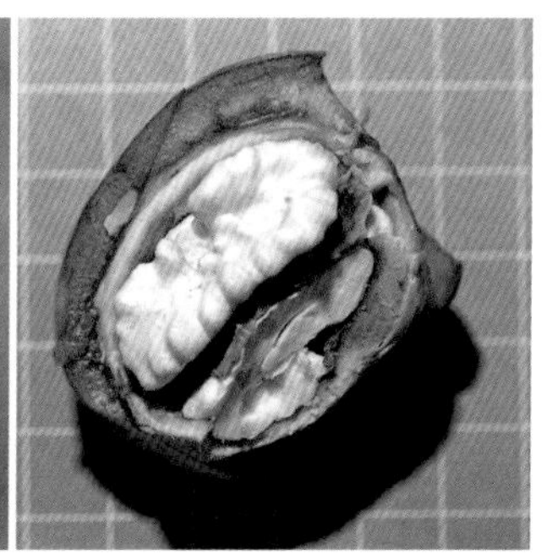

生态习性：喜光，耐寒，抗旱、抗病能力强。

栽培地点与数量：和田市（片分）：玉龙喀什镇巴什依格子艾日克村，拉斯奎镇阿克达斯农户。

美国黑核桃 *Juglans nigra* L.

种质编号：HT-LPX-NWX-076。

种质类型及来源：栽培种。原产地：美国和墨西哥。

形态特征：树姿直立，树势强。

栽培地点与数量：洛浦县纳瓦乡奴依木家1~10株。

五、桦木科 Betulaceae

疣枝桦 白桦 垂枝桦 *Betula pendula* Roth.

桦木属 *Betula* L.

种质编号：HT-HTX-00-024；HT-MY-MYZ-

038。

种质类型及来源：驯化野生种；林木良种（新-S-SV-BP-015-2013）。

形态特征：落叶阔叶乔木，高达25m。树皮白色，薄片剥落。芽无毛，含树脂。老枝枝条细长下垂，红褐色，皮孔显著；小枝被树脂点。叶菱状卵形、三角状卵形，无毛，下面有树脂点；叶柄无毛。果序圆柱形，长2~4cm，径达1cm，果序柄长1~2cm；果苞长约5mm，中裂片三角状或条形，先端钝，侧裂片长圆形，下弯，较中裂片稍长或近等长。小坚果倒卵形，翅较果宽1倍。花期4月上旬至5月上旬，果期7月。

生态习性：喜光，耐寒，喜湿润土壤。

栽培地点与数量：和田县43.77hm²；墨玉镇其乃巴格南路309号（零星）。

繁育方式：播种繁殖。

栽培应用现状：园林观赏。

开发利用前景：园林绿化，染料，饲料，燃料，植化原料，用材。

六、榛科 Corylaceae

榛子 *Corylus heterophylla* Fisch.

榛属 *Corylus* L.

种质编号：HT-PS-DWZ-013、HT-PS-KLY-009。

种质类型及来源：栽培品种。

形态特征：灌木或小乔木，高1~7m；树皮灰色；枝条暗灰色，无毛，小枝黄褐色，密被短柔毛兼被疏生的长柔毛，无或多少具刺状腺体。叶的轮廓为矩圆形或宽倒卵形。果苞钟状，外面具细条棱，密被短柔毛兼有疏生的长柔毛，密生刺状腺体，坚果近球形。

生态习性：耐寒，喜湿润的气候。

栽培地点与数量：皮山县：杜瓦镇0.2hm²，克里阳乡尤勒滚加依村6队4hm²。

繁育方式：播种繁殖。

栽培应用现状：经济植物。

开发利用前景：食用，榨油，药用。

七、壳斗科 Fagaceae

夏橡 夏栎 *Quercus robur* L.

栎属 *Quercus* L.

种质编号：HT-HTS-NWGJD-029；HT-MY-MYZ-032；HT-MF-CQ-024。

种质类型及来源：栽培种；林木良种（新S-SV-QR-016-2013）。

形态特征：落叶阔叶乔木，树形美观，嫩枝无毛，红褐色；芽卵形或近球形；小枝被灰色长圆形皮孔。叶倒卵形或倒卵状长椭圆形，先端钝圆，基部近耳状。果序细，具果2~4枚；壳斗钟形，灰黄色。坚果卵圆形或椭圆形，光滑。花期5月中旬，果期9至10月。

生态习性：干形直，寿命长，材质优，喜光，极耐寒，喜深厚、湿润而排水良好的土壤。

栽培地点与数量：和田市纳瓦格街道玉石广场（零星）；墨玉镇其乃巴格南路309号；民丰县城街道兰帕东路（片林）。

繁育方式：播种繁殖，嫁接繁殖。

栽培应用现状：园林观赏。

开发利用前景：用材，食用，药用，染料，饲料。

八、榆科 Ulmaceae

欧洲大叶榆 新疆大叶榆 *Ulmus laevis* Pall.

榆属 *Ulmus* L.

种质编号：HT-MY-KY-005；HT-PS-PXN-011；HT-MF-CQ-002、HT-MF-CQ-048；HT-YT-CQ-014、HT-YT-ARXX-006、HT-YT-XBBZZ-028、HT-YT-SYKX-004；HT-CL-CQ-020。

种质类型及来源：栽培种。

形态特征：落叶阔叶乔木，高达30m；树冠半球形。叶大，卵圆形或倒卵圆形，长6~12cm，宽3~6cm，先端渐尖，基部心形，甚偏斜，边缘具重锯齿，上面光滑，暗绿色。

生态习性：喜分布于土壤深厚、湿润、疏松的沙壤土或壤土上，适应性强，抗病虫能力强，抗寒、抗旱、抗高温。

栽培地点与数量：墨玉县奎牙镇（片分）；皮山县皮西那乡（片分）；民丰县城街道（片分）；于田县：县城昆仑广场（片分），阿日希乡人民政府（片分），先拜巴扎镇（零星），斯也克乡（零星）；策勒县城色日克西路（零星）。

繁育方式：嫁接繁殖。

栽培应用现状：城镇园林绿化。

开发利用前景：防护，用材，饲用。

圆冠榆 *Ulmus densa* Litv.

榆属 *Ulmus* L.

种质编号：HT-HTS-LSKZ-009、HT-HTS-JYX-022；HT-MY-ZW-065；HT-LPX-LPZ-036、HT-LPX-HGX-028、HT-LPX-LPXC-048；HT-YT-ARXX-010、HT-YT-AYTGLKX-036、HT-YT-SYKX-054；HT-CL-CQ-022等16份。

种质类型及来源：本地古老栽培种；林木良种（新S-ETS-ZJ-028-2015）。

形态特征：落叶阔叶乔木；树冠半球形，稠密。翅果长圆状倒卵形，基部楔形或圆形，无毛；小坚果居翅中部以上靠近顶端凹缺。花果期4~5月。

生态习性：喜光、耐寒、耐旱、抗高温，适合盐碱土壤生长。

栽培地点与数量：和田市（零星）：伊里其乡，玉龙喀什镇，肖尔巴格乡，古江巴格街道院前公路，北京和田工业园区广场，拉斯奎镇，吉亚乡；墨玉县农业园区（零星）；洛浦县：洛浦镇街道（片分），杭桂乡

(零星),县政府大院(零星);于田县(零星):阿日希乡,于田大芸种植基地,斯也克乡;策勒县(零星):县城色日克西路,博斯坦乡。

繁育方式:嫁接繁殖。

栽培应用现状:园林观赏,道路防护林。

开发利用前景:防护,绿化,用材。

裂叶榆 *Ulmus laciniata*(Trautv.)Mayr.

榆属 *Ulmus* L.

种质编号:HT-HTS-YLKSZ-016;HT-LPX-LPZ-045、HT-LPX-BSTGLKX-033、HT-LPX-QEB-GX-024;HT-CL-CQ-030。

种质类型及来源:栽培种;林木良种(新S-SC-UL-011-2014);原产地:辽宁省。

形态特征:落叶阔叶乔木。叶倒卵形或三角状倒卵形,长5~10cm,宽3~8cm,萌枝叶较大且宽,先端常3~5浅裂,裂片具长尾尖或渐尖,基部偏斜,边缘具重锯齿,上面密生硬毛,粗糙,下面被短柔毛;叶柄极短,被柔毛。花果期5~6月。

生态习性:耐干旱瘠薄。生长快,适生范围广。

栽培地点与数量:和田市玉龙喀什镇(零星);洛浦县:洛浦镇,拜什托格拉克乡,恰尔巴格乡;策勒县城色日克西路(零星)。

繁育方式:嫁接繁殖。

栽培应用现状:城镇园林绿化。

开发利用前景:防护,用材。

倒榆 垂榆 龙爪榆 *Ulmus pumila* var. *pendula* (Kirchn.) Rehd.

榆属 *Ulmus* L.

种质编号:HT-HTS-NRWKJD-008;HT-HTX-SGZKL-008;HT-MY-KY-045;HT-PS-KSTG-004、HT-PS-MKL-002;HT-LPX-LPZ-068、HT-LPX-NWX-019;HT-MF-CQ-017;HT-YT-CQ-015;HT-CL-NRX-043等31份。

种质类型及来源:栽培变种。

形态特征:落叶阔叶小乔木。树干上部的主干不明显,分枝较多,树冠伞形;一至三年生枝下垂而不卷曲或扭曲。枝细柔而下垂。花期3~5月,果期5~7月。

生态习性:喜光,抗旱,喜肥沃、湿润而排水良好的土壤,不耐水湿,但能耐干旱瘠薄和盐碱土壤,主根深,侧根发达,抗风,保土力强,萌芽力强,耐修剪。

栽培地点与数量:和田市(零星):伊里其乡阿特巴扎村花林基地,玉龙喀什镇,肖尔巴格乡,北京和田工业园区阳光沙漠有限公司内部,拉斯奎镇,吉亚乡,古勒巴格街道团结花园,奴尔瓦克街道;和田县(少量):吾宗肖乡,色格孜库勒乡;墨玉县(少量):阔其乡,卡拉喀什河道渠,托呼拉乡,奎牙镇;皮山县(少量):阔什塔格镇,木奎拉乡,杜瓦镇;洛浦县(少量):纳瓦乡,洛浦镇,恰尔巴格乡,洛浦县青年公园;民丰县(片分行道树):县城街道,安迪尔牧场,萨勒吾则克乡;于田县(零星):昆仑羊场(片分),县城昆仑广场,加依乡,斯也克乡,英巴格乡,奥依托格拉克乡;策勒县努尔乡(零星)。

繁育方式:枝接或芽接。

栽培应用现状:园林绿化。

开发利用前景:庭院观赏,公路、行道树绿化,饲用。

黄榆 大果榆 *Ulmus macrocarpa* Hance

榆属 *Ulmus* L.

种质编号:HT-PS-GM-036。

种质类型及来源:栽培种。

形态特征:落叶阔叶乔木。小枝常有两条规则木栓翅,稀具四条木栓翅,淡黄褐色,有毛。叶倒卵形或椭圆形,先端突短尖,基部不对称,边缘具重锯齿,两面粗糙,具短硬毛。翅果大,近卵形,有毛;果核位于翅果中部。

生态习性:喜光,耐寒,耐干旱瘠薄,稍耐盐碱。

栽培地点与数量:皮山县固玛镇县公园4~5株,海拔1339m,E78°16′,N37°37′。

繁育方式:种子繁殖,嫁接繁殖。

栽培应用现状:园林绿化。

开发利用前景:沙丘或荒山造林,道路两侧、村屯周围、庭院内绿化。

金叶榆 *Ulmus pumila* 'Jingyeyu'

榆属 *Ulmus* L.

种质编号:HT-MY-ZW-067;HT-PS-GM-002、HT-PS-QD-002;HT-LPX-BSTGLKX-030、HT-LPX-LPZ-039、HT-LPX-QEBGX-020、HT-LPX-LPXC-001;HT-YT-AYTGLKX-004。

种质类型及来源:选育品种;林木良种(新S-SC-UP-010-2014);原产地河北。

形态特征:落叶阔叶乔木,叶片金黄色,有自然光泽,色泽艳丽;叶脉清晰。枝条比普通白榆更密集,树冠更丰满,造型更丰富。

生态习性:抗逆性强,耐低温寒冷、耐干旱和高温气候,耐盐碱性强。

栽培地点与数量:墨玉县农业园区(零星);皮山县:火车站站前广场(片分),乔达乡乡政府(少量);洛浦县:拜什托格拉克乡街道(片分),洛浦镇政府旁街道(少量),恰尔巴格乡政府大院(零星),县城青年公园(零星);于田县奥依托格拉克乡。

繁育方式:枝接(高接、劈接、插皮接),芽接。

栽培应用现状:城镇园林绿化。

开发利用前景:沙地和盐碱土造林,干旱区城市园林绿化。

长枝榆 风尾榆 *Ulmus japonica* 'Changzhiyu'

榆属 *Ulmus* L.

种质编号:HT-MY-MYZ-001;HT-PS-GM-007;HT-LPX-LPXC-008。

种质类型及来源:栽培品种;原产欧洲。

形态特征:落叶阔叶乔木,是由白榆做砧木,嫁接而成的新疆特有树种。树冠浓绿开阔呈伞状。

树皮比其他榆品种细致光滑，成龄后呈条纹状纵裂。

生态习性：喜阳，耐寒，耐干旱，抗高温风沙。对土壤条件要求不严，适应能力强。但在立地条件较优越，深厚肥沃，水源充足的土壤中，生长格外迅速。深根性，寿命长，速生。

栽培地点与数量（少量）：墨玉镇喀塔尔路；皮山县火车站前广场；洛浦县城青年公园。

繁育方式：嫁接繁殖。

栽培应用现状：园林绿化。

开发利用前景：防护，绿化（返青早、翅果脱落集中；落叶早，时间短，污染小，抗病虫害强，病虫发生率低。可逐步普及为城市绿化优良树种）。

九、桑科 Moraceae

（一）无花果属 *Ficus* L.

无花果 奶浆果 *Ficus carica* L.

种质编号：HT-HTS-JYX-014；HT-HTX-YARK-006；HT-PS-GM-050；HT-LPX-LPXC-055；HT-YT-ARXX-032、HT-YT-ARLX-028、HT-YT-XBBZZ-053、HT-YT-SYKX-040、HT-YT-LGX-017、HT-YT-AYTGLKX-074等17份。

种质类型及来源：栽培种。原产阿拉伯南部，后传入叙利亚、土耳其等地。

形态特征：落叶阔叶乔木或灌木，高达12m，有乳汁。树叶浓绿、厚大，所开的花却很小，被枝叶掩盖，不容易被发现。成熟时果实是紫色，果肉软烂，味甜像柿子而没有核。夏季开花，秋季结果。

生态习性：喜光、喜肥，不耐寒，不抗涝，但较耐干旱。

栽培地点与数量：和田市：吐沙拉乡乡政府大院1~10株，玉龙喀什镇阿鲁博依村农院10~50株，肖尔巴格乡库杷格村农院内10~50株，吉亚乡吉勒格艾力克村私人苗圃50~100株；和田县：英艾日克乡巴什阔尕其村1~10株；皮山县：固玛镇英巴扎村村委会前1~10株；洛浦县：布亚乡买买提热依木农家院，纳瓦乡居来提农户，恰尔巴格乡恰尔巴格乡政府大院，杭桂乡巴格基村，县城街道旁均少量分布1~10株；于田县：阿日希乡阿日依村3320m²，阿热勒乡也台巴什村055号，先拜巴扎镇沙依村260号，斯也克乡阔克买提村554号，兰干乡，奥依托格拉克乡库勒艾日克村后五地均零星分布。

繁育方式：扦插繁殖。

栽培应用现状：园林观赏，经济果木。

开发利用前景：食用，药用，工业原料，防护。

（二）桑属 *Morus* L.

白桑 *Morus alba* L.

种质编号：HT-HTS-LSKZ-025、HT-HTS-JYX-028、HT-HTS-GLBGJD-022；HT-HTX-WZX-003；HT-MY-THL-021；HT-PS-SZ-043；HT-LPX-BYX-041；HT-MF-YYKX-036；HT-YT-AYTGLKX-030；HT-CL-QHX-010等69份。

种质类型及来源：选育栽培种；林木良种（新S-SV-MA-007-2014）。

形态特征：落叶阔叶乔木，高至15m。花单性，雌雄异株；雌花序长8~20mm，具4枚花被片，结果时变肉质，白色（桑椹），味甜而淡。花期4月下旬至5月上旬，果熟期5月下旬。

生态习性：喜光，对气候、土壤适应性都很强。耐寒，可耐-40℃的低温，耐旱，不耐水湿。也可在温暖湿润的环境生长。喜深厚疏松肥沃的土壤，能耐轻度盐碱(0.2%)。抗风，耐烟尘，抗有毒气体。根系发达，生长快，萌芽力强，耐修剪，寿命长，一般可达数百年，个别可达千年。

栽培地点与数量：和田市：古江巴克乡艾日克村道路，伊里其乡，吐沙拉乡，纳瓦格街道，阿克恰勒乡，肖尔巴格乡，北京和田工业园区广场，古江巴格街道，拉斯奎镇，吉亚乡，古勒巴格街道，零星栽培；和田县(零星)：吾宗肖乡，伊斯拉木阿瓦提乡，英阿瓦提乡，色格孜库勒乡，拉依喀乡墩吾斯坦村(片分)，罕艾日克镇(片分)，朗如乡；墨玉县404.04hm^2：托呼拉乡喀拉塔姆村；皮山县(少量)：藏桂乡，皮亚勒玛乡，皮西那乡，巴什兰干乡，杜瓦镇，乔达乡，阔什塔格镇，木奎拉乡，桑株乡，少量栽培；洛浦县9.77hm^2：洛浦镇，阿其克乡，拜什托格拉克乡，纳瓦乡，山普鲁镇培训地，多鲁乡，恰尔巴格乡，杭桂乡，县城青年公园；民丰县30.7hm^2：尼雅乡，安迪尔牧场，若克雅乡，尼雅镇1株，叶亦克乡1株，小片林或单株栽植；于田县5.79hm^2：木尕拉镇，木尕拉镇，阿日希乡，希吾勒乡，昆仑羊场，阿热勒乡，喀拉克尔乡，喀孜纳克开发区，托格日喀孜乡，先拜巴扎镇，兰干乡，英巴格乡，阿羌乡和奥依托格拉克乡零星栽培；策勒县(零星)：策勒乡，策勒镇，固拉哈玛乡卫生院，县城色日克西路，县城建成区，达玛沟乡，博斯坦乡、努尔乡，乌鲁克萨依乡和恰哈乡。

繁育方式：种子繁殖，嫁接繁殖。

栽培应用现状：经济果木，园林绿化。

开发利用前景：用材，饲蚕，食用，药用，经济，工业原料，蜜源植物。

黑桑 *Morus nigra* L.

种质编号：HT-HTS-YLKSZ-030、HT-HTS-TSLX-035、HT-HTS-XEBGC-039；HT-HTX-HARK-006；HT-MY-KY-011；HT-PS-SZ-028；HT-LPX-LPZ-021；HT-MF-NYX-001；HT-YT-LY-SNC-031；HT-CL-QHX-027等46份。

种质类型及来源：乡土栽培种。

形态特征：落叶阔叶小乔木，高至10m。聚花果卵圆形至长圆形，长2~2.5cm，成熟后暗红色。

生态习性：适应性强，喜光，耐湿，耐干旱，耐腐，耐轻盐碱。耐烟尘和有害气体。

栽培地点与数量：和田市(零星)：阿克恰勒乡古江巴格街道，北京和田工业园区阳光沙漠有限公司，拉斯奎镇，古勒巴格街道，纳瓦格街道，肖尔巴格乡，玉龙喀什镇，吐沙拉乡，肖尔巴格乡；和田县罕艾日克镇(片分)；墨玉县奎牙镇(零星)国家农业科技园；皮山县(少量)：桑株乡，藏桂乡，乔达乡，阔什塔格镇，巴什兰干乡；洛浦县(少量)：洛浦镇，阿其克乡，木纳墩村红枣基地，纳瓦乡，多鲁乡，恰尔巴格乡，杭桂乡，县政府大院；民丰县：安迪尔牧场(片分)，尼雅乡托皮村(少量)；于田县(零星)：兰干博仔亚农场乡，拉伊苏农场，阿热勒乡，喀拉克尔乡，托格日喀孜乡，先拜巴扎镇，斯也克乡，兰干乡，英巴格乡，阿羌乡，民丰县农业技术推广站(片分)，于田大芸种植基地；策勒县(零星)：固拉哈玛乡卫生院，县城色日克西路，博斯坦乡，努尔乡，乌鲁克萨依乡巴干村，恰哈乡。

繁育方式：播种繁殖。

栽培应用现状：经济果木，园林绿化。

开发利用前景：用材，饲蚕，食用，药用，园林观赏，植化原料。

鞑靼桑 *Morus alba* var. *tatarica* (L.) Ser.

种质编号：HT-MY-AKSLY-076、HT-MY-KQ-037、HT-MY-KY-006、HT-MY-PQKQ-027、HT-

MY-ZW-046。

种质类型及来源:乡土栽培变种。

形态特征:落叶阔叶小乔木,叶较小,长4~8cm,分裂或不裂,果实小,长约1cm,暗红色。

栽培地点与数量:墨玉县(零星):阔其乡阿亚克哈萨克村,阿克萨拉依乡阿热麻扎村,奎牙镇人民政府,普恰克其乡人民政府,扎瓦镇夏合勒克庄园。

繁育方式:嫁接繁殖。

栽培应用现状:经济果木,园林绿化。

开发利用前景:用材,饲蚕,食用,药用,园林观赏,植化原料。

十、蓼科 Polygonaceae

头状沙拐枣 *Calligonum caput-medusae* Schrenk

沙拐枣属 *Calligomim* L.

种质编号:HT-PS-QD-008;HT-MF-ADRX-009;HT-CL-CLX-041、HT-CL-CLZ-040。

种质类型及来源:引入栽培种;种源新疆吉木萨尔县;林木良种(新S-SV-CC-032-2010)。

形态特征:落枝灌木,高1~4m,自基部分枝。茎和木质老枝淡灰色或黄灰色。花被片紫红色,有淡色宽边,果期反折。果实近球形,径10~30mm,幼果黄绿色、红黄色或红色,熟果淡黄色、黄褐色或红褐色;瘦果椭圆形,扭转,肋突起;刺每肋2行,中下部或近基部2~3分叉,每叉又2~3次2~3分叉,末叉硬或较软,极密或较密,伸展交织,掩藏瘦果。花期4~5月,果期5~6月。

生态习性:根系发达,枝条茂密,萌蘖力强,抗干旱、抗寒、抗风蚀,耐沙埋,耐沙割,耐贫瘠土壤。

栽培地点与数量:皮山县2400.06hm²:乔达乡9村,1995年种植;民丰县安迪尔乡沙漠公路两边;策勒县策勒乡和策勒镇,共2hm²。

繁育方式:种子繁殖,扦插繁殖。

栽培应用现状:已广泛应用于防风固沙林营造中。

开发利用前景:生态防护林,沙地改良,蜜源,饲用,药用。

红皮沙拐枣 红果沙拐枣 *Calligonum rubicundum* Bge.

沙拐枣属 *Calligomim* L.

种质编号:HT-MF-ADRX-010。

种质类型及来源：栽培种；原产额尔齐斯河流域。林木良种：新S-SP-CR-020-2016。

形态特征：落枝灌木，高80~150cm。老枝木质化暗红色、红褐色或灰褐色。花被粉红色或红色，果时反折。果实(包括翅)卵圆形、宽卵形或近圆形，长14~20mm，宽14~18mm；幼果淡绿色、淡黄色、金黄色或鲜红色，成熟果淡黄色、黄褐色或暗红色；瘦果扭转，肋较宽；翅近革质，较厚，质硬，有肋纹，边缘有齿或全缘。花期5~6月，果期6~7月。

生态习性：耐极度干旱，抗风沙，耐沙埋，耐寒，耐贫瘠，不耐水湿。

分布地点与数量：民丰县安迪尔乡沙漠公路。

繁育方式：种子繁殖，扦插繁殖。

保护利用现状：应用于生态公益林建设中。

开发利用前景：园林观赏，防风固沙，蜜源，饲用，薪材，药用。

沙木蓼 *Atraphaxis bracteata* A. Los.

木蓼属 *Atraphaxis* L.

种质编号：HT-CL-CLX-096。

种质类型及来源：栽培种；林木良种(新S-ETS-AB-019-2016)。

形态特征：落叶阔叶灌木，高达2m。枝干粗壮，淡褐色，直立，无毛。托叶鞘圆筒状，膜质；叶革质，长圆形或椭圆形，边缘微波状，下卷，两面均无毛，侧脉明显。总状花序，顶生；苞片披针形，每苞内具2~3花；花被片5，绿白色或粉红色。瘦果卵形，具三棱形，黑褐色，光亮。花果期6~8月。

生态习性：耐沙埋，抗高温，耐干旱，耐贫瘠土壤，抗寒。

分布地点与数量：策勒县沙漠研究站1~10株。

繁育方式：种子繁殖，扦插繁殖。

栽培应用现状：科学研究。

开发利用前景：防风固沙，木本饲料，园林绿化，蜜源。

十一、藜科 Chenopodiaceae

梭梭 *Haloxylon ammodendron* (C. A. Mey.) Bge.

梭梭属 *Haloxylon* Bge.

种质编号：HT-HTX-TWKL-019；HT-MY-YB-005、HT-MY-YX-009；HT-YT-AYTGLKX-081；HT-MF-NYX-049、HT-MF-ADRX-011。

种质类型及来源：驯化野生种；林木良种(新S-SV-HA-024-2004)。

形态特征：落枝大灌木或小乔木，高1~9m，树冠近半球形。幼枝斜升，具关节。叶退化为鳞片状，宽三角形，先端钝或尖(但无芒尖)。花单生叶腋，排列于当年生短枝上。胞果黄褐色。种子黑色，胚陀螺状。花期6~8月，果期8~10月，10~11月种子成熟。

生态习性：生态幅度较宽，耐旱，耐寒，耐盐碱，抗风沙，耐水湿。

栽培地点与数量：和田县塔瓦库勒乡防护林；墨玉县：玉北开发区，玉西开发区；于田县奥依托格拉克乡；民丰县：尼雅乡防护治沙林8.00hm^2，安迪尔乡沙漠公路。

繁育方式：种子繁育。

栽培应用现状：已在生态林和防风固沙林中大量应用。

开发利用前景：防风固沙，薪柴，饲料。药用植物肉苁蓉寄主之一。

十二、毛茛科 Ranunculaceae

牡丹 *Paeonia suffruticosa* Andr.

芍药属 *Paeonia* L.

种质编号：HT-MY-AKSLY-092、HT-MY-ZW-134。

种质类型及来源：栽培种；原产于中国西部秦岭和大巴山一带山区。

形态特征：落叶阔叶灌木，高达2m。花瓣5或为重瓣，玫瑰色、红紫色、粉红色至白色，通常变异很大，倒卵形，顶端呈不规则的波状。花期5月，果期6月。

生态习性：喜阴。要求疏松、肥沃、排水良好的中性土壤或砂土壤。

栽培地点与数量：墨玉县(零星)：阿克萨拉依乡其娜尔民俗风情园，国家农业科技园。

繁育方式：多选用芍药作为砧木嫁接繁殖。

栽培应用现状：观赏。

开发利用前景：园林绿化，油用，药用，蜜源。

十三、小檗科 Berberidaceae

小檗 *Berberis thunbergii* DC

小檗属 *Berberis* L.

种质编号：HT-HTX-LR-019；HT-MY-SYBG-040、HT-MY-ZW-055。

种质类型及来源：栽培种。原产我国东北、华北各省。

形态特征：落叶小灌木，小枝多红褐色。入秋叶色变红，腋生伞形花序或数花簇生(2~12朵)，花淡黄色。浆果长椭圆形，长约1cm，熟时亮红色，具宿存花柱，有种子1~2粒。花期5~6月。

生态习性：耐寒，耐旱，喜光，耐半阴，喜温凉湿润的气候环境，耐寒性强，较耐干旱瘠薄土壤，忌土壤积水，在排水良好的沙质壤土中生长最好，萌芽力强，耐修剪。

栽培地点与数量：和田县朗如乡(零星)；墨玉县(零星)：萨依巴格乡，扎瓦镇夏合勒克庄园。

繁育方式：种子繁殖，扦插、分株繁殖。

栽培应用现状：园林绿化。

开发利用前景：观赏，食用，药用，蜜源。

紫叶小檗 红叶小檗 *Berberis thunbergii* var. *atropurpurea* Chenault

小檗属 *Berberis* L.

种质编号：HT-HTS-NRWKJD-024、HT-HTS-GLBGJD-017；HT-MY-ZW-070、HT-MY-MYZ-034、HT-MY-KQ-034；HT-MF-CQ-012、HT-MF-RKYX-025；HT-YT-CQ-021、HT-YT-TGRGZX-027。

种质类型及来源：栽培变种；原产于中国华东、华北及秦岭以北。

形态特征：落叶阔叶灌木，高约1m。幼枝紫红色或暗红色，老枝灰棕色或紫褐色。叶小全缘，菱形或倒卵，紫红到鲜红，叶背色稍淡。花黄色。浆果红色鲜亮，宿存。花期4月，果熟期8~10月。

生态习性：喜凉爽湿润环境，耐寒，耐旱，不耐水涝，喜阳、较耐阴，萌蘖性强，耐修剪，在肥沃深厚、排水良好的沙质土壤中生长更佳。

栽培地点与数量：和田市：奴尔瓦克街道玉泉湖公园（片分），古勒巴格街道迎宾路南；墨玉县：农业园区（片分），墨玉镇其乃巴格南路309号，阔其乡阿亚克哈萨克村；民丰县（片分）：县城街道，若克雅乡；于田县：县城建德路（片分），托格日喀孜乡（片分）。

繁育方式：种子繁殖，扦插或分株繁殖。

栽培应用现状：城镇绿化（多用于街道绿篱）。

开发利用前景：园林观赏，药用，蜜源，防护。

十四、悬铃木科 Platanaceae

三球悬铃木 法国梧桐 *Platanus orientalis* L.

悬铃木属 *Platanus* L.

种质编号：HT-HTS-NRWKJD-002；HT-HTX-TWKL-003；HT-MY-TWT-001；HT-PS-DWZ-010；HT-LPX-HGX-026、HT-LPX-LPXC-010；HT-YT-MGLZ-006、HT-YT-XBBZZ-002；HT-CL-DMGX-001等44份。

种质类型及来源：引入栽培种；原产南京。

形态特征：落叶阔叶乔木，高20~30(50)m，树冠宽阔；聚花果圆球形，常3枚呈念珠状分布于总梗上，径约2.5cm。花期5~6月，果熟期9~10月。

生态习性：速生，喜光，不耐阴，不耐寒，可吸收有害气体。

栽培地点与数量：和田市：伊里其乡，吐沙拉乡，纳瓦格街道，玉龙喀什镇，肖尔巴格乡，古江巴格街道，拉斯奎镇，吉亚乡，古勒巴格街道及奴尔瓦克街道；和田县：塔瓦库勒乡，英阿瓦提乡卫生院，色格孜库勒乡，拉依喀乡及罕艾日克镇；墨玉县：喀尔赛镇，阔其乡，奎牙镇，芒来乡，墨玉镇，普恰克其乡，萨依巴格乡，托呼拉乡及吐外特乡；皮山县：杜瓦镇，木奎拉乡，皮亚勒玛乡及桑株乡；洛浦县：洛浦镇，阿其克乡，拜什托格拉克乡，纳瓦乡，山普鲁镇，多鲁乡，恰尔巴格乡，杭桂乡及县城青年公园；于田县：木尕拉镇，先拜巴扎镇，奥依托格拉克乡及柯克亚乡；策勒县达玛沟乡。

繁育方式：种子繁殖。

栽培应用现状：园林绿化（多做城镇行道树）。

开发利用前景：园林观赏，防护，药用，用材，。

二球悬铃木 英国梧桐 *Platanus acerifolia*（Ait.）Willd.

悬铃木属 *Platanus* Willd.

种质编号：HT-PS-KKTRK-002；HT-MF-SLW-ZKX-015；HT-YT-TGRGZX-001、HT-YT-SYKX-003、HT-YT-LGX-007；HT-CL-GLhm2X-017、HT-CL-CQ-015、HT-CL-CQ-016、HT-CL-CQ-051、HT-CL-QHX-061等21份。

种质类型及来源及：栽培种；林木良种（新S-SV-PA-001-2014）。

形态特征：落叶阔叶大乔木，高可达40m，树干通直，树冠宽阔而具下垂小枝；树皮成大块剥落。聚花果常2少1或3枚，径约2.5cm。花果期6~10月。

生态习性：生长快，喜光，不耐阴，不耐寒。

栽培地点与数量：皮山县：巴什兰干乡乡，乔达乡及科克铁热克乡；民丰县：县城街道，安迪尔牧场，尼雅镇及萨勒吾则克乡；于田县：县人民法院，加依乡，阿日希乡，兰干博仔亚农场，拉伊苏农场，喀拉克尔乡，托格日喀孜乡，斯也克乡及兰干乡；策勒县：固拉哈玛乡卫生院，县城及恰哈乡。

繁育方式：种子繁殖。

栽培应用现状：园林绿化（多做行道树，少做庭院观赏）。

开发利用前景：防护林，用材，药用。

一球悬铃木 美国梧桐 *Platanus occidentalis* L.

悬铃木属 *Platanus* L.

种质编号：HT-MF-RKYX-028；HT-CL-WLKSYX-004。

种质类型及来源：栽培种。

形态特征：落叶阔叶大乔木，高40m；树皮有浅沟，呈小块状剥落；头状果序圆球形，单生，稀为2个。

生态习性：生长快，喜光，不耐阴，不耐寒。

栽培地点与数量：民丰县若克雅乡行道树；策勒县乌鲁克萨依乡巴干村零星。

繁育方式：种子繁殖。

栽培应用现状：园林绿化。

开发利用前景：防护林，用材，药用，园林观赏。

十五、蔷薇科 Rosaceae

（一）绣线菊属 *Spiraea* L.

金山绣线菊 *Spiraea japonica* ‘Gold Mound’

种质编号：HT-LPX-LPXC-042。

种质类型及来源：栽培品种。

形态特征：落叶阔叶小灌木，植株较矮小，高仅25~35cm，冠幅40~50cm，枝叶紧密，冠形球状整齐。单叶互生，边缘具尖锐重锯齿；新生小叶金黄色，夏叶浅绿色，秋叶金黄色；复伞房花序分布于当年生的直立新枝顶端，花朵密集，花瓣浅粉红色。花期6月中旬至8月上旬。

生态习性：喜光，稍耐阴，耐寒，较耐旱，不耐水湿，萌蘖力和萌芽力均强，耐修剪。

栽培地点与数量：洛浦县政府院内，51~100株。

繁育方式：分株和扦插繁殖。

栽培应用现状：园林观赏。

开发利用前景：园林绿化，蜜源。

天山绣线菊 *Spiraea tianschanica* L.

种质编号：HT-LPX-LPXC-044。

种质类型及来源:栽培种。原产伊犁山区。

形态特征:落叶阔叶小灌木。叶片长圆状倒卵形,上面灰绿色,下面色淡,无毛。花序伞房状;花瓣在芽中呈鲜玫瑰红色。果光滑。花期5~7月,果期8月。

生态习性:喜光,稍耐阴,抗寒,抗旱,萌蘖力和萌芽力均强,耐修剪。

栽培地点与数量:洛浦县政府院内51~100株。

繁育方式:分株、扦插繁殖。

栽培应用现状:园林绿化。

开发利用前景:园林观赏,蜜源,药用。

(二)风箱果属 *Physocarpus* Maxim.

紫叶风箱果 *Physocarpus amurensis* 'Summer wine'

种质编号:HT-MY-ZW-071。

种质类型及来源:栽培品种。原产北美。

形态特征:落叶阔叶灌木,高1~2m。叶宽卵形,掌状3~5浅裂,缘有重锯齿;叶片在光照充足时紫红色,而弱光或荫蔽环境中则呈暗红色。花小,白色,密集成半球形的伞形总状花序。果实膨大呈卵形,果外光滑。花期4~5月。

生态习性:喜光,喜湿润,耐寒,耐土壤瘠薄,耐粗放管理,病虫害少。

栽培地点与数量:墨玉县农业园区1~10株。

繁育方式:扦插繁殖。

栽培应用现状:园林绿化。

开发利用前景:园林观赏,蜜源。

(三)山楂属 *Crataegus* L.

山楂 山里红 *Crataegus pinnatifida* Bge.

种质编号:HT-PS-KKE-002。

种质类型及来源:栽培种。原产我国华北、东北各省区。

形态特征:落阔叶小乔木,高3~5m。树皮粗糙,有刺。当年生小枝紫褐色,多年生枝灰褐色。叶片宽卵形或三角状卵形,常3~5深裂,裂片边缘有不规则的重锯齿。多花的伞房花序。花瓣白色。果实球形或梨形,直径1~1.5cm,深红色,有灰白斑点;小核果3~5。花期5~6月,果期9~10月。

生态习性:喜凉爽、湿润的环境,耐寒,耐高温,喜光也能耐阴。

栽培地点与数量:皮山县康克尔乡51~100株。

繁育方式:嫁接苗种殖。

栽培应用现状:食用,园林绿化。

开发利用前景:经济果木,药用,蜜源。

黄果山楂 阿尔泰山楂 *Crategus chlorocarpa* Lenne et C. Koch

种质编号:HT-HTS-LSKZ-005。

种质类型及来源:驯化野生种;原产新疆阿尔泰山。

形态特征:果实球形,金黄色,无汁,粉质;萼片宿存,反折。花期5~6月,果期8~9月。

生态习性:喜凉爽,湿润的环境,耐寒,耐高温,喜光也能耐阴。

栽培地点与数量:和田市拉斯奎镇人民政府大院1~10株。

繁育方式:种子繁殖,嫁接繁殖。

栽培应用现状:园林绿化。

开发利用前景:观赏,食用,药用,蜜源。

(四)榅桲属 *Cydonia* Mill.

榅桲 木瓜 *Cydonia oblonga* Mill

种质编号:HT-HTS-JYX-078;HT-HTX-YARK-007;HT-MY-AKSLY-079;HT-PS-PYLM-005、HT-PS-GM-040;HT-LPX-AQKX-019、HT-LPX-NWX-056、HT-LPX-DLX-084、HT-LPX-HGX-084;HT-MF-CQ-039等37份。

种质类型及来源:古老栽培种;原产中亚细亚。

形态特征:落叶阔叶灌木或小乔木,高3~6m。花粉红色。果梨形,表面密被绒毛,黄色,有稀疏斑点,卵球形或椭圆形,具芳香。花期4~5月,果期10月。

生态习性:喜光而能耐半阴,适应性强,耐寒。对土壤要求不严,一般排水良好之地均可栽培。

栽培地点与数量:和田市(零星):古江巴克乡,伊里其乡阿特巴扎村花林基地,吐沙拉乡,阿克恰勒乡,肖尔巴格乡,伊里其乡及吉亚乡;和田县(零星):拉依喀乡无花果王景区,英艾日克乡,塔瓦库勒乡及朗如乡;墨玉县(零星):阿克萨拉依乡,喀尔赛镇,雅瓦乡,喀尔赛镇,阔其乡,阔其乡,喀瓦克乡,加汗巴格乡,阿克萨拉依乡及托呼拉乡;洛浦县(零星):布亚乡,洛浦镇,阿其克乡,纳瓦乡,多鲁乡及杭桂乡;皮山县(零星):皮西那乡,皮亚勒玛乡,巴什兰干乡,杜瓦镇,科克铁热克乡,桑株乡及固玛镇;民丰县博斯坦巷(零星)。

繁育方式:种子繁殖,嫁接繁殖。

栽培应用现状:食用及园林绿化。

开发利用前景:蜜源,工业原料,砧木,药用,蜜源。

(五)木瓜属 *Chaenomeles* L.

日本木瓜 *Chaenomeles japonica* Mill

种质编号:HT-HTS-GLBGJD-051、HT-HTS-NRWKJD-039;HT-CL-CQ-055。

种质类型及来源:栽培品种。原产日本。

形态特征:落叶阔叶矮灌木,高0.2~1m,枝条开展,分枝多。花瓣砖红色。果实近球形,黄色。花期3~6月,果期8~10月。

生态习性:喜阳光充足,耐寒、耐旱。

栽培地点与数量:和田市古勒巴格街道团结花园101~1000株,奴尔瓦克街道道路旁101~1000株;

策勒县县城3株。

繁育方式:种子繁殖,嫁接繁殖。

栽培应用现状:园林观赏。

开发利用前景:食用,药用,蜜源,工业原料。

贴梗海棠 皱皮木瓜 *Chaenmoeles lagenaria* Mill

种质编号:HT-MY-ZW-063。

种质类型及来源:栽培种。原产于浙江、安徽、河南、江苏、山东、河北等地。

形态特征:落叶阔叶灌木,无明显主干,高约2m。花2~6朵簇生于二年生枝上,花梗极短,花朵紧贴在枝干上,故名贴梗海棠。花猩红色或淡红色。果实球形或梨状,秋季成熟时黄色,气味芬芳。花期4月,果期10月。

生态习性:喜光而能耐半阴。适应性强,耐寒。对土壤要求不严,一般排水良好之地均可栽培。

栽培地点与数量:墨玉县农业园区1~10株。

繁育方式:嫁接繁殖。

栽培应用现状:园林观赏。

开发利用前景:绿化,食用,蜜源,药用。

(六)梨属 *Pyrus* L.

和田市50.39hm²;和田县343.75hm²;墨玉县30.63hm²;皮山县50.34hm²;民丰县0.1hm²;策勒县59.74hm²。

繁育方式:扦插或嫁接繁殖。

栽培应用现状:经济果木。

开发利用前景:食用,药用,蜜源,水土保持,用材。

新疆梨 *Pyrus sinkiangensis* Yu.

种质编号:HT-MY-YW-018、HT-MY-ZW-051;HT-MF-CQ-050、HT-MF-RKYX-004;HT-YT-ARXX-014、HT-YT-LGBZYNC-037、HT-YT-XWLX-011、HT-YT-XWLX-024、HT-YT-LYSNC-021;HT-CL-BSTX-054等25份。

种质类型及来源:乡土栽培种。

形态特征:果实卵圆或倒卵形,黄绿色,果心大,石细胞多,先端肥厚,萼片宿存。花期3~4月,果实10月底成熟。

生态习性:耐寒、耐旱、耐涝、耐盐碱。

栽培地点与数量:和田市拉斯奎镇和吉亚乡;

墨玉县(零星):墨玉镇,普恰克其乡,萨依巴格乡,托呼拉乡,乌尔其乡,雅瓦乡(片分),扎瓦镇夏合勒克庄园;民丰县(片分):县城广场,若克雅乡;于田县(片分):阿日希乡,兰干博孜亚农场,希吾勒乡,拉伊苏农场;策勒县博斯坦乡(零星)。

大土梨 *Pyrus sinkiangensis* Yu.

种质编号;HT-YT-XWLX-016。

种质类型及来源:乡土栽培种。

形态特征:果实硕大,长葫芦形,平均单果重265g,大果重520g。果皮绿至黄绿色,光照条件好时阳面有淡红斑。果肉白色,肉质细脆、甘甜;成熟后果肉细软,汁多,味甜,富香气。

生态习性:耐寒、耐旱、耐涝、耐盐碱。

栽培地点与数量:于田县希吾勒乡库什喀其巴格村,栽培面积0.067hm²。

其里根阿木特梨 *Pyrus communis* 'Qiligenmut'

种质编号:HT-LPX-NWX-062。

种质类型及来源:乡土栽培品种。

形态特征:果实卵圆或倒卵形,直径3~5cm,黄绿色,果心大,石细胞多,果梗长4~5cm,先端肥厚,萼片宿存。

生态习性:耐寒、耐旱、耐涝、耐盐碱。

栽培地点与数量:洛浦县纳瓦乡努尔曼家1~10株。

阿克苏香梨 *Pyrus bretscneideri* 'Akesi'

种质编号:HT-LPX-NWX-072。

种质类型及来源:栽培品种;原产阿克苏地区。

形态特征:果大,公梨多,果柄粗。

栽培地点与数量:洛浦县纳瓦乡努依木家1~10株。

阿木提香梨 *Pyrus sinkiangensis* 'Amutixiangli'

种质编号:HT-HTX-LR-023;HT-PS-KKTRK-014;HT-YT-JYX-022、HT-YT-XBBZZ-010、HT-YT-SYKX-028、HT-YT-LGX-038、HT-YT-YBGX-050;HT-CL-CLZ-021、HT-CL-CQ-038、HT-CL-QHX-029等19份。

种质类型及来源:乡土栽培品种。

形态特征:果实卵形或近球形,先端萼片脱落,基部具肥厚果梗,黄色,有细密斑点。花期3~4月,果实10月底成熟。

栽培地点与数量:和田县朗如乡(零星);皮山县(少量):木奎拉乡艾提喀尔村教育服务公司农场,藏桂乡,乔达乡及科克铁热克乡;于田县:加依乡(片分),兰干博孜亚农场(片分),拉伊苏农场(片分),阿热勒乡(片分),喀拉克尔乡,托格日喀孜乡,先拜巴扎镇,斯也克乡,兰干乡及英巴格乡等后几地零星分布;策勒县(零星):策勒镇,县城色日克西路及恰哈乡。

阿木图梨 *Pyrus sinkiangensis* 'Amutu'

种质编号:HT-LPX-BYX-092、HT-LPX-HGX-008、HT-LPX-SPLZ-036、HT-LPX-DLX-083。

种质类型及来源:乡土栽培品种。

形态特征:果实硕大,黄亮色美,皮薄多汁,肉多核小,甘甜酥脆。

生态习性:耐旱性强。

栽培地点与数量:洛浦县(少量):布亚乡,杭桂乡,山普鲁镇(片分)及多鲁乡。

句句梨1 *Pyrus sinkiangensis* 'Gogo'

种质编号:HT-MY-ZW-049。

种质类型及来源:乡土栽培品种。

形态特征:梨果葫芦形,底部多棱,黄色。果肉颜色为淡黄色,小粒种子。花期为4月,果实成熟期10月。

生态习性:抗逆性强。喜光,耐旱,耐寒,抗病虫。

栽培地点与数量:墨玉县扎瓦镇夏合勒克庄园51~100株。

句句梨2 *Pyrus sinkiangensis* 'Gogo'

种质编号:HT-CL-QHX-026。

种质类型及来源:乡土栽培品种。

栽培地点与数量:策勒县恰哈乡(零星)。

西洋梨 *Pyrus communis* L.

种质编号:HT-LPX-BSTGLKX-046、HT-LPX-NWX-022 、HT-LPX-NWX-061、HT-LPX-SPLZ-001、HT-LPX-LPXC-036;HT-CL-DMGX-043。

种质类型及来源:引入栽培种。

形态特征:落叶阔叶大乔木,高达15m。果实倒卵形或近球形,绿色、黄色,稀带红晕,具斑点,萼片宿存。花期4月,果期7~9月。

生态习性:耐寒,耐旱,耐涝,耐盐碱。

栽培地点与数量:洛浦县:拜什托格拉克乡,纳瓦乡,纳瓦乡,山普鲁镇和县城青年公园零星栽培;

策勒县达玛沟乡(0.067hm²)。

鸭梨 *Pyrus bretschneider* 'Yali'

种质编号:HT-HTX-LYK-009;HT-MY-YYE-019;HT-PS-DWZ-006、HT-PS-SZ-004;HT-YT-KLKRX-008;HT-CL-GLX-025。

种质类型及来源:引入栽培种。

形态特征:果实倒卵圆形,近梗处有鸭头状突起,果面绿黄色,近梗处有锈斑。肉质极细酥脆,清香多汁,味甜微酸,丰产性好。

生态习性:较耐贮。

栽培地点与数量:和田县拉依喀乡无花果王景区(片分);墨玉县英也尔乡库木亚依拉克村(片分);皮山县(零星)杜瓦镇及县城公园;于田县喀拉克尔乡(零星);策勒县固拉哈玛乡卫生院(零星)。

砀山梨 *Pyrus bretschneider* 'Dangshanli'

种质编号:HT-HTS-JYX-001;HT-HTX-YARK-008、HT-HTX-SGZKL-010;HT-MY-YW-005、HT-MY-YYE-017、HT-MY-KES-037;HT-PS-MJ-008;HT-LPX-LPXC-032;HT-YT-AYTGLKX-041;HT-CL-CLX-034等29份。

种质类型及来源:鸭梨—栽培品种;原产安徽省砀山。

形态特征:果实硕大,黄亮美色,皮薄多汁,肉多核小,甘甜酥脆。花期4月,果期8月。

生态习性:抗寒,喜光,不耐盐碱,不耐干旱。在冲积沙质土上生长良好。

栽培地点与数量:多庭院零星栽培。和田市:古江巴克乡,吐沙拉乡,阿克恰勒乡,肖尔巴格乡,拉斯奎镇阿瓦特提村果林,吉亚乡(片分);和田县:英艾日克乡,色格孜库勒乡中心小学;墨玉县:喀瓦克乡,奎牙镇,普恰克其乡,雅瓦乡,英也尔乡及夏贺农民专业合作社;皮山县:木吉镇阿,木奎拉乡艾提喀尔村教育服务公司农场及科克铁热克乡;洛浦县:阿其克乡,布亚乡,拜什托格拉克乡,多鲁乡,杭桂乡,洛浦镇,恰尔巴格乡巴格其村私人果园(片分),纳瓦乡,山普鲁镇及县城青年公园株;于田县:昆仑羊场1320m²,先拜巴扎镇,斯也克乡,英巴格乡及于田大芸种植基地;策勒县:策勒乡买提罗尔买提村(片林),固拉哈玛乡卫生院,县城色日克西路,达玛沟乡,博斯坦乡及恰哈乡。

库尔勒香梨 *Pyrus bretschneider* 'Kuerlexiangli'

种质编号:HT-HTS-JYX-004;HT-HTX-LYK-010;HT-MY-AKSLY-077;HT-PS-DWZ-003;HT-LPX-HGX-006;HT-YT-ARXX-043、HT-YT-AYT-GLKX-040;HT-CL-CLZ-022、HT-CL-GLX-023、HT-CL-CQ-042等23份。

种质类型及来源:选育品种;林木良种(新-S-

SV-PSK-068-2004)。内地白梨与新疆瀚海梨自然杂交形成,在库尔勒特殊的环境条件作用下形成独特的区域品种。

形态特征:果形长卵圆形,果皮较厚、质脆,果肉乳白色,汁液极多。花期为4月下旬,成熟期8月。

生态习性:喜光、抗寒、抗旱,耐瘠薄土壤分布于肥沃湿润的沙壤土。

栽培地点与数量:多果园种植(片状分布)。和田市吉亚乡;和田县拉依喀乡无花果王景区;墨玉县:夏贺农民专业合作社,奎牙镇,英也尔乡及阿克萨拉依乡;皮山县:克里阳乡,桑株乡及杜瓦镇;洛浦县(零星):阿其克乡,纳瓦乡及杭桂乡;于田县:阿日希乡,托格日喀孜乡,先拜巴扎镇,兰干乡,英巴格乡及于田大芸种植基地;策勒县(零星):策勒镇,固拉哈玛乡卫生院,县城色日克西路,达玛沟乡及努尔乡。

苹果梨 *Pyrus bretschneider* 'Pingguoli'

种质编号:HT-MY-KES-043,HT-MY-YYE-004;HT-LPX-NWX-016;HT-MF-RKYX-022、HT-MF-NYZ-01;HT-YT-KZNKKFQ-028、HT-YT-XB-BZZ-014、HT-YT-SYKX-013;HT-CL-CQ-043。

种质类型及来源:引入栽培品种;原产吉林省延边朝鲜族自治州。

形态特征:果形扁圆,果面带有点状红晕,酷似苹果,故名苹果梨。

生态习性:喜冷凉湿润的气候,耐高寒,耐旱,耐贮藏。

栽培地点与数量:墨玉县:夏贺农民专业合作社(零星)及英也尔乡(片分);洛浦县纳瓦乡(零星);民丰县:若克雅乡(片分)及尼雅镇(零星);于田县(零星):喀孜纳克开发区,先拜巴扎镇及斯也克乡;策勒县县城色日克西路。

黄梨 *Pyrus bretschneider* 'Huangli'

种质编号:HT-MF-NYZ-004、HT-MF-SLWZ-KX-018;HT-YT-MGLZ-012、HT-YT-JYX-023、HT-YT-ARLX-020、HT-YT-LGX-025、HT-YT-AQX-033、HT-YT-LYSNC-016。

种质类型及来源:引入栽培品种;原产山西高平。

形态特征:成熟后果形整齐均匀,色泽鲜亮,个大、味浓、水分大、果实脆。

生态习性:耐旱、耐涝、耐盐碱、耐贮存。

栽培地点与数量:均零星分布。民丰县:尼雅镇兰帕西路及萨勒吾则克乡;于田县:木尕拉镇,加依乡,阿热勒乡,兰干乡,阿羌乡及拉伊苏农场11~50株。

砂梨 沙梨 *Pyrus pyrifolia* (Burm.) Nakai.

种质编号:HT-YT-KLKRX-054。

种质类型及来源:栽培种。

形态特征:果实多数为大果型,形状整齐,多数呈圆形或扁圆形,果皮色泽多为褐色或绿色,果肉白,水分多,肉质较细嫩且脆,石细胞少,味甜爽口。花期4月,果期8月。

生态习性:早熟,丰产性强。土壤适应性强,对黑星病抗性较强。

栽培地点与数量:于田县喀拉克尔乡喀格力克村(海拔:1374m,E81°13′,N37°02′),1株。

新疆梨9号 *Pyrus sinkiangensis* 'Xinli 9'

种质编号:HT-MF-RKYX-005。

种质类型及来源:栽培品种。

形态特征:果实卵圆或倒卵形,黄绿色,果皮有红色细条纹。果心大。树高5m,冠幅5m×6m,胸径60cm。

栽培地点与数量:民丰县若克雅乡东方红路56号(片分)。海拔1404m,N82°45′,E37°04′。

杜梨 *Pyrus betulaefolia* Bge.

种质编号:HT-HTX-LYK-023;HT-MY-KQ-006、HT-MY-WEQ-013;HT-LPX-NWX-012、HT-LPX-HGX-034;HT-MF-SLWZKX-019;HT-YT-XWLX-015、HT-YT-YBGX-003、HT-YT-AYT-GLKX-062;HT-CL-CLX-091等15份。

种质类型及来源:引入栽培种;原产我国华北及长江流域部分省区。

形态特征:落叶阔叶乔木,高6~8m。树冠开展,枝具刺。当年生小枝密被灰白色绒毛。叶片菱状卵形或长圆状卵形,边缘有粗锐锯齿。伞房花序,花10~15朵;花直径1.5~2cm;花瓣白色;花药紫色。果实近球形,直径5~10mm,褐色,有淡色斑点,萼片脱落。花期4月,果期8~9月。

生态习性:喜光,耐寒,耐旱,耐涝,耐瘠薄。在中性土及盐碱土均能正常生长。

栽培地点与数量:多零星分布。和田县拉依喀乡;墨玉县:英也尔乡(片分),扎瓦镇夏合勒克庄园,阔其乡及乌尔其乡;洛浦县纳瓦乡及杭桂乡;民丰县萨勒吾则克乡;于田县:英巴格乡乡政府(片分),希吾勒乡库什喀其巴格村及于田大芸种植基地;策勒县:沙漠研究站,固拉哈玛乡及县城。

秋子梨 *Pyrus ussuriensis* Maxim.

种质编号:HT-LPX-SPLZ-043。

种质类型及来源:栽培种。原产我国东北、华北各省区。

形态特征：落叶阔叶大乔木，高10~15m。树皮粗糙，暗灰色，枝条黄灰色或褐色，常具刺，无毛。叶片宽卵形、卵形或近圆形。花瓣倒卵形，白色，花药紫红色。果实近球形，绿色，或稍带褐色或黄色，果皮有斑点；果味酸，石细胞较大而多；萼片宿存。花期4月，果期9月。

生态习性：抗寒力强。

栽培地点与数量：洛浦县山普鲁镇乌布喀什买买提家1~10株。

褐梨 *Pyrus phaeocarpa* Rehd.

种质编号：HT-LPX-LPXC-033。

种质类型及来源：引入栽培种。原产我国华北地区。

形态特征：落叶阔叶乔木，高5~8m；小枝幼时具白色绒毛，二年生枝条紫褐色，无毛。叶片椭圆卵形至长卵形。伞形总状花序，花瓣白色。果实球形或卵形，褐色，有斑点，萼片脱落；果梗长2~4cm。花期4月，果期8~9月。

栽培地点与数量：洛浦县城青年公园1~10株。

红木瓜梨 *Pyrus sinkiangensis* 'Hongmugua'

种质编号：HT-MY-YYE-005，HT-MY-AK-SLY-062。

种质类型及来源：栽培品种。

形态特征：花期4~5月，果期10月。

栽培地点与数量：墨玉县(零星)：英也尔乡及阿克萨拉依乡。

(七)苹果属 *Malus* Mill.

和田市53.91hm²，和田县424.91hm²，墨玉县651.74hm²，皮山县35.41hm²，策勒县329.19hm²。

繁育方式：嫁接繁殖。

栽培应用现状：经济果木。

开发利用前景：食用，绿化，观赏，蜜源，工业原料。

苹果 *Malus pumila* Mill.

种质编号：HT-HTS-AKQLX-014；HT-MY-PQKQ-006、HT-MY-YX-004、HT-MY-KY-031；HT-LPX-AQKX-020、HT-LPX-NWX-071；HT-MF-NYX-052。

种质类型及来源：栽培种。

形态特征：落叶阔叶乔木，高达15m，树干灰褐色，老皮有不规则的纵裂或片状剥落，小枝幼时密生绒毛，后变光滑，紫褐色。单叶互生，椭圆形到卵形，先端尖，缘有圆钝锯齿。花白色带红晕，径3~

5cm，花梗与花萼均具有灰白色绒毛，萼片宿存，大多数品种自花不育。果为略扁之球形，径5cm以上，两端均凹陷，端部常有棱脊。花期4~6月，果期7~11月果熟。

生态习性：喜光，喜微酸性到中性土壤。最适于土层深厚、富含有机质、心土为通气排水良好的沙质土壤。

定植栽培地点与数量：和田市阿克恰勒乡（零星）；墨玉县：普恰克其乡（片林），新疆振雄二牧场（片林）和奎牙镇（零星）；洛浦县（零星）阿其克乡和纳瓦乡；民丰县尼雅乡。

红肉苹果 *Malus neidzwetzkyana* Dieck

种质编号：HT-MY-ZW-058；HT-PS-SZ-027、HT-PS-MJ-033；HT-YT-LGX-022、HT-YT-AQX-034；HT-CL-GLX-032、HT-CL-BSTX-046、HT-CL-CQ-047。

种质类型及来源：乡土栽培品种。

形态特征：小乔木，高5~8m。树冠球形，树皮褐红色。嫩枝淡红至棕褐色，被细绒毛。叶基致密有红晕，背面有疏毛，叶脉淡红色；叶柄淡红色。花鲜紫红色，径3~5cm。果紫红至暗红色，果肉粉红至紫红色；种子暗棕色。花期4~5月，果期8月。

生态习性：耐修剪，喜光，丰产。抗旱抗寒。

栽培地点与数量：均零星分布。墨玉县扎瓦镇夏合勒克庄园；皮山县：桑株乡，木吉镇；于田县兰干乡，阿羌乡；策勒县：策勒县城色日克西路（3株），固拉哈玛乡卫生院，博斯坦乡。

青香蕉苹果 *Malus pumila* 'Qinxiangjiao'

种质编号：HT-HTS-TSLX-028；HT-PS-ZG-040、HT-PS-PXN-005、HT-PS-PXN-030、HT-PS-KKTRK-022；HT-LPX-BYX-099。

种质类型及来源：栽培品种。

形态特征：果实成熟呈绿色，较小，味酸甜。

生态习性：优质耐旱。

栽培地点与数量：零星种植。和田市吐沙拉乡；皮山县：藏桂乡，皮西那乡，皮西那乡及科克铁热克乡；洛浦县布亚乡。

青苹果 *Malus pumila* 'Qin'

种质编号：HT-MF-YYKX-021；HT-CL-CQ-

062、HT-CL-QHX-037。

种质类型及来源:栽培品种。

形态特征:颜色为青色,果酸含量高。

生态习性:抗寒。

栽培地点与数量:零星种植。民丰县叶亦克乡;策勒县县城及恰哈乡。

白苹果 *Malus pumila* 'Bai'

种质编号:HT-MY-AKSLY-080、HT-MY-AKSLY-054、HT-MY-KES-032;HT-YT-KLYC-010、HT-YT-ARLX-026、HT-YT-KZNKKFQ-021、HT-YT-AQX-023、HT-YT-ARXX-040;HT-CL-CLX-028。

种质类型及来源:地方栽培品种。

形态特征:果实成熟为白色,扁圆。

生态习性:喜光,喜微酸性到中性土壤。最适于土层深厚、富含有机质、心土为通气排水良好的沙质土壤。

栽培地点与数量:多零星种植。墨玉县:阿克萨拉依乡,阿克萨拉依乡及夏贺农民专业合作社;于田县:昆仑羊场,阿热勒乡,喀孜纳克开发区,阿羌乡及阿日希乡;策勒县策勒乡买提罗尔买提村(片分)。

白奶苹果 *Malus pumila* 'Bainai'

种质编号:HT-LPX-LPZ-035、HT-LPX-AQKX-022、HT-LPX-NWX-015、HT-LPX-DLX-007、HT-LPX-HGX-011;HT-YT-KLKRX-011、HT-YT-XBBZZ-047、HT-YT-YBGX-027、HT-YT-AYTGLKX-072;HT-CL-NRX-013。

种质类型及来源:栽培品种。

形态特征:果实成熟黄白色,扁圆,果肉乳白色,种子卵形,紫色,花梗长约3cm,花萼脱落,阳面红色,味酸甜。

生态习性:耐寒,喜肥水。

栽培地点与数量:多零星种植。洛浦县:洛浦镇政府大院(片分),阿其克乡,纳瓦乡,多鲁乡及杭桂乡;于田县:喀拉克尔乡,先拜巴扎镇,英巴格乡及于田大芸种植基地;策勒县努尔乡。

红富士苹果 *Malus pumila* 'Hongfushi'.

种质编号:HT-HTS-JYX-002;HT-HTX-YAWT-001;HT-MY-AKSLY-019、HT-MY-ML-009、HT-MY-PQKQ-010;HT-PS-MKL-020;HT-LPX-LPXC-035;HT-MF-RKYX-036;HT-YT-AYTGLKX-042;HT-CL-BSTX-036等37份。

种质类型及来源:引入栽培品种;原产于日本,1979年引入我国,1986年引入新疆。

形态特征:果实大,遍体通红,形状很圆,平均大小如棒球一般。果肉紧密，甜美和清脆。花期4月，成熟期10月底至11月中旬。

生态习性：喜光，喜微酸性到中性土壤。具有晚熟、质优、味美、耐贮等优点。适于土层深厚、富含有机质、心土为通气排水良好的沙质土壤。抗寒性弱。

栽培地点与数量：果园多片状种植，庭院等有零星。和田市：吐沙拉乡，北京和田工业园区阳光沙漠有限公司，拉斯奎镇阿瓦特提村果林及吉亚乡；墨玉县：夏贺农民专业合作社，普恰克其乡，雅瓦乡，英也尔乡及芒来乡；和田县：英阿瓦提乡，拉依喀乡无花果王景区，朗如乡；皮山县：杜瓦镇，阔什塔格镇良种场，固玛镇及木奎拉乡艾提喀尔村教育服务公司农场；洛浦县：布亚乡，阿其克乡，纳瓦乡，山普鲁，多鲁乡，恰尔巴格乡巴格其村私人果园，杭桂乡及县城青年公园；民丰县若克雅乡；于田县：阿日希乡，拉伊苏农场，喀拉克尔乡，托格日喀孜乡，斯也克乡，兰干乡及于田大芸种植基地；策勒县：策勒乡，策勒镇，固拉哈马乡，县城及博斯坦乡。

黄香蕉苹果 黄元帅 金冠 *Malus pumila* 'Golden Delicious'

种质编号：HT-HTS-LSKZ-040；HT-HTX-YAWT-003；HT-PS-BSLG-012；HT-LPX-QEBGX-008；HT-MF-RKYX-037、HT-MY-KQ-009；HT-YT-YBGX-030、HT-YT-AQX-026；HT-CL-CLX-024等19份。

种质类型及来源：引入栽培品种。

形态特征：果形呈长圆锥形，成熟后果皮呈金黄色，阳面带有红晕，皮薄无锈斑，有光泽。肉质细密，呈黄白色，汁液较多，味深醇香，甜酸适口。花期5月，果期7~10月。

生态习性：耐寒、耐旱、抗病虫。

栽培地点与数量：和田市拉斯奎镇阿瓦特提村果林（片分），吉亚乡吉勒格勒村（零星）；和田县英阿瓦提乡（零星）；墨玉县阔其乡（零星）；皮山县巴什兰干乡（片分），杜瓦镇委员会（零星）；洛浦县恰尔巴格乡私人果园（片分）；民丰县若克雅乡（片分）；于田县（零星）：英巴格乡及阿羌乡；策勒县（零星）：县城公园，策勒乡，努尔乡，恰哈乡及达玛沟乡。

秦冠苹果 *Malus pumila* 'Qingguan'

种质编号：HT-MY-KQ-007；HT-PS-KSTG-013、HT-PS-MKL-022；HT-YT-LYSNC-043、HT-YT-KLKRX-006、HT-YT-LGX-024、HT-YT-YBGX-031；HT-CL-CLX-031、HT-CL-GLX-033、HT-CL-CQ-063等11份。

种质类型及来源：引入栽培品种。原产陕西省。

形态特征：果实扁圆形，果面糙，底色绿黄，有浓红霞，果点大而密，单果重200g。花期5月，果期10月。

生态习性：适应性强。对干旱、寒冷抵抗能力强，适应酷夏的高温，抗病虫能力较强。是苹果类贮藏时间最长的品种。

栽培地点与数量：墨玉县阔其乡；皮山县：阔什塔格镇良种场（片分）及木奎拉乡艾提喀尔村教育服务公司农场（少量）；于田县：拉伊苏农场（片分），喀拉克尔乡（零星），兰干乡（片分）及英巴格乡（零星）；策勒县（零星）：策勒乡（片分），固拉哈玛乡卫生院，县城及达玛沟乡。

冬立蒙苹果 *Malus pumila* 'Donglimen'

种质编号：HT-MY-KES-041、HT-MY-ML-029。

种质类型及来源：引入栽培品种；新疆推广种植。

形态特征：果实扁圆锥形，单果平均重180g。果面光滑，一般有4~5个棱，底色黄白，阳面有浅玫瑰色红晕。果点小、圆形，灰白色。果柄短粗，部分果实梗凹部有放射状锈斑。果皮中厚。果肉白色，肉质脆，较细，果汁多，微有香气，风味甜酸，品质中上等。9月中下旬成熟，较耐贮藏，可贮至翌年2~3月。

生态习性：喜光、喜微酸性到中性土壤，最适于土层深厚、富含有机质、心土为通气排水良好的沙质土壤。

栽培地点与数量：墨玉县（零星）夏贺农民专业合作社及芒来乡。

嘎啦苹果 *Malus pumila* 'Gala'.

种质编号：HT-HTS-LSKZ-039；HT-PS-MKL-021。

种质类型及来源：引入栽培品种。原产新西兰。

形态特征：果实中等大，单果重180~200g，短圆锥形，果面金黄色。阳面具浅红晕，有红色断续宽条纹，果形端正美观。果顶有五棱，果梗细长，果皮薄，有光泽。果肉浅黄色，肉质致密、细脆、汁多，味甜微酸，十分适口。花期4月，果期8月。

栽培地点与数量：和田市拉斯奎镇阿瓦特提村果林（片分）；皮山县木奎拉乡艾提喀尔村教育服务公司农场（片分）。

冰糖心苹果 *Malus pumila* 'Bintangxin'

种质编号：HT-HTX-BGQ-047；HT-PS-MJ-032、HT-PS-PXN-004；HT-CL-CQ-064。

种质类型及来源：栽培品种；种源：阿克苏。

形态特征：果核部糖分堆积成透明状，故称之为"冰糖心"苹果。果皮光滑，水分足，果肉脆。

生态习性：喜光，喜微酸性到中性土壤。

栽培地点与数量：和田县巴格其镇（片分）；皮山县木吉镇（零星）及皮西那乡（片分）；策勒县城（零星）。

印度青苹果 *Malus pumila* 'Yinduqin'

种质编号：HT-PS-GM-042。

种质类型及来源：栽培品种。

形态特征：开花早，花期持续12 d左右。果实发育170 d左右，果实成熟一致，熟前落果很少。果实于10月中下旬采收。幼果和青香蕉极为相似，呈暗紫色，随果实的发育渐转绿色。果肉黄白色或稍现绿白色，质中粗，硬而致密，部分果肉常出现半透明的糖化（蜜病）现象。果汁少，味甘甜，无酸味。

生态习性：耐寒、耐旱、耐修剪，抗病虫。

栽培地点与数量：皮山县固玛镇亚普羌村（片林）。

红星苹果 *Malus pumila* 'Hongxin'

种质编号：HT-YT-AQX-027；HT-CL-CQ-061、HT-CL-QHX-039。

种质类型及来源：栽培品种。原产美国。

形态特征：为元帅的浓条红型芽变。果实个大，颜色好，熟透的果实红色，圆形，果面光滑，蜡质厚，果粉较多，有明显的紫红粗条纹。果肉淡黄色，松脆，果汁多，味甜，有股浓浓的香味。

生态习性：耐寒、耐旱、耐修剪，抗病虫。

栽培地点与数量：零星种植。于田县阿羌乡；策勒县县城及恰哈乡。

五星苹果 *Malus pumila* 'Wuxing'.

种质编号：HT-PS-GM-044、HT-PS-MKL-026；HT-CL-CLX-027、HT-CL-GLhm2X-038、HT-CL-DMGX-003、HT-CL-BSTX-042、HT-CL-WLKSYX-022。

种质类型及来源：栽培品种。

形态特征：果形端正，高桩，萼部五棱明显，平均单果重200g，大者可达500g以上，而且果肉质脆，汁多，味甜，有芳香。

生态习性：耐寒、耐旱、抗病虫，观赏性好。

栽培地点与数量：皮山县：固玛镇亚普羌村村委会前（片林），木奎拉乡艾提喀尔村教育服务公司农场11~50株；策勒县（零星）：策勒乡，固拉哈玛乡卫生院，达玛沟乡，博斯坦乡及乌鲁克萨依乡。

樱桃苹果 *Malus cerasifera* Spach.

种质编号：HT-YT-XBBZZ-035。

种质类型及来源：栽培种；引种地为呼图壁。

形态特征：花梗、花托、花萼多少被毛。果实较小，直径1~2cm，黄色或粉红色或带红晕。花期5月，果期8月。

生态习性：抗寒、抗旱、耐盐碱。

栽培地点与数量：于田县先拜巴扎镇，1~10株。

栽培应用现状：经济果木，苹果砧木。

海棠果 *Malus spectabilis*（Willd.）Borkh.

种质编号：HT-HTS-NRWKJD-026；HT-PS-NABT-004；HT-LPX-QEBGX-022；HT-MF-CQ-042。

种质类型及来源：栽培种。

形态特征：落叶阔叶小乔木，高3~8m。小枝初被短柔毛，老枝灰褐色。叶片卵形或椭圆形，基部宽楔形或近圆形；幼叶两面有柔毛，成熟叶仅在下面沿脉有毛或脱落无毛。伞房花序，花瓣倒卵形，白色，在芽中为粉红色。果实球形或卵形，果径2~3cm，红色或黄色。花期4~5月，果期8~9月。

生态习性：抗寒耐旱，适应性强。

栽培地点与数量：和田市奴尔瓦克街道玉泉湖公园（零星）；洛浦县恰尔巴格乡（零星）；皮山县垴阿巴提塔吉克乡（零星）；民丰县博斯坦巷（片分）。

繁育方式：嫁接繁殖。

栽培应用现状：观赏，食用，砧木（苹果）。

开发利用前景：经济果木，庭园绿化，药用，工业原料，蜜源。

垂丝海棠 *Malus halliana* Koehne

种质编号：HT-HTS-GJBGJD-012。

种质类型及来源：引入栽培品种。分布于国内多地。

形态特征：花梗细弱下垂，有稀疏柔毛，紫色。花瓣粉红色。小红果。花期3~4月，果期9~10月。

生态习性：喜阳光，不耐阴，也不甚耐寒，喜温暖湿润环境，适分布于阳光充足、背风之处。土壤要求不严，微酸或微碱性土壤均可成长。

栽培地点与数量：和田市古江巴格街道苗圃11~50株。

繁育方式：扦插、嫁接及压条繁殖。

栽培应用现状：观赏，食用。

开发利用前景：经济果木，庭园绿化，砧木（苹果），药用，工业原料，蜜源。

王族海棠 红叶海棠*Malus micromalus*‘Royalty’

种质编号：HT-HTX-LYK-025；HT-PS-GM-014、HT-PS-QD-001、HT-PS-SZ-046；HT-LPX-HGX-032、HT-LPX-LPXC-030；HT-YT-XBBZZ-034、HT-YT-YBGX-036、HT-YT-AYTGLKX-016；HT-CL-QHX-051等14份。

种质类型及来源：栽培变种；林木良种（新R-SC-MP-007-2014）。

形态特征：落叶阔叶小乔木，株高一般在2.5~5m。紫枝、紫叶、红花、红果，花期4~5月，果熟期8月。果期长达2~5个月。

生态习性：抗旱、耐盐碱。抗性强、耐土壤瘠薄，耐寒性强，性喜阳光，忌渍水。

栽培地点与数量：多庭院零星种植。和田县拉依喀乡；皮山县：火车站前广场（片分）及乔达乡及桑株乡；洛浦县杭桂乡及县城青年公园；于田县先拜巴扎镇及英巴格乡及奥依托格拉克乡；策勒县恰哈乡及县城色日克西路。

繁育方式：种子繁殖，扦插、嫁接繁殖。

栽培应用现状：园林观赏。

应用推广前景：园林绿化，药用，蜜源。

山荆子 *Malus baccata*（L.）Borkh.

种质编号：HT-LPX-QEBGX-060。

种质类型及来源：栽培种。产我国华北、东北各省区。

形态特征：落叶阔叶小乔木，高4~5m。叶柄、花梗和花萼光滑无毛。早春开放白色花朵，秋季结成小球形红黄色果实，经久不落，很美丽。

生态习性：喜光，耐寒性极强。性强健、耐寒、耐旱、抗涝力较弱。

栽培地点与数量：洛浦县恰尔巴格乡乡政府院内（零星）。

自然繁育方式：播种繁殖。

保护利用现状：园林观赏。

开发利用前景：砧木，蜜源，用材，药用，饲料，嫩叶可代茶。

（八）蔷薇属 *Rosa* L.

黄刺玫 *Rosa xanthina* Lindl.

种质编号：HT-HTS-NWGJD-004；HT-LPX-SPLZ-061；HT-CL-BSTX-008、HT-CL-NRX-058、HT-CL-WLKSYX-045。

种质类型及来源：栽培种。广泛分布于我国北方地区。

形态特征：落叶阔叶灌木，高1~2m。枝粗壮，密集，披散；小枝无毛，具散生皮刺，刺直。花单生叶腋，花瓣黄色，重瓣。果近球形，紫褐色或黑褐色，花后萼片反折。花期4~5月，果期7~8月。

生态习性：喜光、耐寒、耐旱、耐瘠薄、少病虫害、抗寒性强。

定植栽培地点：和田市纳瓦格街道玉石广场（片分）；洛浦县山普鲁镇医院（零星）；策勒县（零星）：博斯坦乡，努尔乡及乌鲁克萨依乡。

繁育方式：扦插繁殖。

栽培应用现状：园林观赏。

开发利用前景：园林绿化，食用，药用，蜜源，工业原料。

玫瑰 *Rosa rugosa* Thunb.

种质编号：HT-HTS-BJHTGYY-046、HT-HTS-

NRWKJD-037;HT-HTX-YSLMAWT-005;HT-MY-MYZ-009;HT-PS-MJ-042;HT-MF-RKYX-026;HT-YT-MGLZ-005、HT-YT-LGBZYNC-002、HT-YT-TGRGZX-007;HT-CL-CQ-013等15份。

种质类型及来源:栽培种;南疆大量种植,品种较多。

形态特征:落叶阔叶灌木,高2m。花单生叶腋,或3~6朵簇生;花直径5~7cm;花瓣倒卵形,重瓣,紫红色或白色。果实扁球形,直径2~2.5cm,砖红色。花期5~6月。

生态习性:喜阳光充足,耐寒、耐旱,喜排水良好、疏松肥沃的壤土或轻壤土。

栽培地点与数量:庭院观赏多为零星分布;以工业原料为主的种植园面积较大。

和田市:北京和田工业园区阳光沙漠有限公司,拉斯奎镇及奴尔瓦克街道玉泉湖公园;和田县伊斯拉木阿瓦提乡;墨玉县:加汗巴格乡,阔其乡,奎牙镇及墨玉镇;皮山县木吉镇及县城公园;洛浦县杭桂乡;民丰县县城街道及若克雅乡;于田县:木尕拉镇,兰干博仔亚农场,托格日尕孜乡及斯也克乡;策勒县:县城色日克西路及司马义·艾买提故居。

繁育方式:种子繁殖,扦插、嫁接繁殖。

栽培应用现状:食用,观赏。

开发利用前景:蜜源,药用,工业原料。

红玫瑰 *Rosa rugosa* 'Hong'

种质编号:HT-YT-ARXX-031、HT-YT-LY-SNC-032。

种质类型及来源:栽培品种。

形态特征:花瓣倒卵形,重瓣,紫红色。果实扁球形,直径2~2.5cm,砖红色。花期5~6月。

生态习性:喜阳光充足,喜排水良好、疏松肥沃的壤土或轻壤土。

栽培地点与数量:于田县阿日希乡(片分)及拉伊苏农场(零星)。

繁育方式:扦插、分根繁殖。

栽培应用现状:食用,观赏。

开发利用前景:蜜源,药用,工业原料。

和田玫瑰 *Rosa damascena* Mill.

种质编号:HT-HTS-YLQX-020;HT-HTX-SG-ZKL-003;HT-MY-ZW-077;HT-LPX-HGX-031;HT-MF-RKYX-027;HT-YT-ARLX-014、HT-YT-KLKRX-024、HT-YT-AQX-006、HT-YT-AYT-GLKX-020;HT-CL-NRX-007等14份。

种质类型及来源:栽培种。原产小亚细亚。林木良种(新S-SV-RD-002-2016)。

形态特征:落叶阔叶灌木,株高1~2m,茎直立,密生锐刺,杆粗壮。枝丛生,茎枝有皮刺和刺毛,小枝密被绒毛。以顶花芽为主,易形成腋花芽。叶互生,奇数羽状复叶。花单生或数朵聚分布于当年生枝条顶部,花冠平均直径6~7cm,重瓣,粉红色,芳香。果实长椭圆形,初时青,熟时呈橙红色,萼片宿存。花期5~6月。

生态习性:耐寒,耐旱,抗病力强,抗污染,萌蘖性很强,生长迅速,喜沙土和微碱性的沙质土壤。

栽培地点与数量:和田市伊里其乡0.33hm²;和田县:高新农业开发区27hm²,色格孜库勒乡(少量)；墨玉县农业园区1.33hm²；洛浦县杭桂乡阿克来克村4.8hm²；民丰县若克雅乡(片分)；于田县(零星)：阿热勒乡，喀拉克尔乡，先拜巴扎镇，英巴格乡，阿羌乡及奥依托格拉克乡；策勒县(零星)：沙漠研究站，固拉哈马乡，达玛沟乡及努尔乡(少量)。

繁育方式：扦插、嫁接或分根繁殖。

栽培应用现状：园林观赏，工业原料。

开发利用前景：食用，蜜源，药用。

月季 *Rosa chinensis* Jacq.

种质编号：HT-HTS-GJBGX-037；HT-HTX-LYK-028；HT-MY-ML-025；HT-PS-KKTRK-009；HT-LPX-BYX-066、HT-LPX-LPXC-022；HT-MF-CQ-025、HT-MF-SLWZKX-005；HT-YT-AYT-GLKX-024；HT-CL-NRX-048等40份。

种质类型及来源：栽培种；原产北半球。

形态特征：落叶阔叶小灌木。具散生稀疏的钩状皮刺。花重瓣，红色，粉红色，白色或黄色，宽倒卵形，基部宽楔形，花柱离生，伸出花托口外，约与雄蕊等长。果实卵球形或梨形，红色。花期4~9月，果期6~11月。

生态习性：喜光、喜水喜肥。

栽培地点与数量：和田市：古勒巴格街道屯垦路(片分)，伊里其乡(零星)，吉亚乡吉勒格艾力克村庭院学楼内(片分)，拉斯奎镇政府大院(片分)，古江巴克乡(零星)，吐沙拉乡(零星)，北京和田工业园区(零星)；和田县：罕艾日克镇(零星)，拉依喀乡(零星)；墨玉县：乌尔其乡(片分)，加汗巴格乡(片分)，奎牙镇(零星)，芒来乡(零星)；皮山县：杜瓦镇(零星)，乔达乡(零星)，科克铁热克乡(零星)，科克铁热克乡(零星)；洛浦县：纳瓦乡(片分)，山普鲁镇(零星)，洛浦镇(零星)，阿其克乡小学(零星)，拜什托格拉克乡(片分)，多鲁乡(片分)，恰尔巴格乡(零星)，杭桂乡(片分)，县城青年公园(片分)；民丰县(片分)：县城街道兰帕东路，若克雅乡，萨勒吾则克乡；于田县：木尕拉镇(片分)，阿日希乡(片分)，拉伊苏农场(零星)，喀拉克尔乡(片分)，斯也克乡(零星)，柯克亚乡(零星)，奥依托格拉克乡(零星)，奥依托格拉克乡(零星)；策勒县固拉哈玛乡卫生院(零星)及努尔乡(片分)。

繁育方式：扦插或压条繁殖。

栽培应用现状：普遍栽培，园艺品种很多。

开发利用前景：园林观赏，药用，蜜源。

丰花月季 聚花月季 *Rosa chinensis* ‘Fenghua’

种质编号：HT-HTS-GJBGX-039、HT-HTS-NWGJD-003、HT-HTS-GLBGJD-020。

种质类型及来源：栽培品种；原产北半球。

形态特征：丛生性落叶灌木，花单瓣或重瓣，花繁密，3~25朵成花束状，花白色、红色、粉红均有，花期长，春末至秋季均开花。

生态习性：性强健，适应性强，阳性，喜温暖气候，较耐寒。花期长。

栽培地点与数量：和田市：古江巴克乡乡政府

大院(零星),纳瓦格街道玉石广场有1000株以上,古勒巴格街道三环路(零星)。

繁育方式:扦插或压条繁殖。

栽培应用现状:普遍栽培,园艺品种很多。

开发利用前景:园林观赏,药用,蜜源。

香水月季 *Rosa odorata* (Andr.) Sweet

种质编号:HT-HTX-WZX-019、HT-HTX-HARK-018;HT-MY-ZW-053,HT-MY-THL-002;HT-PS-MKL-040。

种质类型及来源:栽培种;原产我国西南部,现各地有栽培。

形态特征:阔叶常绿或半常绿灌木。茎蔓生,粗壮,无毛,具钩状刺。花瓣芳香,白色、粉红色或桔黄色。花期4~9月,果期6~11月。

生态习性:土壤要求虽不严格。

栽培地点与数量:和田县吾宗肖乡(零星);墨玉县(片分):扎瓦镇夏合勒克庄园,农业园区及托呼拉乡;皮山县木奎拉乡(零星)。

繁育方式:扦插或压条繁殖。

栽培应用现状:普遍栽培。

开发利用前景:园林观赏,药用,蜜源。

(九)杏属 *Armeniaca* Mill.

和田市978.49hm^2,和田县1 169.12hm^2,墨玉县5004.66hm^2,皮山县6497.35hm^2,洛浦县1006.67hm^2,民丰县876.94hm^2,于田县7717.35hm^2,策勒县3748.98hm^2。

繁育方式:种子繁殖,嫁接(芽接或枝接)繁殖。

栽培应用现状:食用,园林绿化。

开发利用前景:经济果木,药用,工业原料,用材,蜜源。

杏 *Armeniaca vulgaris* Lam

种质编号:HT-HTX-LYK-025;HT-PS-ZG-043、HT-PS-PXN-019、HT-PS-BSLG-017、HT-PS-PYLM-019;HT-LPX-LPZ-006、HT-LPX-DLX-088、HT-LPX-QEBGX-037、HT-LPX-LPXC-025。

种质类型及来源:乡土栽培种。

形态特征:落叶阔叶乔木,高5~10m,树皮暗灰褐色。叶片宽卵形或圆卵形,长5~8cm,宽4~6cm。花单生,直径2~3cm,花先于叶开放;花瓣圆形或倒卵形,粉红色或白色。果实球形,黄色或紫红色,少白色,常具红晕;果肉多汁,成熟时不开裂;核卵形或椭圆形;种仁扁圆形,味苦或甜。花期3~4月,果期6~7月。

生态习性:喜光,耐寒性强,耐干旱瘠薄。

栽培地点与数量:和田县拉依喀乡零星栽培;皮山县:藏桂乡,皮西那乡,巴什兰干乡和皮亚勒玛乡;洛浦县:洛浦镇多鲁乡合作社,恰尔巴格乡和县城青年公园等乡镇村栽培。

土杏 *Armeniaca vulgaris* Lam

种质编号:HT-HTS-NRWKJD-029;HT-HTX-TWKL-004;HT-PS-KSTG-043;HT-MF-YYKX-014;HT-YT-LGBZYNC-033、HT-YT-KLYC-009、

HT-YT-LYSNC-015、HT-YT-ARLX-016、HT-YT-AQX-050;HT-CL-BSTX-045等21份。

种质类型及来源:地方栽培品种。

形态特征:果实肉厚味浓,酸甜适口,质细多汁,纤维少,含糖量高,清香蜜甜。果皮光洁,呈黄白色或浅橙色。3~4月开花,6~7月结果。

生态习性:耐干旱。

栽培地点与数量:和田市(零星):伊里其乡(片分),吐沙拉乡,纳瓦格街道玉石广场,肖尔巴格乡,肖尔巴格乡,古江巴格街道,北京和田工业园区阳光沙漠有限公司内部,古勒巴格街道及奴尔瓦克街道玉泉湖公园;和田县塔瓦库勒乡(零星);皮山县阔什塔格镇(零星);民丰县叶亦克乡(片分);于田县:兰干博孜亚农场兰干荒地图什砍吨村0.067hm²,昆仑羊场(片分),拉伊苏农场(片分),阿热勒乡巴什也台巴什村(片分),阿羌乡喀什塔什村,博斯坦乡及努尔乡(零星);策勒县(零星)博斯坦乡及努尔乡。

西伯利亚杏 *Armeniaca sibirica* (L.) Lam

种质编号:HT-MY-ML-037。

种质类型及来源:乡土栽培种。

形态特征:灌木或小乔木。果实扁球形,径约1~2cm,黄色,被短柔毛;果肉薄而干燥,开裂;核扁球形,与果肉易分离,两侧扁,顶端圆形,基部不对称,表面较平滑,腹面宽而锐利;种仁味苦。花期5月,果期6~7月。

生态习性:喜光、抗寒(可耐-50℃低温)、抗旱,适应性强,开花期早,是北疆地区有发展前途的早春观赏树种之一。

栽培地点与数量:墨玉县芒来乡八扎布依村二小队(零星)。

毛杏 *Armeniaca sibirica* (L.) Lam

种质编号:HT-MY-ZW-133;HT-MF-YYKX-011;HT-YT-MGLZ-011、HT-YT-JYX-024、HT-YT-AQX-049、HT-YT-KLKRX-013、HT-YT-YBGX-029;HT-CL-CLX-099、HT-CL-BSTX-044、HT-CL-BSTX-053等14份。

种质类型及来源:乡土栽培种。

形态特征:果实扁球形,黄色或橘红色,有时具红晕,被短柔毛;果肉较薄而干燥,成熟时开裂,味酸涩不可食,成熟时沿腹缝线开裂;核扁球形,易与果肉分离,两侧扁,顶端圆形,基部一侧偏斜,不对称,表面较平滑,腹面宽而锐利;种仁味苦。花期3~4月,果期6~7月。

生态习性:喜光、抗寒、抗旱,适应性强。

栽培地点与数量:墨玉国家农业科技园;民丰县(片分):尼雅乡,若克雅乡及叶亦克乡;于田县(片分):木尕拉镇,加依乡,斯也克乡,英巴格乡,阿羌乡，喀拉克尔乡及英巴格乡；策勒县(零星)：沙漠研究站及博斯坦乡。

轮台白杏 *Armeniaca vulgaris* 'Luntaibai'

种质编号：HT-LPX-AQKX-005、HT-LPX-BSTGLKX-010、HT-LPX-NWX-005、HT-LPX-SPLZ-038。

种质类型及来源：栽培品种；库车小白杏一品种。

形态特征：果实长圆形，光滑无毛，质细多汁。3~4月开花，6~7月结果。

生态习性：耐寒、耐旱、耐高温。

栽培地点与数量：零星分布。洛浦县：阿其克乡，拜什托格拉克乡，纳瓦乡，山普鲁镇。

明星杏 *Armeniaca vulgaris* 'baimingxin'

种质编号：HT-PS-MJ-043、HT-PS-KLY-018、HT-PS-BSLG-018、HT-PS-DWZ-025、HT-PS-QD-027、HT-PS-KKTRK-004、HT-PS-KSTG-031；HT-LPX-AQKX-027；HT-YT-KLYC-026、HT-YT-KLKRX-068。

种质类型及来源：栽培品种；林木良种(新-S-SV-AV-063-2004)。

形态特征：落叶阔叶乔木，果实呈长卵圆形，肥大，果顶微尖，果面绿黄色，阳面有红晕，果肉青黄色，皮薄肉细，离核，汁少味酸，适宜加工。6月下旬成熟。

生态习性：适应山前地带种植。抗病虫害能力较弱。不耐储存，宜鲜食。

栽培地点与数量：皮山县：木吉镇(片分)，克里阳乡(片分)，巴什兰干乡(片分)，杜瓦镇，乔达乡，皮科克铁热克乡及阔什塔格镇；洛浦县阿其克乡(零星)；于田县(零星)：昆仑羊场及喀拉克尔乡。

黑叶杏 *Armeniaca vulgaris* 'Heiye'

种质编号：HT-HTS-JYX-011；HT-PS-KLY-017、HT-PS-KSTG-042、HT-PS-KSTG-036；HT-LPX-DLX-078、HT-LPX-BSTGLKX-005、HT-LPX-BSTGLKX-005。

种质类型及来源：选育品种；林木良种(新S-SV-AV-062-2004)；选育地皮山县克里阳乡。

形态特征：枝株高大，根系发达；完全花；果实色深，大，口感好。为和田地区主栽品种。

生态习性：喜光，耐寒性强，耐干旱瘠薄。

栽培地点与数量：和田市吉亚乡(零星)；皮山县：克里阳乡(片分)，阔什塔格镇及阔什塔格镇(零星)；洛浦县(零星)：多鲁乡，拜什托格拉克乡，杭桂乡(片分)，拜什托格拉克乡。

紫杏 *Armeniaca dasycarpa* (Ehrh.) Borkh.

种质编号：HT-LPX-LPZ-005、HT-LPX-NWX-050。

种质类型及来源：栽培种。

形态特征：高6m；小枝无毛，紫红色。叶片卵形至椭圆状卵形，叶边密生不整齐小钝锯齿，上面无毛，暗绿色，下面沿叶脉或在脉腋间具柔毛。花白色具粉红色斑点。果实近球形，暗紫红色；果肉与核粘贴，肉质多汁。花期4~5月，果期6~7月。

生态习性：耐寒性强。

栽培地点与数量：洛浦县(零星)洛浦镇及纳瓦乡。

胡安娜杏 *Armeniaca vulgaris* 'Huanna'

种质编号：HT-HTS-LSKZ-042；HT-PS-SZ-017；HT-YT-YBGX-026、HT-YT-AQX-024；HT-MF-RKYX-011、HT-MY-ZW-097；HT-CL-WLKSYX-027、HT-CL-QHX-048、HT-CL-QHX-019、HT-CL-QHX-020等21份。

种质类型及来源：选育品种；林木良种(新S-SV-AV-064-2004)；选育地皮山县。

形态特征：果实纺锤形，两边不对称。果皮熟后黄色，薄、光滑无毛。果肉橙黄色，纤维中等多，味甜。为优良的鲜、干兼用品种。平均单果重44g，最大果重51g，可溶性固形物含量19%。鲜果品质好。6月成熟。

生态习性：适应山前地带种植。抗病虫害能力较弱。

栽培地点与数量：和田市(少量)：伊里其乡，吐沙拉乡及拉斯奎镇阿瓦特提村果林；墨玉县：喀尔赛镇，雅瓦乡(片分)，阿克萨拉依乡阿亚克巴格艾日克村，阔其乡英艾日克村，奎牙镇，芒来乡，乌尔其乡，英也尔乡，扎瓦镇(阔坎村墨玉国营苗圃及夏合勒克庄园)；皮山县桑株乡(片分)；民丰县(片分)：尼雅乡，安迪尔牧场，若克雅乡及叶亦克乡，英巴格乡及阿羌乡(片分)；于田县(片分)：阿日希乡，希吾勒乡，斯也克乡(零星)；策勒县(零星)：努尔乡及恰哈乡，乌鲁克萨依乡及恰哈乡。

色买提杏 *Armeniaca vulgaris* 'Seimaiti'

种质编号：HT-MY-YW-023。

种质类型及来源：选育品种；林木良种：新S-SV-AV-060-2004。

形态特征：果肉厚、果核小，果皮中厚，肉质中细，汁液多，可食率达88%。成熟6月下旬至7月上中旬。

生态习性：适应性强；喜光；耐寒；耐旱；耐瘠薄。适应山前地带种植。抗病虫害能力较弱。

栽培地点与数量：墨玉县雅瓦乡托特艾格勒村8.0hm^2。

克孜郎杏 *Armeniaca vulgaris* 'Kezilang'

种质编号：HT-PS-DWZ-004、HT-PS-KSTG-036、HT-PS-SZ-038。

种质类型及来源：选育品种；选育地喀什地区。

形态特征：平均单果重48.5g。果肉浅黄色，肉厚、紧韧、汁少，果味酸甜，品质佳，可溶性固形含量18.6%。离核，仁甜较饱满。6月成熟。

生态习性：适应山前地带种植。抗病虫害能力较弱。

栽培地点与数量：零星分布。皮山县：阔什塔格镇，桑株乡及杜瓦镇。

麻雀杏 *Armeniaca vulgaris* 'Maquexing'

种质编号：HT-MY-YW-024、HT-MY-ML-036。

种质类型及来源：地方栽培品种；引种地：阿克苏地区阿瓦提县。

形态特征：果实个体只有拇指那么大。果肉甜、离核，质细多汁，纤维少，含糖量高，清香蜜甜。果皮光洁，呈黄白色或浅橙色，始花期3年，结实盛期5~30年；3~4月开花，5~7月结果；大小年周期2~3年。

生态习性：喜温、喜肥、较耐旱，高产、优质、抗病。

栽培地点与数量：墨玉县：雅瓦乡（片分）及芒来乡（零星）。

李光杏 油杏 *Armeniaca vulgaris* var. *glabra* S. X. Sum

种质编号：HT-MY-ZW-096；HT-LPX-BYX-098；HT-CL-QHX-044、HT-CL-NRX-025。

种质类型及来源：栽培变种。

形态特征：果皮底色橙黄，没有绒毛且蜡质较多；果肉浅黄色，汁多，纤维中，略带香气，含糖量12.0%；黏核，甜仁。6月底成熟。坐果率高，果实风味佳。落叶乔木。

生态习性：该品种适应性强，抗寒，耐旱，耐瘠薄，平地、丘陵均可栽植，在瘠薄山地栽植表现为树冠小，成花易，好管理，质量优的特点。

栽培地点与数量：零星分布。墨玉县扎瓦镇夏合勒克庄园；洛浦县布亚乡；策勒县努尔乡及恰哈乡。

桃杏 面桃杏 *Armeniaca vulgaris* 'Tao'

种质编号：HT-YT-YBGX-039；HT-CL-NRX-024。

种质类型及来源：栽培品种。

形态特征：果形端正，果顶稍平，缝合线明显，两半对称。幼果绿色，成熟后呈黄色，半透明，果面光洁度高，油亮。果肉橙黄色，韧而硬，味浓甜，具香气，品质上乘。果实成熟后，常温下存放一周不变软，挂在树上不脱落，较耐贮运。果肉离核，核光滑，核壳薄。花期3~4月，果期6~7月。

生态习性：抗寒，耐旱，耐瘠薄。

栽培地点与数量：零星分布。于田县英巴格乡；策勒县努尔乡。

波尔达克杏 *Armeniaca vulgaris* 'Berdake'

种质编号：HT-MF-YYKX-010。

种质类型及来源：乡土栽培种。

形态特征：果实球形，稀倒卵形，微被短柔毛。

栽培地点与数量：民丰县叶亦克乡（片分）。

小白杏 *Armeniaca vulgaris* 'Xiaobaixing'

种质编号：HT-HTS-JYX-029；HT-PS-KSTG-044；HT-YT-YBGX-044。

种质类型及来源：栽培种。

形态特征：果皮黄白色或淡橙黄色；果肉黄白色，质细，多汁，味极甜。

生态习性：土层深厚，土壤疏松，肥力一般的土地即可种植。

栽培地点与数量：和田市吉亚乡吉勒格艾力克村农家院（零星）；皮山阔什塔格镇克什拉克村4组农家院（零星）；于田县英巴格乡艾斯提尼木村30号（零星）。

（十）巴旦属 *Amygdalus* L.

扁桃 巴旦木 *Amygdalus communis* L.

种质编号：HT-HTS-JYX-032；HT-MY-ZW-047；HT-LPX-NWX-080；HT-MF-RKYX-038；HT-YT-AYTGLKX-032、HT-YT-TGRGZX-024、HT-YT-YBGX-033、HT-YT-YBGX-034；HT-CL-CQ-066、HT-CL-QHX-036等14份。

种质类型及来源：栽培种；新疆1000多年前引自伊朗。

形态特征：落叶阔叶乔木，高4~8m。枝条开展，无刺，具短枝。一年生枝上的叶互生，短枝上叶簇生；叶片披针形或椭圆状被针形，叶缘具浅钝锯齿。花单生，先于叶开放，着生在短枝或一年生枝上；花瓣长圆形，白色或粉红色。果实斜卵形或长圆状卵形，扁平，外面密被短柔毛，果肉薄，成熟时开裂；核卵形、宽椭圆形或短长圆形，核壳硬，黄白色或褐色，顶端尖，两侧不对称；种仁甜或苦。花期3~4月，果期7~8月。

生态习性：喜光，不耐遮阴，耐旱，耐寒，耐瘠薄。

栽培地点与数量：和田市（零星）：吐沙拉乡，肖尔巴格乡及吉亚乡；墨玉县扎瓦镇夏合勒克庄园；皮山县0.61hm²；洛浦县（零星）：阿其克乡及纳瓦乡；民丰县0.22hm²：若克雅乡；于田县（零星）：阿羌乡，奥依托格拉克乡，托格日喀孜乡及英巴格乡；策勒县（零星）：策勒县城及恰哈乡。

繁育方式：嫁接繁殖。

栽培应用现状：园林观赏，经济果木。

开发利用前景：油料，食用，药用，用材，蜜源。

（十一）桃属 *Percica* L.

红花山桃 *Percica davidiana* f. *rubr* (Bean) Rehd.

种质编号：HT-CL-CLX-092。

种质类型及来源：栽培变型。

形态特征：果实球形，淡黄色，表面被毛，果肉干燥；不可食；核球形，具沟纹。

生态习性：中生，较喜温，抗寒，耐旱，耐盐碱土壤。

栽培地点与数量：策勒县沙漠研究站3株。

繁育方式：播种繁殖，嫁接繁殖。

栽培应用现状：园林观赏，经济果木。

开发利用前景：砧木，药用，食用。

桃 *Percica vulgaris* Mill.

种质编号：HT-HTS-AKQLX-008；HT-HTX-LR-006；HT-MY-KY-022；HT-PS-GM-039；HT-YT-YBGX-009；HT-CL-CLX-033、HT-CL-CQ-011、HT-CL-DMGX-013、HT-CL-WLKSYX-024、HT-CL-QHX-038等30份。

种质类型及来源：栽培种。

形态特征：落叶阔叶小乔木，高3~8m。树冠平展，树皮暗红褐色，粗糙。嫩枝无毛，有光泽，向阳面变为红色。中间为叶芽，两侧为花芽。叶片长圆状被针形或倒卵状披针形；叶柄粗壮，常具腺体。花单生，先于叶开放；花瓣长椭圆形或宽倒卵形，粉红色，少白色；子房被短柔毛。果实球形、卵形成扁圆形，表面密被柔毛；果肉肥厚多汁；核椭圆形，顶端有尖，表面有沟槽和孔穴；种仁味苦，稀味甜。花期3~4月，果期8~9月。

生态习性：喜水喜肥。

栽培地点与数量：和田市：阿克恰勒乡（少量），阿克恰勒乡；和田县：拉依喀乡林业站（少量），朗如乡；墨玉县：奎牙镇，奎牙乡；皮山县876.07hm²：固玛镇，皮亚勒玛乡，皮西那乡，杜瓦镇，乔达乡，阔什塔格镇；民丰县50.34hm²；于田县1198.62hm²：拉伊苏农场，喀孜纳克开发区，斯也克乡，兰干乡，木尕拉镇，阿日希乡，阿热勒乡，喀孜纳克开发区，托格日喀孜乡，先拜巴扎镇，兰干乡，英巴格乡；策勒县：策勒乡（片分），县城色日克西路，达玛沟乡，努尔乡，乌鲁克萨依乡，恰哈乡。

繁育方式：嫁接繁殖。

栽培应用现状：园林观赏，经济果木。

开发利用前景：工业原料，食用，药用，蜜源。

新疆桃2号 费尔干桃 *Percica ferganensis* '2'

种质编号:HT-MY-KES-016。

种质类型及来源:栽培品种。

形态特征:果实扁圆形,底色黄绿,阳面大小差异很大,表面密被柔毛。花期3~4月,果期8~9月。

生态习性:喜光,不耐遮阴,抗寒力强。

栽培地点与数量:墨玉县喀尔赛镇尧勒瓦斯哈纳村0.18hm^2。海拔1294m,E79°37′,N37°31′。

墨玉土桃 *Percica ferganensis* 'Moyu'

种质编号:HT-HTX-YARK-016、HT-HTX-YAWT-021;HT-PS-MJ-022、HT-PS-MKL-027、HT-PS-BSLG-022;HT-MF-NYX-029、HT-MF-RKYX-010、HT-MF-YYKX-006、HT-MF-ADRMC-022;HT-YT-ARLX-039等11份。

种质类型及来源:乡土栽培品种。

形态特征:果实有三个鼓起异形。

栽培地点与数量:果园多片状种植。和田县英艾日克乡及英阿瓦提乡;皮山县:木吉镇,木奎拉乡及巴什兰干乡;民丰县:尼雅乡,若克雅乡,叶亦克乡,安迪尔牧场及若克雅乡;于田县阿热勒乡。

黏核毛桃 *Percica vulgaris* f. *sclerooersica* Vass.

种质编号:HT-HTS-AKQLX-012、HT-HTS-AKQLX-013;HT-LPX-HGX-047。

种质类型及来源:乡土栽培变型。

形态特征:果实较小,球形、卵形成扁圆形,表面密被柔毛;果肉肥厚多汁;核椭圆形,顶端有尖较长,果肉黏核,味甜。

栽培地点与数量:和田市阿克恰勒乡(片分);洛浦县恰尔巴格乡吉力力果园>1000株。

白桃 *Percica vulgaris* 'Beitao'

种质编号:HT-MY-KES-015、HT-MY-KY-023;HT-CL-CLZ-027。

种质类型及来源:栽培品种。

形态特征:果实球形,表面密被柔毛,色白。花期3~4月,果期8~9月。

生态习性:喜阳光,耐干燥,不耐遮阴,抗寒力强。抗逆。

栽培地点与数量:墨玉县(片分):喀尔赛镇,奎牙乡;策勒县:策勒镇1株。

小金鱼桃 北京8号 *Amygdalus vulgaris* ‘Beijing 8’

种质编号:HT-PS-MJ-037。

种质类型及来源:栽培种品。

形态特征:果实较小,果皮光滑无毛;核椭圆形,顶端有尖,表面有沟槽和孔穴;种仁味苦,稀味甜。花期3~4月,果期8~9月。

栽培地点与数量:皮山县木吉镇萨依巴格村刘怀国家(0.1334hm²,2006年种植)。

大青桃 *Percica vulgaris* ‘Daqin’

种质编号:HT-YT-AYTGLKX-083;HT-CL-NRX-023、HT-CL-CLZ-025。

种质类型及来源:栽培品种。

形态特征:果球形或卵形,径5~7cm,表面有短毛,白绿色。

生态习性:喜光,不耐遮阴,抗寒力强。

栽培地点与数量:于田县奥依托格拉克乡(E81°55′,N14°66′,海拔3650m);策勒县:努尔乡,策勒镇(海拔1418m,E80°47′,N36°58′)零星。

寿桃 *Percica vulgaris* Mill.

种质编号:HT-MY-ZW-122;HT-CL-CLZ-023。

种质类型及来源:栽培品种。

形态特征:果实球形,稍黄色,密被短柔毛。

生态习性:耐寒、耐旱,忌涝。

栽培地点与数量:墨玉国家农业科技园;策勒县策勒镇1株(海拔1418m,E80°47′,N’36°58′)。

嘴桃 *Percica vulgaris* ‘Zuitao’

种质编号:HT-CL-CLZ-026。

种质类型及来源:栽培品种。

形态特征:果实大圆形,尾部长相像“鹰嘴”,果面绿色,阳面有红晕,有绒毛。

生态习性:喜光,不耐阴,耐寒,耐旱,忌涝,喜肥沃、排水良好的土壤,碱性土、黏重土均不适宜栽培。

栽培地点与数量:策勒镇1株(海拔1418m,E80°47′,N36°58′)。

库克绿桃子 *Percica vulgaris* 'Kukelu'

种质编号:HT-MY-KY-019。

种质类型及来源:栽培品种。

形态特征:果实不规则,扁平圆形,小。

生态习性:喜阳光,耐旱。

栽培地点与数量:墨玉县奎牙乡51~100株(海拔1291m,E79°37′,N37°20′)。

塔克桃 *Percica vulgaris* 'Take'

种质编号:HT-MY-KES-018、HT-MY-KY-020、HT-MY-KY-021。

种质类型及来源:栽培品种。

形态特征:果实小。

栽培地点与数量:墨玉县(少量):喀尔赛镇,奎牙镇。

美国黄桃 *Percica vulgaris* 'Meiguohuang'

种质编号:HT-LPX-LPZ-059、HT-LPX-NWX-048、HT-LPX-QEBGX-048、HT-LPX-SPLZ-005。

种质类型及来源:引入栽培品种。

形态特征:核果近球形,密被短毛。果实特别大,单个可达400g,成熟后汁液丰富,口感好。

生态习性:喜光,不耐阴,耐寒,耐旱,忌涝,喜肥沃、排水良好的土壤。在碱性土和黏重土壤中生长不良。

栽培地点与数量:洛浦县:洛浦镇吉力力果园11~100株,纳瓦乡居来提农户家1~10株,恰尔巴格乡吉力力果园200株,山普鲁镇培训地18株。

土毛桃 新疆桃 *Percica ferganensis* Kov.et Kost.

种质编号:HT-HTS-GLBGJD-044;HT-LPX-SPLZ-012;HT-MY-ZW-098;HT-LPX-NWX-073;HT-MF-NYZ-017;HT-YT-AYTGLKX-034;HT-CL-CLX-018、HT-CL-GLhm2X-026、HT-CL-BSTX-027、HT-CL-CLZ-024等24份。

种质类型及来源:乡土栽培品种。

形态特征:果实球形,先端圆钝或微尖,稍黄色,密被短柔毛;果肉薄,干燥,离核;核小,具沟纹。花期3~4月,果期8月。

生态习性:喜光,不耐阴。适温和气候,耐寒、耐旱,忌涝。喜肥沃、排水良好的土壤,碱性土、黏重土均不适宜。

栽培地点与数量：零星种植。和田市：拉斯奎镇，吉亚乡，古勒巴格街道；墨玉县：阿克萨拉依乡，扎瓦镇夏合勒克庄园；洛浦县：布亚乡，纳瓦乡，杭桂乡，山普鲁镇培训地；于田县：兰干博孜亚农场兰，昆仑羊场，喀拉克尔乡，斯也克乡，阿羌乡，奥依托格拉克乡；民丰县尼雅镇；策勒县：策勒乡，固拉哈玛乡卫生院，博斯坦乡，策勒镇，达玛沟乡。

和田绿毛桃 *Percica vulgaris* 'Hetianlu'

种质编号：HT-HTS-JYX-031；HT-LPX-LPZ-056、HT-LPX-AQKX-021。

种质类型及来源：乡土栽培品种。

形态特征：果小，果皮有短绒、颜色绿色。果肉不离核。

栽培地点与数量：和田市吉亚乡1~10株；洛浦县：洛浦镇11~100株，阿其克乡农户院内1~10株。

和田离核毛桃 *Percica vulgaris* f. *aganopersica* Reich.

种质编号：HT-HTS-YLQX-031；HT-LPX-SPLZ-003。

种质类型及来源：乡土栽培变型。

形态特征：果近球形，有短柔毛，果肉离核。

栽培地点与数量：和田市伊里其乡（零星）；洛浦县山普鲁镇培训地（零星）。

和田晚熟黏核土毛桃 *Percica vulgaris* f.*scloropersica* Vass.

种质编号：HT-HTS-GJBGX-005、HT-HTS-YLQX-026、HT-HTS-TSLX-020；HT-LPX-QEBGX-047。

种质类型及来源：乡土栽培变型。

形态特征：果肉黏核。晚熟。

栽培地点与数量：农户家零星种植。和田市：古江巴克乡，伊里其乡，吐沙拉乡；洛浦县恰尔巴格乡吉力力果园1000株左右。

皮山黏核毛桃 *Percica vulgaris* f. *scloropersica* Vass.

种质编号：HT-LPX-QEBGX-046。

种质类型及来源：乡土栽培变型。

形态特征：果肉不离核。

栽培地点与数量：洛浦县恰尔巴格乡吉力力果园1000株左右。

艾乐蔓8号毛桃 *Percica vulgaris* 'Aileman8'

种质编号:HT-LPX-QEBGX-038。

种质类型及来源:乡土栽培品种;恰尔巴格乡吉力力桃园嫁接。

形态特征:树势健壮。果个大,果皮有绿白绒毛。

栽培地点与数量:洛浦县恰尔巴格乡吉力力果园1000株左右。

美国彼得毛桃 *Percica vulgaris* 'Meiguobeide'

种质编号:HT-LPX-SPLZ-011。

种质类型及来源:引入栽培品种。

形态特征:果皮面有短绒毛,绿色。果肉淡白色。花期4月,果期7~9月。

栽培地点与数量:洛浦县山普鲁镇培训地约1.0hm²。

油桃 桃驳李 *Percica vulgaris* var. *nectarina* Maxim.

种质编号:HT-PS-MJ-041;HT-LPX-BYX-094;HT-MF-SLWZKX-012;HT-YT-ARXX-017、HT-YT-TGRGZX-057、HT-YT-XBBZZ-050、HT-YT-LGBZYNC-030、HT-YT-AQX-017、HT-YT-AYTGLKX-018;HT-CL-CLX-032等17份。

种质类型及来源:引入栽培变种。

形态特征:表皮无毛光滑、发亮,颜色较鲜艳,好像涂了一层油。皮不好剥,肉质脆。

生态习性:对土壤、气候的适应性和栽培技术跟普通桃基本一样。耐贮运。

栽培地点与数量:多零星分布。皮山县木吉镇(少量);洛浦县布亚乡;民丰县:若克雅乡(片分),喀萨勒吾则克乡,山普鲁镇林果园艺专业培训基地;于田县:阿日希乡,拉伊苏农场,喀拉克尔乡,托格日尕孜乡,先拜巴扎镇,叶亦克乡,萨勒吾则克乡,兰干博孜亚农场,阿羌乡,奥依托格拉克乡;策勒县:策勒乡,博斯坦乡,乌鲁克萨依乡(少量)。

早熟油桃 *Percica vulgaris* var. *nectarina* Maxim.

种质编号:HT-LPX-DLX-086。

种质类型及来源:栽培变种。

形态特征:果实肉厚,多汁。较普通油桃较早成熟,一般6~7月成熟。

生态习性:对土壤、气候的适应性和栽培技术跟普通桃基本一样。耐贮运。

栽培地点与数量：洛浦县多鲁乡合作社1~10株。

中晚熟油桃 *Percica vulgaris* var. *nectarina* Maxim.

种质编号：HT-LPX-NWX-038。

种质类型及来源：栽培变种。

形态特征：大部分果面着鲜红色，艳丽美观。果肉微红。离核。一般8月成熟。

生态习性：它对土壤、气候的适应性和栽培技术跟普通桃基本一样。耐贮运。

栽培地点与数量：洛浦县纳瓦乡居来提农户1~10株，2008年种植。

晚熟油桃 *Percica vulgaris* var. *nectarina* Maxim.

种质编号：HT-HTS-YLQX-029；HT-LPX-LPZ-055、HT-LPX-NWX-051、HT-LPX-SPLZ-009、HT-LPX-NWX-039。

种质类型及来源：栽培变种。

形态特征：成熟晚，一般8~9月成熟。

生态习性：对土壤、气候的适应性和栽培技术跟普通桃基本一样。耐贮运。

栽培地点与数量：多零星分布。和田市伊里其乡；洛浦县：洛浦镇吉力力果园（少量），纳瓦乡，山普鲁镇培训地。

和田红油桃 *Percica vulgaris* var. *nectarina* 'Hetianhong'

种质编号：HT-HTS-GJBGX-002、HT-HTS-YLQX-025、HT-HTS-TSLX-029。

种质类型及来源：乡土栽培变种。

形态特征：表皮是无毛而光滑的、发亮的、颜色比较鲜艳，好象涂了一层油。皮不好剥，肉质脆。

生态习性：对土壤、气候的适应性和栽培技术跟普通桃基本一样。耐贮运。

栽培地点与数量：均少量分布。和田市：古江巴克乡，伊里其乡及吐沙拉乡。

喀什油桃 *Percica vulgaris* var. *nectarina* 'Kashi'

种质编号：HT-LPX-QEBGX-041。

种质类型及来源：栽培品种；引种地：喀什。

形态特征：果皮无毛光滑，果面颜色为鲜红色，

果肉乳白色,离核。

生态习性:对土壤、气候的适应性和栽培技术跟普通桃基本一样。耐贮运。

栽培地点与数量:洛浦县恰尔巴格乡吉力力果园0.4hm²,2008年种植。

红油桃 *Percica vulgaris* var. *nectarina* 'Hong'

种质编号:HT-LPX-AQKX-018、HT-LPX-LPZ-050,HT-LPX-NWX-075;HT-YT-AYTGLKX-033、HT-YT-SYKX-029、HT-YT-KLKRX-047;HT-CL-BSTX-028、HT-CL-NRX-052、HT-CL-WLKSYX-019、HT-CL-QHX-042等11份。

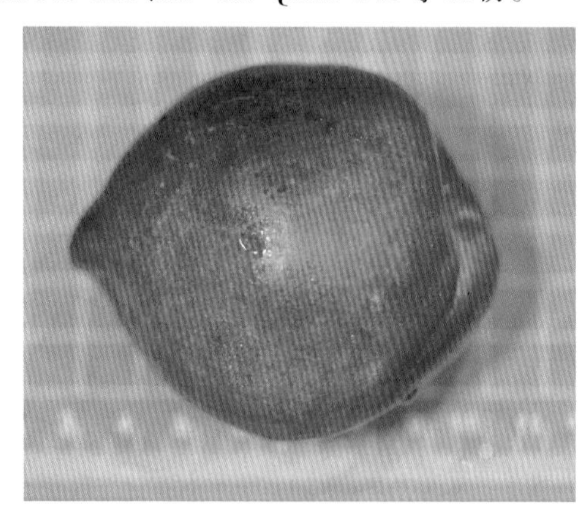

种质类型及来源:栽培品种。

形态特征:果近球形,表面有绒毛,为橙黄色泛红色,有带深麻点和沟纹的核,内含白色种子。

生态习性:对土壤、气候的适应性和栽培技术跟普通桃基本一样。耐贮运。

栽培地点与数量:多零星种植。洛浦县:阿其克乡,山普鲁镇培训地,纳瓦乡(片分);于田县:奥依托格拉克乡,斯也克乡,喀拉克尔乡;策勒县:博斯坦乡,努尔乡,乌鲁克萨依乡,恰哈乡,策勒镇。

绿油桃 *Percica vulgaris* var. *nectarina* 'Lu'

种质编号:HT-MY-AKSLY-066、HT-MY-ZW-109;HT-LPX-BYX-095、HT-LPX-LPZ-013、HT-LPX-SPLZ-002、HT-LPX-BSTGLKX-045、HT-LPX-HGX-045;HT-YT-SYKX-027,HT-YT-LGX-031;HT-CL-QHX-035等11份。

种质类型及来源:乡土栽培品种。

形态特征:果皮表面有短绒毛,绿色。果肉淡白色。3~4月开花,6~7月成熟。

生态习性:对土壤、气候的适应性和栽培技术跟普通桃基本一样。耐贮运。

栽培地点与数量:各地零星种植。墨玉县:阿克萨拉依乡,国家农业科技园;洛浦县:布亚乡政府大院,洛浦镇博斯坎村,山普鲁镇培训地,拜什托格拉克乡,杭桂乡;于田县:斯也克乡,兰干乡;策勒县恰哈乡。

美国油桃 *Percica vulgaris* var. *nectarina* 'Meiguo'

种质编号:HT-LPX-BSTGLKX-007、HT-LPX-LPZ-054、HT-LPX-SPLZ-013;HT-CL-CLZ-014、HT-CL-QHX-032。

种质类型及来源:栽培品种。

形态特征:果表皮光滑无毛,颜色暗红。果皮中厚,不易剥离。果肉乳白色,软溶质,汁液丰富,纤维中等。

生态习性:对土壤、气候的适应性和栽培技术跟普通桃基本一样。耐贮运。

栽培地点与数量:各地零星种植。洛浦县:拜什托格拉克乡,洛浦镇,山普鲁镇;策勒县:策勒镇,恰哈乡。

美国红宝石油桃 *Percica vulgaris* var. *nectarina* 'Meiguohongbaoshi'

种质编号:HT-LPX-QEBGX-040、HT-LPX-SPLZ-006、HT-LPX-LPZ-058。

种质类型及来源:引入栽培品种。

形态特征:果表皮无毛光滑,颜色红色。果肉黄白色,离核性。口感甜、多汁。

生态习性:对土壤、气候的适应性和栽培技术跟普通桃基本一样。耐贮运。

栽培地点与数量:洛浦县:恰尔巴格乡吉力力果园(片分),山普鲁镇培训地(零星),洛浦镇吉力力果园(零星)。

美国斯宾卡斯毛桃 *Percica vulgaris* 'Meiguosibinkasi'

种质编号:HT-LPX-SPLZ-007。

种质类型及来源:栽培品种。

形态特征:果实表面有绒毛,肉厚,多汁。花期4月,果期7~9月。

生态习性:不耐贮运。

栽培地点与数量:洛浦县山普鲁镇培训地,6hm^2,2004年种植。

葫芦桃 *Percica vulgaris* 'Hulu'

种质编号:HT-YT-ARLX-039。

种质类型及来源:栽培品种。

形态特征:小枝黑红色。果实葫芦状,果面近无毛,绿色有红晕。花期4月,果期6月中下旬。

栽培地点与数量:于田县阿热勒乡也台巴什村7村。农户家院内零星。

水蜜桃 *Percica vulgaris* L.

种质编号:HT-PS-MKL-049;HT-LPX-LPZ-

057;HT-YT-LGX-050。

种质类型及来源:栽培品种。

形态特征:果实较大,个体重360g左右;球形表面密被柔毛。果肉黏核。味甜多汁。果熟期6~8月。

栽培地点与数量:皮山县木奎拉乡兰干村315国道旁私人桃园;洛浦县恰尔巴格乡吉力力果园(少量);于田县兰干乡荒漠(零星)。

李光桃 *Percica vulgaris* var. *aganonucipersica* Yu et Lu

种质编号:HT-MY-JHBG-006、HT-MY-KY-046;HT-PS-MJ-036、HT-PS-MKL-051。

种质类型及来源:栽培变种。

形态特征:果实较小,果皮光滑无毛;核椭圆形,顶端有尖,表面有沟槽和孔穴;种仁味苦,稀味甜。花期4~5月,果实6月~7月成熟。

生态习性:对土壤、气候的适应性和栽培技术跟普通桃基本一样。耐贮运。

栽培地点与数量:墨玉县(零星):加汗巴格乡,奎牙镇;皮山县(少量):木吉镇,木奎拉乡兰干村316国道旁私人桃园。

蟠桃 *Percica vulgaris* var. *compressa* Yü et Lu

种质编号:HT-MY-AKSLY-063、HT-MY-ZW-120; HT-PS-MKL-050; HT-LPX-NWX-036、HT-LPX-NWX-070、HT-LPX-QEBGX-058、HT-LPX-SPLZ-018、HT-LPX-HGX-019;HT-CL-CLX-095。

种质类型及来源:栽培变种。

形态特征:枝丫盘曲,果实形状扁圆,顶部凹陷形成一个小窝,果皮呈深黄色,顶部有一片红晕。果肉黄色,肉细、皮韧易剥、味甜汁多。8~9月果熟。

生态习性:抗寒、耐旱。

栽培地点与数量:墨玉县阿克萨拉依乡(片分),国家农业科技园;皮山县木奎拉乡兰干村316国道旁私人桃园;洛浦县(少量):纳瓦乡,纳瓦乡,恰尔巴格乡,山普鲁镇,杭桂乡;策勒县沙漠研究站1株。

红叶碧桃 *Percica vulgaris* var. *duplex* Rehd.

种质编号:HT-HTS-NWGJD-005、HT-HTS-GJBGJD-018、HT-HTS-BJHTGYY-054、HT-HTS-LSKZ-043、HT-HTS-JYX-074、HT-HTS-GLBGJD-040、HT-HTS-NRWKJD-027;HT-LPX-LPXC-002。

种质类型及来源:栽培变种。

形态特征:株高3~5m,幼叶鲜红色,老叶呈紫红色。花重瓣、桃红色。核果球形,果皮有短绒毛,内有蜜汁。花期4~5月,果期6~8月。

生态习性:喜光,耐旱,耐寒,喜肥沃而排水良好的土壤,不耐水湿。耐寒性特别突出。

栽培地点与数量:多片状分布。和田市:纳瓦格街道玉石广场,古江巴格街道,北京和田工业园区开发区广场，拉斯奎镇阿瓦特提村果林，吉亚乡，古勒巴格街道，奴尔瓦克街道玉泉湖公园；洛浦县城青年公园。

繁育方式：嫁接繁殖。

栽培应用现状：园林观赏。

开发利用前景：城镇绿化，药用，蜜源植物。

（十二）榆叶梅属 *Louiscania* Carr.

榆叶梅 *Louiscania triloba* Carr.

种质编号：HT-HTS-BJHTGYY-013、HT-HTS-JYX-075；HT-HTX-WZX-021；HT-MY-MYZ-029、HT-MY-ZW-111；HT-PS-NABT-005、HT-PS-GM-003、HT-PS-QD-016、HT-PS-KKTRK-007；HT-LPX-LPZ-071等16份。

种质类型及来源：栽培种。

形态特征：阔叶落叶灌木，高2~3m。花1~2朵，先于叶开放，直径2~3cm。花期4~5月，果期5~7月。

生态习性：喜光，耐寒，耐旱，耐轻盐碱土，稍耐阴，不耐水涝，抗病力强。

栽培地点与数量：多做少量种植。和田市：伊里其乡，纳瓦格街道玉石广场，肖尔巴格乡合尼村巴格万园林，北京和田工业园区广场，吉亚乡；和田县：吾宗肖乡；墨玉县：墨玉镇银河南路，国家农业科技园；皮山县：垴阿巴提塔吉克乡，火车站前广场（片分），乔达乡，科克铁热克乡；洛浦县：洛浦镇，纳瓦乡，山普鲁镇，杭桂乡，县青年公园。

繁育方式：播种和分株繁殖。

栽培应用现状：园林绿化。

开发利用前景：防护，绿篱，砧木，药用，蜜源植物。

重瓣榆叶梅 *Louiscania triloba* var. *Multiples* Bge.

种质编号：HT-HTS-GLBGJD-041。

种质类型及来源：栽培变种。

形态特征：花重瓣，先于叶开放。花期4~5月，果期5~7月。

生态习性：喜光，耐寒，耐旱，耐轻盐碱土，稍耐阴，不耐水涝，抗病力强。在湿润、肥沃疏松而排水良好的沙质壤土上生长健壮。

栽培地点与数量：和田市古勒巴格街道首邦花园小区1~10株。

繁育方式：嫁接和压条繁殖。

开发利用现状：园林绿化。

开发利用前景：观赏、防护，药用，蜜源植物。

（十三）稠李属 *Padus* Mill.

紫叶稠李 加拿大红樱 *Padus virginiana* 'Canada Red'

种质编号：HT-HTS-BJHTGYY-061；HT-PS-PXN-012。

种质类型及来源：栽培品种；林木良种（新-S-SC-PV-012-2014）；原产地黑龙江。

形态特征:落叶阔叶小乔木。单叶互生,叶缘有锯齿。小枝光滑。初生叶为绿色,随着温度升高,逐渐转为紫红绿色至紫红色,秋后变成红色。总状花序,花序直立,后期下垂;花瓣白色。核果卵球形,果色由浅绿到淡黄再到橘红,秋季呈紫红色或紫黑色,果皮光亮。花期~5月,果期6~10月。

生态习性:抗寒,喜阴,在湿润、肥沃、排水良好的沙质壤土上生长良好。

栽培地点与数量:和田市北京和田工业园区玉龙庄园前;皮山县皮西那乡乡政府。零星栽培。

繁育方式:播种、嫁接和扦插繁殖。

开发利用现状:园林观赏。

开发利用前景:园林绿化,防护,药用,蜜源。

(十四)李属 *Prunus* L.

繁育方式:嫁接繁殖。

栽培应用现状:食用。

开发利用前景:园林绿化,经济果木,药用,工业原料,蜜源。

李子 *Prunus salicina* Lindl.

种质编号:HT-HTS-BJHTGYY-036;HT-MY-MYZ-015、HT-MY-KY-014、HT-MY-AKSLY-088、HT-MY-ZW-099;HT-PS-MJ-004、HT-PS-MJ-005;HT-YT-ARXX-039、HT-YT-SYKX-026、HT-YT-ARLX-037。

种质类型及来源:栽培种。

形态特征:落叶阔叶乔木,9~12m。树皮灰褐色,粗糙。老枝紫褐色或红褐色,当年生小枝黄红色。叶片长圆状倒卵形或长椭圆形,稀长圆卵形,上面深绿色,有光泽。花常3朵并生,花瓣白色,长圆倒卵形,有明显的紫色脉纹。核果球形,卵球形或心形,黄色或红色,有时绿色或紫色;核卵圆形或长圆形。花期4~5月,果期7~8月。

生态习性:抗寒力强,不择土壤,不耐积水。

栽培地点与数量:多零星分布。和田市:北京和田工业园区阳光沙漠有限公司;墨玉县:奎牙镇,墨玉镇,阿克萨拉依乡其娜尔民俗风情园,扎瓦镇夏合勒克庄园;皮山县0.31hm²:木吉镇;于田县:阿日希乡,斯也克乡(片分),阿热勒乡。

红李 *Prunus salicina* 'Hong'

种质编号:HT-PS-KSTG-008。

种质类型及来源:栽培品种。

形态特征:果皮红色。果期6~7月。

生态习性:抗寒力强,抗病力不及普通李子。

栽培地点与数量:皮山县阔什塔格镇政府院内1~10株,1994年种植。海拔1791m,E78°03′,N37°21′。

黑布朗李 黑李子 *Prunus salicina* 'Heibulang'

种质编号:HT-MY-AKSLY-061、HT-MY-ZW-132;HT-LPX-LPZ-011。

种质类型及来源:引入栽培品种;原产美国,新西兰等地。

形态特征:果实扁圆形,其外形酷似李子,果径约4cm,平均单果重约145g,果皮底色绿,着暗紫红色，果点灰白色，果粉较厚，灰白色，果肉黄色，肉质致密，汁多，味酸甜，微香。极耐运输，常温下果实可存放10~20天，在0℃~5℃条件下能储藏2~3个月。成熟期在8月上中旬左右。

生态习性：抗病性强，不易感染病毒病。土壤适应性广。不需疏花疏果。自花不实，栽培上需要配置授粉树，适宜授粉品种为澳得罗达、玫瑰皇后。

栽培地点与数量：墨玉县：阿克萨拉依乡阿尔麻扎村1.68hm²，国家农业科技园（零星）；洛浦镇（零星）。

美国红宝石李子 *Prunus salicina* 'Meiguohong-baoshi'

种质编号：HT-YT-LGX-019、HT-YT-LGX-023。

种质类型及来源：栽培品种。

形态特征：核果球形，卵球形或心形，黄色或红色，有时绿色或紫色；核卵圆形或长圆形。花期4~5月，果期7~8月。

生态习性：抗寒力强，不择土壤，不耐积水。

栽培地点与数量：于田县兰干乡0.067hm²。

毛加李子 *Prunus salicina* 'Maojia'

种质编号：HT-MY-KES-025。

种质类型及来源：栽培品种。

形态特征：核果球形，花期4~5月，果期7~8月。

生态习性：抗寒力强，不择土壤，不耐积水。

栽培地点与数量：墨玉县喀尔赛镇尤勒瓦斯哈纳村艾买尔·克里木家果园1~10株，1994年种植。海拔1305m，E79°38′，N37°31′。

紫布朗李 *Prunus salicina.* 'Zibulang'

种质编号：HT-LPX-BSTGLKX-049、HT-LPX-LPZ-063、HT-LPX-NWX-004、HT-LPX-QEBGX-053。

种质类型及来源：栽培品种；原产地美国（美国培育的最新李树品种）。

形态特征：果形如鸡蛋大小，平均果径达6cm，果面鲜红色，完全成熟时呈紫黑色，果实酸甜适口，核小，肉质柔软，口感好，富有香气，风味甜，含糖量高。

生态习性:适应性强,喜光,较耐干旱。

栽培地点与数量:洛浦县:拜什托格拉克乡农家院1~10株,洛浦镇吉力力果园51~100株,纳瓦乡乡大院51~100株,恰尔巴格乡吉力力桃园101~1000株。

美国杏李 风味皇后 *Prunus domestica×avmeniaca* 'Fengweihuanghou'

种质编号:HT-LPX-LPZ-074、HT-LPX-NWX-077、HT-LPX-QEBGX-054、HT-LPX-LPZ-015。

种质类型及来源:栽培品种。原产西亚及欧洲。

形态特征:落叶阔叶乔木,5~12m。核果球形,卵球形或心形,黄色,肉汁酸甜。

生态习性:抗寒力强,不择土壤,不耐积水。

栽培地点与数量:洛浦县:洛浦镇(零星),纳瓦乡(零星),恰尔巴格乡吉力力桃园(片分)。

黑心樱桃李 *Prunus sogdiana* 'Heixin'

种质编号:HT-MY-KES-027、HT-MY-KQ-036、HT-MY-AKSLY-059、HT-MY-YW-008。

种质类型及来源:栽培品种。

形态特征:果实心脏形,果顶尖圆。果面棕红色,果肉血红色。花期4~5月,果期7~8月。

生态习性:抗寒力强,不择土壤,不耐积水。

栽培地点与数量:墨玉县(零星):喀尔赛镇,阔其乡,阿克萨拉依乡,雅瓦乡。

红心李 *Prunus sogdiana* 'Red Heart'

种质编号:HT-MY-AKSLY-056。

种质类型及来源:栽培品种;以Duart×Wicrson杂交育成;山东省果树研究所于1987年从澳大利亚引入,中国南方主栽品种。

形态特征:果实心脏形,果顶尖圆。果面棕红色,果肉血红色,肉质细嫩,汁液多,味甘甜,香气较浓。丰产。品质上等。是加工嘉应子的重要原料。

生态习性:适应性广,易栽培,进入结果期早,抗旱力强,抗寒力中等,花期易遭晚霜危害,对花腐病、黑斑病有一定的抵抗力。较耐贮运。

栽培地点与数量:墨玉县阿克萨拉依乡阿尔麻扎村1.7hm^2。海拔1385m,E79°40′,N37°07′。

鸡心李 *Prunus salicina* 'Jixin'

种质编号:HT-MY-YW-012;HT-PS-SZ-011;HT-LPX-QEBGX-057、HT-LPX-NWX-069;HT-YT-ARXX-038、HT-YT-LYSNC-037、HT-YT-KLKRX-021、HT-YT-AYTGLKX-080;HT-CL-NRX-060、HT-CL-QHX-043。

种质类型及来源:栽培品种。

形态特征:果实鸡心形,果顶突起,果实黑紫色,有蜡质,白色果粉,无绒毛,果皮中厚,光滑,难剥皮，果肉绿黄色，核卵形，淡褐色。成熟期8月。

生态习性：抗寒力强，不择土壤，不耐积水。

栽培地点与数量：多零星分布。墨玉县雅瓦乡；皮山县桑株乡；洛浦县恰尔巴格乡及纳瓦乡；于田县：拉伊苏农场（片分），阿日希乡，喀拉克尔乡，奥依托格拉克乡及库勒艾日克村；策勒县努尔乡及恰哈乡。

牛心李 *Prunus salicina* ‘Niuxin’

种质编号：HT-PS-KSTG-006。

种质类型及来源：栽培品种。原产加拿大。

形态特征：因果形似牛心、个大而得名。果实向阳为红色或粉红色，被较厚果粉。果肉橙黄色，可食率高，味甘甜、略涩，黏核。7月下旬成熟。耐贮运。

栽培地点与数量：皮山县阔什塔格镇政府院内1~10株。

美国杏李 恐龙蛋（1）*Prunus domestica* × *avmeniaca* ‘Konglongdam’

种质编号：HT-LPX-LPZ-062、HT-LPX-QEB-GX-049。

种质类型及来源：引入栽培品种。

形态特征：果个大，圆形，果面颜色为淡红色，果肉鲜红色；可鲜食，也可作果干。果甜，口感佳。

生态习性：枝条密集，结实能力强，丰产性突出。

栽培地点与数量：零星种植。洛浦县：洛浦镇吉力力果园，恰尔巴格乡。

美国杏李 恐龙蛋（2）*Prunus domestica* × *avmeniaca* ‘Konglongdam’

种质编号：HT-YT-KLKRX-022。

种质类型及来源：栽培品种。

形态特征：果肉淡黄色，质地紧密，有浓香味，黏核，微涩；核小，扁球形，有纵沟。气味独特芳香，果大早实、高产稳产、收获期长。果期6~7月。

生态习性：对气候的适应性强，对土壤只要土层较深，有一定的肥力，不论何种土质都可以栽种。

栽培地点与数量：于田县喀拉克尔乡3株，2010年种植。海拔1400m，E81°13′，N36°57′。

欧洲李 *Prunus domestica* L.

种质编号：HT-YT-KLKRX-025；HT-PS-KSTG-005。

种质类型及来源：引入栽培种；原产地：欧洲。

形态特征：落叶乔木，高6~15m。花瓣白色，有时带绿晕。核果通常卵球形到长圆形，稀近球形，通常有明显侧沟，红色、紫色、绿色、黄色，常被蓝色果粉，果肉离核或黏核；核广椭圆形，顶端有尖头，表面平滑，起伏不平或稍有蜂窝状隆起；果梗无毛。花期5月，果期9月。

生态习性：抗寒力强，不择土壤，不耐积水。

栽培地点与数量：皮山县阔什塔格镇1~10株；于田县喀拉克尔乡0.067hm²。

法国洋李 西梅 *Prunus domestica* L.

种质编号：HT-HTS-JYX-069；HT-MY-ZW-112；HT-PS-MKL-038；HT-LPX-AQKX-037、HT-LPX-LPZ-007、HT-LPX-NWX-047、HT-LPX-QEBGX-050；HT-MF-RKYX-039；HT-YT-ARLX-038；HT-CL-NRX-020等20份。

种质类型及来源：引入栽培种；原产地：法国。

形态特征：落叶阔叶乔木，高可达10m。果实成熟时，表皮呈深紫色，果肉呈琥珀色。芳香甜美，口感润滑。花期5~6月，果期8~9月。

生态习性：喜光也耐阴，抗寒力较强，怕积水涝洼，不耐干旱瘠薄，在湿润肥沃的砂质壤土上生长良好，萌蘖力强，病虫害少。

栽培地点与数量：少量分布。和田市：古江巴克乡，吐沙拉乡，吉亚乡；墨玉县：墨玉镇，阔其乡，墨玉国家农业科技园；皮山县：阔什塔格镇，木奎拉乡；洛浦县：阿其克乡，洛浦镇，纳瓦乡，恰尔巴格乡吉力力果园；民丰县：若克雅乡（片分）；于田县：托格日喀孜乡（片分），先拜巴扎镇，斯也克乡，英巴格乡，阿羌乡，阿热勒乡；策勒县努尔乡。

法新西梅 新梅4号 *Prunus domestica* 'Xinmei 4'

种质编号：HT-LPX-BYX-023、HT-LPX-NWX-064、HT-LPX-SPLZ-015、HT-LPX-BST-GLKX-048。

种质类型及来源：选育品种，选育地点新疆阿克陶县；林木良种(新-S-SV-PD-014-2013)。

形态特征：果甜，含糖量10%；外观光泽，果面颜色为深红淡黄色；可溶性固形物含量21.3%，维生素C含量8.4mg/100 g，果形指数1.31，可鲜食，也可作果干。

生态习性：长势较强，萌芽力、成枝力强，枝条密集，结实能力强，丰产性突出；抗逆性较强，耐旱、抗病虫能力强，能耐-25℃低温。

栽培地点与数量：零星种植。洛浦县：洛浦镇，纳瓦乡，山普鲁镇林果园艺专业培训基地，拜什托格拉克乡。

大西梅 *Prunus domestica* L.

种质编号：HT-LPX-QEBGX-051。

种质类型及来源：引入栽培品种。

形态特征：果面颜色为深红色，果面有白霜；果肉黄色，味甜汁多，可鲜食，也可作果干。

生态习性：长势较强，萌芽力、成枝力强，枝条密集，结实能力强。

栽培地点与数量：洛浦县恰尔巴格乡吉力力桃园(片林)。

阿勒恰李 *Prunus domestica* 'Aleqia'

种质编号：HT-LPX-HGX-046。

种质类型及来源：地方栽培品种。

形态特征：果实个大，长形，果期6月。

生态习性：抗寒、耐旱。

栽培地点与数量：洛浦县杭桂乡巴格基村农家院里1~10株。

繁育方式：毛桃做砧木，嫁接繁殖。

栽培应用现状：园林观赏，经济果木。

开发利用前景：食用，药用，环境防护，蜜源，酿酒。

'艾努拉'酸梅 *Prunus salicina* 'Ainula'

种质编号：HT-LPX-LPZ-008、HT-LPX-NWX-030。

种质类型及来源：栽培品种。林木良种(新-S-SV-PDA-058-2004)。原产地新疆疏附县，选育地点新疆伽师县。

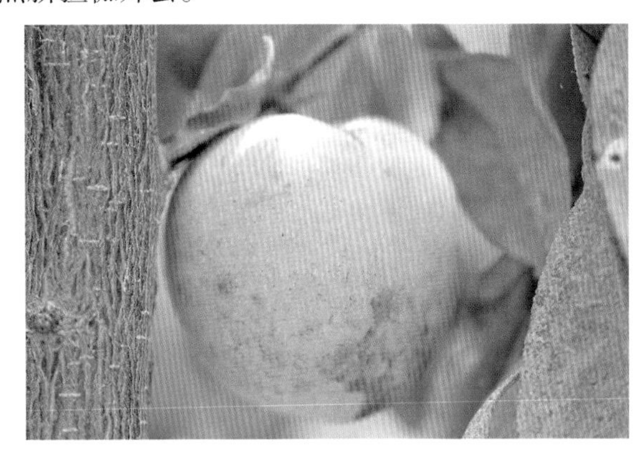

形态特征：果个大，长卵圆形，缝合线浅。果面紫红色，挂白霜。果肉黄色，肉质厚，纤维少。核小，可食率高，离核，酸甜汁多，制干率低。花期4~5月，果实成熟期7月下旬。

生态习性：耐旱、抗病害能力强。

栽培地点与数量：洛浦县(零星)：洛浦镇博斯坎村及纳瓦乡居来提农户家。

杏李 *Prunus simonii* Carr.

种质编号：HT-MY-MYZ-016；HT-PS-SZ-010；HT-MF-YYKX-038；HT-YT-MGLZ-017、HT-YT-ARXX-037、HT-YT-KLKRX-023、HT-YT-LGX-037、HT-YT-AQX-009；HT-CL-CLX-093、HT-CL-CLZ-030等16份。

种质类型及来源：栽培种；原产东北。

形态特征：果实圆形略扁，大小整齐，果面黄色，被灰白色果粉。果肉淡黄色，质地紧密，汁较少,肉质硬,酸甜,离核。果期8月。

生态习性:对气候的适应性强,抗寒力强,抗风沙力强。

栽培地点与数量:多零星分布。墨玉县墨玉镇;皮山县桑株乡;民丰县叶亦克乡;于田县:木尕拉镇(片分),阿日希乡(片分),喀拉克尔乡,斯也克乡,兰干乡(片分),阿羌乡;策勒县:策勒沙漠研究站,策勒镇,固拉哈玛乡,达玛沟乡,努尔乡,恰哈乡。

樱桃李 野酸梅 樱李 *Prunus sogdiana* Vass.

种质编号:HT-PS-KLY-014。

种质类型及来源:驯化野生种。

形态特征:灌木或小乔木,多分枝,枝条细长,有时有棘刺;小枝暗红色,无毛;花瓣白色,长圆形或匙形,核果近球形或椭圆形,黄色、红色或黑色,微被蜡粉,具有浅侧沟,黏核;核椭圆形或卵球形。花期4月,果期8月。

生态习性:喜光,稍耐阴,耐寒,能在-35℃下越冬。

栽培地点与数量:皮山县克里阳乡(零星)。

酸梅 *Prunus sogdiana* Vass.

种质编号:HT-LPX-BYX-101;HT-CL-BSTX-037。

种质类型及来源:栽培种;原产西亚和欧洲。

形态特征:果实颜色呈淡黄色,味道酸而有点苦。核有点像李果核,很硬,核的表面有很小的一些小洞。果实卵圆形,果肉离核或黏核;果皮紫红色。花期5月,果期9月。

生态习性:抗寒、抗旱、耐修剪。

栽培地点与数量:洛浦县布亚乡买买提热依木农家院1~10株;策勒县博斯坦乡1株。

红叶李 紫叶李 *Prunus cerasifera* f.*atropurpurea* (Jacq.)Rehd.

种质编号:HT-HTS-TSLX-047;HT-MY-MYZ-027、HT-MY-JHBG-007、HT-MY-ZW-062、HT-MY-KQ-035、HT-MY-MYZ-041;HT-PS-SZ-036、HT-PS-GM-005、HT-PS-DWZ-007;HT-LPX-LPZ-027等24份。

种质类型及来源:栽培变型;林木良种(新S-SC-PC-009-2014);原产地:亚洲西南部、中国华北及华南地区。

形态特征:落叶阔叶灌木或小乔木,高可达8m;多分枝,枝条细长。叶片椭圆形、卵形或倒卵形。花瓣白色,长圆形或匙形。核果近球形或椭圆形,黄色、红色或黑色;核椭圆形或卵球形。花期4月,果期8月。

生态习性:喜光也稍耐阴,抗寒,适应性强。浅根性,萌蘖性强,对有害气体有一定的抗性。

栽培地点与数量:多片状栽培,少零星栽培。

和田市：伊里其乡，吐沙拉乡，纳瓦格街道，玉龙喀什镇，肖尔巴格乡，北京和田工业园区广场，拉斯奎镇，古勒巴格街道迎宾路，奴尔瓦克街道玉泉湖公园；和田县桑株乡；墨玉县：墨玉镇同心路，加汗巴格乡，县农业园区，阔其乡，墨玉镇；皮山县：火车站站前广场，杜瓦镇；洛浦县：山普鲁镇，洛浦镇，纳瓦乡，杭桂乡，县城青年公园。

繁育方式：扦插或嫁接（毛桃及杏做砧木）繁殖。

栽培应用现状：园林绿化。

开发利用前景：防护，观赏，蜜源植物。

紫叶矮樱 矮樱 *Prunus cistena* N. E. Hansen ex Koehne

种质编号：HT-HTS-GLBGJD-018；HT-HTX-WZX-014；HT-LPX-LPZ-017、HT-LPX-LPXC-040；HT-MF-RKYX-063；HT-YT-KLKRX-046、HT-YT-TGRGZX-036、HT-YT-XBBZZ-032、HT-YT-AYTGLKX-005；HT-CL-QHX-011等17份。

种质类型及来源：栽培种。

形态特征：落叶灌木或小乔木，高达2m左右。枝条幼时紫褐色，通常无毛。叶长卵形或卵状长椭圆形，叶面红色或紫色，背面色彩更红，新叶顶端鲜紫红色，当年生枝条木质部红色，花单生，中等偏小，淡粉红色，花瓣5片，微香，雄蕊多数，单雌蕊。花期4~5月。

生态习性：喜光，耐寒，耐阴。观赏效果好，生长快、繁殖简便、耐修剪，适应性强。

栽培地点与数量：道边做绿篱多片状分布。和田市：古江巴克乡，艾日克村乡，伊里其乡，纳瓦格街道，古勒巴格街道；和田县：吾宗肖乡；洛浦县：洛浦镇，县城青年公园；民丰县：县城街道，若克雅乡；于田县：县城团结路，喀拉克尔乡，托格日喀孜乡，先拜巴扎镇，奥依托格拉克乡；策勒县：县城，乌鲁克萨依乡，恰哈乡。

繁育方式：嫁接、扦插及高枝压条繁殖。

栽培应用现状：园林绿化。

开发利用前景：观赏，防护、蜜源植物，药用。

（十五）石楠属 *Photinia* Lindl.

红叶石楠 *Photinia xfraseyi* Dress

种质编号：HT-HTS-XEBGC-046、HT-HTS-BJHTGYY-055。

种质类型及来源：栽培种。

形态特征：常绿小乔木或灌木。叶片为革质，且叶片表面的角质层非常厚。幼枝呈棕色，贴生短毛，后呈紫褐色．最后呈灰色无毛。树干及枝条上有刺。叶片长圆形至例卵状，披针形。花多而密，呈顶生复伞房花序。花白色。梨果黄红色。花期5~7月，果期9~10月成熟。

生态习性：耐阴，抗干旱，抗盐碱，耐修剪，对土壤要求不严格，移植成活率高。

栽培地点与数量：和田市（片分）：肖尔巴格乡合尼村巴格万园林，北京和田工业园区玉龙庄园前。

繁育方式：扦插繁殖。

栽培应用现状：城镇园林绿化。

开发利用前景：小径用材，观赏。

（十六）樱桃属 *Cerasus* Mill.

欧李 钙果 *Cerasus humilis*（Bge.）Sok.

种质编号：HT-MY-AKSLY-069，HT-MY-ZW-076；HT-YT-ARLX-022、HT-YT-AYTGLKX-083；HT-CL-QHX-028。

种质类型及来源：栽培种。

形态特征：果实中钙元素的含量比一般的水果高。落叶灌木，高0.4~1.5m。核果成熟后近球形，红色或紫红色，直径1.5~1.8cm；花瓣白色或粉红色。花期4~5月，果期6~10月。

生态习性：抗寒力强，不择土壤，不耐积水。

栽培地点与数量：墨玉县：阿克萨拉依乡（零星），县农业园区（片分）；于田县阿热勒乡（片分），奥依托格拉克乡（零星）；策勒县恰哈乡（零星）。

繁育方式：嫁接繁殖。

栽培应用现状：城镇园林绿化，经济果木。

开发利用前景：食用，药用，工业原料，蜜源。

樱桃 *Cerasus avium*（L.）Moernh

种质编号：T-HTS-JYX-032、HT-HTS-TSLX-008、HT-HTS-XEBGC-049；HT-MY-ZW-121。

种质类型及来源：栽培种。

形态特征：落叶阔叶乔木，高2~6m。花序伞房状或近伞形，有花3~6朵，先叶开放。核果近球形，红色，直径0.9~1.3cm。花期3~4月，果期5~6月。

生态习性：喜光、喜温、喜湿、喜肥。以土质疏松、土层深厚的沙壤土种植为佳。

栽培地点与数量：和田市（零星）：吉亚乡吉勒格艾力克村农院，吐沙拉乡政府大院，肖尔巴格乡合尼村巴格万园林；墨玉国家农业科技园，零星栽培。

繁育方式：扦插、高空压条、嫁接繁殖。

栽培应用现状：食用，园林观赏。

开发利用前景：园林绿化，经济果木，抗寒品种的优良亲本，药用，蜜源。

毛樱桃 *Cerasus tomentosa*（Thunb.）Wall.

种质编号：HT-HTX-LYK-029；HT-MY-MYZ-011。

种质类型及来源：栽培种。

形态特征：落叶阔叶灌木，花叶同放或先叶开放。核果近球形，全面红色，直径0.5~1cm，稍被短柔毛。味酸甜可食，核面两侧有浅纵沟。花期4~5月，果期6~7月。

生态习性：抗寒品种的优良亲本。抗寒力强、耐旱，适应性强。果实成熟早。

栽培地点与数量：和田县拉依喀乡（零星）；墨玉镇（零星）。

繁育方式：播种、扦插、压条或嫁接繁殖。

栽培应用现状：园林观赏。

开发利用前景：生态防护，食用，入药，育种材料(嫁接李子的砧木,具有明显的矮化作用)。

车厘子 *Cerasus avium* (L.) Moernh

种质编号:HT-LPX-LPZ-052、HT-LPX-NWX-041。

种质类型及来源:引进栽培种;原产地:欧美。

形态特征:果实硕大、坚实而多汁、呈暗红色,入口甜美,略带粉红润泽,果肉细腻,色清,汁无色,入口清香可口,甜美细嫩。花期3~4月,果期5~6月。

生态习性:喜温、喜光、耐寒力弱。

栽培地点与数量:洛浦镇吉力力果园51~100株,纳瓦乡居来提农户1~10株。

繁育方式:扦插、高空压条或嫁接繁殖。

栽培应用现状:经济果木。

开发利用前景:观赏,食用,入药,酿酒。

黑金樱桃 *Cerasus avium* 'Heijin'

种质编号:HT-LPX-AQKX-035、HT-LPX-LPZ-051、HT-LPX-NWX-033、HT-LPX-SPLZ-016。

种质类型及来源:引入栽培品种;原产美国。

形态特征:果实中晚熟。

生态习性:丰产性好。

栽培地点与数量:洛浦县(少量分布):阿其克乡,洛浦镇吉力力果园,纳瓦乡,山普鲁镇培训地。

繁育方式:扦插、高空压条或嫁接繁殖。

栽培应用现状:经济果木。

开发利用前景:观赏、食用、入药、酿酒。

艳阳樱桃 *Cerasus avium* 'Sunburst'

种质编号:HT-LPX-QEBGX-045。

种质类型及来源:栽培品种;引种地:大连市农业科学研究所于1963年以那翁、黄玉杂交育成,1973年定名。

形态特征:果个大,色泽艳丽,果肉肥厚,多汁味甜,成熟期较早。花期3~4月,果期5~6月。

生态习性:树势强健,生长旺盛,幼树直立性强,成龄树半开张,1~2年生枝直立粗壮。

栽培地点与数量:洛浦县恰尔巴格乡吉力力果园51~100株。

繁育方式:扦插、高空压条或嫁接繁殖。

栽培应用现状:经济果木。

开发利用前景:观赏,食用,入药,酿酒。

拉宾斯樱桃 *Cerasus avium* 'Labins'

种质编号:HT-LPX-LPZ-053、HT-LPX-NWX-043、HT-LPX-SPLZ-014、HT-LPX-QEBGX-044。

种质类型及来源:引入栽培品种:林木良种:冀S-ETS-CA-017-2010,新R-SV-CA-002-2018;选育单位:河北农业大学新疆林科院;原产加拿大。

形态特征:果实近圆形,硬度大,有光泽,果肉松脆;果皮鲜红色,完熟时紫红色。果肉黄白色,多汁,甜酸适口。黏核,核较小。花期4月,果期6月。

生态习性:树势强健,树姿较直立。抗旱、抗寒能力强、采前不落果;幼树生长强健,萌芽率强,成枝力弱。

栽培地点与数量:洛浦县:洛浦镇吉力力果园51~100株,纳瓦乡居来提农户1~10株,山普鲁镇培训地51~100株,恰尔巴格乡吉力力果园51~100株。

繁育方式:扦插、高空压条或嫁接繁殖。

栽培应用现状:经济果木。

开发利用前景:观赏,食用,入药,酿酒。

美早樱桃 *Cerasus avium* 'Tieton'

种质编号:HT-LPX-BSTGLKX-047、HT-LPX-LPZ-049、HT-LPX-NWX-031、HT-LPX-QEBGX-042。

种质类型及来源:引入栽培品种;美早原代号7144-6,是大连市农业科学研究所从美国引入的一种早熟樱桃品种。

形态特征:果实大,平均单果重9g左右。果形宽心脏形,大小整齐,顶端稍平。果柄特别短粗。果皮全紫红色,有光泽,鲜艳美观,充分成熟时为紫色。果个略大于红灯樱桃,风味比红灯好。果形宽心脏形,大小整齐,果顶稍平,果柄较粗短。花期4月中旬,果期6月。

生态习性:有一定耐寒性适应性强,喜光。耐贮运、丰产、早熟的优良品种。

栽培地点与数量:洛浦县:恰尔巴格乡3.4hm^2,拜什托格拉克乡,洛浦镇,纳瓦乡三地零星分布。

繁育方式:扦插、高空压条或嫁接繁殖。

栽培应用现状:经济果木。

开发利用前景:观赏,食用,入药,酿酒。

早大果樱桃 *Cerasus avium* 'Early big'

种质编号:HT-LPX-LPZ-050、HT-LPX-QEBGX-043。

种质类型及来源:引入栽培品种;1997年由山东省果树研究所从乌克兰引入。

形态特征:结果枝以花束状果枝和长果枝为主。果实个大,近圆形;果实深红色,充分成熟紫黑色,鲜亮有光泽;果肉较硬。属早熟品种。花期4月,果期5月。

生态习性:适应性强,有一定耐寒性、喜光。

栽培地点与数量:洛浦县(零星):洛浦镇及恰尔巴格乡吉力力果园。

繁育方式:扦插、高空压条或嫁接繁殖。

栽培应用现状:经济果木。

开发利用前景:观赏,食用,入药,酿酒。

砂蜜豆樱桃 *Cerasus avium* 'Shamido'

种质编号:HT-LPX-AQKX-028、HT-LPX-QEBGX-052。

种质类型及来源：引入栽培品种；烟台市农业科学研究院2000年在萨米脱品种中选出的变异单株。

形态特征：果实红如玛瑙，长心脏形，缝合线较明显，单果比拉宾斯重，果实发育期60 d左右，属晚熟品种。

生态习性：有一定耐寒性适应性强，喜光。

栽培地点与数量：洛浦县：阿其克乡农家乐院1~10株（2012年种植），恰尔巴格乡吉力力桃园101~1000株（2008年种植）。

繁育方式：扦插、高空压条或嫁接繁殖。

栽培应用现状：经济果木。

开发利用前景：观赏，食用，入药，酿酒。

十六、豆科 Leguminosae

（一）刺槐属 *Robinia* L.

刺槐 洋槐 *Robinia pseudoacacia* L.

种质编号：HT-HTS-NRWKJD-017；HT-MY-ZW-045；HT-PS-ZG-039、HT-PS-KKTRK-025；HT-MF-RKYX-019；HT-YT-LGX-042、HT-YT-YBGX-051；HT-CL-CLX-030、HT-CL-GLX-035、HT-CL-CQ-024等27份。

种质类型及来源：栽培种。

形态特征：落叶阔叶乔木，高10~25m；树皮灰褐色至黑褐色。小枝灰褐色，具托叶刺；小叶对生；总状花序腋生，下垂；花多数，芳香；花冠白色；花萼宿存。花期4~6月，果期8~9月。

生态习性：有一定的抗旱能力。喜土层深厚、肥沃、疏松、湿润的壤土、沙质壤土、沙土或黏壤土。

栽培地点与数量：多做行道树呈片状分布，部分庭院中零星分布。和田市：古江巴克乡，伊里其乡，伊里其乡阿特巴扎村花林基地，玉龙喀什镇，阿克恰勒乡，肖尔巴格乡，古江巴格街道，北京和田工业园区广场，拉斯奎镇，古勒巴格街道，奴尔瓦克街道玉泉湖公园；墨玉县：扎瓦镇夏合勒克庄园，阿克萨拉依乡其娜尔民俗风情园，萨依巴格乡；皮山县：藏桂乡，科克铁热克乡；民丰县：若克雅乡；于田县：县城昆仑广场，加依乡，阿日希乡，托格日喀孜乡，先拜巴扎镇，斯也克乡，兰干乡，英巴格乡；策勒县：策勒乡，固拉哈玛乡卫生院，县城色日克西路，达玛沟乡，努尔乡。

繁育方式：播种繁殖。

栽培应用现状：园林绿化林，道路防护林。

开发利用前景：园林观赏，食用，用材，药用，工业原料，饲料，蜜源。

毛刺槐 *Robinia hispida* L.

种质编号：HT-HTS-YLQX-065、HT-HTS-YLKSZ-012。

种质类型及来源：栽培种。

形态特征：枝及花梗密被红色刺毛。

生态习性：喜光，浅根性，侧根发达。喜温润肥沃土壤。

栽培地点与数量：零星分布。和田市：伊里其乡阿特巴扎村花林基地，玉龙喀什镇子。

繁育方式：播种繁殖。

栽栽培应用现状：园林绿化林，道路防护林。

开发利用前景：园林观赏，食用，用材，药用，工业原料，饲料，蜜源。

红花刺槐 香花槐 毛洋槐 *Robinia pseudoacacia* 'Honghua'

种质编号：HT-HTS-GLBGJD-030；HT-MY-SYBG-029；HT-LPX-SPLZ-024、HT-LPX-DLX-005、HT-LPX-QEBGX-017、HT-LPX-HGX-022、HT-LPX-LPXC-004；HT-MF-RKYX-051；HT-CL-CQ-023、HT-CL-WLKSYX-002等32份。

种质类型及来源：栽培品种。

形态特征：总状花序，花冠玫瑰红或淡紫色，有浓郁芳香，可同时盛开200~500朵红花，壮观美丽。开花一般不孕，花期5月。

生态习性：喜光，浅根性，侧根发达，萌蘖快。耐寒、耐干旱瘠薄，耐盐碱，抗高温，抗病虫，耐修剪，萌蘖力强，对烟尘及有毒气体如氟化氢等有较强的抗性。

栽培地点与数量：和田市（多零星）：吐沙拉乡，纳瓦格街道玉石广场，玉龙喀什镇，吉亚乡，肖尔巴格乡，古江巴格街道昆明湖公园，拉斯奎镇（少量），北京和田工业园区广场（少量），古勒巴格街道首邦花园小区（片分）；墨玉县卡拉喀什河道渠（少量）；洛浦县：洛浦镇（片分），拜什托格拉克乡（片分），山普鲁镇（片分），多鲁乡，布亚乡，阿其克乡，恰尔巴格乡，杭桂乡巴格基村，县城青年公园后几地零星分布；民丰县若克雅乡（片分）；策勒县（零星）：县城色日克西路，乌鲁克萨依乡。

繁育方式：扦插或嫁接繁殖。

栽培应用现状：城镇园林绿化。

开发利用前景：香料，环境防护，饲料，蜜源。

（二）槐属 *Sophora* L.

国槐 槐 *Sophora japonica* L.

种质编号：HT-HTS-GLBGJD-031；HT-HTX-HARK-017；HT-MY-JHBG-024、HT-MY-JHBG-005；HT-PS-MKL-044；HT-LPX-LPXC-028；HT-MF-CQ-019、HT-MF-SLWZKX-020；HT-YT-AYT-GLKX-010；HT-CL-NRX-022等44份。

种质类型及来源：栽培种。

形态特征：落叶阔叶乔木，高达25m；羽状复叶；花冠白色或淡黄色，旗瓣近圆形。荚果串珠状，具肉质果皮，成熟后不开裂；种子卵球形，淡黄绿色，干后黑褐色。花期7~8月，果期8~10月。

生态习性：耐寒，喜阳光，稍耐阴，不耐阴湿而抗旱。

栽培地点与数量：南疆普遍栽培，多用于街道行道树。

和田市：纳瓦格街道，玉龙喀什镇，肖尔巴格乡，古江巴格街道，北京和田工业园区广场，拉斯奎镇，古勒巴格街道；和田县：伊斯拉木阿瓦提乡，色格孜库勒乡，罕艾日克镇；墨玉县：喀尔赛镇，阔其乡1~10株，喀瓦克乡，奎牙镇，芒来乡，墨玉镇，普恰克其乡，吐外特乡，乌尔其乡，萨依巴格乡，雅瓦乡，英也尔乡，加汗巴格乡，托呼拉乡；皮山县：阔什塔格镇，桑株乡，木奎拉乡；洛浦县：拜什托格拉克乡，山普鲁镇，县城青年公园；民丰县：县城，萨勒吾则克乡；于田县：县城文化南路，加依乡，拉伊苏农场，阿热勒乡，喀拉克尔乡，先拜巴扎镇，柯克亚乡，奥依托格拉克乡；策勒县：县城，努尔乡。

繁育方式：播种及扦插繁殖。

栽培应用现状：园林绿化林，道路防护林。

开发利用前景：园林观赏，食用，用材，药用，工业原料，饲料，蜜源。

龙爪槐 *Sophora japonica* f. *pendula* Hort.

种质编号：HT-HTS-BJHTGYY-034、HT-HTS-JYX-063；HT-PS-NABT-007、HT-PS-KSTG-003；HT-LPX-BYX-086、HT-LPX-SPLZ-026、HT-LPX-QEBGX-025；HT-CL-CQ-019。

种质类型及来源：栽培变型。

形态特征：属于国槐的变型之一。小枝弯曲下垂，树冠呈伞状，园林中多有栽植。花期7~8月，果期8~10月。

生态习性：耐寒，喜阳光，稍耐阴，不耐阴湿而抗旱。

栽培地点与数量：零星分布。和田市：北京和田工业园区阳光沙漠有限公司，吉亚乡；皮山县：垴阿巴提塔吉克乡，阔什塔格镇，杜瓦镇；洛浦县：布亚乡，山普鲁镇，恰尔巴格乡；策勒县城色日克西路。

繁育方式：国槐做砧木高接嫁接。

栽培应用现状：园林观赏。

开发利用前景：绿化，防护，蜜源植物。

金枝国槐 黄金槐 金丝槐 *Sophora japonica* 'Golden Stem'

种质编号：HT-HTS-XEBGC-055、HT-HTS-GJBGJD-003、HT-HTS-BJHTGYY-033、HT-HTS-GLBGJD-046；HT-PS-GM-029；HT-LPX-BST-GLKX-041、HT-LPX-LPXC-028；HT-YT-CQ-017。

种质类型及来源：栽培品种。

形态特征：茎、枝一年生为淡绿黄色，入冬后渐转黄色，二年生的树茎、枝为金黄色，树皮光滑；叶互生，6~16片组成羽状复叶，叶椭圆形，长2.5~5cm，光滑，淡黄绿色。树干墙直，树形自然开张，树态苍劲挺拔，树繁叶茂；主侧根系发达。

生态习性：耐旱、耐寒、耐盐碱、耐瘠薄。生长环境不严，在酸性和碱性土壤中均能生长良好。

栽培地点与数量：和田市：肖尔巴格乡合尼村巴格万园林11~50株，古江巴格街道昆明湖公园101~1000株，北京和田工业园区阳光沙漠有限公司内部（零星），古勒巴格街道首邦花园小区（零星）；皮山县城公园51~100株；洛浦县：拜什托格拉克乡医院，县青年公园（零星）；于田县城昆仑广场（零星）。

繁育方式：嫁接繁殖。

栽培应用现状：园林绿化，道路防护林。

开发利用前景：园林观赏，绿肥，蜜源，药用。

（三）紫穗槐属 *Amorpha* L.

紫穗槐 紫花槐 *Amorpha fruticosa* L.

种质编号：HT-HTS-YLQX-057、HT-HTS-NW-GJD-015、HT-HTS-BJHTGYY-052、HT-HTS-GLB-GJD-014、HT-HTS-NRWKJD-020；HT-LPX-LPZ-

044、HT-LPX-LPXC-049；HT-MF-CQ-034；HT-YT-TGRGZX-035。

种质类型及来源：引入栽培种；原产美国东北部和东南部。

形态特征：落阔叶灌木，丛生，高1~4m。小枝灰褐色，被疏毛，后变无毛，嫩枝密被短柔毛。叶互生，奇数羽状复叶，长10~15cm。荚果下垂，微弯曲，顶端具小尖，棕褐色，表面有凸起的疣状腺点。花、果期5~10月。

生态习性：耐瘠，耐水湿和轻度盐碱土，又能固氮。

栽培地点与数量：多做城市街道绿篱用，呈片状分布。

和田市：伊里其乡，纳瓦格街道玉石广场，古勒巴格街道，北京和田工业园区开发区广场杭州大道，奴尔瓦克街道玉泉湖公园；洛浦县：洛浦镇镇，城县政府大院；民丰县农业技术推广站；于田县托格日喀孜乡。

繁育方式：种子、分根繁殖。

栽培应用现状：园林绿化林，道路防护林。

开发利用前景：园林观赏，食用，用材，药用，工业原料，饲料，蜜源。

（四）紫荆属 *Cercis* L.

紫荆 *Cercis chinensis* Bge.

种质编号：HT-HTX-WZX-011；HT-PS-GM-011；HT-LPX-NWX-008、HT-LPX-LPXC-023；HT-MF-CQ-052、HT-MF-SLWZKX-004；HT-YT-AYT-GLKX-012；HT-YT-CQ-025；HT-CL-CQ-010、HT-CL-DMGX-008。

种质类型及来源：引进栽培种；原产于我国东南部地区。

形态特征：丛生或单生灌木，高2~5m；树皮和小枝灰白色。花紫红色或粉红色，2~10余朵成束，簇生于老枝和主干上，尤以主干上花束较多，越到上部幼嫩枝条花越少，通常先于叶开放，但嫩枝或幼株上的花则与叶同时开放。荚果扁狭长形，绿色，喙细而弯曲。花期3~4月，果期8~10月。

生态习性：性喜欢光照，有一定的耐寒性。喜肥沃、排水良好的土壤，不耐淹。萌蘖性强，耐修剪。

栽培地点与数量：和田县吾宗肖乡巴格其村51~100株；皮山县火车站前广场零星；洛浦县（零星）：纳瓦乡大院，县城青年公园；民丰县（片分）：县城广场，萨勒吾则克乡；于田县（零星）：奥依托格拉克乡，县城文化南路；策勒县（零星）：县城色日克西路，达玛沟乡。

繁育方式：分株、压条繁殖。

栽培应用现状：园林绿化。

开发利用前景：园林观赏，防护林，药用，蜜源。

（五）合欢属 *Albizia* Durazz.

合欢 马缨花、绒花树 *Albizia julibrissin* Durazz.

种质编号：HT-HTS-NRWKJD-031；HT-HTX-WZX-016；HT-MY-KES-019、HT-MY-KQ-003、HT-MY-ZW-088；HT-PS-SZ-047；HT-LPX-LPZ-069；HT-MF-SLWZKX-006；HT-YT-AYTGLKX-006；HT-CL-CQ-025等34份。

种质类型及来源：引进栽培种；原产我国东北至华南及西南部各省区。

形态特征：绿荫如伞，花形似绒球，叶日落而合，日出而开，清香。花期6~7月；果期8~10月。

生态习性：喜温暖湿润和阳光充足的环境，对气候和土壤适应性强，宜在排水良好、肥沃土壤生长，不耐水涝。耐寒、耐旱、耐土壤瘠薄及轻度盐碱，对二氧化硫、氯化氢等有害气体有较强的抗性。生长迅速。

栽培地点与数量：通常栽植于庭园中或为行道树，多片状分布，部分零星种植。

和田市：伊里其乡阿特巴扎村花林基地，纳瓦格街道玉石广场，肖尔巴格乡，北京和田工业园区开发区广场杭州大道，拉斯奎镇，吉亚乡，古勒巴格街道，奴尔瓦克街道玉泉湖公园；和田县吾宗肖乡；墨玉县：喀尔赛镇，阔其乡，喀瓦克乡，墨玉镇，普恰克其乡，托呼拉乡，乌尔其乡，英也尔乡，加汗巴格人乡，普恰克其乡；皮山县：县城公园，桑株乡；民丰县：县城街道，若克雅乡，萨勒吾则克乡；于田县：柯克亚乡，奥依托格拉克乡；洛浦县：洛浦镇，县政府大院；策勒县：策勒乡，固拉哈马乡，县城色日克西路，司马义·艾买提故居。

繁育方式：播种、嫁接繁殖。

栽培应用现状：行道树，园林观赏。

开发利用前景：用材，食用，药用，蜜源，工业原料。

（六）锦鸡儿属 *Caragana* Fabr.

树锦鸡儿 *Caragana arborescens* Lam.

种质编号：HT-CL-CLX-088。

种质类型及来源：引入栽培种。

形态特征：小乔木或大灌木；老枝深灰色，平滑，稍有光泽，小枝有棱，幼时被柔毛，绿色或黄褐色。羽状复叶有4~8对小叶；托叶针刺状，长枝者脱落，极少宿存；叶轴细瘦，长3~7cm，幼时被柔毛；小叶长圆状倒卵形、狭倒卵形或椭圆形，先端钝圆，具刺尖，基部宽楔形，幼时被柔毛，或仅下面被柔毛。荚果圆筒形，先端渐尖，无毛。花期5~6月，果期8~9月。

生态习性：耐干旱，耐水湿，耐盐碱，耐寒，喜光，耐瘠薄土壤。

栽培地点与数量：策勒县沙漠研究站（少量）。

繁育方式：种子繁殖。

栽培应用现状：防风固沙。

开发利用前景：园林绿化，水土保持，饲用，药用，蜜源，改良土壤。

（七）岩黄耆属 *Hedysarum* L.

细枝岩黄 花棒 *Hedysarum scoparium* Fisch. et Mey.

种质编号：HT-CL-CLX-090。

种质类型及来源：栽培种；林木良种（新S-ETS-HS-018-2016）；原产内内蒙古。

形态特征：落叶阔叶灌木。奇数羽状复叶；小

叶全缘,上面通常具亮点,无小托叶。花序总状,腋生。花冠紫红色、玫瑰红色、黄色或淡黄白色。果实为节荚果,节荚圆形、椭圆形、卵形或菱形等,两侧扁平或双凸透镜形,具明显隆起的脉纹。

生态习性:沙生、耐旱、喜光树种,喜沙埋,抗风蚀,耐严寒酷热。

分布地点与数量:策勒县沙漠研究站11~20株。

自然繁育方式:种子繁殖。

栽培应用现状:防风固沙。

开发利用前景:园林绿化,药用,土壤改良,饲用,蜜源,药用。

(八)皂荚属 *Gleditsia* L.

三刺皂荚 *Gleditsia triacanthos* L.

种质编号:HT-MY-MYZ-033、HT-MY-ZW-054。

种质类型及来源:栽培种。

形态特征:落叶阔叶乔木。树冠广宽;小枝具圆形皮孔,刺略扁,粗壮。一回或二回羽状复叶。荚果带形,扁平,长30~50cm,镰刀状弯曲或不规则旋扭。花期4~6月;果期10~12月。

生态习性:喜光、稍耐阴、喜温暖湿润气候、抗寒,喜深厚、肥沃而排水良好的土壤。

栽培地点与数量:墨玉县(零星):墨玉镇其乃巴格南路309号及扎瓦镇夏合勒克庄园。

繁育方式:播种繁殖。

栽培应用现状:园林观赏。

开发利用前景:饲料,用材,工业原料,蜜源,抗污染树种。

十七、苦木科 Simaroubaceae

臭椿 *Ailanthus altissima* (Mill.) Swingle

臭椿属 *Ailanthus* Desf.

种质编号:HT-HTS-GLBGJD-003、HT-HTS-NRWKJD-012;HT-HTX-HARK-010、HT-HTX-LR-012;HT-MY-KES-007;HT-PS-MJ-050;HT-LPX-LPXC-017;HT-MF-SLWZKX-010;HT-YT-AYTGLKX-025;HT-CL-NRX-034等65份。

种质类型及来源:栽培种;原产于中国东北部、中部和台湾。

形态特征:落叶阔叶乔木,高达30m,胸径可达1m。翅果扁平,黄绿色。种子1枚。花期6~7月,果期9~10月。

生态习性:耐旱、耐盐碱、耐高温、耐风沙、生长迅速。

栽培地点与数量:多为行道树及庭院绿化。和田市:古江巴克乡,伊里其乡,吐沙拉乡,纳瓦格街道,玉龙喀什镇,阿克恰勒乡,肖尔巴格乡,古江巴格街道,拉斯奎镇,古勒巴格街道,奴尔瓦克街道;和田县:伊斯拉木阿瓦提乡,塔瓦库勒乡,拉依喀乡,罕艾日克镇,朗如乡;墨玉县:阿克萨拉依乡其娜尔民俗风情园,阔其乡,芒来乡,托呼拉乡,乌尔其乡,喀瓦克乡,奎牙镇,墨玉镇,普恰克其乡,萨依巴格乡,喀尔赛镇,扎瓦镇阔坎村国营苗圃;皮山县:皮亚勒玛乡,皮西那乡布拉克贝希村0.67hm²,巴什兰干乡,杜瓦镇,木奎拉乡,阔什塔格镇,木吉镇;洛浦县:博斯坎村,拜什托格拉克乡,纳瓦乡乡,山普鲁镇,多鲁乡,杭桂乡,县城青年公园;民丰县:县城街道，若克雅乡，尼雅镇，萨勒吾则克乡；于田县：县城浙江大酒店院内，木尕拉镇，加依乡，阿日希乡，阿热勒乡，喀拉克尔乡，托格日喀孜乡，先拜巴扎镇，斯也克乡，兰干乡，英巴格乡，奥依托格拉克乡；策勒县：策勒乡，固拉哈玛卫生院，县城色日克西路，达玛沟乡，努尔乡。

繁育方式：种子繁殖，分株繁殖。

栽培应用现状：园林绿化。

开发利用前景：药用，用材，工业原料，蜜源。

十八、漆树科 Anacardiaceae

火炬树 加拿大盐肤木 *Rhus tyhina* L.

盐肤木属 *Rhus* L.

种质编号：HT-HTS-YLKSZ-018、HT-HTS-BJHTGYY-016、HT-HTS-LSKZ-027、HT-HTS-NRWKJD-011；HT-MY-MYZ-039；HT-PS-GM-006；HT-LPX-LPXC-057；HT-CL-CQ-039。

种质类型及来源：引进栽培种；1959年由中科院植物所引入中国，原产地南美。

形态特征：落叶阔叶灌木或小乔木。小枝、叶轴、花序轴皆密被淡褐色绒毛和腺体。奇数羽状复叶互生；小叶对生，叶片披针形至披针状椭圆形，长5~12cm，宽1.5~3.5cm。花单性，雌雄异株；顶生圆锥花序密集；雌花序深红色长柔毛，形如火炬；雄花萼片具毛；果期宿存。核果球形，外面密被深红色长毛和腺点。花期5~7月，果期8~9月。

生态习性：耐寒，耐旱，耐盐碱；根系发达，根萌蘖性强。

栽培地点与数量：和田市：玉龙喀什镇，北京和田工业园区广场，拉斯奎镇，奴尔瓦克街道；墨玉镇；皮山县火车站前广场；洛浦县政府院；策勒县城色日克西路。

繁育方式：种子繁殖，根蘖繁殖。

栽培应用现状：园林观赏，荒山绿化及水土保持（先锋物种）。

开发利用前景：荒山绿化，盐碱荒地防护林，药用，蜜源，饲用，薪材，工业原料。

毛黄栌 *Cotinus coggygria* var. *cinerea* Engl.

黄栌属 *Cotinus* Mill

种质编号：HT-MY-MYZ-036。

种质类型及来源：栽培变种；原产我国华北、西南地区。

形态特征：落叶灌木或小乔木，高达8m。枝红褐色。单叶互生，卵圆形至倒卵形，长4~8cm，全缘，顶生圆锥花序，秋天叶变为红色、橙红色。花后不育花的花梗生红毛，全株有特殊气味。

生态习性：喜光，较耐寒，喜分布于半阴且较干燥的山地，耐干旱、耐瘠薄，但不耐水湿。

栽培地点与数量：墨玉镇其乃巴格南路（零星）。

繁育方式：根插、压条、分株繁殖。

栽培应用现状：园林观赏。

开发利用前景：城镇绿化，药用，蜜源。

（十九）冬青科 Aquifoliaceae

冬青 不冻紫 四季青 *Ilex chinensis* Sims

冬青属 *Ilex* L.

种质编号：HT-HTX-YAWT-026；HT-MY-

THL-011；HT-PS-GM-001；HT-MF-CQ-018；HT-YT-TGRGZX-026，HT-YT-AYTGLKX-008、HT-YT-ARLX-034；HT-CL-BSTX-017。

种质类型及来源：引入栽培种；引自华南地区。

形态特征：常绿阔叶乔木，高达13m；花序具1~2回分枝，具花3~7朵。果长球形，成熟时红色。内果皮厚革质。花期4~6月，果期7~12月。

生态习性：亚热带树种，喜温暖气候，有一定耐寒力。较耐阴湿，萌芽力强，耐修剪。适分布于肥沃湿润、排水良好的酸性土壤。

栽培地点与数量：多以绿篱种植。和田县英阿瓦提乡卫生院51~100株；墨玉县托呼拉乡（零星）；皮山县火车站前广场51~100株；民丰县城街道职业培训学校门口（零星）；于田县（零星）：托格日喀孜乡，奥依托格拉克乡，阿热勒乡；策勒县博斯坦乡（零星）。

繁育方式：种子繁殖，扦插繁殖。

栽培应用现状：园林绿化（绿篱）。

开发利用前景：蜜源，园林观赏，药用。

二十、卫矛科 Celastraceae

华北卫矛 *Euonymus maachii* Rupr.

卫矛属 *Euonymus* L.

种质编号：HT-HTS-GLBGJD-045、HT-HTS-NRWKJD-014；HT-MY-MYZ-026、HT-MY-SYBG-030、HT-MY-KWK-007、HT-MY-AKSLY-087；HT-PS-GM-030；HT-LPX-NWX-059、HT-LPX-HGX-033、HT-LPX-LPXC-050等24份。

种质类型及来源：栽培种。

形态特征：落叶阔叶小乔木，高达6m。叶卵状椭圆形、卵圆形或窄椭圆形。聚伞花序3至多花，淡白绿色或黄绿色，雄蕊花药紫红色，花丝细长。蒴果倒圆心状，4浅裂，成熟后果皮粉红色；种子长椭圆状，种皮棕黄色，假种皮橙红色，全包种子，成熟后顶端常有小口。花期5~6月，果期9月。

生态习性：喜光，稍耐阴，耐寒，对土壤要求不严，耐干旱，也耐水湿。根系深而发达，能抗风。根蘖萌发力强。

栽培地点与数量：少量分布。和田市：肖尔巴格乡，伊里其乡，拉斯奎镇，古勒巴格街道，奴尔瓦克街道玉泉湖公园内；墨玉县：墨玉镇，卡拉喀什河道渠，阔其乡，阿克萨拉依乡其娜尔民俗风情园；洛浦县：纳瓦乡托万喀拉克尔村渠边，杭桂乡，县城街道；皮山县公园（片分）。

繁育方式：分株及硬枝扦插。

栽培应用现状：园林绿化。

开发利用前景：庭园观赏，药用，蜜源，工业原料。

二十一、槭树科 Aceraceae

复叶槭 *Acer negundo* L.

槭树属 *Acer* L.

种质编号：HT-MY-ZW-074、HT-MY-ZW-028；HT-PS-GM-037、HT-PS-KLY-015。

种质类型及来源：栽培种；林木良种（新S-ETS-ZJ-026-2015）；原产地北美洲。

形态特征：落叶阔叶乔木，高达20m。树皮黄褐色或灰褐色。奇数羽状复叶，对生，卵形或椭圆状披针形，表面绿色，背面黄绿色。雄花序伞房状，雌花序总状；花小，黄绿色，先叶开放，雌雄异株。小坚果突起，开展成锐角或近于直角。花期4~5月，果期6~8月。

生态习性：喜光，喜冷凉气候，耐干冷，耐轻盐碱，耐烟尘；根萌芽性强，生长较快。

栽培地点与数量（零星）：墨玉县农业园区；皮山县：县城公园及克里阳乡。

繁育方式：播种繁殖。

栽培应用现状：行道树或庭园绿化。

开发利用前景：园林观赏，用材。

五角枫 地锦槭 色木槭 *Acer mono* Maxim.

槭树属 *Acer* L.

种质编号：HT-HTS-XEBGC-050；HT-MY-THL-013；HT-MF-CQ-037。

种质类型及来源：栽培种；原产东北。

形态特征：落叶阔叶乔木，高达20m，叶掌状5裂，裂片较宽。果翅较长，为果核之1.5~2倍。

生态习性：稍耐阴，深根性，不择土壤。

栽培地点与数量：和田市肖尔巴格乡合尼村巴格万园林（零星）；墨玉县托呼拉乡（零星）；民丰县农业技术推广站（片分）。

繁育方式：播种繁殖。

栽培应用现状：园林绿化。

开发利用前景：园林观赏，药用，防护林。

元宝槭 元宝枫 *Acer truncatum* Bge.

槭树属 *Acer* L.

种质编号：HT-CL-CQ-049。

种质类型及来源：栽培种；原产中国北方。

形态特征：落叶阔叶乔木，高达8~10m，胸径80~180cm。树冠阔圆形。小枝对生光无毛，一年生枝淡赤褐色或绿色并带有绯红色，后呈灰色。单叶对生，掌状5裂，全缘。嫩叶红色，秋叶黄色或红色。花黄绿色。翅果。

生态习性：根萌芽性强，生长较快，喜光，耐半阴、不耐热，抗风，不耐涝，耐干冷，耐轻盐碱，耐烟尘。

栽培地点与数量：策勒县城零星。

繁育方式：播种繁殖。

栽培应用现状：园林观赏。

开发利用前景：药用，蜜源。

鸡爪槭 *Acer palmatum* Thunbf.

槭树属 *Acer* L.

种质编号：HT-MY-ZW-101。

种质类型及来源：栽培种。

形态特征：落叶小乔木，树高2~9m，树干挺拔，树冠浓密，树姿开张，小枝细长。枝条多细长光滑，偏紫红色。嫩叶红色，老叶终年紫红色。果熟期10月。

生态习性：喜温暖湿润气候，耐贫瘠，抗逆性强，少病虫害。生长期长。

栽培地点与数量：墨玉县农业园区智能温室周围(零星)。

繁育方式：嫁接、扦插繁殖。

栽培应用现状：园林观赏。

开发利用前景：防护，园林绿化，药用，蜜源。

二十二、无患子科 Sapindaceae

文冠果 *Xanthoceras sorbifolia* Bge.

文冠果属 *Xanthoceras* Bge.

种质编号：HT-HTS-NRWKJD-036；HT-MY-YYE-002、HT-MY-ZW-094；HT-LPX-BSTGLKX-006、HT-LPX-DLX-079、HT-LPX-HGX-021；HT-YT-ARXX-034；HT-CL-CLX-089、HT-CL-GLX-034、HT-CL-QHX-041等16份。

种质类型及来源：栽培种。

形态特征：落叶阔叶灌木或小乔木，高2~5m。树皮灰褐色，枝粗壮，褐色。叶互生，奇数羽状复叶。总状花序，多数，花序长12~30cm，先叶或与叶同时开放，白色，基部红色或黄色。果为一具硬壳的蒴果，椭圆状球形，直径3~6cm，3瓣裂，每室具种子1~8粒。种子球形，直径1~1.5cm，黑色，有光泽。花期4~5月，果期7~8月。

生态习性：喜光，根深，适应性强，耐干旱瘠薄、抗寒和抵抗病虫能力强。

栽培地点与数量：和田市：古江巴克乡(少量)，吐沙拉乡，北京和田工业园区，阳光沙漠有限公司内部，奴尔瓦克街道玉泉湖公园后三地零星；墨玉县：夏贺农民专业合作社(零星)，芒来乡(片分)，墨玉镇吐外特艾日克村，英也尔乡(片分)，扎瓦镇夏合勒克庄园(零星)；洛浦县(零星)：拜什托格拉克乡，多鲁乡合作社，杭桂乡；于田县：阿日希乡(片分)；策勒县：沙漠研究站(片分)，固拉哈玛乡卫生院(零星)，恰哈乡(零星)。

繁育方式：种子繁殖，嫁接繁殖。

栽培应用现状：园林绿化。

开发利用前景：药用，食用，油料，用材，植化原料，饲料，蜜源。

二十三、鼠李科 Rhamnaceae

枣属 *Ziziphus* Mill. 和田市2714.61hm^2，和田县3911.34hm^2，墨玉县4458.45hm^2，皮山县1668.39hm^2，洛浦县11 393.33hm^2，民丰县4962.27hm^2，于田县3858.84hm^2，策勒县6200.4hm^2。

繁育方式：播种，嫁接及分株繁殖。

栽培应用现状：经济果木。

开发利用前景：食用，食品工业原料，药用，蜜源植物。

枣 *Ziziphus jujuba* Mill.

种质编号：HT-HTX-YSLMAWT-017；HT-MY-ML-031、HT-MY-KES-00；HT-PS-GM-038。

种质类型及来源：栽培种；我国特有。

形态特征：落叶小乔木或灌木，高10m；树皮褐色或灰褐色；小枝具两种刺：粗直长刺和下弯短刺。叶纸质，卵形至卵状披针形，边缘具圆齿状锯齿，基生三出脉。花黄绿色，两性，单生或2~8个集成腋生聚伞花序。核果矩圆形或长卵圆形，成熟时红色，后变红紫色。花期5~7月，果期8~9月。

生态习性：喜光，耐寒，耐热，耐旱涝，对土壤要求不严。

栽培地点与数量：和田县伊斯拉木阿瓦提乡；墨玉县芒来乡，喀尔赛镇；皮山县固玛镇。

和田大枣 *Ziziphus jujuba* 'Hetian'

种质编号：HT-HTX-YSLMAWT-016、HT-HTX-TWKL-005；

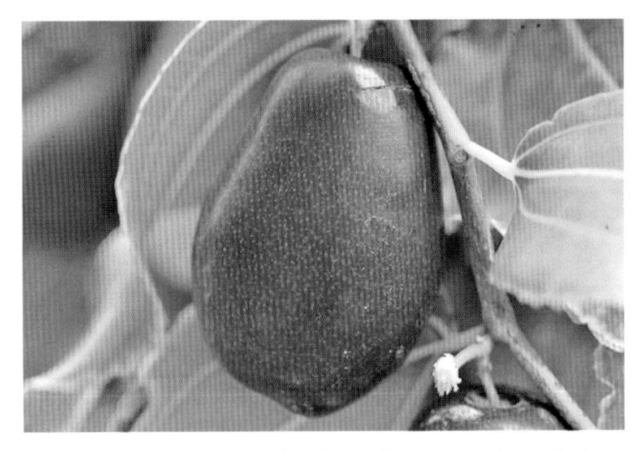

种质类型及来源：栽培品种；和田地区选育。

形态特征：果实个大、皮薄、核小、肉厚、颜色好、干而不皱。

栽培地点与数量：和田县（片分）伊斯拉木阿瓦提乡及塔瓦库勒乡。

喀什红枣 *Ziziphus jujuba* 'Kashihong'

种质编号：HT-MY-TWT-009。

种质类型及来源：引入栽培品种。

形态特征：果面光滑、皮薄、色艳、肉厚少。因其品质上乘、口味极佳。

栽培地点与数量：墨玉县吐外特乡奥依村买买提明·艾提家（海拔1305m，E79°47′，N37°19′）11~50株。

灰枣 若羌灰枣 *Ziziphus jujuba* 'Huizao'

种质编号：HT-HTS-LSKZ-024；HT-HTX-HARK-008；HT-MY-YW-030；HT-PS-GM-049、HT-PS-MKL-034；HT-LPX-SPLZ-017、HT-LPX-LPXC-021；HT-MF-RKYX-045；HT-YT-AYT-GLKX-061；HT-CL-DMGX-041等37份。

种质类型及来源：选育品种；林木良种（新S-SV-ZJ-052-2004）；起源于河南新郑，有2700余年栽培历史，现新疆大面积栽培种植。

形态特征：萌芽力强，丰产性强，产量稳定。果实长圆柱形，纵径3.8cm、横径2.6cm，平均单果重11~9g。核小或退化无仁，口感好。因若羌枣在成熟变红之前，通体发灰，好似挂了一层霜，所以得名“灰枣”。

生态习性：耐干旱、瘠薄，抗风抗盐碱。

栽培地点与数量：果园多片状种植。

和田市：阿克恰勒乡，肖尔巴格乡，肖尔巴格乡，拉斯奎镇；和田县：英艾日克乡巴什阔尕其村，拉依喀乡无花果王景区，罕艾日克镇；墨玉县：玉北开发区，英也尔乡，阔其乡，雅瓦乡；皮山县：藏桂乡,科克铁热克乡,桑株乡,固玛镇,木奎拉乡艾提喀尔村教育服务公司农场;洛浦县:拜什托格拉克乡,多鲁乡核桃基地,纳瓦乡,恰尔巴格乡,山普鲁镇培训地,杭桂乡,县城青年公园;民丰县:尼雅乡,安迪尔牧场,若克雅乡;于田县:兰干博孜亚农场,拉伊苏农场,喀拉克尔乡,喀孜纳克开发区,托格日喀孜乡,斯也克乡,兰干乡,英巴格乡,柯克亚乡,于田大芸种植基地;策勒县:策勒镇,达玛沟乡。

骏枣 *Ziziphus jujuba* 'Junzao'

种质编号:HT-HTS-JYX-045;HT-HTX-WZX-001、HT-HTX-WZX-031;HT-MY-THL-006;HT-PS-KKTRK-011;HT-LPX-AQKX-034、HT-LPX-BSTGLKX-008;HT-MF-CQ-044;HT-YT-SYKX-056;HT-CL-CLZ-018等70份。

种质类型及来源:选育品种;林木良种(新S-SV-ZJ-001-2009);20世纪70年代由山西交城县引进。

形态特征:果实大,柱形或长倒卵形。鲜枣单果重25~30g。核纺锤形。9月上中旬成熟。

生态习性:适应性强,丰产性能好。

栽培地点与数量:果园多呈片状种植。和田市:古江巴克乡,伊里其乡,吐沙拉乡,玉龙喀什镇,阿克恰勒乡,肖尔巴格乡,北京和田工业园区,拉斯奎镇,吉亚乡;和田县:吾宗肖乡,英艾日克乡,伊斯拉木阿瓦提乡,英阿瓦提乡,色格孜库勒乡,拉依喀乡无花果王景区,罕艾日克镇;墨玉县:喀尔赛镇,阔其乡,喀瓦克乡,奎牙镇,芒来乡库尔桂村,普恰克其乡,乌尔其乡,玉北开发区,玉西开发区,英也尔乡,墨玉国家农业科技园,托呼拉乡;皮山县:阔什塔格镇良种场,木吉镇,木奎拉乡,乔达乡,科克铁热克乡;洛浦县:阿其克乡,拜什托格拉克乡,布亚乡国营苗圃,多鲁乡合作社,洛浦镇,纳瓦乡,恰尔巴格乡,山普鲁,杭桂乡,县城街道;民丰县:县城博斯坦巷,尼雅乡,安迪尔牧场,若克雅乡,阿其玛村有机硒红枣种植示范基地,喀萨勒吾则克乡;于田县:木尕拉镇塔依拉克路,加依乡,兰干博孜亚农场,希吾勒乡,昆仑羊场,拉伊苏农场,阿热勒乡,喀拉克尔乡,喀孜纳克开发区,托格日尕孜乡,先拜巴扎镇,兰干乡,英巴格乡,于田大芸种植基地,吾宗肖乡,斯也克乡;策勒县:策勒镇,固拉哈马乡。

冬枣 *Ziziphus jujuba* 'Dongzao'

种质编号:HT-HTS-YLQX-030、HT-HTS-TSLX-044、HT-HTS-BJHTGYY-039;HT-MY-ZW-118;HT-PS-KSTG-016。

种质类型及来源:栽培品种;林木良种(新-S-SV-ZL-004-2010);引种地:河北沧州,试验地新疆若羌县。

形态特征:果实长椭圆形,紫红色,平均单果重8.1g。果肉绿白色,汁中多,甜。核中大,纺锤形。10月下旬成熟。鲜食品种。

栽培地点与数量:多零星分布。和田市:伊里其乡,吐沙拉乡,北京和田工业园区阳光沙漠有限公司内部;墨玉县国家农业科技园;皮山县阔什塔格镇良种场101~1000株。

冬圆枣 *Ziziphus jujuba* 'Dongyuanzao'

种质编号:HT-LPX-LPZ-032。

种质类型及来源:乡土栽培品种。

形态特征:果矩圆形,光滑。鲜食品种。

栽培地点与数量:洛浦镇博斯坎村,1~10株。

金昌一号枣 *Ziziphus jujuba* 'Jinchang1'

种质编号:HT-HTX-YAWT-019;HT-PS-MKL-033。

种质类型及来源:栽培品种;种源:山西省太谷县。

形态特征:果实大,短柱形或短倒卵形,纵径78mm,大小较均匀。核尖长,核内多无种仁。

生态习性:抗旱、抗寒、耐瘠薄、耐盐碱、抗枣风病、抗裂果。

栽培地点与数量:和田县英阿瓦提乡卡热杜瓦村,$40hm^2$,2006年栽植;皮山县:木奎拉乡艾提喀尔村教育服务公司农场有1000株以上,2016年在哈密大枣上嫁接为金星一号。

鸡心枣 *Ziziphus jujuba* 'Jixinzao'

种质编号:HT-CL-CLZ-016。

种质类型及来源:栽培品种。

形态特征:果实中大,呈长圆形,成熟前阳面常有花红,外观美,赭红光亮,皮薄,肉质酥脆,汁液多,甜味浓烈,略有酸味,口食无渣。

生态习性:暖温带阳性树种。喜光,好干燥气候。耐寒,耐热,又耐旱涝。对土壤要求不严,除沼泽地和重碱性土外,平原、沙地、沟谷、山地皆能生长。

栽培地点与数量:策勒镇(零星),海拔1420m,E80°47′,N36°58′。

壶瓶枣 *Ziziphus jujuba* 'Hupingzao'

种质编号:HT-YT-KLKRX-056;HT-CL-CLX-019、HT-CL-CLZ-012、HT-CL-CQ-037、HT-CL-DMGX-002。

种质类型及来源:栽培品种;原产地:山西省文水县。

形态特征:果实呈壶瓶状,大小不一致。果实深赤褐色、质地粗松、汁少、味甜,是制干果的上佳品种。

生态习性:适应性强。

栽培地点与数量:于田县喀拉克尔乡(少量,2011年种植,结实良好);策勒县:策勒乡,策勒镇,县城色日克西路，达玛沟乡。

金丝小枣 *Ziziphus jujuba* 'Jinsixiaozao'

种质编号：HT-MY-YW-015、HT-MY-KQ-026、HT-MY-TWT-022。

种质类型及来源：选育品种；林木良种（新S-SV-ZJ-054-2004）；原产山东省乐陵市。

形态特征：果实卵圆至椭圆形，平均单果重7.5g，鲜红色，品质极佳。核小皮薄肉厚，肉质细脆，皮薄肉厚，味甘甜。干枣肉质紧密，味甜更浓，皱纹浅细，利于储运。成熟期9月中下旬。

生态习性：适应性强。树冠扩大慢，早期丰产性不及其他品种，但其品质不论鲜食或制干均极优，优良的主栽品种。

栽培地点与数量：墨玉县（少量）：雅瓦乡，阔其乡，吐外特乡。

长酸枣 *Ziziphus jujuba* var. *spinosa* Hu ex H. F. Chow

种质编号：HT-MF-RKYX-014；HT-YT-XB-BZZ-007、HT-YT-YBGX-018。

种质类型及来源：变种；乡土栽培种。

形态特征：果实较一般酸枣长。

栽培地点与数量：民丰县若克雅乡0.33hm²；于田县（零星）：先拜巴扎镇，英巴格乡。

繁育方式：播种、嫁接及分株繁殖。

栽培应用现状：经济果木。

开发利用前景：食用，食品工业原料，药用，蜜源植物。

圆酸枣 *Ziziphus jujuba* var. *spinosa* Hu ex H. F. Chow

种质编号：HT-MF-ADRMC-016；HT-YT-KZNKKFQ-020、HT-YT-TGRGZX-056、HT-YT-XBBZZ-021、HT-YT-XBBZZ-048、HT-YT-KLKRX-034、HT-YT-SYKX-019。

种质类型及来源：乡土栽培变种。

形态特征：果实圆形。

栽培地点与数量：民丰县安迪尔牧场0.33hm²；于田县（零星）：喀孜纳克开发区，托格日喀孜乡，先拜巴扎镇，先拜巴扎镇，喀拉克尔乡，斯也克乡。

繁育方式：播种、嫁接及分株繁殖。

栽培应用现状：经济果木。

开发利用前景：食用，食品工业原料，药用，蜜源植物。

二十四、葡萄科 Vitaceae

(一)地锦属 *Parthenocissus* Planch.

五叶地锦 掌叶地锦 *Parthenocissus quinquefolia* (L.) Planch.

种质编号:HT-HTS-BJHTGYY-048;HT-HTX-YAWT-029;HT-PS-MKL-047;HT-MY-KQ-005、HT-MY-JHBG-020;HT-LPX-SPLZ-062、HT-LPX-LPXC-058;HT-MF-RKYX-023;HT-YT-ARXX-011;HT-CL-CQ-021等24份。

种质类型及来源:栽培种;原产地北京。

形态特征:落叶阔叶木质藤本。小枝圆柱形,无毛。卷须5~9分枝,相隔2节间断与叶对生,卷须顶端尖细卷曲,遇附着物成吸盘。叶为掌状5小叶,小叶倒卵圆形或椭圆形,边缘有粗锯齿。花序为圆锥状多歧聚伞花序。浆果球形,蓝黑色。花期6~7月,果期8~10月。

生态习性:喜光,能稍耐阴,耐寒,耐热,耐贫瘠干旱,对土壤和气候适应性强。

栽培地点与数量:多用于市区攀缘绿化,呈片状分布。

和田市:北京和田工业园区南湖路,古勒巴格街道友谊路栽培较多,其余乡镇(古江巴克乡,吉亚乡,拉斯奎镇,奴尔瓦克街道,纳瓦格街道,吐沙拉乡,肖尔巴格乡,玉龙喀什镇,伊里其乡)少量栽培数量小于;墨玉县:加汗巴格乡,奎牙镇,阔其乡,普恰克其乡,芒来乡;皮山县木奎拉乡;洛浦县:拜什托格拉克乡,纳瓦乡,布亚乡,多鲁乡,洛浦镇,山普鲁镇,县城街道;民丰县若克雅乡;于田县:县团结路,阿日希乡,拉伊苏农场;策勒县城色日克西路。

繁育方式:扦插、分根繁殖。

栽培应用现状:园林观赏(垂直绿化)。

开发利用前景:防护,药用,蜜源,工业原料。

(二)葡萄属 *Vitis* L.

和田市282hm^2;和田县1100km长的葡萄长廊,20世纪60年代开始栽植,80年代大力推广,2011年达千里规模,2012年被上海大世界收入吉尼斯纪录。“千里长廊”的葡萄品种以木纳格、和田红和马奶子为主;洛浦县360hm^2。

繁育方式:扦插(硬枝、根)、压条繁殖。

栽培应用现状:食用。

开发利用前景:防护,绿化,酿酒,饲用,药用,油料,植化原料。

无核白葡萄 *Vitis vinifera* ‘Seedless’

种质编号:HT-HTS-JYX-077;HT-HTX-SGZ-KL-016;HT-MY-KES-035;HT-PS-ZG-037、HT-PS-QD-029、HT-PS-KKTRK-018;HT-LPX-NWX-065;HT-MF-RKYX-034;HT-YT-LGX-012;HT-CL-DMGX-015等20份。

种质类型及来源:选育品种;林木良种(新S-SC-VV-004-2009);种源:吐鲁番。

形态特征:果皮薄而韧,肉质紧密而脆,无核。成熟颗粒浅黄绿色,粒均单重1.8g。花期5月下旬至6月中旬;果熟期8月下旬。

生态习性:耐高温,抗病性强,适应性强。

栽培地点与数量:多大面积种植,农家庭院零星种植。和田市吉亚乡农户家中;和田县:英阿瓦提乡,色格孜库勒乡;墨玉县:喀瓦克乡,夏贺农民专业合作社，喀瓦克乡，英也尔乡，国家农业科技园；皮山县：藏桂乡，乔达乡，科克铁热克乡英坎特村葡萄园；洛浦县：阿其克乡，纳瓦乡；民丰县若克雅乡；于田县：阿日希乡，兰干博孜亚农场，托格日喀孜乡，先拜巴扎镇，兰干乡；策勒县达玛沟乡。

无核白鸡心葡萄 *Vitis vinifera* 'Jixinseedless'

种质编号：HT-LPX-BSTGLKX-038、HT-LPX-LPZ-002、HT-LPX-NWX-028、HT-LPX-SPLZ-049。

种质类型及来源：选育品种；林木良种(新-S-SC-VV-005-2009)；选育地新疆吐鲁番地区农科所等。

形态特征：颗粒着生紧密，长卵圆形，平均单果重2.6g。果皮绿黄色，皮薄肉脆，浓甜。花期5月下旬至6月中旬；果熟期8月下旬。

生态习性：品种果粒着生牢固，不落粒，耐运输，不易长期冷藏，常温下保存5 d以上。

栽培地点与数量：洛浦县(零星)：拜什托格拉克乡，洛浦镇博斯坎村，纳瓦乡居来提家及山普鲁镇买买提家。

无核紫葡萄 *Vitis vinifera* 'Ziseedless'

种质编号：HT-HTX-YAWT-013。

种质类型及来源：栽培品种；引种地吐鲁番地区。

形态特征：果皮薄而韧，肉质紧密而脆，无核。成熟果实紫色无核。5月中下旬开花，8月下旬果实成熟。

栽培地点与数量：和田县英阿瓦提乡欧吞村(2010年种植，3.35hm^2)。

木纳格葡萄 *Vitis vinifera* 'Munage'

种质编号：HT-HTS-JYX-070；HT-HTX-LYK-012；HT-MY-YW-003；HT-PS-KKTRK-005；HT-LPX-BSTGLKX-013、HT-LPX-LPZ-003、HT-LPX-LPXC-053；HT-YT-YBGX-041；HT-CL-CLZ-007、HT-CL-QHX-054等35份。

种质类型及来源：栽培品种；原产新疆阿图什市。

形态特征：粒大(长束腰形)、皮薄、粉色鲜艳、果汁黄绿色、口味甘美。晚熟。花期5月下旬至6月中旬，果熟期8月下旬。

生态习性：晚熟、耐贮运。

栽培地点与数量：多大面积种植，农家庭院零星种植。

和田市：吐沙拉乡，阿克恰勒乡，吉亚乡；和田县：伊斯拉木阿瓦提乡，英阿瓦提乡，色格孜库勒乡，拉依喀乡无花果王景区；墨玉县：萨依巴格乡，夏贺农民专业合作社，喀瓦克乡，奎牙镇，雅瓦乡；

皮山县:木奎拉乡艾提喀尔村教育服务公司农场,藏桂乡,乔达乡,科克铁热克乡;洛浦县:拜什托格拉克乡,洛浦镇,纳瓦乡,山普鲁镇,杭桂乡,县城街道;于田县:阿日希乡,希吾勒乡,昆仑羊场,喀拉克尔乡,托格日喀孜乡,兰干乡,英巴格乡;策勒县:策勒镇,恰哈乡。

白木纳格葡萄 *Vitis vinifera* 'Baimunage'

种质编号:HT-HTS-GJBGX-004、HT-HTS-YLQX-053、HT-HTS-YLKSZ-026、HT-HTS-XEB-GC-066、HT-HTS-LSKZ-034;HT-MY-SYBG-021、HT-MY-ZW-131;HT-LPX-NWX-029。

种质类型及来源:选育品种;林木良种(新-S-SC-VV-022-2009);试验地新疆阿图什市。

形态特征:果穗长圆锥形,丰满极大,长28.2cm,宽11.6cm。果粉薄,果皮薄,色泽鲜艳,果汁黄绿色,果梗短8~10mm。果肉爽脆,可切成薄片,糖度高,手感硬,甜酸可口,风味极佳。晚熟,果熟期8月下旬。

生态习性:晚熟、耐贮运。

栽培地点与数量:和田市(少量):古江巴克乡,伊里其乡,玉龙喀什镇,肖尔巴格乡,拉斯奎镇;墨玉县(零星):萨依巴格乡,墨玉国家农业科技园;洛浦县纳瓦乡(零星)。

马奶子葡萄 *Vitis vinifera* 'Manaizi'

种质编号:HT-HTS-JYX-076;HT-HTX-YARK-014;HT-MY-ZW-093;HT-PS-KKTRK-017;HT-LPX-AQKX-038;HT-YT-LGBZYNC-004、HT-YT-LGX-034、HT-YT-AYTGLKX-077、HT-YT-KLYC-022;HT-CL-GLX-008等32份。

种质类型及来源:栽培品种。

形态特征:果穗大,果粒着生松散、整齐。果粒长椭圆形或圆柱形,肉质松软多汁,味甜,无香味。花期5月下旬至6月中旬,果熟期7月下旬。

生态习性:适应性广。

栽培地点与数量:多大面积种植,农家庭院零星种植。

和田市:伊里其乡,吐沙拉乡,肖尔巴格乡,拉斯奎镇,吉亚乡;和田县英艾日克乡;墨玉县:阿克萨拉依乡其娜尔民俗风情园,喀瓦克乡,萨依巴格乡,扎瓦镇夏合勒克庄园;皮山县:藏桂乡,皮亚勒玛乡,皮西那乡,乔达乡,科克铁热克乡;洛浦县阿其克乡;于田县:兰干博仔亚农场,托格日喀孜乡,先拜巴扎镇,斯也克乡,兰干乡,奥依托格拉克乡,昆仑羊场0.33hm^2,喀拉克尔乡宗塔勒村0.02hm^2;策勒县固拉哈马乡。

红马奶子葡萄 *Vitis vinifera* 'Hongmanaizi'

种质编号:HT-HTX-YARK-014;HT-LPX-LPZ-060、HT-LPX-NWX-035、HT-LPX-SPLZ-048。

种质类型及来源:栽培品种。

形态特征:果实皮色紫红色,厚而较韧。肉质松脆,黄绿色,果汁中多,酸甜,无香味。

栽培地点与数量:多庭院零星种植。和田县英阿瓦提乡;洛浦县:洛浦镇吉力力果园,纳瓦乡及山普鲁镇。

黑马奶子葡萄 *Vitis vinifera* 'Heimanai'

种质编号:HT-LPX-NWX-034。

种质类型及来源:栽培品种;原产地:不详。

形态特征:果粒长椭圆形,果皮黑色,肉质松软多汁,味甜,无香味。花期5月下旬至6月中旬,果熟期8月上旬。

生态习性:喜光。

栽培地点与数量:洛浦县纳瓦乡居来提农户(零星)。

赛富葡萄 *Vitis vinifera* 'Saifu'

种质编号:HT-PS-MKL-031。

种质类型及来源:栽培品种。

生态习性:适应性强,抗旱力强。

栽培地点与数量:皮山县木奎拉乡艾提喀尔村教育服务公司农场(零星)海拔1363m,E78°23′,N37°31′。

香皮葡萄 *Vitis vinifera* 'Xiangpi'

种质编号:HT-HTX-YARK-012、HT-HTX-TWKL-006。

种质类型及来源:栽培品种。

形态特征:果实香味浓郁。

生态习性:优质,抗逆性强。

栽培地点与数量:和田县:英艾日克乡0.67hm^2,2015年种植,塔瓦库勒乡喀克夏勒村买买托合提·艾来木力亚孜家3.5hm^2,2013年种植。

和田红葡萄 *Vitis vinifera* 'Hetianhong'

种质编号:HT-HTS-JYX-027;HT-HTX-YAWT-014;HT-MY-KES-056、HT-MY-KES-030;HT-PS-PYLM-003;HT-LPX-LPXC-054;HT-MF-SLWZKX-007;HT-YT-JYX-028、HT-YT-AYT-GLKX-079;HT-CL-QHX-055等56份。

种质类型及来源:乡土栽培品种。

形态特征:浆果椭圆状球形,表皮有白霜,果穗大，平均重680~900g。果粒大，圆形，重3.7~4g，大部分果面红至深红色；果皮厚，易与果肉分离。肉软汁多，汁黄白色。果实于9月中旬成熟。

生态习性：抗旱、抗寒，高产。

栽培地点与数量：和田地区主栽品种。

和田市：古江巴克乡，伊里其乡，吐沙拉乡，肖尔巴格乡，拉斯奎镇，吉亚乡；和田县：伊斯拉木阿瓦提乡，塔瓦库勒乡，英阿瓦提乡；墨玉县：喀尔赛镇，喀瓦克乡，萨依巴格乡，吐外特乡；皮山县：木吉镇，固玛镇，皮亚勒玛乡；洛浦县：布亚乡，拜什托格拉克乡，多鲁乡，洛浦镇，阿其克乡，杭桂乡，恰尔巴格乡，县城街道；民丰县：尼雅乡，尼雅镇，萨勒吾则克乡；于田县：木尕拉镇，加依乡，阿日希乡，兰干博仔亚农场，希吾勒乡，昆仑羊场，拉伊苏农场，阿热勒乡，喀拉克尔乡，喀孜纳克开发区，托格日喀孜乡，先拜巴扎镇，斯也克乡，兰干乡，英巴格乡，阿羌乡，奥依托格拉克乡；策勒县：策勒镇，固拉哈马乡，达玛沟乡，努尔乡，乌鲁克萨依乡，恰哈乡。

和田黄葡萄 *Vitis vinifera* 'Hetianhuong'

种质编号：HT-MY-AKSLY-047；HT-PS-MKL-032。

种质类型及来源：地方栽培品种。

形态特征：圆锥花序与叶对生，花杂性异株，穗大，平均重680~900g，双歧肩圆锥形，极紧密。果粒大，浆果圆形，重3.7~9g，果实色黄，果粉中等；果皮厚，肉软汁甜；营养丰富，颗粒均匀、色泽基本一致。

生态习性：抗旱、抗寒，高产。

栽培地点与数量：墨玉县阿克萨拉依乡其娜尔民俗风情园（零星）；皮山县木奎拉乡艾提喀尔村教育服务公司农场51~100株。

和田长葡萄 *Vitis vinifera* 'Hetianchang'

种质编号：HT-HTX-SGZKL-014。

种质类型及来源：栽培品种。

栽培地点与数量：和田县色格孜库勒乡尕藏墩村（海拔1287m，E79°55′，N37°28′）46.69hm²。

和田绿葡萄 *Vitis vinifera* 'Hetianlv'

种质编号：HT-MY-YW-004、HT-MY-ZW-130、HT-MY-TWT-011。

种质类型及来源：栽培品种。

形态特征：果穗圆柱形带小副穗，中大。果粒着生紧密。果粒卵圆形，果粒整齐，果面黄绿色。皮厚而坚韧，易于果肉分离。

生态习性：丰产，含糖与含酸均高。

栽培地点与数量：墨玉县：雅瓦乡51~100株，国家农业科技园(零星),吐外特乡(零星)。

阿提格瓦克葡萄 *Vitis vinifera* 'Atigewake'

种质编号:HT-PS-QD-034、HT-PS-KKTRK-019。

种质类型及来源:乡土栽培品种。

形态特征:4月中旬开花,果实于9月中旬成熟需要140~150 d。

生态习性:适应性强,耐瘠薄,耐盐碱,较抗寒,高产稳产。

栽培地点与数量:皮山县:乔达乡9村阿亚格乔达村3株,科克铁热克乡英坎特村葡萄园有1000株以上。

库车阿克沙依瓦葡萄 *Vitis vinifera* 'Kucheake-shayiwa'

种质编号:HT-MF-RKYX-061。

种质类型及来源:栽培品种。库车引入。

形态特征:果实卵形,果穗较松散。

栽培地点与数量:民丰县若克雅乡劳光队五小队0.67hm²,结实良好。海拔1424m,E82°44′,N37°02′。

摩尔多瓦葡萄 *Vitis vinifera* 'Murduowa'

种质编号:HT-LPX-QEBGX-056、HT-LPX-SPLZ-051。

种质类型及来源:栽培品种;欧美杂交种。2004年引入重庆。

形态特征:果穗圆锥形,中等大,平均穗重650g。果粒着生中等紧密,果粒大,短椭圆形,平均粒重9.0g。果皮蓝黑色,着色非常整齐一致,非常漂亮,果粉厚。果肉柔软多汁,口感一般。可溶性固形物含量16.0%~18.9%,最高可达20%。含酸量0.54%,果肉与种子易分离。属于中晚熟品种。

生态习性:抗旱、抗寒性较强,高抗霜霉病、极丰产、晚熟、耐贮运、外观漂亮,是优良的抗病葡萄品种。

栽培地点与数量:洛浦县(零星):恰尔巴格乡吉力力桃园及山普鲁镇买买提家。

红地球葡萄 红提 *Vitis vinifera* ‘Red Globe’

种质编号：HT-HTX-SGZKL-025；HT-MY-KES-046、HT-MY-SYBG-020；HT-LPX-AQKX-039、HT-LPX-HGX-049；HT-YT-KZNKKFQ-025、HT-YT-AYTGLKX-076。

种质类型及来源：引入栽培品种；林木良种（新-S-SC-VV-024-2009）；原产美国加利福尼亚州。

形态特征：果穗大，整齐度好，平均单粒重10g，最大单粒重13g，红色或紫红色，果皮中厚，易剥离，肉质坚实而脆，细嫩多汁，硬度大，刀切而不流汁。香甜可口，风味独特。果柄长，与果实结合紧密，不易裂口；果刷粗大，着生极牢固，耐拉力极强，不脱粒。7月下旬开始着色，9月下旬成熟。

生态习性：耐贮运，适应性广。

栽培地点与数量：和田县色格孜库勒乡其格里克国家公益林管护站；墨玉县：萨依巴格乡，喀尔赛镇夏贺农民专业合作社；洛浦县：阿其克乡，杭桂乡；于田县：喀孜纳克开发区，奥依托格拉克乡。

红葡萄 *Vitis vinifera* ‘Muscat Ottonel’

种质编号：HT-HTX-LYK-014；HT-MY-ZW-128；HT-PS-ZG-036、HT-PS-PXN-020、HT-PS-QD-019、HT-PS-KKTRK-013。

种质类型及来源：乡土栽培品种。

形态特征：浆果多为圆形或椭圆形，红色。

栽培地点与数量：和田县拉依喀乡（片分）；墨玉县国家农业科技园；皮山县：藏桂乡（片分），皮西那乡（片分），乔达乡（少量），科克铁热克乡（零星）。

蓝葡萄 *Vitis vinifera* ‘Lan’

种质编号：HT-HTX-YARK-013、HT-HTX-SG-ZKL-015。

种质类型及来源：引入栽培品种。

形态特征：果色蓝黑，果粒长圆柱形，状如小手指，刀切成片，风味纯正，脆甜无渣，8月下旬成熟，成熟后挂果期长。果粒不拥挤、无破粒、不烂尖，疏果省工。果刷坚韧，成熟后不易掉粒。

生态习性：果实抗病强，耐贮运。

栽培地点与数量：和田县（片分）：英艾日克乡及色格孜库勒乡尕藏墩村。

绿葡萄 *Vitis vinifera* ‘Lu’

种质编号：HT-HTS-JYX-079；HT-LPX-NWX-066。

种质类型及来源：乡土栽培品种。

形态特征：果实为球形、近球形或长圆形，成熟呈绿色。有种子2~4粒。花期5月下旬至6月中旬，果熟期8月下旬。

生态习性：喜光，耐干旱，适应温带或大陆性气候。

栽培地点与数量：和田市吉亚乡农户10~50株；洛浦县纳瓦乡努尔曼家1~10株。

黄葡萄 *Vitis vinifera* 'Huang'

种质编号：HT-MY-KWK-019，HT-MY-SYBG-016。

种质类型及来源：栽培品种。

形态特征：果粒椭圆形，紧密度中等，果粒较大，果粒整齐一致。果皮黄绿色，外形美观。果肉较脆，易于种子分离。含酸低，果汁黄绿色，风味酸甜至甜，种子2~3粒，灰褐色。种子灰褐色。

生态习性：品质上等，制出葡萄干黄色，品质好，较耐运输，丰产。

栽培地点与数量：墨玉县（片分）：喀瓦克乡巴什喀瓦克村及萨依巴格乡托喀亚村。

美人指葡萄 *Vitis* vinifera 'Meirenzhi'

种质编号：HT-MY-KES-034，HT-MY-SYBG-018。

种质类型及来源：栽培品种；1998年由日本引入。

形态特征：果穗中大，果粒大，粒重11~12g。果粒细长形，先端紫红色，光亮，基部稍淡，恰如染红指甲油的美女手指，外观漂亮。果实皮肉不易剥离，皮薄而韧，不易裂果，果肉紧脆呈半透明状，可切片，无香味，味甜爽口，可溶性固形物16%~19%。

生态习性：喜高温多湿，适应性广。耐贮运。

栽培地点与数量：墨玉县（片分）：夏贺农民专业合作社及萨依巴格乡托喀亚村。

黑美人葡萄 *Vitis vinifera* 'Heimeiren'

种质编号：HT-MY-KES-045。

种质类型及来源：栽培品种；原产热带亚洲。

形态特征：叶面随品种变化，常有银色或白色斑纹镶嵌。微皱面卷曲，酷似黑人的头发，因此得名，成株丛生状，枝叶密集不易凌乱，适合庭园缘栽，地被或盆栽作室内植物。成株能开花，佛焰苞花序，浆果橙红。花期5月下旬至6月中旬，果熟期8月下旬。

生态习性：适应性广。

栽培地点与数量：墨玉县夏贺农民专业合作社有1000株以上。

香妃葡萄 *Vitis vinifera* 'Xiangfei'

种质编号：HT-MY-KWK-022、HT-MY-YW-010、HT-MY-YYE-011。

种质类型及来源：栽培品种。

形态特征：早熟、大粒、绿黄色、鲜食葡萄。

生态习性：适应性广。

栽培地点与数量：墨玉县（片分）：喀瓦克乡，雅瓦乡及英也尔乡。

玫瑰香葡萄 莫斯卡葡萄 *Vitis vinifera* 'Muscat Hamburg'

种质编号:HT-MY-ZW-129。

种质类型及来源:引入栽培品种,1892年从西欧引入我国。

形态特征:果实小。未熟透时是浅浅的紫色,就像玫瑰花瓣一样,口感微酸带甜,成熟后紫中带黑,入口有一种玫瑰的沁香,醉人心脾,甜而不腻,没有一点儿苦涩之味。其含糖量高达20度,麝香味浓、着色好看。

生态习性:抗病中等。适应性广。肉质坚实易运输,易贮藏,搬运时不易落珠。

栽培地点与数量:墨玉国家农业科技园。

珍珠葡萄 *Vitis vinifera* 'Zhenzhu'

种质编号:HT-MY-KES-044、HT-MY-YW-006。

种质类型及来源:栽培品种。

形态特征:果实小,口感好。花期5月下旬至6月中旬,果熟期8月下旬。

生态习性:适应性强。

栽培地点与数量:墨玉县:夏贺农民专业合作社(片分),雅瓦乡(少量)。

二十五、山茱萸科 Cornaceae

红瑞木 *Swida alba* L.

梾木属 *Swida* Opiz

种质编号:HT-MY-MYZ-038;HT-LPX-LPZ-037、HT-LPX-SPLZ-056、HT-LPX-LPXC-031;HT-MF-CQ-009。

种质类型及来源:引入栽培种。

形态特征:落叶阔叶灌木,高达3m。干直立丛生,枝条红紫色,秋季叶变血红色,无毛,初时常被白粉,髓大而白色,叶对生,叶表暗绿色,叶背粉绿色。花小,黄白色,排成顶生的伞房状聚伞花序。花期5~6月,果熟8~9月。

生态习性:耐寒,喜光,稍耐阴,根系浅,萌蘖力强,多发条,抗水湿,稍耐盐碱。

栽培地点与数量:多为城镇绿篱,呈片状分布。墨玉县墨玉镇;洛浦县:洛浦镇,山普鲁镇街道及县城青年公园;民丰县城街道。

繁育方式:种子繁殖,压条及扦插繁殖。

栽培应用现状:园林观赏。

开发利用前景:防护,绿化、药用,工业原料,蜜源。

二十六、锦葵科 Malvaceae

长苞木槿 *Hibiscus syriacus* var. *longibiracteatus* S.Y. Hu Fi.

木槿属 *Hibiscus* L

种质编号:HT-HTS-GJBGJD-017、HT-HTS-

BJHTGYY-050、HT-HTS-NRWKJD-025;HT-HTX-WZX-013;HT-MY-PQKQ-007、HT-MY-YYE-001;HT-PS-QD-006、HT-PS-KKTRK-016;HT-LPX-LPXC-059;HT-MF-CQ-051等14份。

种质类型及来源:栽培变种。

形态特征:落叶阔叶灌木,高3~4m,小枝密被黄色星状绒毛。叶菱形至三角状卵形。花单分布于枝端叶腋间,花萼钟形,花朵色彩有纯白、淡粉红、淡紫、紫红等,花形有单瓣、复瓣、重瓣几种。外面疏被纤毛和星状长柔毛。蒴果卵圆形,直径约12mm,密被黄色星状绒毛;种子肾形,背部被黄白色长柔毛。花期7~10月。

生态习性:喜光,耐寒,稍耐阴、喜温暖、湿润气候,较耐干旱、对土壤要求不严格,耐修剪。

栽培地点与数量:和田市:古江巴格街道张老板苗圃,伊里其乡阿特巴扎村花林基地,肖尔巴格乡,北京和田工业园区滨河路,古勒巴格街道及玉泉湖公园;和田县吾宗肖乡(零星);墨玉县普恰克其乡及英也尔乡;皮山县乔达乡及科克铁热克乡(零星);洛浦县城街道(零星);民丰县城广场。

繁育方式:播种繁殖。

栽培应用现状:园林观赏。

开发利用前景:防护,绿化,工业原料,药用,蜜源。

雅致木槿 *Hibiscus syriacus* f. *elegantissixuns* Gagnep. f.

木槿属 *Hibiscus* L.

种质编号:HT-CL-CQ-005。

种质类型及来源:栽培变型。

形态特征:花白色重瓣,直径6~10cm。

生态习性:对环境的适应性很强,较耐干燥和贫瘠,尤喜光和温暖潮润的气候。稍耐阴、喜温暖、湿润气候,耐修剪、耐热又耐寒,萌蘖性强。

栽培地点与数量:策勒县城色日克西路5株。

繁育方式:播种繁殖。

栽培应用现状:园林观赏。

开发利用前景:绿化,药用,蜜源。

二十七、柽柳科 Tamaricaceae

柽柳属 *Tamarix* L. 人工种植面积:和田市33.73hm², 和田县1895.46hm², 洛浦县3.35hm², 于田县14576.53hm², 墨玉县11348.77hm², 皮山县1894.46hm², 策勒县2.6hm²。和田地区天然分布13种柽柳,其中人工种植有10种:多枝柽柳、多花柽柳、甘肃柽柳、甘蒙柽柳、短穗柽柳、长穗柽柳、细穗柽柳、山川柽柳、刚毛柽柳、紫杆柽柳。

甘蒙柽柳 *Tamarix austromongolica* Nakai

种质编号:HT-CL-GLHMX-043。

种质类型及来源:引入栽培种。。

形态特征:落枝灌木或小乔木。春季总状花序上无营养枝;小枝直立,叶向外张开。花瓣淡紫红色,顶端向外反折。花期5~9月。

生态习性:分布于荒漠区河漫滩及冲积平原,盐碱沙荒地及灌溉盐碱地边。耐盐碱,耐水湿,耐土壤贫瘠。

分布地点与数量:策勒县固拉哈玛乡。

繁育方式:种子繁殖。

栽培应用现状：生态防护。

开发利用前景：盐碱地造林，水土保持，园林绿化，蜜源，饲用，编织，薪炭。

二十八、胡颓子科 Elaeagnaceae

（一）胡颓子属 *Elaeagnus* L.

人工种植面积：和田市 386.72hm²，和田县 292.53hm²，墨玉县 477.65hm²，皮山县 2237.59hm²，洛浦县 213.57hm²；民丰县 59.31hm²，于田县 737.94hm²，策勒县 317.09hm²。

繁育方式：种子繁殖，扦插繁殖。

栽培应用现状：防风林，用材。

开发利用前景：薪炭，饲用，食用，蜜源，工业原料，药用。

尖果沙枣 *Elaeagnus oxycarpa* Schlecht.

种质编号：HT-HTS-YLKSZ-007；HT-HTX-SGZKL-023；HT-MY-YYE-044；HT-PS-KKE-006、HT-PS-MJ-046、HT-PS-SZ-041；HT-LPX-NWX-017、HT-LPX-QEBGX-028、HT-LPX-SPLZ-063、HT-LPX-LPXC-020 等 48 份。

种质类型及来源：乡土栽培种。林木良种：新 S-SV-EO-034-2010。

栽培地点与数量：和田市玉龙喀什镇；和田县：吾宗肖乡，喀什塔什乡，朗如乡，色格孜库勒乡其格里克国家公益林管护站；墨玉县：奎牙镇，墨玉镇，乌尔其乡，玉北开发区，雅瓦乡，扎瓦乡，喀尔赛镇，阔其乡，普恰克其乡，玉西开发区及英也尔乡；皮山县：康克尔乡，阔什塔格镇，皮亚勒玛乡，巴什兰干，杜瓦镇，固玛镇，木吉镇及桑株乡；洛浦县：纳瓦乡乡，恰尔巴格乡，山普鲁镇及县城青年公园。

大果沙枣 新疆大沙枣 沙生沙枣 *Elaeagnus moorcroftii* Wall. ex Schlecht.

种质编号：HT-HTS-JYX-040、HT-HTS-GLB-GJD-021；HT-HTX-TWKL-008、HT-HTX-SGZKL-019；HT-MY-JHBG-018；HT-PS-MJ-035、HT-PS-MKL-016、HT-PS-QD-007；HT-LPX-DLX-012；HT-CL-CLX-109 等 31 份。

种质类型及来源：选育栽培种；林木良种（新 S-SV-EA-033-2010）。

形态特征：落叶阔叶乔木，高达 10m。果实较大，黄或红色。花期 5~6 月，果期 9~10 月。

生态习性：耐干旱，耐高温，抗盐碱，抗风沙。

栽培地点与数量：和田市（零星）：古江巴克乡，伊里其乡，吐沙拉乡，纳瓦格街道，玉龙喀什镇，阿克恰勒乡，肖尔巴格乡，北京和田工业园区阳光沙漠有限公司内部，吉亚乡及古勒巴格街道；和田县塔瓦库勒乡（零星）及色格孜库勒乡（片分）；墨玉县（零星）：喀尔赛镇，新疆振雄二牧场及加汗巴格乡；皮山县（片分）：木吉镇，木奎拉乡及乔达乡；洛浦县（片分）：阿其克乡，拜什托格拉克乡及多鲁乡核桃基地；策勒县：策勒镇（片分），博斯坦乡（片分），策勒乡（片分），固拉哈玛乡（零星），努尔乡（零星），恰哈乡及乌鲁克萨依乡（零星）。

（二）沙棘属 *Hippophae* L.

沙棘 小果沙棘 *Hippophae rhamnoides* L.

种质编号：HT-MY-ZW-110；HT-LPX-AQKX-010；HT-PS-GM-063、HT-PS-KSTG-034；HT-MF-NYX-048；HT-YT-AQX-047；HT-CL-WLKSYX-039、HT-CL-QHX-022、HT-CL-QHX-025。

种质类型及来源：乡土栽培种。

栽培地点与数量：多零星分布。墨玉国家农业科技园；于田县阿羌乡；皮山县城及阔什塔格镇；洛浦县阿其克乡；民丰县尼雅乡生态防护林（片分）；策勒县乌鲁克萨依乡及恰哈乡（片分）。

繁育方式：播种繁殖，扦插繁殖。

栽培应用现状:防风固沙,经济果木。

开发利用前景:饲用,药用,蜜源,食用,工业原料。

二十九、千屈菜科 Lythraceae

紫薇 紫金花、紫兰花 *Lagerstroemia indica* L.

紫薇属 *Lagerstroemia* L.

种质编号:HT-HTS-GJBGX-038、HT-HTS-BJHTGYY-057;HT-MF-NYZ-020。

种质类型及来源:引入栽培种;原产地:美国中东部。

形态特征:落叶阔叶小乔木。树皮平滑。叶互生或有时对生,纸质,椭圆形、阔矩圆形或倒卵形。花淡红色或紫色、白色,常组成7~20cm的顶生圆锥花序。花瓣6。蒴果椭圆状球形或阔椭圆形,成熟时或干燥时呈紫黑色,室背开裂;种子有翅。花期6~9月,果期9~12月。

生态习性:喜光,喜湿润凉爽气候及深厚肥沃疏松土壤,不耐寒,不耐贫瘠和积水。

栽培地点与数量:和田市(零星):古江巴克乡,北京和田工业园区玉龙庄园;民丰县尼雅镇农家院内(海拔1412m,E82°41′,N37°04′)1株。

繁育方式:播种繁殖,扦插繁殖。

栽培应用现状:园林观赏。

开发利用前景:药用,蜜源,绿化。

三十、石榴科 Punicaceae

石榴属 *Punica* L.:和田市83.38hm²,墨玉县102.86hm²,皮山县2927.29hm²,洛浦县746.67hm²,于田县509.33hm²,策勒县519.47hm²。

繁育方式:扦插(硬枝)、分株、压条繁殖。

栽培应用现状:园林观赏,食用。

开发利用前景:药用,蜜源,防护,绿化。

石榴 *Punica granatum* L.

种质类型及来源:栽培种;原产于伊朗、阿富汗等国家,据陆巩记载汉代由张骞引入西域。

种质编号:HT-HTS-NWGJD-039;HT-MY-KES-039;HT-PS-PYLM-007、HT-PS-GM-051;HT-LPX-BSTGLKX-001、HT-LPX-NWX-006、HT-LPX-BYX-087;HT-YT-CQ-010、HT-YT-ARXX-033;HT-CL-CLX-115等12份。

形态特征:落叶灌木或乔木,高通常3~5m,枝顶常成尖锐长刺,幼枝具棱角,无毛,老枝近圆柱形。叶通常对生,纸质,矩圆状披针形,顶端短尖、钝尖或微凹,基部短尖至稍钝形,上面光亮,侧脉稍细密;叶柄短。花大,1~5朵生枝顶;萼筒长2~3cm,通常红色或淡黄色,裂片略外展,卵状三角形,外面近顶端有1黄绿色腺体,边缘有小乳突;花瓣通常大,红色、黄色或白色,顶端圆形;花丝无毛;花柱长超过雄蕊。浆果近球形,通常为淡黄褐色或淡黄绿色,有时白色,稀暗紫色。种子多数,钝角形,红色至乳白色,肉质的外种皮供食用。花期5~6月,果熟期9~10月。

生态习性:喜光,耐半阴,耐旱、耐热、耐寒,耐水涝。

栽培地点与数量:和田市:纳瓦格街道(零星),拜什托格拉克乡及纳瓦乡(片分);墨玉县夏贺农民专业合作社11~50株;皮山县皮亚勒玛乡及固玛镇(片分);洛浦县布亚乡及恰尔巴格乡(片分);于田县城浙江大酒店院内(零星)及阿日希乡(片分);策勒县司马义·艾买提故居(零星)。

酸石榴 *Punica granatum* L.

种质编号:HT-HTS-YLQX-010;HT-MF-RKYX-041;HT-YT-XWLX-018、HT-YT-KLKRX-033、HT-YT-KZNKKFQ-026、HT-YT-AYTGLKX-039;HT-CL-CLX-102。

种质类型及来源：乡土栽培种。

形态特征：果实偏酸。

栽培地点与数量：和田市伊里其乡及市林业局（零星）；民丰县若克雅乡（片分）；于田县：希吾勒乡（片分），喀拉克尔乡（零星），喀孜纳克开发区及于田大芸种植基地（零星）；策勒县沙漠研究站（零星）。

甜石榴 *Punica granatum* L.

种质编号：HT-HTS-YLQX-010；HT-MF-RKYX-040；HT-YT-KLYC-024、HT-YT-LYSNC-025、HT-YT-KLKRX-032、HT-YT-TGRGZX-030、HT-YT-XBBZZ-054、HT-YT-YBGX-053、HT-YT-AYTGLKX-03；HT-CL-CLX-103等11份。

种质类型及来源：乡土栽培种。

形态特征：果实偏甜。

栽培地点与数量：多零星分布。民丰县若克雅乡（片分）；于田县：昆仑羊场（片分），拉伊苏农场，喀拉克尔乡，喀孜纳克开发区，托格日喀孜乡，先拜巴扎镇，英巴格乡及于田大芸种植基地；策勒县沙漠研究站。

'和田'石榴 *Punica granatum* 'Hetian'

种质编号：HT-HTS-GJBGX-056。

种质类型及来源：乡土栽培品种。

生态习性：抗瘠薄，抗病性强。

栽培地点与数量：和田市古江巴克乡（少量）。

皮亚曼1号石榴 *Punica granatum* 'Piyaman'

种质编号：HT-HTS-GJBGX-061、HT-HTS-YLQX-027、HT-HTS-XEBGC-020、HT-HTS-BJHT-GYY-049、HT-HTS-LSKZ-050；HT-PS-MKL-053；HT-LPX-DLX-085、HT-LPX-NWX-040、HT-LPX-SPLZ-045。

种质类型及来源：选育品种；林木良种（新S-SV-PG-066-2004）；以皮山县皮亚勒玛乡产地命名。

形态特征：个大、皮薄、味甜、核小、汁多。果实近圆形，呈棱状。花期5~6月，果期9~10月。

生态习性：喜光、耐寒、耐旱。

栽培地点与数量：和田市（少量）：古江巴克乡，伊里其乡，肖尔巴格乡，北京和田工业园区及拉斯奎镇；皮山县皮亚勒玛乡（片分）；洛浦县（零星）：多鲁乡，纳瓦乡及山普鲁镇。

‘阿拉尔’石榴 *Punica granatum* ‘Alar’

种质编号:HT-HTS-TSLX-043。

种质类型及来源:栽培品种;原产阿拉尔地区。

形态特征:果实色泽鲜艳,外形美观。皮薄、粒大、汁多味甜、营养丰富。

生态习性:抗瘠薄,抗病性强。

栽培地点与数量:和田市吐沙拉乡加木达村1~10株。

千紫红石榴(甜) *Punica granatum* ‘Qianzihong’

种质编号:HT-CL-CLX-119。

千紫红石榴(酸) *Punica granatum* ‘Qianzihong’

种质编号:HT-CL-CLX-120。

种质类型及来源:栽培品种。

形态特征:观赏品种。

栽培地点与数量:策勒县策勒乡万亩石榴园。

娜胡西石榴 *Punica granatum* ‘Nahuxi’

种质编号:HT-HTX-TWKL-012。

种质类型及来源:栽培品种。

形态特征:浆果近球形,通常为淡黄褐色或淡黄绿色,有时白色,稀暗紫色。

栽培地点与数量:和田县塔瓦库勒乡阿特贝希村(片林)。

花石榴 月季石榴 *Punica granatum* ‘Hua’

种质编号:HT-HTS-BJHTGYY-058。

种质类型及来源:栽培品种。

形态特征:灌木,高50~70cm。叶色浓绿,油亮光泽。花萼硬,红色,肉质,开放之前成葫芦状。花

朵小，朱红色，重瓣，花期长。果较小，古铜红色，挂果期长。主要用做盆景。

生态习性：性喜温暖、阳光充足和干燥的环境，耐干旱，也较耐寒，不耐水涝，不耐阴，对土壤要求不严，以肥沃、疏松、适湿而排水良好的沙壤土最好。

栽培地点与数量：和田市北京和田工业园区玉龙庄园前11~50株。

三十一、木樨科 Oleaceae

（一）白蜡树属 *Fraxinus* L.

小叶白蜡 天山梣 *Fraxinus sogdiana* Bge.

种质编号：HT-HTS-NRWKJD-005；HT-HTX-WZX-018；HT-MY-KY-029、HT-MY-PQKQ-024、HT-MY-ZW-135；HT-PS-SZ-049；HT-LPX-LPXC-016；HT-MF-NYZ-023；HT-YT-CQ-011；HT-CL-CQ-073等61份。

种质类型及来源：栽培种；林木良种（新S-SV-FS-021-2004）；原产新疆伊犁地区。

形态特征：落叶阔叶乔木，高达25m；树冠圆形。树形优美，树体高大。单数羽状复叶，对生，小叶7~11枚，长卵圆形、卵状披针形或狭披针形，光滑，边缘有不整齐的锐尖粗锯齿。雌雄异株或杂性花；短总状花序，侧分布于去年生枝叶腋；花2~3轮生；无花被；雄蕊2。翅果狭窄，果翅几下延至基部，披针形或矩圆状倒卵形。花期3月底至4月，果期9~10月。

生态习性：适应性强，抗寒、旱、盐碱，根系发达。

栽培地点与数量：多以防护林、行道树形式片分。和田市：伊里其乡，纳瓦格街道玉石广场，玉龙喀什镇，肖尔巴格乡，北京和田工业园区阳光沙漠有限公司，拉斯奎镇，吉亚乡，古勒巴格街道及奴尔瓦克街道；和田县：吾宗肖乡，英阿瓦提乡及色格孜库勒乡；墨玉县1.79hm²：芒来乡，阔其乡，墨玉镇，雅瓦乡，加汗巴格乡，奎牙镇，普恰克其乡及国家农业科技园；皮山县桑株乡；洛浦县：拜什托格拉克乡，布亚乡，多鲁乡，洛浦镇，恰尔巴格乡，山普鲁镇及县城青年公园；民丰县：县城博斯坦巷，若克雅乡，萨勒吾则克乡及尼雅镇；于田县：县城浙江大酒店院内，木尕拉镇，加依乡，阿日希乡，兰干博仔亚农场，希吾勒乡，昆仑羊场，阿热勒乡，喀拉克尔乡，喀孜纳克开发区，托格日喀孜乡，先拜巴扎镇，斯也克乡，兰干乡，英巴格乡，阿羌乡及奥依托格拉克乡；策勒县：固拉哈马乡，达玛沟乡，努尔乡，乌鲁克萨依乡，县城辅道及司马义·艾买提故居。

繁育方式：播种繁殖。

开发利用现状：园林绿化，道路防护。

开发利用前景：园林观赏，用材，药用，工业原料。

美国白蜡 大叶白蜡 *Fraxinus americana* L.

种质编号：HT-HTS-NRWKJD-006；HT-HTX-SGZKL-007；HT-MY-AKSLY-084、HT-MY-ML-033；HT-PS-QD-005；HT-LPX-BSTGLKX-024、HT-LPX-LPXC-011；HT-MF-RKYX-031；HT-YT-AYTGLKX-021；HT-CL-WLKSYX-041等39份。

种质类型及来源:栽培种;林木良种(新S-SV-FA-017-2013)。

形态特征:落叶阔叶乔木,高达25m;小枝暗灰色,光滑,有皮孔。叶卵形或卵状披针形。雌雄异株。圆锥花序分布于去年无叶的侧枝上。翅果长2.4~3.4cm,果实长圆筒形,短于果翅的1/2,狭窄的果翅不下延,顶端钝或微凹。花期4~5月,果期8~9月。

生态习性:喜光,喜温暖,耐寒,耐土壤干旱瘠薄,稍耐水湿,喜肥沃湿润钙质壤土或沙壤土,耐轻盐碱,抗烟尘。

栽培地点与数量:多行道树呈片状分布。和田市:伊里其乡阿特巴扎村花林基地,吐沙拉乡,纳瓦格街道,玉龙喀什镇,肖尔巴格乡,北京和田工业园区阳光沙漠有限公司内部,古勒巴格街道及奴尔瓦克街道;和田县色格孜库勒乡;墨玉县:卡拉喀什河道,乌尔其乡,雅瓦乡,阿克萨拉依乡其娜尔民俗风情园,芒来乡及国家农业科技园;皮山县:垴阿巴提塔吉克乡,阔什塔格镇及乔达乡;洛浦县:阿其克乡,拜什托格拉克乡,布亚乡,多鲁乡,洛浦镇,纳瓦乡,恰尔巴格乡,山普鲁镇,杭桂乡及县城青年公园;民丰县城博斯坦巷及若克雅乡;于田县先拜巴扎镇及奥依托格拉克乡;策勒县:固拉哈玛乡卫生院,县城色日克西路,达玛沟乡,博斯坦乡,努尔乡及乌鲁克萨依乡。

繁育方式:种子繁殖。

开发利用现状:园林绿化,道路防护林。

开发利用前景:用材,药用,工业原料,蜜源。

金叶白蜡 *Fraxinus chinensis* Roxb.

种质编号:HT-HTS-GJBGJD-007。

种质类型及来源:栽培种。

形态特征:落叶阔叶乔木,高10~15m。枝叶稠密,树形优美。春季小芽初发,像满树金黄的腊梅枝头绽开;叶片展开像一朵朵金色的花朵满树怒放;7月底以前叶片全部金黄,7月底以后的整个生长季节嫩叶金黄,逐渐变为黄绿色,老叶变为绿色。三季观花、叶,在落叶前的20多天内,满树叶片皆变为黄色。整个观赏期200多天。花期4~5月,果期7~9月。

生态习性:喜光,耐轻盐碱性土,对霜冻较敏感,喜深厚较肥沃湿润的土壤。

栽培地点与数量:和田市昆明湖公园101~1000株。

繁育方式:嫁接繁殖。

栽培应用现状:园林观赏。

开发利用前景:城镇绿化,用材,防护林,药用,蜜源,工业原料。

(二)女贞属 *Ligustrum* L.

水蜡 *Ligustrum obtusifolium* Sieb. et Zucc.

种质编号:HT-HTS-JYX-068、HT-HTS-GLB-GJD-006;HT-HTX-WZX-012;HT-MY-MYZ-024;HT-PS-GM-004;HT-LPX-LPZ-038、HT-LPX-QE-BGX-026;HT-MF-NYZ-011;HT-YT-CQ-029;HT-CL-CQ-009等17份。

种质类型及来源:引入栽培种;原产我国中南地区。

形态特征:落阔叶灌木,高达3m。幼枝具柔毛。单叶对生,叶椭圆形至长圆状倒卵形,长3~5cm,全缘,端尖或钝,背面或中脉具柔毛。圆锥花序顶生、下垂,长仅4~5cm,分布于侧面小枝上,花白色,芳香。核果黑色,椭圆形,稍被蜡状白粉。花期6月,果期8~9月。

生态习性:喜光照,稍耐阴,耐寒,对土壤要求不严,抗污性强,萌生力强,耐修剪。

栽培地点与数量:和田市:伊里其乡,吐沙拉乡,纳瓦格街道,北京和田工业园区,玉龙庄园前,吉亚乡及古勒巴格街道;和田县吾宗肖乡;墨玉县墨玉镇及其娜尔民俗风情园;皮山县火车站前广场;洛浦县洛浦镇及恰尔巴格乡;民丰县城街道及尼雅镇;于田县城浙江大酒店院内及县城团结路;策勒县城色日克西路。均少量分布。

繁育方式:分根、扦插繁殖。

栽培应用现状:园林绿化。

开发利用前景:防护,药用,蜜源。

金叶女贞 *Ligustrum × vicaryi* Hort

种质编号:HT-HTS-YLQX-051、HT-HTS-TSLX-053、HT-HTS-NWGJD-023、HT-HTS-XEB-GC-045、HT-HTS-BJHTGYY-019、HT-HTS-LSKZ-038、HT-HTS-JYX-067、HT-HTS-GLBGJD-012、HT-HTS-NRWKJD-038;HT-LPX-LPZ-041等11份。

种质类型及来源:引入栽培品种;加州金边女贞与欧洲女贞杂交育成。

形态特征:树高2~3m。叶色金黄,尤其在春秋两季色泽更加璀璨亮丽。

生态习性:对土壤要求不严格,喜光,稍耐阴,耐寒能力较强,不耐高温高湿,抗病力强,少有病虫危害。

栽培地点与数量:和田市(片分):肖尔巴格乡合尼村巴格万园林51~100株,伊里其乡,吐沙拉乡,纳瓦格街道,北京和田工业园区广场,拉斯奎镇,吉亚乡,古勒巴格街道及奴尔瓦克街道;洛浦镇政府街道(片分)。

繁育方式:扦插、嫁接繁殖。

栽培应用现状:园林绿化。

开发利用前景:观赏,防护,药用,蜜源。

(三)连翘属 *Forsythia* Vahl.

连翘 *Forsythia suspensa* (Thunb.) Vahl.

种质编号:HT-HTS-NWGJD-030;HT-LPX-LPXC-047。

种质类型及来源:园林栽培种。

形态特征:落阔叶直立灌木,高1~2m,最高达3m。枝中空,开展或下垂,老枝具较密而突起的皮孔。叶对生,卵形或卵状椭圆形。花腋生,先花后叶,黄色。果期8~9月。

生态习性:一定程度的耐阴性。喜温暖,湿润气候,也很耐寒。

栽培地点与数量:和田市纳瓦格街道玉石广场(片分);洛浦县城政府大院内(零星)。

繁育方式:压条、插条繁殖。

栽培应用现状:园林绿化。

开发利用前景:药用,油料,纤维(编织),蜜源。

深碧连翘 *Forsythia suspensa* (Thunb.) Vahl.

种质编号:HT-HTS-GLBGJD-049、HT-HTS-NRWKJD-021。

种质类型及来源:园林栽培品种。

形态特征：与普通连翘的区别为：枝长条，小枝弯曲。

生态习性：一定程度的耐阴性；喜温暖、湿润气候，也很耐寒；耐干旱瘠薄，怕涝；不择土壤，在中性、微酸或碱性土壤均能正常生长。

栽培地点与数量：和田市（少量）：古勒巴格街道首邦花园小区，奴尔瓦克街道及玉泉湖公园。

繁育方式：压条、插条繁殖。

栽培应用现状：园林绿化。

开发利用前景：药用，油料，纤维（编织），蜜源。

（四）丁香属 *Syringa* L.

繁育方式：扦插、分株、压条繁殖。

栽培应用现状：园林观赏。

开发利用前景：药用，香料，油料，蜜源，绿化，防护。

普通丁香 *Syringa vulgaris* L.

种质编号：HT-MY-AKSLY-085；HT-YT-AYT-GLKX-011。

种质类型及来源：栽培种。

形态特征：落叶阔叶灌木，高3m。嫩枝黄绿色，花枝褐色。圆锥花序分布于去年枝顶两侧芽；花冠漏斗状，白色，浅紫色，粉红色。种子扁形具膜状狭果翅。花期5月，果期6月。

生态习性：喜光，稍耐阴，耐瘠薄，抗寒，耐旱。

栽培地点与数量：墨玉县阿克萨拉依乡其娜尔民俗风情园；于田县奥依托格拉克乡。均零星分布。

紫丁香 *Syringa oblata* Lindl.

种质编号：HT-HTS-YLKSZ-020、HT-HTS-XE-BGC-048、HT-HTS-BJHTGYY-009、HT-HTS-JYX-071、HT-HTS-GLBGJD-027、HT-HTS-NRWKJD-030；HT-MY-ZW-125；HT-PS-GM-010；HT-LPX-LPZ-043、HT-LPX-HGX-040等12份。

种质类型及来源：栽培种；林木良种（新S-ETS-ZJ-027-2015）。

形态特征：花淡紫色、紫红色或蓝色，花冠筒长6~8mm。花期5~6月。

生态习性：喜光，稍耐阴，耐寒，耐旱，忌低湿。

栽培地点与数量：均少量分布。和田市：古勒巴格街道三环路和乌鲁木齐路（片分），伊里其乡，吐沙拉乡，玉龙喀什镇，北京和田工业园区广场，奴尔瓦克街道玉泉湖公园，肖尔巴格乡，吉亚乡；墨玉国家农业科技园；皮山县火车站前广场；洛浦县洛浦镇及杭桂乡。

红丁香 *Syringa villosa* Vahl.

种质编号：HT-LPX-HGX-037。

种质类型及来源：引入栽培种。

形态特征：花冠淡紫红色、粉红色至白色，芳香。春季盛开时硕大而艳丽的花序布满全株，芳香四溢，观赏效果甚佳。

生态习性：喜光，喜温暖、湿润及阳光充足。稍耐阴，阴处或半阴处生长衰弱，开花稀少。具有一定耐寒性和较强的耐旱力。

栽培地点与数量：洛浦县杭桂乡巴格基村乡政府1~10株。

暴马丁香 *Syringa reticulata* var. *amurensis* Pringle.

种质编号：HT-MY-AKSLY-024；HT-YT-TGRGZX-037；HT-CL-CQ-041；HT-MF-CQ-010。

种质类型及来源：栽培变种。

形态特征：落叶小乔木，高达10m。圆锥花序大而稀疏，花序大型，长20~25cm，密集压枝，花冠白色或黄白色，春末夏初花繁叶茂，芳香。蒴果矩圆形、平滑或有疣状突起。花期在5~6月，果期9月。

生态习性：喜冷凉湿润气候，稍耐阴，耐寒，耐旱。

栽培地点与数量：多零星分布。墨玉县阿克萨拉依乡其娜尔民俗风情园；民丰县县城街道（片分）；于田县托格日喀孜乡；策勒县城色日克西路。

四季丁香 小叶巧玲花 小叶丁香 *Syringa pubescens* subsp.*microphylla* (Diels) M. C. Chang & X. L. Chen

种质编号：HT-HTS-GJBGX-042；HT-LPX-SPLZ-058、HT-LPX-LPXC-018。

种质类型及来源：栽培亚种。

形态特征：高1~4m。花冠紫色，盛开时呈淡紫色，后渐近白色。花期5~6月，果期6~8月。

生态习性：喜光，喜温暖，稍耐阴，较耐寒，较耐旱，对土壤要求不严，耐瘠薄，喜肥沃、排水良好的土壤。

栽培地点与数量：和田市古江巴克乡艾日克村乡政府院前（片分）；洛浦县山普鲁镇街道及县城青年公园。

三十二、茄科 Solanaceae

青海枸杞 *Lycium barbarum* L.

枸杞属 *Lycium* L.

种质编号：HT-HTS-GJBGJD-013、HT-HTS-GLBGJD-043、HT-HTS-XEBGC-070；HT-YT-KLKRX-039、HT-YT-TGRGZX-028、HT-YT-AYT-GLKX-046；HT-CL-CLX-022、HT-CL-CLZ-043、HT-CL-BSTX-005、HT-CL-QHX-053等13份。

种质类型及来源：栽培种。

形态特征：落叶阔叶多分枝灌木，高0.5~1m。

枝条细弱，弓状弯曲或俯垂，淡灰色，有纵条纹，棘刺长0.5~2cm，生叶和花的棘刺较长，小枝顶端锐尖成棘刺状。浆果红色，卵状。种子扁肾脏形，黄色。花果期6~11月。

生态习性：耐寒、抗旱、耐瘠薄。

栽培地点与数量：和田市(片分)：古江巴格街道(张老板苗圃、街区)及肖尔巴格乡；于田县：喀拉克尔乡(片分)，托格日喀孜乡及大芸种植基地(零星)；策勒县：策勒镇及恰哈乡(片分)，策勒乡及博斯坦乡(零星)。

繁育方式：种子繁殖，扦插繁殖。

栽培应用现状：防风固沙，经济果木。

开发利用前景：药用，食用，油料，饲料。

三十三、玄参科 Scrophulariaceae

毛泡桐 紫花泡桐 *Paulownia tomentosa*(Thunb.) Steud.

泡桐属 *Paulownia* Sieb. et Zucc.

种质编号：HT-HTS-XEBGC-053、HT-HTS-GJBGJD-002；HT-HTX-YAWT-024；HT-MY-KWK-003、HT-MY-KY-002、HT-MY-YW-031；HT-PS-GM-027、HT-PS-MKL-035；HT-MF-CQ-020；HT-CL-CQ-050等15份。

种质类型及来源：引入栽培种；原产河南。

形态特征：落阔叶乔木，高可达25m。幼枝、幼果密被黏质短腺毛，叶柄及叶下面较少，树皮暗灰色，不规则纵裂，枝上皮孔明显。叶对生，具长柄；叶片心形，全缘或波状浅裂，上面疏被星状毛，下面多少密被灰黄色星状绒毛，毛有长柄。聚伞圆锥花序的侧枝不很发达，小聚伞花序有花3~5朵，有与花梗等长的总花梗，均被星状绒毛；花萼浅钟状，密被星状绒毛，5裂至中部；花冠淡紫色漏斗状钟形。长5~7cm，筒部扩大，驼曲；蒴果卵圆形，外果皮硬革质。花期5~6月，果期8~9月。

生态习性：喜光，稍耐阴，耐寒，耐旱，耐盐碱，抗风沙，抗污染。

栽培地点与数量：和田市(零星)：肖尔巴格乡合尼村巴格万园林及古江巴格街道昆明湖公园；和田县英阿瓦提乡卫生院11~50株；墨玉县(零星)：喀瓦克乡，奎牙镇，墨玉镇，普恰克其乡，乌尔其乡，英也尔乡及雅瓦乡；皮山县6.21hm^2：县城公园51~100株，木奎拉乡喀合夏勒村村委会前(零星)；民丰县城索达西路及博斯坦巷(片分)；策勒县城(零星)。

繁育方式：种子繁殖，嫁接繁殖。

栽培应用现状：园林观赏。

开发利用前景：园林绿化，防护，蜜源，用材，药用。

三十四、紫葳科 Bignoniaceae

梓树 *Catalpa ovata* G. Don.

梓树属 *Catalpa* Scop.

种质编号：HT-MY-KQ-019、HT-MY-ZW-056。

种质类型及来源：引入栽培种。

形态特征：落叶阔叶乔木。树冠伞形，主干通直，树皮暗灰色或淡灰色，纵裂。幼枝无毛或具长柔毛，绿色，老枝灰色，无毛。单叶对生或近于对生，有时轮生，阔卵形，表面深绿色，在叶脉基部有紫色斑点，背面淡黄绿色；叶柄圆筒形，淡紫绿色。

圆锥花序，顶生，花多数，成塔状，花冠黄白色，内有黄色线纹和紫色斑点。蒴果线形，下垂，深褐色，长20~30cm，冬季不落。花期7~8月；果期9~10月。

生态习性：喜光，稍耐阴，喜温暖，耐寒，适生深厚、湿润和较肥沃的沙壤土，不耐干旱瘠薄，抗污染能力强。

栽培地点与数量：墨玉县阔其乡及夏合勒克庄园（零星）。

繁育方式：播种繁殖。

开发利用现状：园林绿化。

开发利用前景：观赏，用材，药用，蜜源，工业原料。

黄金树 *Catalpa speciosa* Warder. ex Engelm.

梓树属 *Catalpa* Scop.

种质编号：HT-HTS-YLKSZ-013，HT-HTS-GJBGJD-005；HT-LPX-LPXC-062；HT-MF-CQ-013；HT-YT-SYKX-037；HT-CL-CQ-036。

种质类型及来源：栽培种；原产地：美国中东部。

形态特征：落叶阔叶乔木，枝开展，树冠阔，高4~8m。花冠白色。蒴果长约40cm，宽约1.5cm，果皮厚。种子长圆形，种子长圆形，长约2.5cm，宽约6mm，淡褐色，两端有极细的白色丝状毛。花期5~6月，果期8~9月。

生态习性：喜光，喜湿润、凉爽气候及深厚、肥沃、疏松土壤，不耐寒，不耐贫瘠和积水。

栽培地点与数量：和田市玉龙喀什镇及昆明湖公园；洛浦县城街道；民丰县城街道；于田县斯也克乡；策勒县城色日克西路1株。

繁育方式：种子繁殖，扦插繁殖。

栽培应用现状：园林观赏。

开发利用前景：绿化，药用，蜜源，用材。

三十五、忍冬科 Caprifoliaceae

金银花 金银忍冬 *Lonicera japonica* Thunb.

忍冬属 *Lonicera* L.

种质编号：HT-CL-CLX-097。

种质类型及来源：栽培种；原产朝鲜及我国东北地区。

形态特征：落叶阔叶灌木，高达6m，茎干直径达10cm。幼枝、叶两面脉上、叶柄、苞片、小苞片及萼檐外面都被短柔毛和微腺毛。花芳香，分布于幼枝叶腋，花丝中部以下和花柱均有向上的柔毛。果实暗红色，圆形。花期5~6月，果熟期8~10月。春末夏初繁花满树，黄白间杂，芳香四溢；秋后红果满枝头，晶莹剔透，鲜艳夺目，而且挂果期长，经冬不凋，可与瑞雪相辉映，是一种叶、花、果具美的花木。

生态习性：喜光，稍耐旱，较耐寒，喜温暖环境，在微潮偏干的环境中生长良好。

栽培地点与数量：策勒县沙漠研究站（零星）。

繁育方式:种子繁殖,扦插繁殖。

栽培应用现状:园林绿化。

开发利用前景:药用,观赏,蜜源。

红王子锦带 *Weigela florida* 'Red Prince'

锦带花属 *Weigela* Thunb

种质编号:HT-HTS-GJBGX-040、HT-HTS-YLQX-058、HT-HTS-NWGJD-017、HT-HTS-GLB-GJD-025;HT-LPX-LPZ-042、HT-LPX-LPXC-043;HT-YT-MGLZ-003、HT-YT-TGRGZX-008。

种质类型及来源:栽培品种;原产地美国。

形态特征:落叶阔叶灌木,高1~3m。叶椭圆形,嫩枝淡红色,老枝灰褐色。枝条开展成拱形。聚伞花序分布于叶腋或枝顶,花冠漏斗状钟形,鲜红色,着花繁茂,艳丽而醒目。夏初开花,花朵密集,花冠胭脂红色,艳丽悦目。开花盛期5~7月,花序到10月仍陆续不断。

生态习性:喜光,较耐阴,抗寒,较抗旱,耐污染,畏水涝,喜肥沃、湿润、排水良好的土壤,耐修剪。

栽培地点与数量:和田市:古江巴克乡,伊里其乡,纳瓦格街道,古勒巴格街道;洛浦县:洛浦镇,县政府大院;于田县:木尕拉镇,托格日尕孜乡。

繁育方式:分根、硬枝扦插繁殖。

栽培应用现状:园林绿化。

开发利用前景:防护,观赏,蜜源,药用。

第十一章　收集保存的种质资源

第一节　和田市

一、古江巴克乡艾日克村苗圃

位于和田市古江巴克乡艾日克村，海拔1415m，E79°56′，N37°04′。

银杏、雪松、塔柏、钻天杨、旱柳、夏橡、黑桑、三球悬铃木、榆叶梅、加拿大红樱、紫叶李、合欢、国槐、灰枣、酸枣、冬枣、小叶白蜡（1~10株）、紫丁香。

天山桦 *Butula tianschanica* Rupr.

桦木科 Betulaceae

桦木属 *Betula* L.

种质编号：HT-HTS-GJBGX-030。

种质类型及来源：选育栽培种；林木良种：新S-SP-BT-004-2014。

形态特征：落叶阔叶乔木。树皮淡黄褐色，薄片剥落。小枝被柔毛及树脂点。叶卵状菱形，先端尖，基部楔形，下面沿脉疏被毛或近无毛，侧脉4~6对，重锯齿粗或钝尖；叶柄被细柔毛。果序圆柱形；果苞背面被细毛，中裂片三角状或椭圆形，较侧裂片稍长，侧裂片半圆形或长圆形，微开展或斜展。小坚果倒卵形，果翅较果宽或近等宽。

生态习性：喜光，耐寒，喜湿润，不耐阴，耐干旱瘠薄。深根性，对各类土壤有一定的适应性。

栽培地点与数量：和田市古江巴克乡艾日克村苗圃11~50株。

繁育方式：扦插繁殖。

开发利用前景：试验、道路绿化。

开发利用前景：庭院绿化，公园绿化，工业原料植物。

二、吐沙拉乡塞克散村私人苗圃

位于和田市吐沙拉乡塞克散村，海拔1410m，E79°56′，N37°04′。主要保存有银杏、银白杨、龙爪柳、金丝柳、新丰核桃、新新2号核桃、倒榆、刺槐、国槐、龙爪槐、火炬树、华北卫矛、灰枣、小叶白蜡（>1000株）、毛泡桐。

三、吉亚乡单位苗圃

位于和田市吉亚乡，海拔1309m，E80°06′，N37°16′。主要保存有金枝千头柏、塔柏、金丝柳、玫瑰、和田油桃、紫叶李、臭椿、枸杞(>1000株)。

四、吉亚乡吉勒格艾力克村私人苗圃

位于和田市吉亚乡吉勒格艾力克村，海拔1311m，E80°04′，N37°14′。主要保存有旱柳、黑桑、灰枣(>1000株)、酸枣、冬枣(>1000株)、尖果沙枣(零星)。

葫芦枣 猴头枣 *Ziziphus jujuba* f. *lageniformis* (Nakai)Kitag.

鼠李科 Rhamnaceae

枣属 *Ziziphus* Mill.

种质编号：HT-HTS-JYX-043。

种质类型及来源：栽培变型；产河北(古北口)、河南。

形态特征：由红枣变异而来。果实为长倒卵形，果重10~15g，从果顶部与胴部连接处开始向下收缩呈乳头状，既似倒挂的葫芦，又似小猴缩脖而坐，因此得名。果面光滑，果皮褐红色。鲜干果品质中等；9月中旬成熟。

生态习性：喜光，好干燥气候。耐寒，耐热，又耐旱涝。对土壤要求不严，除沼泽地和重碱性土外，平原、沙地、沟谷、山地皆能生长。

栽培地点与数量：和田市吉亚乡吉勒格艾力克村苗圃1~10株。

繁育方式：嫁接繁殖。

栽培应用现状：扩繁、选育与研究。

开发利用前景：食用，药用，园林绿化，饲料，蜜源。

杧果枣 *Ziziphus jujuba* 'Manggue'

种质编号：HT-HTS-JYX-046。

种质类型及来源：引入栽培种。

形态特征：属冬枣系列。果实形状呈椭圆形，有杧果香味。成熟期比一般枣晚30~40 d。

生态习性：适应性强，抗风、耐旱、耐涝、耐盐碱。

栽培地点与数量：和田市吉亚乡吉勒格艾力克村苗圃(零星)。

繁育方式：播种、嫁接及分株繁殖。

栽培应用现状：育种与研究材料。

开发利用前景：食用，食品工业原料，药用，蜜源植物。

五、伊里其乡阿克铁热克村个人苗圃

位于和田市伊里其乡阿克铁热克村，海拔1330m，E79°56′，N37°11'。主要保存有黑桑、红富士苹果、黄元帅苹果、李光杏(1~10株)、灰枣、酸枣。

六、和田蚕桑科学研究所

位于和田市境内玉龙喀什路52号，1964年开始收集保存桑树种质资源，建立桑树种质资源原始材料圃。有过三次规模化调查收集工作(1964—1965年、1980—1982年、2009—2010年)，现保存15个桑种、3个变种，1553份(引进种质资源346份、新疆种质资源1207份)，其中野生8份、育成品种5份、优良单株88份、创新种质资源(人工多倍体植株)113份。来源8个国家、12个地区。

第二节 和田县

一、布扎克乡林管站

位于和田县布扎克乡。地理坐标E79°49'，N37°03′，海拔1400m。主要保存有新疆杨、旱柳、垂柳、'新疆2号'核桃(100株)、黑桑(0.12hm²)、鸭梨(3hm²)、红富士苹果(300株)、玫瑰、臭椿(1~10株)。

二、巴格其镇林管站

位于和田县巴格其镇，海拔1386m，E79°49′，N37°08′。主要保存有圆柏、三球悬铃木(0.133hm²)、月季、臭椿(1~10株)、华北卫矛、骏枣(1~10株)、冬枣、壶瓶枣(0.07hm²，2010年种植)、木纳格葡萄、红葡萄(1~10株，2011年种植)、无核白葡萄(1~10株，2011年种植)、尖果沙枣(2010年种植)、小叶白蜡(1株，2011年种植)。

三、巴格其镇林管站核桃研究所

位于和田县巴格其镇，E79°49′，N37°08′，海拔1386m，总面积9.75hm²。共保存22份核桃栽培种。主要用于试验、采穗。

表11-2-1 巴格其镇林管站核桃研究所核桃品种

种质编号	品种	拉丁学名
HT-HTX-BGQ-001	拉依喀4号核桃	*Juglans regia* 'Layige4'
HT-HTX-BGQ-002	拉依喀5号核桃	*Juglans regia* 'Layige5'
HT-HTX-BGQ-003	拉依喀6号核桃	*Juglans regia* 'Layige6'
HT-HTX-BGQ-004	拉依喀8号核桃	*Juglans regia* 'Layige8'
HT-HTX-BGQ-005	拉依喀9号核桃	*Juglans regia* 'Layige9'
HT-HTX-BGQ-006	拉依喀13号核桃	*Juglans regia* 'Layige13'
HT-HTX-BGQ-007	拉依喀14号核桃	*Juglans regia* 'Layige14'
HT-HTX-BGQ-008	巴格其2号	*Juglans regia* 'Bageqi2'
HT-HTX-BGQ-009	巴格其4号	*Juglans regia* 'Bageqi4'
HT-HTX-BGQ-010	巴格其5号	*Juglans regia* 'Bageqi5'
HT-HTX-BGQ-011	巴格其12号	*Juglans regia* 'Bageqi12'
HT-HTX-BGQ-012	巴格其14号	*Juglans regia* 'Bageqi14'
HT-HTX-BGQ-013	巴格其15号	*Juglans regia* 'Bageqi15'
HT-HTX-BGQ-014	布扎克2号	*Juglans regia* 'Buzhake2'
HT-HTX-BGQ-015	布扎克3号	*Juglans regia* 'Buzhake3'
HT-HTX-BGQ-016	布扎克4号	*Juglans regia* 'Buzhake4'
HT-HTX-BGQ-017	布扎克10号	*Juglans regia* 'Buzhake10'
HT-HTX-BGQ-018	罕艾日克1号	*Juglans regia* 'Hanairike1'
HT-HTX-BGQ-019	罕艾日克3号	*Juglans regia* 'Hanairike3'
HT-HTX-BGQ-020	罕艾日克7号	*Juglans regia* 'Hanairike7'
HT-HTX-BGQ-021	罕艾日克9号	*Juglans regia* 'Hanairike9'
HT-HTX-BGQ-022	恰喀村土品种核桃	*Juglans regia* L.

四、拉依喀乡林业站

位于和田县拉依喀乡。E79°44′，N37°04′，海拔1416m。主要保存有新丰2号核桃、砀山梨(50株)、海棠果、毛桃。

五、拉依喀乡农业发展服务中心良种园

位于和田县拉依喀乡。E79°44′，N37°04′，海拔

1416m。主要保存有无花果(7hm²)。

第三节 墨玉县

一、县国营苗圃

位于墨玉县扎瓦镇阔坎村。E79°44′,N37°16′,海拔1388m。主要保存有银杏、塔柏、玉兰、银白杨、中华红叶杨、垂柳、馒头柳、金丝柳、竹柳、疣枝桦、核桃、'温185'核桃、'扎343'核桃、新丰核桃、新新2号核桃、夏橡、金叶榆、无花果、白桑、黑桑、紫叶小檗、三球悬铃木(2011年种植,101~1000株)、杜梨、砀山梨、印度梨、香梨、国光苹果、红叶海棠、月季、山桃、榆叶梅、加拿大红樱(51~100株)、李子、西梅、合欢(101~1000株)、刺槐、文冠果、骏枣、灰枣、金丝小枣、五叶地锦、红瑞木、雅致木槿、小叶白蜡、大叶白蜡、水蜡、黄金树。

凌霄 紫葳 *Campsis grandiflora* (Thunb.) Schum.

紫葳科 Bignoniaceae

凌霄属 *Campsis*

野外调查编号:HT-MY-ZW-035。

种质类型及来源:引入栽培种。

形态特征:攀缘藤本;茎木质,表皮脱落,枯褐色,以气生根攀附于它物之上。叶对生,为奇数羽状复叶;小叶7~9枚,卵形至卵状披针形,顶端尾状渐尖,基部阔楔形,两侧不等大,两面无毛,边缘有粗锯齿。顶生疏散的短圆锥花序,花序轴长15~20cm;花冠内面鲜红色,外面橙黄色。蒴果顶端钝。花期5~8月。

生态习性:喜温湿环境。

栽培地点与数量:墨玉县国营苗圃。

繁育方式:压条、扦插及分根繁殖。

栽培应用现状:选育与研究。

开发利用前景:园林绿化,药用,蜜源。

二、县第二国营苗圃

位于墨玉县英也尔乡。E79°47′,N37°23′,海拔1302m。主要保存有金丝柳、'温185'核桃、'扎343'核桃、新新2号核桃、金叶榆、苹果、月季、毛桃、榆叶梅、合欢、华北卫矛、文冠果、红瑞木、暴马丁香、水蜡。

三、其娜尔民俗风情园

位于墨玉县城南的阿克萨拉依乡古勒巴克村,E79°40′,N37°10′,海拔1355m。距和田市40km,距和田县18km。占地面积约3hm²。2008年被评为国家AAA级景区。主要保存有钻天杨、龙爪柳、金丝柳、疣枝桦、夏橡、无花果、榅桲、杜梨、库尔勒香梨、苹果梨、红叶海棠、毛桃、榆叶梅、西梅、杏李、毛樱桃(1~10株)、三刺皂荚、华北卫矛、五角枫、骏枣、冬枣、五叶地锦、无核白葡萄、红提、美人指葡萄、木槿、尖果沙枣、石榴、美国白蜡、毛泡桐、黄金树。

落叶松 兴安落叶松 *Larix gmelinii* (Rupr.) Rupr.

松科 Pinaceae

落叶松属 *Larix* Mill.

种质编号:HT-MY-AKSLY-022。

种质类型及来源:栽培种。原产中国大、小兴安岭。

形态特征:落叶针叶乔木,树皮深褐色,成鳞片状块裂。树冠圆锥状卵形,枝斜展或近平展。树形美观大方。球果幼时紫红色,成熟时褐色或紫褐色,卵形或椭圆形,具15~30枚种鳞;种鳞五角状卵形。花期5~6月,果期9月。

生态习性:喜光、耐寒冷、耐土壤瘠薄,需要湿润而通气良好的土壤。

栽培地点与数量:墨玉县阿克萨拉依乡其娜尔民俗风情园,1~10株。

繁育方式:播种繁殖。

栽培应用现状:扩繁。

开发利用前景:工业原料,园林观赏,用材。

开心果 阿月浑子 *Pistacia vera* L.

漆树科 Anacardiaceae

黄连木属 *Pistacia* L.

种质编号:HT-MY-AKSLY-038。

种质类型及来源:引入栽培种,种源新疆喀什。

形态特征:落叶阔叶小乔木,高5~7m。奇数羽状复叶互生,叶卵形或阔椭圆形,全缘,革质。花雌雄异株,圆锥花序长4~10cm。果实呈卵形或广卵形,棕黄色至紫红色,果皮易开裂;果核长1.2~2cm,卵圆形或椭圆形。花期3~5月,果期7~8月。

生态习性:喜光,不耐潮湿和土壤积水,喜深厚石灰质土壤和排水良好的松沙壤土。

栽培地点与数量:墨玉县阿克萨拉依乡其娜尔民俗风情园。

繁育方式:嫁接繁殖。

栽培应用现状:园林观赏、扩繁。

开发利用前景:经济果木,食用,药用,蜜源。

花椒 *Zanthoxylum bungeanum* Maxim.

芸香科 Rutaceae

花椒属 *Zanthoxylum* L.

野外调查编号:HT-MY-AKSLY-023。

种质类型及来源:引入栽培种;引种地:河南。

形态特征:落叶阔叶小乔木,高3~7m。枝上有短刺,小枝上的刺基部宽而扁。当年生枝被柔毛。奇数羽状复叶,叶轴常有狭窄的叶翼;小叶对生,叶缘有细钝齿,齿缝有油点,两面均被柔毛,并有透明油点;花序顶生花序轴及花梗密被短柔毛或无毛。果紫红色,散生微凸的油点。花期4~5月,果期8~9月或10月。

生态习性:耐旱,喜阳光。

栽培地点与数量:墨玉县阿克萨拉依乡其娜尔民俗风情园,1~10株。

繁育方式:播种、扦插或嫁接繁殖。

栽培应用现状:园林观赏。

开发利用前景:工业原料,食用,药用。

小叶女贞 *Ligustrum quihoui* Carr.

木樨科 Oleaceae

女贞属 *Ligustrum* L.

种质编号:HT-MY-AKSLY-001。

种质类型及来源:引入栽培种。

形态特征:灌木或乔木,花序轴及分枝轴无毛,紫色或黄棕色。果肾形或近肾形,深蓝黑色,成熟时呈红黑色,被白粉。花期5~7月,果期7月~翌年5月。

生态习性:耐寒,耐水湿,喜温暖湿润气候,喜光耐荫。深根性树种,须根发达,生长快,萌芽力强,耐修剪,但不耐瘠薄。

保存定植地点与数量:墨玉县阿克萨拉依乡其娜尔民俗风情园,11~50株。

繁育方式:播种、扦插或嫁接繁殖。

栽培应用现状:园林观赏。

开发利用前景:工业原料,药用,蜜源,育苗砧木。

第四节 洛浦县

一、县国营苗圃

位于洛浦县布亚乡。保存有银杏、油松(1~10株)、天山云杉、侧柏、龙柏、塔柏、新疆杨、金丝柳、银芽柳、竹柳、'温185'核桃、'扎343'核桃、新丰核桃、新新2号核桃、圆冠榆、裂叶榆、倒榆、金叶倒榆、金叶榆、黑桑、观赏桑、三球悬铃木、黄梨、苹果、海棠果、疏花蔷薇、毛杏、扁桃、苦巴旦木、红叶碧桃、重瓣榆叶梅(1株)、加拿大红樱、李子、西梅、紫叶李、紫叶矮樱、合欢、国槐、紫荆、开心果、华北卫矛6)、复叶槭(1~10株)、五角枫(1~10株)、灰枣(51~100株)、酸枣、冬枣、葫芦枣1~10株)、木纳格葡萄、无核白葡萄、马奶子葡萄、红瑞木、木槿、尖果沙枣、紫丁香、连翘、水蜡、红王子锦带。

黑松 日本黑松 *Pinus thunbergii* Parl.

松科 Pinaceae

松属 *Pinus* L.

种质编号:HT-LPX-BYX-036。

种质类型及来源:栽培种。种源地:日本。

形态特征:常绿针叶乔木,树皮暗灰色~灰黑色,裂成鳞片状厚块。树冠圆锥形或伞形,枝开展,一年生枝淡褐黄色。冬芽银白色,圆柱形。针叶2针一束,深绿色,粗硬。球果圆锥状卵形,熟时褐色。花期4~5月,种子第二年十月成熟。

生态习性:喜光,耐干旱瘠薄,不耐水涝,不耐寒。抗病虫能力强。

栽培地点与数量:洛浦县布亚乡国营苗圃1~10株。

繁育方式:播种繁殖。

栽培应用现状:扩繁。

开发利用前景:园林绿化,用材,观赏。

蜀桧柏 *Juniperus komarovii* Florin.

柏科 Cupressaceae

圆柏属 *Juniperus* L.

种质编号:HT-LPX-BYX-046。

种质类型及来源:引入栽培种;原产地:中国东北南部及华北。

形态特征:常绿针叶乔木,树皮灰褐色呈纵条剥离,有时呈扭转状。老枝常扭曲状;小枝直立,亦有略下垂的。冬芽不显著。叶有两种，鳞叶交对生，多见于老树或老枝上；刺叶常3枚轮生，叶上面微凹；有2条白色气孔带。雌雄异株；雄球花黄色，对生；雌球花三年成熟，熟时暗褐色，被白色粉，卵圆形。花期4月下旬，果多次年10~11月成熟。

生态习性：喜阳光、喜温暖、耐干旱、耐寒。

栽培地点与数量：洛浦县布亚乡国营苗圃。

繁育方式：播种、扦插繁殖。

栽培应用现状：扩繁、试验。

开发利用前景：园林绿化。

速生法桐 *Platanus orientalis* 'Susheng'

悬铃木科 Platanaceae

悬铃木属 *Platanus* Linn.

种质编号：HT-LPX-BYX-059。

种质类型及来源：引入栽培种。

形态特征：落叶大乔木，高13m。叶大，轮廓阔卵形。果枝长10~15cm，有圆球形头状果序3~5个；头状果序直径2~2.5cm，宿存花柱突出呈刺状，长3~4mm，小坚果之间有黄色绒毛，突出头状果序外。枝条开展，呈长椭圆形。

生态习性：速生，适应性强。

收集栽培地点与数量：洛浦县国营苗圃，101~1000株。

繁育方式：播种或嫁接繁殖。

栽培应用现状：扩繁。

开发利用前景：园林观赏，防护林，用材树种。

西府海棠 *Malus micromalus* Makino

蔷薇科 Rosaceae

苹果属 *Malus* Mill.

种质编号：HT-LPX-BYX-079。

种质类型及来源：引入栽培种。

形态特征：落叶阔叶小乔木，高达2.5~5m。树枝直立，小枝圆柱形，紫红色或暗褐色，具稀疏皮孔。花瓣粉红色。果实近球形，直径1~1.5cm，红色，萼洼梗洼均下陷，萼片多数脱落，少数宿存。花期4~5月，果期8~9月。

生态习性：喜光，耐寒，忌水涝，忌空气过湿，较耐干旱。

栽培地点与数量：洛浦县国营苗圃，少量。

繁育方式：嫁接繁殖。

开发利用现状：扩繁采穗。

开发利用前景：园林观赏，蜜源，食用。

樱花 东京樱花*Cerasus yedoensis* (Matsum.) Yü et Li

蔷薇科 Rosaceae

樱桃属 *Cerasus* Mill.

种质编号：HT-LPX-BYX-078。

种质类型及来源：引入栽培种。

形态特征：落叶小乔木。伞形总状花序，总梗极短，有花3~4朵，先叶开放，花瓣白色或粉红色；花期4月，果期5月。

生态习性：喜阳光和温暖湿润的气候条件，有一定的耐寒和耐旱力。不喜盐碱土。

栽培地点与数量：洛浦县布亚乡国营苗圃，51~100株。

繁育方式：嫁接繁殖。

开发利用现状：扩繁、育种及研究。

开发利用前景：园林观赏，园林绿化，蜜源，药用。

金叶复叶槭 *Acer negundo* 'Jinye'

槭树科 Aceraceae

槭树属 *Acer* L.

种质编号：HT-LPX-BYX-045。

种质类型及来源：引入栽培种；原产地：北美洲。

形态特征：落叶阔叶乔木。树皮黄褐色或灰褐色。奇数羽状复叶，对生，卵形或椭圆状披针形，入秋叶金黄色。雄花序伞房状，雌花序总状；花小，黄绿色，先叶开放，雌雄异株。小坚果突起，开展成锐角或近于直角。花期4~5月，果期6~8月。

生态习性：喜光，不耐热，耐干冷，耐轻盐碱，耐烟尘；根萌芽性强，生长较快。

栽培地点与数量：洛浦县布亚乡国营苗圃1~10株。

繁育方式：扦插或嫁接繁殖。

栽培应用现状：育种与研究。

开发利用前景：园林观赏，绿化。

辣椒枣 *Ziziphus jujuba* 'Lajiao'

鼠李科 Rhamnaceae

枣属 *Ziziphus* Mill.

种质编号：HT-LPX-BYX-011。

种质类型及来源：引入栽培种；1983年山东省果树研究所在山东夏津选出的优良株系。

形态特征：果实中大，长锥形或长椭圆形，果顶渐细。果面光洁。果皮薄，紫红色，光亮美观。果肉白色，微显绿色，质地较细，酥脆，稍松软，汁液较多，甜酸可口。9月下旬成熟。观赏品种。

生态习性：适应性强，抗风、耐旱、耐涝、耐盐碱。

栽培地点与数量：洛浦县布亚乡国营苗圃，1~10株，1995年种植。

繁育方式：嫁接繁殖。

栽培应用现状：经济果木，育种与扩繁。

开发利用前景：食用，药用，园林绿化，饲料，蜜源。

力扎马特葡萄 *Vitis vinifera* 'Lizhamate'

葡萄科 Vitaceae

葡萄属 *Vitis* L.

种质编号：HT-LPX-BYX-084。

种质类型及来源：引入栽培种；原产地苏联；试

验地吐鲁番市林业站等。

形态特征：果穗圆锥形，支穗多，较松散。果皮玫瑰红色，成熟后暗红色。皮薄肉脆，清香味甜，可溶性固形物12%~16%，含酸0.57%，清甜爽口。肉中有白色维管束是该品种的特征之一。

生态习性：第二次结果能力弱，产量中等，果实品质优。不太耐贮藏和运输，要求肥水条件较高。

栽培地点与数量：洛浦县布亚乡国营苗圃1~10株。

繁育方式：硬枝扦插繁殖为主，也可压条繁殖。

栽培应用现状：选育与研究材料。

开发利用前景：食用，药用，园林绿化，蜜源。

白丁香 *Syringa ablata*L var. *alba* Rehder

木樨科 Oleaceae

丁香属 *Syringa* L.

种质编号：HT-LPX-BYX-040。

种质类型及来源：栽培变种。

形态特征：落阔叶灌木。为紫丁香的变种，与紫丁香主要区别是叶较小，叶面有疏生绒毛，花为白色，有单瓣、重瓣之别，花端四裂，筒状，呈圆锥花序。花期4~5月。

生态习性：喜光，稍耐阴，耐寒，耐旱，喜排水良好的深厚肥沃土壤。

栽培地点与数量：洛浦县布亚乡国营苗圃。

繁育方式：扦插、分株、压条繁殖。

栽培应用现状：育种与研究材料。

开发利用前景：香料，药用，蜜源，防护，绿化。

二、多鲁乡高接引种示范园（县核桃林木良种推广采穗圃）

表11-4-1 多鲁乡高接引种示范园核桃林木良种

种质编号	品种	拉丁学名	引入地，时间及新品种号
HT-LPX-DLX-019	香1核桃	*Juglans regia* 'Xiang 1'	北京林果研究所，2009年
HT-LPX-DLX-018	香2核桃	*Juglans regia* 'Xiang 2'	北京林果研究所，2009年
HT-LPX-DLX-020	香3核桃	*Juglans regia* 'Xiang 3'	北京林果研究所，2009年
HT-LPX-DLX-021	薄壳香核桃	*Juglans regia* 'Bekexiang'	北京林果研究所，2009年。甘S-ETS-B-005-2013
HT-LPX-DLX-022	礼1核桃	*Juglans regia* 'Li 1'	2009年
HT-LPX-DLX-023	寒丰核桃	*Juglans regia* × *Juglans cordiformis* Max 'Hanfeng'	北京，2009年。国S-SV-JR-038-2008
HT-LPX-DLX-024	辽瑞丰核桃	*Juglans regia* 'Liaoreifeng'	2009年
HT-LPX-DLX-025	礼2核桃	*Juglans regia* 'Li 2'	2009年
HT-LPX-DLX-026	50501大连核桃	*Juglans regia* 'Dalian 50501'	辽宁大连，2012年
HT-LPX-DLX-027	强特勒核桃	*Juglans regia* 'Chandler'	辽宁大连，2012年。陕S-ETS-JR-003-2011
HT-LPX-DLX-028	西扶1号核桃	*Juglans regia* 'Xifu1'	陕西扶风县，2012年。QLS007-J006-1998

续表11-4-1

种质编号	品种	拉丁学名	引入地,时间及新品种号
HT-LPX-DLX-029	奇异核桃	*Juglans regia* 'Qiyi'	北京,2013年
HT-LPX-DLX-030	西洛3号	*Juglans regia* ''Xiluo3'	陕西,2012年。QLS012-J011-1998
HT-LPX-DLX-031	绿岭核桃	*Juglans regia* 'Lvlin'	河北,2012年。冀S-SV-JR-008-2011
HT-LPX-DLX-032	魁香核桃	*Juglans regia* 'Kuixiang'	河北,2012年
HT-LPX-DLX-033	赞美核桃	*Juglans regia* 'Zhanmei'	河北,2012年
HT-LPX-DLX-034	鲁果9号核桃	*Juglans regia* 'Lugue9'	山东,2013年
HT-LPX-DLX-035	鲁果7号核桃	*Juglans regia* 'Lugue7'	山东,2012年
HT-LPX-DLX-036	鲁核1号核桃	*Juglans regia* 'Luhe1'	山东,2012年
HT-LPX-DLX-037	早硕核桃	*Juglans regia* 'Zhaoshuo'	河北,2012年。冀S-SV-JR-001-2014
HT-LPX-DLX-038	晋香核桃	*Juglans regia* 'Jinxiang'	山西,2012年。晋S-SC-JR-001-2007
HT-LPX-DLX-039	晋丰核桃	*Juglans regia* 'Jinfeng'	山西,2011年。晋S-SC-JR-002-2007
HT-LPX-DLX-040	清香核桃	*Juglans regia* 'Qinxiang'	日本(原产),2009年。晋S-ETC-JR-009-2013
HT-LPX-DLX-041	XH2-2核桃	*Juglans regia* 'XH2-2'	
HT-LPX-DLX-042	XH-1核桃	*Juglans regia* 'XH-1'	2009年
HT-LPX-DLX-043	A76核桃	*Juglans regia* 'A76'	2009年
HT-LPX-DLX-044	A71核桃	*Juglans regia* 'A71'	2009年
HT-LPX-DLX-045	A68核桃	*Juglans regia* 'A68'	2009年
HT-LPX-DLX-046	A26核桃	*Juglans regia* 'A26'	2009年
HT-LPX-DLX-047	A64核桃	*Juglans regia* 'A64'	2009年
HT-LPX-DLX-048	A53核桃	*Juglans regia* 'A53'	2009年
HT-LPX-DLX-049	A205核桃	*Juglans regia* 'A205'	2009年
HT-LPX-DLX-050	A20核桃	*Juglans regia* 'A20'	2009年
HT-LPX-DLX-051	A19核桃	*Juglans regia* 'A19'	2009年
HT-LPX-DLX-052	B17核桃	*Juglans regia* 'B17'	2009年
HT-LPX-DLX-053	A13核桃	*Juglans regia* 'A13'	2009年
HT-LPX-DLX-054	B20核桃	*Juglans regia* 'B20'	2009年
HT-LPX-DLX-055	B26核桃	*Juglans regia* 'B26'	2009年
HT-LPX-DLX-056	B76核桃	*Juglans regia* 'B76'	2009年
HT-LPX-DLX-057	B99核桃	*Juglans regia* 'B99'	2009年
HT-LPX-DLX-058	B110核桃	*Juglans regia* 'B110'	2009年
HT-LPX-DLX-059	香玲核桃	*Juglans regia* 'Xianglin'	山东,2009年。冀S-ETS-JR-012-2005
HT-LPX-DLX-060	鲁光核桃	*Juglans regia* 'Luhuang'	山东,2009年。京S-SV-JR-059-2007
HT-LPX-DLX-061	B112核桃	*Juglans regia* 'B112'	2009年
HT-LPX-DLX-062	下营核桃	*Juglans regia* 'Xiaying'	天津,2009年
HT-LPX-DLX-063	YJP核桃	*Juglans regia* 'YJP'	2009年
HT-LPX-DLX-064	F6核桃	*Juglans regia* 'F6'	北京,2009年
HT-LPX-DLX-065	F4核桃	*Juglans regia* 'F4'	北京,2009年

续表11-4-1

种质编号	品种	拉丁学名	引入地,时间及新品种号
HT-LPX-DLX-066	F3核桃	*Juglans regia* 'F3'	北京,2009年
HT-LPX-DLX-067	F2核桃	*Juglans regia* 'F2'	北京,2009年
HT-LPX-DLX-068	F1核桃	*Juglans regia* 'F1'	北京,2009年
HT-LPX-DLX-069	辽10核桃	*Juglans regia* 'Liao10'	辽宁,2009年
HT-LPX-DLX-070	辽4核桃	*Juglans regia* 'Liao4'	辽宁,2009年
HT-LPX-DLX-071	辽7核桃	*Juglans regia* 'Liao7'	辽宁,2009年
HT-LPX-DLX-072	辽1核桃	*Juglans regia* 'Liao1'	辽宁,2009年
HT-LPX-DLX-073	绿波核桃	*Juglans regia* 'Lube'	河南,2009年
HT-LPX-DLX-074	辽5核桃	*Juglans regia* 'Liao5'	辽宁,2009年
HT-LPX-DLX-075	辽6核桃	*Juglans regia* 'Liao6'	辽宁,2009年
HT-LPX-DLX-076	辽3核桃	*Juglans regia* 'Liao3'	辽宁,2009年

位于洛浦县多鲁乡,海拔1333m,E80°17′,N37°07′。共收集保存56份核桃栽培种,面积6.7hm^2。每份品种保存6株。主要用于试验及采穗。

三、北京洛浦核桃文化创意产业试验园

位于洛浦县多鲁乡。海拔1327m,E80°17′,N37°08′。2009年从北京引入收集文玩核桃12个品种(狮子头、鸡心、公子帽及虎头等),每份品种保存10株。用于试验、选育及采穗。

表11-4-2 北京洛浦核桃文化创意产业试验园核桃良种

种质编号	品种	拉丁学名
HT-LPX-DLX-095	'新疆3号'核桃	*Juglans regia* 'Xinjiang3'
HT-LPX-DLX-098	'新疆4号'核桃	*Juglans regia* 'Xinjiang4'
HT-LPX-DLX-099	'新疆5号'核桃	*Juglans regia* 'Xinjiang5'
HT-LPX-DLX-096	'新疆11号'核桃	*Juglans regia* 'Xinjiang11'
HT-LPX-DLX-097	'新疆12号'核桃	*Juglans regia* 'Xinjiang12'

第五节 皮山县

一、县林业局县苗圃

位于皮山县固玛镇。E78°16′,N37°35′,海拔1397m。主要保存有侧柏、圆柏、刺柏、旱柳、'温185'核桃、新新2号核桃、白桑(5hm^2)、三球悬铃木、龙爪槐、臭椿、五叶地锦、木纳格葡萄。

二、县直属林业局采穗圃

位于皮山县固玛镇。E78°16′,N37°35′,海拔1394m。主要保存有新疆杨、薄皮核桃、'扎343'核桃、黑桑、杏李。

第六节 于田县

一、县国营苗圃

位于于田县科克亚乡,E81°19',N36°57',海拔1394m。面积200hm^2。收集保存有银杏、侧柏、钻天杨、箭杆杨、新疆杨、银白杨、旱柳、垂柳、馒头柳、龙爪柳、金丝柳、竹柳、'温185'核桃、'扎343'核桃、新丰核桃、新丰2号核桃、夏橡、圆冠榆(460株)、欧洲大叶榆(400株)、白桑、黑桑、药桑、二球悬铃木、榅桲、贴梗海棠、杜梨、库尔勒香梨、阿木提香梨、冬梨(300株)、白苹果、白奶苹果、红富士苹果、黄元帅苹果、海棠果(132m^2)、红叶海棠、大果海棠(330m^2)、四

季玫瑰、白明星杏(1株)、克孜浪杏($0.066hm^2$)、小白杏(2株)、浑代克杏(1株)、胡安娜杏($0.07hm^2$)、赛买提杏(4株)、黄赛买提杏(4株)、加奈乃杏($0.07hm^2$)、黑叶杏、扁桃、桃、毛桃、大白桃、土毛、榆叶梅($0.033hm^2$)、重瓣榆叶梅($0.033hm^2$)、李子、西梅(2株)、鸡心李(1株)、杏李(4株)、樱桃李(1株)、紫叶李($0.067hm^2$)、紫叶矮樱、樱桃、灌木樱桃(1株)、刺槐、红花刺槐(4株)、臭椿(1株)、火炬树(1~10株)、华北卫矛(百株以上)、复叶槭($0.067hm^2$)、骏枣($0.067hm^2$)、圆酸枣(1株)、冬枣、木纳格葡萄、马奶子葡萄(11~50株,2001年种植)、和田红葡萄(13株,2004年种植)、白葡萄(10株,2009年种植)、红提、青葡萄(1株,2008年种植)、红瑞木(2008年种植)、尖果沙枣、小叶白蜡(2004年种植)、美国白蜡、暴马丁香、紫丁香(2013年种植)、枸杞(10株,2010年种植)。

琐琐葡萄 *Vitis adstricta* Hance

葡萄科 Vitaceae

葡萄属 *Vitis* L.

种质编号:HT-YT-GYMP-044。

种质类型及来源:引入栽培种。

形态特征:木质藤本。叶宽卵形,顶端尖锐,基部宽心形,3~5裂或不裂,边缘具粗锯齿,上面无毛,下面叶脉有短毛;叶柄有疏毛。圆锥花序与叶对生,花序轴具白色丝状毛;花小,雌雄异株,直径约2mm;雌花内5个雄蕊退化,雄花内雌蕊退化,花萼盘形,无毛。浆果球形,直径约1cm,黑色。4月中旬开花,果实于9月中旬成熟。

生态习性:喜光,耐干旱。

栽培地点与数量:于田县国有苗圃,3株,2006年种植,长势良好。

繁育方式:扦插繁殖。

栽培应用现状:育种与研究材料。

开发利用前景:食用,药用,园林绿化,蜜源。

二、福万家种植农民专业合作社

位于于田县兰干博仔亚农场,E81°16′,N36°48’,海拔1456m。收集保存有钻天杨、银白杨、垂柳、红富士苹果(7.99万株)、油桃($0.07hm^2$)、520水蜜桃($0.132hm^2$)、杏李(2株)、红提($0.132hm^2$,2012年种植)、黑美人葡萄(少量,2014年种植)。

春美毛桃 *Percica vulgaris* ‘Chunmei’

蔷薇科 Rosaceae

桃属 *Percica* Mill.

种质编号:HT-YT-LGBZYNC-014。

种质类型及来源:引入栽培品种。

形态特征:花为蔷薇型,花瓣粉色,花粉多,丰产性好,树高3m,冠幅2m×3m,胸径30cm。

栽培地点与数量:于田县福万家种植农民专业合作社$0.07hm^2$。

繁育方式:嫁接繁殖。

栽培应用现状:扩繁采穗,食用。

开发利用前景:经济果木,园林观赏,蜜源植物,药用植物。

新农红毛桃 *Percica vulgaris* 'Xinnonghong-maotao'

蔷薇科 Rosaceae

桃属 *Percica* Mill.

种质编号：HT-YT-LGBZYNC-013。

种质类型及来源：引入栽培种。

形态特征：果球形或卵形，径5~7cm，表面有短毛，白绿色，夏末成熟；熟果带粉红色，肉厚，多汁，气香，味甜或微甜酸。树高3.5m，冠幅4m×5m，胸径30cm。

保存定植地点与数量：于田县福万家种植农民专业合作社0.067hm²。

繁育方式：嫁接繁殖。

栽培应用现状：食用、扩繁。

开发利用前景：园林观赏，蜜源植物，药用。

和田蜜桃(1) *Percica vulgaris* 'Hetianmi'

蔷薇科 Rosaceae

桃属 *Percica* Mill.

种质编号：HT-YT-LGBZYNC-012。

种质类型及来源：和田地区栽培种。

形态特征：果实球形外被有毛，果肉柔软多汁，果核甚大，沟纹深而明显。个头硕大，形态秀美，色泽鲜艳，皮薄肉嫩，果肉细腻，汁甜如蜜。6月成熟。

生态习性：喜光，不耐遮阴，抗寒力强。

栽培地点与数量：于田县福万家种植农民专业合作社，4株。

繁育方式：嫁接繁殖。

栽培应用现状：食用，选育与研究材料。

开发利用前景：食用，园林观赏，蜜源植物，药用。

春鲜蜜桃 *Prunus vulgaris* 'Chunxianmi'

蔷薇科 Rosaceae

桃属 *Percica* Mill.

种质编号：HT-YT-LGBZYNC-010。

种质类型及来源：引入栽培种。

形态特征：果实近圆形，平均单果重120g，大果205g以上；果皮底色乳白，成熟后整个果面着鲜红色，艳丽美观；果肉白色，肉质细，硬溶质，风味浓甜，可溶性固形物11%~12%，品质优。5月中旬成熟，成熟后可留树10 d以上不落果、不裂果。

生态习性：喜光，稍耐阴，不耐水涝，抗病力强。

栽培地点与数量：于田县福万家种植农民专业合作社，0.332hm²。

繁育方式：嫁接繁殖。

栽培应用现状：食用，选育与研究材料。

开发利用前景：园林观赏，蜜源植物，药用。

蜜桃十月红 *Percica vulgaris* 'Shiyuehongmi'

蔷薇科 Rosaceae

桃属 *Percica* Mill.

种质编号：HT-YT-LGBZYNC-016。

种质类型及来源：引入栽培种。

形态特征：果实球形外被有毛，果肉柔软多汁，果核甚大，沟纹深而明显。个头硕大，形态秀美，色泽鲜艳，皮薄肉嫩，果肉细腻，汁甜如蜜。

生态习性：喜光，不耐遮阴，抗寒力强。

栽培地点与数量：于田县福万家种植农民专业合作社，0.332hm²。

繁育方式：嫁接繁殖。

栽培应用现状：食用，选育与研究材料。

开发利用前景：食用，园林观赏，蜜源植物，药用。

户太8号葡萄 *Vitis vinifera* 'Hutai8'

葡萄科 Vitaceae

葡萄属 *Vitis* L.

种质编号：HT-YT-LGBZYNC-017。

种质类型及来源：引入栽培种；原属欧美杂种。

形态特征：果穗圆锥形，果粒着生较紧密。果粒大，近圆形，紫黑色或紫红色，酸甜可口，果粉厚，果皮中厚，果皮与果肉易分离，果肉细脆，无肉囊，每果1～2粒种子。成熟期在7月上、中旬。

生态习性：应性强，耐瘠薄，耐盐碱，较抗寒，高产稳。

栽培地点与数量：于田县福万家种植农民专业合作社0.132hm²，2012年种植，结实良好。

繁育方式：硬枝扦插繁殖为主，也可压条繁殖。

栽培应用现状：食用。

开发利用前景：经济果木，园林观赏，育种与研究材料、药用、工业原料。

维多利亚葡萄 *Vitis vinifera* 'Wuiduoliar'

葡萄科 Vitaceae

葡萄属 *Vitis* L.

种质编号：HT-YT-LGBZYNC-018。

种质类型及来源：引入栽培种；由罗马尼亚德哥沙尼葡萄试验站由绯红×保尔加尔杂交育成，1978年进行品种登记。1996年河北果树研究所引入中国。

形态特征：果穗大，圆锥形或圆柱形，平均穗重630g，果穗稍长，果粒着生中等紧密。果粒大，长椭圆形，粒形美观，无裂果，平均果粒重9.5g；果皮黄绿色，果皮中等厚；果肉硬而脆，味甘甜爽口，品质佳，可溶性固形物含量16.0%，含酸量0.37%；果肉与种子易分离，每果粒含种子以2粒居多。

生态习性：喜光，耐干旱。

收集保存地点：于田县福万家种植农民专业合作社，2012年种植，结实良好。

繁育方式：硬枝扦插繁殖为主，也可压条繁殖。

栽培应用现状：食用。

开发利用前景:经济果木,园林绿化,扩繁,药用,工业原料。

金手指葡萄 *Vitis vinifera* 'Jinshouzhi'

葡萄科 Vitaceae

葡萄属 *Vitis* L.

种质编号:HT-YT-LGBZYNC-020。

种质类型及来源:引入栽培种;引种地:日本。

形态特征:果穗巨大,长圆锥形,松紧适度,平均穗重750g,最大穗重1500g。果粒形状长椭圆形,略弯曲,呈弓状,黄白色,平均粒重8g。果皮中等厚,韧性强,不裂果。果肉硬,可切片,耐贮运,含糖量20%~22%,甘甜爽口,有浓郁的冰糖味和牛奶味。果柄与果粒结合牢固,捏住一粒果可提起整穗果。7月下旬成熟。

生态习性:抗逆性、适应性、抗寒性强。

栽培地点与数量:于田县福万家种植农民专业合作社,少量,2010年种植,结实良好。

繁育方式:硬枝扦插繁殖为主,也可压条繁殖。

栽培应用现状:食用。

开发利用前景:经济果木,药用,园林绿化,蜜源。

第七节　民丰县

一、市政园林管理中心苗圃场

位于民丰县县城斗瓦艾格仔村,E82°38',N37°03',海拔1429m。2014年12月16日成立,经营范围包括市政园林绿化工程、园林绿化苗木、花卉盆景种植等。保存有黄杨、杂交杨、刺槐($0.632hm^2$)、红花刺槐($0.332hm^2$)、龙爪槐($0.799hm^2$)、灰枣($0.132hm^2$)、木槿(2012年种植)。

珊瑚樱 *Solanum pseudo-capsicum* L.

茄科 Solanaceae

茄属 *Solanum* L.

种质编号:HT-MF-CQ-029。

种质类型及来源:引入栽培种。

形态特征:直立分枝小灌木,全株光滑无毛。叶互生,狭长圆形至披针形。花多单生,很少,成蝎尾状花序;花小,白色;浆果橙红色,萼宿存,果柄顶端膨大。种子盘状,扁平。花期初夏,果期秋末。

生态习性:耐寒,耐旱、耐瘠薄、耐修剪,习性强健,喜光,适应性强。

栽培地点与数量:民丰县市政园林管理中心苗圃,2014年种植,长势良好。

繁育方式:根繁、分蘖繁殖。

栽培应用现状:选育与研究。

开发利用前景:园林观赏,药用,蜜源。

二、农业技术推广站

位于民丰县县城,E82°40',N37°03',海拔1413m。保存有药桑、紫穗槐($0.132hm^2$)、紫荆($0.067hm^2$)、五角枫($0.067hm^2$)、水蜡。

三、若克雅乡东方红路

果满糖枣 *Ziziphus jujuba* 'Guomantang'

种质编号:HT-MF-RKYX-056。

种质类型及来源:引入栽培种。

形态特征:苗木,平均树高为1m,平均胸径为0.8cm。

栽培地点与数量:民丰县若克雅乡东方红路37号(海拔1401m,E82°47′,N37°04′),0.067hm²。

第八节 策勒县

一、县林木良种繁育基地

位于策勒县策勒乡托帕村。E80°47′,N37°00′,海拔1386m。面积97hm²。主要保存有刺柏、龙柏、胡杨、旱柳、大果山楂、白明星杏、克孜浪杏、赛买提杏、吐奶斯塘杏、华北卫矛、壶瓶枣、红满堂枣、马奶子葡萄(32.0hm²)、青葡萄(23.0hm²)、美国白蜡。

二、策勒乡采穗圃(林业局3号苗圃)

位于策勒县策勒乡,E80°44′,N37°01′,海拔1363m。2015年建成。核桃种质采穗圃7.33hm²(扎343、温185、新新2号、新丰)。新疆杨种质采穗圃18.67hm²。另保存有美洲黑杨、中华红叶杨、华北卫矛(11~50株)。

三、县苗圃

位于策勒乡,E80°44′,N37°01′,海拔1363m。主要保存有金丝柳、新新2号核桃、国光核桃、裂叶榆(5株)、欧洲大叶榆(5株)、倒榆(500株)、黄果山楂(330株)、海棠果(6株)、月季(3株)、克孜浪杏、库车小白杏、华纳杏(0.07hm²)、桃杏、重瓣榆叶梅(0.067hm²)、樱桃(6株)、红花刺槐(0.067hm²)、国槐、骏枣(2株)、灰枣(1~10株)、圆酸枣(0.0132hm²)、鸡心枣(0.67hm²,2008年种植)、冬枣、五叶地锦、木纳格葡萄、干红葡萄(0.033hm²,2013年种植)、美人指葡萄(11~50株,2008年种植)、木槿、小叶白蜡、水蜡、毛泡桐。

龙须桑 *Morus alba* 'Longxusang'

桑科 Moraceae

桑属 *Morus* L.

种质编号:HT-CL-CLX-082。

种质类型及来源:栽培种。

形态特征:落叶阔叶乔木,树皮灰褐色,叶互生,卵圆形,边缘粗钝锯齿;花单性,黄绿色;聚合果腋生,肉质,有柄,椭圆形,长1~2.5cm,深紫色或黑色,少有白色;叶薄纸质,矩圆皮针形至披针形。小枝卷曲。

生态习性:喜光,适应性强,耐湿,耐干旱,耐腐,耐轻盐碱。耐烟尘和有害气体。

栽培地点与数量:策勒县县苗圃5株。

栽培应用现状:试验,采穗。

开发利用前景:经济果木,园林绿化,蚕饲,食用,药用,蜜源,工业原料。

红果山楂 *Crataegus sanguinea* Pall.

蔷薇科 Rosaceae

山楂属 *Crataegus* L.

种质编号:HT-CL-CLX-074。

种质类型及来源:驯化野生种。林木良种(新S-SP-CSP-015-2016)。

形态特征:落阔叶小乔木,高2~4m。当年生枝条紫红色或紫褐色,有光泽,多年生枝条灰褐色。叶片卵圆形或阔菱形,羽状浅裂。伞房花序。花直径约8mm;萼筒钟状;花瓣椭圆形,白色;果实血红色,近球形,直径6~10mm。花期5~6月,果期7~8月。

生态习性:喜光,抗干旱,抗寒,耐高温,耐盐碱;耐水湿和耐土壤瘠薄。

栽培地点与数量:策勒乡县苗圃,少量。

繁育方式:嫁接繁殖。

栽培应用现状:试验,采穗。

开发利用前景:观赏,绿化,可作为观果树种,栽培山楂的砧木及育种材料。

哈密大枣 *Ziziphus jujuba* 'Hamidazao'

鼠李科 Rhamnaceae

枣属 *Ziziphus* Mill.

种质编号:HT-CL-CLX-058。

种质类型及来源:栽培种;原产新疆哈密;林木良种(新-S-SV-ZJ-011-1995)。

形态特征:果实椭圆形,个体大,单个鲜重17g,大果重35g。果皮较厚,暗红色,果肉白色。花期5月下旬至6月上旬;果熟期9月上旬。

生态习性:抗干旱风沙、耐高温、抗低温和抗病虫害。

栽培地点与数量:策勒乡县苗圃,2株。

繁育方式:嫁接繁殖。

栽培应用现状:扩繁,选育与研究。

开发利用前景:食用,药用,园林绿化,饲料,蜜源。

小酸枣 *Ziziphus jujuba* var. *spinosa* (Bge.) Hu ex H. F. Chow

鼠李科 Rhamnaceae

枣属 *Ziziphus* Mill.

种质编号:HT-CL-CLX-060。

种质类型及来源:栽培变种。

形态特征:果小、多圆或椭圆形、果皮厚、光滑、果皮红色或紫红色,果肉较薄、疏松,味酸甜。花期5~7月,果期8~9月。2008年种植,结实良好。

生态习性:喜温暖干燥的环境。

栽培地点与数量:策勒乡县苗圃2株。

繁育方式:种子繁殖。

栽培应用现状:培养砧木。

开发利用前景:食用,蜜源,药用,用材。

赞皇枣 *Ziziphus jujuba* 'Zanhuangzao'

鼠李科 Rhamnaceae

枣属 *Ziziphus* Mill.

种质编号:HT-CL-CLX-055。

种质类型及来源:引入栽培种。林木良种(新S-SV-ZJ-021-2014)。原产地:河北省石家庄市赞皇县。

形态特征:果实长圆或长椭圆形,纵径4.2~4.7cm、横径3.2~3.7cm,单果重18g,果面光滑,皮厚,暗红色,肉厚。味浓甜、汁中多、无种仁。9月中下旬成熟。

生态习性:易嫁接。对土壤及气候要求不严。

栽培地点与数量:策勒县策勒乡县苗圃,1~10株,2008年种植,结实良好。

繁育方式:嫁接繁殖。

栽培应用现状:经济果木、育种与研究材料。

开发利用前景:食用,药用,园林绿化,饲料,蜜源。

第十二章　古树林木种质资源

第一节　和田市古树名木种质资源

核桃 长土核桃 *Juglans regia* L.

核桃科 Juglandaceae

核桃属 *Juglans* L.

种质编号:HT-HTS-TSLX-037。

种质类型及来源:古树,栽培种。100多年前由村上老人从山外村庄引入。

数量、树龄及级别:传说树龄160年,古树三级1株。

形态特征:树高22m,胸径72.6cm,冠幅20m × 14.5m。果实较长呈长卵形,种皮坚硬,单株年产量达100 kg。长势旺盛。

分布地点:吐沙拉乡私人苗圃,E79°55′,N37°17′,海拔1448.8m。

保护利用现状:未挂牌,属乡政府管理。

核桃 圆土核桃 *Juglans regia* L.

核桃科 Juglandaceae

核桃属 *Juglans* L.

种质编号:HT-HTS-TSLX-038。

种质类型及来源:乡土栽培种。100多年前由村上老人从山外村庄引入。

数量、树龄及级别:传说树龄160年,古树三级1株。

形态特征:树高25m,胸径70cm,冠幅23m × 18m。果实形状近似圆形,种皮及其坚硬,单株年产量近100 kg。

生长发育状况:长势旺盛。长势较好,树形优良挺拔,枝叶繁茂。

分布地点:吐沙拉乡私人苗圃,E79°55′,N37°

17′,海拔1448.8m。

保护利用现状:未挂牌,属乡政府管理。生长环境较好。

新疆杨 *Populus alba* L. var. *pyramidalis* Bge.

杨柳科 Salicaceae

杨属 *Populus* L.

种质类型及来源:乡土栽培变种。

数量及级别:古树三级3株。

种质编号、树龄、形态特征、分布地点、保护利用现状:未挂牌。生长环境较好。

1.HT-HTS-YLKSZ-023。传说树龄150年以上。树高22m,胸径254cm,冠幅21m×27m。树冠枯死,侧枝较发达,部分枝干倒断。玉龙喀什镇阿鲁博依村农家院内,周围堆放垃圾杂物。E79°59′,N37°05′,海拔1394m。由农户管理;

2.HT-HTS-LSKZ-010。2株,传说树龄290年。长势旺盛。第1株:树高20m,胸径167cm,冠幅16.8m×9m。长势较好,树干挺拔,枝繁叶茂。第2株:树高21m,胸径167cm,冠幅16.8m×10m。拉斯奎镇人民政府大院内,E79°52′,N37°10′,海拔1337m。属乡政府管理。

第二节 和田县古树名木种质资源

白柳 *Salix alba* L.

杨柳科 Salicaceae

柳属 *Salix* L.

种质类型及来源:乡土栽培种。

数量、树龄及级别:传说树龄120年,古树三级1株。

种质编号:HT-HTX-YSLMAWT-015。

形态特征、分布地点、保护利用现状:传说树龄120年。树高11m,胸径150cm,冠幅8m×8m,枝下高4m。此树生长于渠旁,树体呈75°倾斜,顶部有较多枯枝。和田县伊斯拉木阿瓦提乡阿克恰勒村,E80°21′,N37°45′,海拔1235m。未挂牌,基本处于无人管理状况,周边堆放有大量杂物。

核桃 核桃王 *Juglans regia* L.

核桃科 Juglandaceae

核桃属 *Juglans* L.

种质编号:HT-HTX-BGQ-042。

种质类型及来源：栽培种。相传种植于公元644年(古树原种相传由唐玄奘取经路过古于阗国时赠予当地人)。

数量、树龄及级别：传说树龄1300多年，古树一级1株。

形态特征：占地约0.067hm²。主树高16.7m，胸径210cm，冠幅21.5m×10.7m。树形大致呈"Y"字形，高大伟岸，枝繁叶茂，苍劲挺拔。主干中空，形成一个上下连通的"仙人洞"，洞底可容4人站立。入口直径0.74m，出口直径0.55m，可容游人从洞口进入，顺着主干从树丫上端出口处爬出。细看树干皮色粗糙而深沉，恢宏而古老，像画家笔下凝重苍劲的色彩，形状奇特，气势雄伟。离主树12m处其根又长出一棵核桃树，形状酷似老树王，身躯也呈"Y"字形，只是树干无其母粗实，但也得2人才能合围。叶肥果盛。年产核桃6000余颗，所产核桃个大皮薄，果仁饱满。

分布地点：和田县巴格其镇核桃王公园，位于和田市西南17km的和田县巴格其镇恰勒瓦西村。E79°48′，N37°06′，海拔1384m。

保护利用现状：未挂牌。核桃王公园已成为和田地区重要的旅游文化景点之一(3A级景区)。

无花果 无花果王 *Ficus carica* L.

桑科 Moraceae

无花果属 *Ficus* L.

种质类型及来源：栽培种。大概种植于明朝年间。

数量、树龄及级别：传说树龄500多年，古树一级2株。

形态特征：1.HT-HTX-LYK-005：树高5m，冠幅50m×30m。一棵树自成一园，周围新枝盘根错节，碗口粗细爬地而生，向四周蔓延，多达30余根，枝繁叶茂，用100多根木椽支撑。连年新枝勃发，一年结果三茬，年结果2万多个，6~10月都能吃上新鲜果实；2.HT-HTX-LYK-007：树高4m，冠幅10m×16m。

分布地点：无花果王景区，位于和田县拉依喀乡政府后果园内，E79°44′，N37°01′，海拔1421m。

保护利用现状：未挂牌，已围栏。位于景区当中，由景区负责管护。

银白杨 *Populus alba* L.

杨柳科 Salicaceae

杨属 *Populus* L.

种质编号：HT-HTX-TWKL-013。

种质类型及来源：栽培种。

数量、树龄及级别：传说树龄150年，古树三级1株。

形态特征：树高20m，胸径223cm，冠幅30m×

50m，枝下高1.7m。

生长发育状况：生长状况良好，部分枝条出现腐烂病。

分布地点：和田县塔瓦库勒乡喀拉托格拉克村，位于农田（玉米）中，E80°11′，N37°33′，海拔1262m。

保护利用现状：村委会管理。

榅桲 *Cydonia oblonga* Mill

蔷薇科 Rosaceae

榅桲属 *Cydonia* Mill.

种质编号：HT-HTX-LYK-006。

种质类型及来源：栽培种。

数量、树龄及级别：占地350m²。树龄100年以上。古树三级1株。

分布地点：和田县拉依喀乡无花果王景区。E79°44′，N37°04′，海拔1421m。

保护利用现状：乡林管站及景区负责，未挂牌。

杏 *Armeniaca vulgaris* Lam.

蔷薇科 Rosaceae

杏属 *Armeniaca* Mill.

种质编号：HT-HTX-LR-024。

种质类型及来源：栽培种。

数量、树龄及级别：古树群，其中300年以上树龄的古树有500余株。古树二级。

形态特征：每年春季百花竞放，成为一处旅游景点。

分布地点：和田县朗如乡排孜瓦提村—杏花村。

保护利用现状：由村委会管理，杏花村已成为和田县一大景区，每年3~4月的赏花季，吸引大量周边游人观光、旅游、休闲及养生。

第三节 墨玉县古树名木种质资源

三球悬铃木 梧桐王 *Platanus orientalis* L.

悬铃木科 Platanaceae

悬铃木属 *Platanus* L.

种质类型及来源：栽培种。

数量、级别：古树一级1株、三级1株。

种质编号、树龄、形态特征、生长发育状况、分布地点、保护利用现状：

1.HT-MY-AKSLY-002。传说树龄1400年多年。树高35m，胸径350cm，需7个人才能合围。7个分枝，每个分枝直径约38cm。冠幅31m×31.5m，

树冠遮盖地面约1000m²。其中一侧枝1999年被大风吹断，实测断裂处横断面的树龄为714年。古树

长势旺盛，枝繁叶茂、高大伟岸、生机盎然。木锥中心部分点腐烂，顶端有枯枝。其娜尔民俗风情园（其娜尔维吾尔语"梧桐"；3A级景区），位于墨玉县阿克萨拉依乡古勒巴克村，E79°40′，N37°10′，海拔1357m。已围栏，未挂牌。由县林管站及景区管理。

2.HT-MY-ZW-050。相传树龄120年。据说由庄园主买吐逊阿吉当年从外地及国外购买并种植。同时买回还有一些较珍贵树种，如文冠果、侧柏、皂荚等。树高28m，胸径125cm，冠幅10m×12m。长势好。树冠粗大，枝叶茂盛，遮阴效果好。位于扎瓦镇夏合勒克庄园（2A级景区）中央的正屋前，离水井不远。E79°37′，N37°09′，海拔1361m。未挂牌。归县林业局及景区管理。

银白杨 *Populus alba* L.

杨柳科 Salicaceae

杨属 *Populus* L.

种质类型及来源、保护利用现状：栽培种。未挂牌。由村委会管理。

数量、树龄及级别：古树二级13株，三级1株。

表12-3-1　墨玉县银白杨古树名木

种质编号	形态特征	分布地点
HT-MY-SYBG-038	13株，传说树龄400年。长势一般。其中4株生长量如下： 树高22m，胸径215cm，冠幅20m×18m。分枝多，主干1m以上4个粗枝、3个细枝 树高20m，胸径80cm，冠幅4m×5m，分枝多 树高21.5m，胸径76cm，冠幅3m×5m，分枝多 树高25m，胸径120cm，冠幅6m×5m，分枝多	萨依巴格乡乌鲁格阿塔村，分布于农家院附近。E79°25′，N36°52′，海拔1840m
HT-MY-MYZ-007	传说树龄250年。树高31.6m。枝上高4m，无大分枝。长势较好	墨玉镇都先巴扎村，生于农田边，与农家院落相隔一条柏油路。E79°44′，N37°18′，海拔1307m

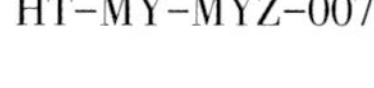

HT-MY-SYBG-038

HT-MY-MYZ-007

胡杨 *Populus euphratica* Oliv.
杨柳科 Salicaceae
杨属 *Populus* L.
种质编号：HT-MY-KY-017。

种质类型及来源：野生种。

数量、树龄及级别：传说树龄700年以上。古树一级1株。

形态特征：树高26m，胸径156cm，冠幅10m×8m。

生长发育状况：树形好，主干粗直。长势一般。

分布地点：奎牙乡玉吉米力克村农家院附近，E79°36′，N37°20′，海拔1290m。

保护利用现状：未挂牌。由村清真寺管理。

白柳 *Salix alba* L.
杨柳科 Salicaceae
柳属 *Salix* L.
种质编号：HT-MY-KWK-015。

种质类型及来源：栽培种。

数量、树龄及级别：实际树龄180年，古树三级1株。

形态特征：树高6.5m，胸径143cm，冠幅25m×20m。3个主分枝，树皮纹理清晰，长势一般。

分布地点：喀瓦克乡玛亚克墩村，分布于路边，离村庄不远。E80°09′，N37°43′，海拔1250m。

保护利用现状：未挂牌。归村委会管理。

白桑 *Morus alba* L.
桑科 Moraceae
桑属 *Morus* L.

种质类型及来源：栽培种。

数量、级别：古树三级2株。

种质编号、树龄、形态特征、分布地点、保护利用现状：

1.HT-MY-SYBG-012，传说树龄200年。树高11.7m，胸径97.1cm，冠幅8m×6m。长势一般，正常结实。萨依巴格乡喀日克萨依巴格村，分布于田间地头。E79°39′，N37°08′，海拔1364m。未挂牌。归乡林管站管理。

2.HT-MY-YYE-031，传说树龄100年。树高12.5m，胸径73cm，冠幅15m×10m。树干高大，长势一般。县第二国营苗圃（英也尔乡），分布于林带里，围墙侧门附近。E79°47′，N37°23′，海拔1302m。未挂牌。归苗圃管理。

杏 *Armeniaca vulgaris* Lam.
蔷薇科 Rosaceae
杏属 *Armeniaca* Mill.
种质编号：HT-MY-SYBG-013。

种质类型及来源：栽培种。

数量、树龄及级别：传说树龄300年，古树二级1株。

形态特征：树高10m，胸径101cm，冠幅11m×9m。枝干上部有4个分枝和1个断枝，树皮粗糙。

生长发育状况：长势一般，正常结果。

分布地点：萨依巴格乡喀日克萨依巴格村农田里，E79°39′，N37°08′，海拔1365m。

保护利用现状：未挂牌保护。权属乡林管站。

枣 *Ziziphus jujuba* Mill.
鼠李科 Rhamnaceae
枣属 *Ziziphus* Mill.
种质编号：HT-MY-SYBG-007。

种质类型及来源：栽培种。

数量、级别：古树三级10株，占地面积0.15hm^2。

形态特征及树龄：其中三个样株的生长量如下：

1. 传说树龄160年，树高10.5m，胸径70cm，冠幅12m × 10m。

2. 传说树龄180年，树高10m，胸径76.4cm，冠幅14m × 12m。

3. 传说树龄100年，树高9.6m，胸径70cm，冠幅5m × 12m。

分布地点：萨依巴格乡阔什鲁克村农家院内。E79°36′，N37°09′，海拔1347m。

生长发育状况：长势一般，正常结果。

保护利用现状：未挂牌。由林管站吐松托呼提·买买提负责管理。

核桃（实生核桃） *Juglans regia* L.

核桃科 Juglandaceae

核桃属 *Juglans* L.

种质类型及来源：栽培种。

数量、级别：古树二级7株，三级47株。

表12-3-2　墨玉县核桃古树名木

种质编号	形态特征及树龄	分布地点	保护利用现状
HT-MY-SYBG-009	传说树龄350年。树高20m，胸径98cm，冠幅18m×23m。主枝高大，两个主侧枝，还有三个侧枝被修剪截枝，其中两个干枯未发新枝，一个萌发了许多纤细的新枝。长势较好，正常结实	萨依巴格乡克西拉克村，E79°36′，N37°10′，海拔1343m	未挂牌。由麦吐孙·艾合买提托乎提管理
HT-MY-SYBG-014	7株，占地1hm²。实测树龄150年。平均树高25m，胸径168cm，冠幅12m×10m。长势一般	萨依巴格乡喀日克萨依巴格村核桃林地。E79°41′，N37°04′，海拔1413m	未挂牌。归乡林管站管理
HT-MY-JHBG-010	19株，面积6.67hm²。传说树龄200年。长势一般，正常结实。其中10个样株的生长量数据如下： 树高22m，胸径124cm，冠幅24m×23.5m 树高21.5m，胸径115cm，冠幅22m×20m 树高25m，胸径124cm，冠幅22m×21m 树高14.7m，胸径90cm，冠幅18m×20m 树高20m，胸径71.7cm，冠幅20m×22.5m 树高19.5m，胸径116cm，冠幅28m×25m 树高18m，胸径108cm，冠幅19.5m×22m 树高29m，胸径86cm，冠幅25m×26m 树高27m，胸径130cm，冠幅28m×26m 树高5m，胸径100cm，冠幅4m×2m	加汗巴格乡阿亚格依西克拉村四小队，E79°43′，N37°11′，海拔1344m	未挂牌。由农户麦吐尔孙·吐尔地管理
HT-MY-JHBG-009	15株，占地面积21.33hm²。传说树龄150年。长势一般，正常结实。其中三个样株的生长量如下： 树高24m，胸径76cm，冠幅16m×19m 树高22m，胸径86cm，冠幅18m×19m 树高16m，胸径83cm，冠幅17m×18m	加汗巴格乡阿亚格依西克拉村，E79°43′，N37°11′，海拔1331m	未挂牌。归农户库尔班·阿西姆管理

续表 12-3-2

种质编号	形态特征及树龄	分布地点	保护利用现状
HF-MY-KQ-012	传说树龄160年。树高11m,胸径115cm,冠幅12m×10m。两个主分枝。长势一般。农户吐逊·热加克家院内		
HT-MY-KQ-013	传说树龄150年。树高15m,胸径108cm,冠幅10m×8m。长势一般,正常结实。农家屋前	阔其乡英艾日克村3小队,E79°44',N37°21',海拔1301m	未挂牌。归村委会及农户管理
HT-MY-KQ-016	传说树龄300年,实测树龄110年。树高28m,胸径134cm,冠幅20m×25m。长势一般,正常结实,有三个主分枝。农家斯拉吉·艾合买提院内		
HT-MY-MYZ-004	传说树龄150年。树高13m,胸径100cm,冠幅10m×10m。因掉了一个树叉形成一个树洞,长势一般	墨玉镇一村三组,生长于水渠边,E79°42′,N37°16′,海拔1322m	未挂牌。归买买提·依明管理
HT-MY-MYZ-005	实测树龄195年。树高22.7m,胸径109cm,冠幅17.5m×27m。长势一般	墨玉镇巴西卡亚西村,分布于林地林间小路旁边。E79°42′,N37°16′,海拔1321m	未挂牌。归村委会管理
HT-MY-THL-018	实测树龄100年。树高9.8m,胸径86cm,冠幅20.3m×16.9m。树干中空,长势一般	托呼拉乡布古其村,E79°41′,N37°13′,海拔1346m	未挂牌。归乡林管站管理
HT-MY-THL-019	传说树龄150年。树高12m,胸径111cm,冠幅20×18m。两个主分枝,其中一个分枝的三个分叉之一有断裂痕迹。正常结实,长势一般		
HT-MY-THL-020	4株,传说树龄300年。长势一般	托呼拉乡喀拉塔姆村,E79°41′,N37°16′,海拔1332m	未挂牌。农户买买提·阿布都拉管理
	树高22m,胸径128cm,冠幅20.9m×18.7m。果实品质和口感好,自家留着食用		
	树高20m,胸径98cm,冠幅20m×23m。果实口感好		
	树高18m,胸径130cm,冠幅21m×19m		
	树高28m,胸径125cm,冠幅23.5m×19.8m		
HT-MY-YYE-009	传说树龄320年。树高25m,胸径212cm,冠幅30m×35m。长势一般。果实皮厚,个大,仁香	英也尔乡喀拉巴格村,分布于农户家的院子附近,E79°46′,N37°22′,海拔1297m	未挂牌。归农户艾合买提·努尔买提管理

HT-MY-SYBG-009 HT-MY-SYBG-014 HT-MY-JHBG-010

HT-MY-JHBG-009 HT-MY-KQ-012 HT-MY-KQ-013 HT-MY-THL-020

HT-MY-KQ-016 HT-MY-MYZ-004 HT-MY-MYZ-005

HT-MY-THL-018 HT-MY-THL-019 HT-MY-YYE-009

第四节　皮山县古树名木种质资源

石榴 *Punica granatum* L.

石榴科 Punicaceae

石榴属 *Punica* L.

种质编号:HT-PS-PYLM-012。

种质类型及来源:栽培种。

数量、树龄及级别:传说树龄100年,古树三级4株。

形态特征:长势一般,结实良好。平均树高4m,冠幅11m×8m。

分布地点:皮山县皮亚勒玛乡兰干库勒村,E79°07′,N37°17′,海拔1369m。

保护利用现状:属乡林业站负责管理,未挂牌。

杏(实生杏) *Armeniaca vulgaris* Lam.

蔷薇科 Rosaceae

杏属 *Armeniaca* Mill.

种质类型及来源:栽培种。

数量、级别:古树三级3株。

种质编号、形态特征及树龄、分布地点、保护利用现状:

1.HT-PS-PXN-002。传说树龄100年。长势一般,树高14m,胸径89cm,冠幅12m×18m。皮西那乡加依托格拉克村,E78°01′,N37°28′,海拔1737m。属乡林管站所有,未挂牌。

2.HT-PS-SZ-019。传说树龄150年。树高18m,胸径118cm,冠幅12m×15m。树木衰老,生长势较低。桑株乡阿亚格萨瓦村,属吐鲁·库热木所有,户主爷爷栽种。E70°23′,N37°10′,海拔2000m。户主自管,未挂牌。

3.HT-PS-SZ-033。传说树龄120年。树高16m,胸径92cm,冠幅10m×8m。长势一般,离地50cm处有铁丝勒痕,有黑色树液流出,上部枝条极稀疏。桑株乡巴斯喀村,属玉素甫艾提·卡提尔所有。E78°29′,N37°11′,海拔1824m。户主自管,未挂牌。

新疆杨 *Populus alba* var. *pyramidalis* Bge.

杨柳科 Salicaceae

杨属 *Populus* L.

种质类型及来源:栽培变种。

数量、级别:古树三级2株。

种质编号、形态特征及树龄、分布地点、保护利用现状：

1.HT-PS-SZ-016。实测树龄110年。树高30m，胸径120cm，冠幅5m×7m。生长状况较差，树干空洞，衰老。桑株乡巴什萨瓦村大队，E78°22′，N37°10′，海拔2025m。属农户托合提买提·托合提巴克所有。未挂牌保护。

2.HT-PS-MJ-017。实测树龄150年。树高35m，胸径165cm，冠幅13m×14m。长势旺盛。木吉镇巴什铁热克村，E78°36′，N37°27′，海拔1375m。属村委会管理。未挂牌。树四周修有围栏，村名因此树命名："巴什铁热克一大树"。

白桑 *Morus alba* L.

桑科 Moraceae

桑属 *Morus* L.

种质编号：HT-PS-MJ-016。

种质类型及来源：栽培种。

数量、树龄及级别：估测树龄100年，古树三级1株。

形态特征：树高5.5m，胸径86cm，冠幅5m×6m。

生长发育状况：树木枯老，仅有少数枝条存活。

分布地点：皮山县木吉镇英巴格村，E78°36′，N37°27′，海拔1377m。

保护利用现状：未挂牌。由农户阿布来提·阿玉甫管护。

沙枣 *Elaeagnus oxycarpa* Schlecht.

胡颓子科 Elaeagnaceae

胡颓子属 *Elaeagnus* L.

种质编号：HT-PS-ZG-028。

种质类型及来源：野生种。

数量、树龄及级别：传说树龄200年，实测树龄115年。古树三级1株。

形态特征：树高11m，胸径113cm，冠幅12m×13m，枝下高1.5m。

生长发育状况：长势一般。

分布地点与数量：皮山县藏桂乡8村，E78°42′，N37°25′，海拔1377m。

保护利用现状：未挂牌。乡林管站负责管理。

土梨 *Pyrus sinkiangensis* Yii.

蔷薇科 Rosaceae

梨属 *Pyrus* L.

种质编号:HT-PS-BSLG-011。

种质类型及来源:栽培种。

数量、树龄及级别:传说树龄200年。古树三级2株。

形态特征:1.树高11m,胸径170cm,冠幅20m×17m,枝下高0.7m,长势一般;2.树高12m,胸径73cm,冠幅12m×9m,枝下高2.3m。

分布地点:皮山县巴什兰干乡欧依托格拉克村,E77°47′,N37°30′,海拔1776m。

保护利用现状:未挂牌。乡林管站负责管理。

胡杨 *Populus euphratica* Oliv.

杨柳科 Salicaceae

杨属 *Populus* L.

种质类型及来源:野生种。

数量、级别:古树三级4株。

表12-4-1 皮山县胡杨古树名木

种质编号	树龄及形态特征	分布地点	保护利用现状
HT-PS-BSLG-037	估测树龄100年以上	巴什兰干乡,E79°45′,N37°17′,海拔1317m	属乡林管站管理,未挂牌
HT-PS-MJ-040	估测树龄200年以上。长势旺盛,高32m,胸径108cm,冠幅10m×10m	木吉镇萨依巴格村,E78°34′,N37°23′,海拔1480m	
HT-PS-MJ-028	估测树龄100年。树高28m,胸径200cm,冠幅20m×19m。生长状况良好,枝繁叶茂,但树周围杂草丛生,被鹅绒藤植物缠绕	木吉镇汗吐格村,E78°44′,N37°32′,海拔1332m	属村大队管理。未挂牌
HT-PS-MJ-029	估测树龄100年以上。树高32.5m,胸径15cm,冠幅10m×10m		

HT-PS-BSLG-037

HT-PS-MJ-040

HT-PS-MJ-028

HT-PS-MJ-029

酸枣 *Ziziphus jujuba* var. *spinosa*(Bge.)Hu ex H. F. Chow

鼠李科 Rhamnaceae

枣属 *Ziziphus* Mill.

种质编号:HT-PS-QD-013。

种质类型及来源:栽培变种。

数量、树龄及级别:估测树龄100年以上,古树三级10株。

形态特征:灌木,叶较小。核果小,近球形或短矩圆形,直径0.7~1.2cm,中果皮薄,味酸,核两端钝。平均树高9m,胸径57cm,冠幅13m×12m。

生长发育状况:长势旺盛。

分布地点与数量:皮山县乔达乡麻扎,E78°29′,N37°27′,海拔1372m。

保护利用现状:属乡林管站,未挂牌。

银白杨 *Populus alba* L.

杨柳科 Salicaceae

杨属 *Populus* L.

种质类型及来源:栽培种。

数量、级别:古树二级1株,三级11株、1群(10株以上)。

表12-4-2 皮山县银白杨古树名木

种质编号	树龄及形态特征	分布地点	保护利用现状
HT-PS-ZG-027	估测树龄100年以上。长势良好	皮山县藏桂乡8村。E78°42′,N37°24′。海拔1377m	村委会管理,未挂牌
HT-PS-KLY-010	传说树龄200年,实测树龄105年。树高28m,胸径169cm,冠幅17.3m×17.2m。长势一般	克里阳乡依斯法罕村,E77°52′,N37°15′,海拔2154m	
HT-PS-KLY-016	传说树龄150年,实测100年。树高15m,胸径110cm,冠幅8m×8m,枝下高3.5m。长势一般,根部外露	克里阳乡塔禾提规律村,位于农户家围墙旁边,E77°50′,N36°16′,海拔2198m	农户依巴代提吾买尔(门牌191号)所有,未挂牌
HT-PS-BSLG-038	估测树龄100年以上	巴什兰干乡,E79°45′,N37°17′,海拔1317m	属乡林管站管理,未挂牌
HT-PS-KSTG-029	10株以上,占地约$0.2hm^2$。当年政府派村民沿河流造林,生长至今。传说树龄100年以上。平均树高31m,胸径94cm。呈一圈生长	阔什塔格镇,E78°08′,N37°07′,海拔2336m	目前依树建有村里的值班室。人为破坏较重
HT-PS-MJ-009	传说树龄500年,估测200年。树高13m,胸径203cm,冠幅12.6m×12.2m。树干中空,上部枝叶稀疏,生长势一般	木吉镇阿萨尔村,E78°35′,N37°27′,海拔1361m	属村大队所有,未挂牌
HT-PS-MJ-010	估测树龄300年。树高18.5m,胸径127cm,冠幅18m×17m。长势一般,有树液流出		
HT-PS-GM-047	实测树龄150年。树高18m,胸径240cm,冠幅18m×17m。长势旺盛,树梢有干枯趋势	固玛镇散家村。以前此地为一个小水池,此树位于池中,现为农家院内。E78°17′,N37°35′,海拔1361m	属农户买买提玉来甫·阿布吉力所有。未挂牌

续表12-4-2

种质编号	树龄及形态特征	分布地点	保护利用现状
HT-PS-MKL-006	传说树龄100年，高28m，胸径101cm，冠幅12m×12.5m。枝繁叶茂，树干有黑色汁液流出	木奎拉乡库木艾热克村。分布于水渠边，渠里杂物很多。E78°22′，N37°33′，海拔1372m	挂牌保护。属于木奎拉乡水管所管理
HT-PS-MKL-007	传说树龄100年，高29.5m，胸径106cm，冠幅12.3m×15m。长势旺盛		
HT-PS-MKL-008	传说树龄100年，高30m，胸径110cm，冠幅10m×10m。长势一般		
HT-PS-MKL-009	传说树龄100年，高29.8m，胸径100cm，冠幅15m×8m。长势一般		
HT-PS-MKL-010	传说树龄100年，高28.9m，胸径80cm，冠幅15m×16m。长势一般		

HT-PS-ZG-027

HT-PS-KSTG-029

HT-PS-KLY-010

HT-PS-BSLG-038

HT-PS-MJ-010

HT-PS-GM-047

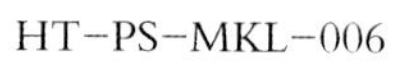

HT-PS-MKL-006

HT-PS-MKL-007

白柳 *Salix alba* L.

杨柳科 Salicaceae

柳属 *Salix* L.

种质类型及来源:栽培种。

数量、级别:古树一级2株,二级1株,三级11株、1群。

表12-4-3 皮山县白柳古树名木

种质编号	树龄及形态特征	分布地点	保护利用现状
HT-PS-SZ-037	传说树龄150年。树高7.5m,胸径102cm,冠幅10m×6m。生长于道路转弯处,树根有石子相嵌,主干全无,全为萌条	桑株乡托格热塔孜滚村,E78°33′,N37°16′,海拔1666m	属农户阿布都艾力·阿吉所有,未挂牌
HT-PS-ZG-026	9株,传说树龄200年。长势一般 树高6m,胸径100cm,冠幅15m×17m,枝下高2m 树高6m,胸径150cm,冠幅17m×19m,枝下高1.5m 树高7m,胸径110cm,冠幅17m×18m,枝下高1.8m 树高7m,胸径98cm,冠幅12m×13m,枝下高1m 树高6m,胸径110cm,冠幅7m×8m,枝下高1.9m 树高7m,胸径100cm,冠幅18m×20m,枝下高2.5m 树高8m,胸径120cm,冠幅6m×8m,枝下高1m 树高7m,胸径140cm,冠幅17m×16m,枝下高0.5m 树高12m,胸径98cm,冠幅12m×14m,枝下高2m	藏桂乡布拉克村(8村),E78°42',N37°24',海拔1374m	未挂牌保护,村委会负责管理
HT-PS-KLY-012	野生种。古树群,100株以上,估测树龄100年。平均树高28m,胸径150cm,冠幅50m×30m。古树分布于河谷中,有泉水相伴,长势旺盛	克里阳乡,E77°56′,N37°12′,海拔2079m	属县林业局管理,未挂牌
HT-PS-BSLG-005	传说树龄300年。树高10m,胸径110cm,冠幅17m×14m,长势一般,由一个主干伸展出,大部分倒伏,形成很大一片区域 传说树龄1000年,树高8m,胸径390cm,冠幅7m×6m 传说树龄1000年,树高7m,胸径400cm,冠幅6m×5m	巴什兰干乡巴什兰干村,E77°41′,N37°18′,海拔2090m	属乡林管站管理,未挂牌
HT-PS-KKTRK-047	传说树龄200年,估测120年。树高6m,胸径120cm,冠幅6m×7m,长势一般	科克铁热克乡阿克欧吞村,E78°12′,N37°39′,海拔1334m	未挂牌保护,属村委会负责管理

HT-PS-SZ-037　　HT-PS-ZG-026　　HT-PS-KLY-012

HT-PS-BSLG-005

HT-PS-KKTRK-047

核桃 实生核桃 *Juglans regia* L.

核桃科 Juglandaceae

核桃属 *Juglans* L.

种质类型及来源：栽培种。

数量、级别：古树一级7株、1群(39株)，三级13株。

表12-4-4 皮山县核桃古树名木

种质编号	树龄及形态特征	分布地点	保护利用现状
HT-PS-MJ-015	相传树龄100年。长势旺盛。高20m，胸径127cm，冠幅11m×13m	木吉镇萨萨依村，E78°35′，N37°26′，海拔1383m	属农户萨拉买提·玉来甫所有，未挂牌
HT-PS-MJ-034	实测树龄100年，长势旺盛，但树干有黑色树汁流出。高26m，胸径105cm，冠幅24m×26m	木吉镇木吉村，E78°34′，N37°25′，海拔1415m	属农户阿布拉·库尔班所有，未挂牌
HT-PS-GM-055	2株。100年以上	县直属林业局采穗圃。E78°16′，N37°35′，海拔1394m	县林业局管理，未挂牌
HT-PS-MKL-011	传说树龄120年，树干通直，生长旺盛，树从20cm处分为3枝。高23m，胸径120cm，冠幅28m×27m	木奎拉乡阔纳巴扎村，分布于农田中间，E78°22′，N37°33′，海拔1380m	树周围大部土被挖走。属农户买买提·托胡提所有，未挂牌
HT-PS-KKTRK-026	估测树龄100年，长势一般。高12m，胸径52cm，冠幅20m×18m，主干分为三支	科克铁热克乡英坎特村25号，位于农家取水处。E78°18′，N37°39′，海拔1337m	未挂牌。农户阿不来提·买买提自管
HT-PS-KKTRK-032	传说树龄200年，高12m，胸径78cm，冠幅30m×23m，长势一般	科克铁热克乡托普买里村，E78°17′，N37°39′，海拔1350m	未挂牌。村委会负责管理
HT-PS-KKTRK-033	传说树龄200年，高15m，胸径100cm，冠幅20m×24m，长势旺盛		
HT-PS-QD-010	传说树龄160年。高12m，胸径120cm，冠幅24m×26m，长势一般	乔达乡9村阿亚格乔达村，E78°29′，N37°28′，海拔1359m	未挂牌。乡林管站负责管理
HT-PS-QD-011	传说树龄160年。高13m，胸径120cm，冠幅25m×27m，长势旺盛		

续表 12-4-4

种质编号	树龄及形态特征	分布地点	保护利用现状
HT-PS-SZ-005	7株。传说树龄500年，树木生长旺盛 高25.5m，胸径165cm，冠幅26m×27m，枝下高1.8m。1.65m以下树干空洞 高26.3m，胸径137cm，冠幅23m×23m，枝下高2.5m 高24.9m，胸径159cm，冠幅24m×25m，枝下高2m 高26.7m，胸径191cm，冠幅17m×18m，枝下高0.6m 高26m，冠幅17m×20m，枝下高0.5m 高13m，胸径95cm，冠幅13m×40m 高13.2m，胸径90cm，冠幅7.8m×8.7m，枝下高2.5m	桑株乡巴扎尔村，E78°27'，N37°11'，海拔1902m	农户麦提合力·阿布拉管理，四周有围栏保护，未挂牌
HT-PS-SZ-006	传说树龄200年。高23m，胸径178cm，冠幅22m×25m	桑株乡哈尼喀村，E78°24′，N37°10′，海拔1983m	属村大队部管护。未挂牌
HT-PS-SZ-018	传说树龄500年，实测树龄100年。基部成龙爪状，结实率较低。高17.8m，胸径106cm，冠	桑株乡阿亚格萨瓦村，E78°23′，N37°10′，海拔2002m	属农户努汗所有。未挂牌
HT-PS-SZ-032	传说树龄280~300年，实测140年。树干部分有瘤状突起，附近还有其他大树。高25.8m，胸径172cm，冠幅28m×26m	桑株乡木尕拉村，E78°29′，N37°11′，海拔1807m	属农户帕提古丽·巴吾顿家所有。未挂牌
HT-PS-SZ-054	共有古核桃树39株，传说树龄800年以上。整个古核桃园占地4.135hm^2。冠大、叶茂、果多。果实个大皮薄，果仁饱满。长势旺盛。有5株树心枝干生长奇形怪状。最壮一株高20m，胸径175cm，冠幅达680m^2，年可产果5万粒。另一株倒地横卧，树干上可同时站100多们小学生	桑株乡色依提拉村古核桃园兼种子园，E78°26′，N37°11′，海拔1913m	古核桃园目前已成为旅游景点，由景区负责管理

HT-PS-MJ-015

HT-PS-MJ-034

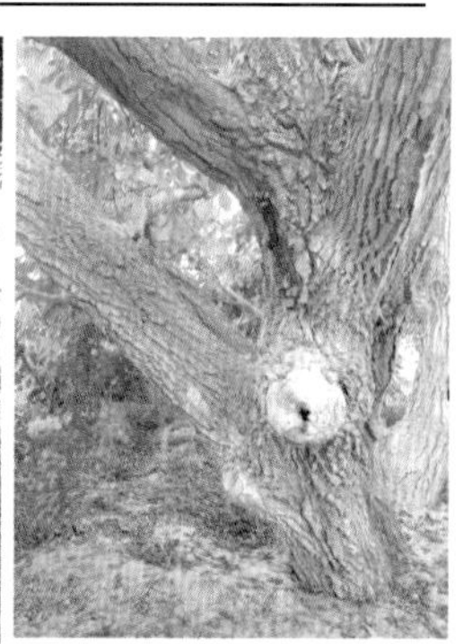

HT-PS-GM-055

HT-PS-MKL-011

HT-PS-KKTRK-026

HT-PS-KKTRK-032

HT-PS-KKTRK-033 HT-PS-QD-010 HT-PS-QD-011

HT-PS-SZ-005 HT-PS-SZ-054

HT-PS-SZ-006 HT-PS-SZ-018 HT-PS-SZ-032

第五节 洛浦县古树名木种质资源

银白杨 *Populus alba* L.

杨柳科 Salicaceae

杨属 *Populus* L.

种质类型及来源：栽培种。

数量、级别：古树三级3株。

表12-5-1 洛浦县银白杨古树名木

种质编号	树龄及形态特征	分布地点	保护利用现状
HT-LPX-SPLZ-028	传说树龄200年。树高13m，胸径217cm，冠幅4m×3.5m。被人工修剪，没有树头，仅一枝上有叶，长势不佳	山普鲁镇手工艺合作社内街道边生长，E80°06′，N37°01′，海拔1335m	镇林管站管理。有围栏和挂牌，牌已坏，没有更新，字迹不清

续表 12-5-1

种质编号	树龄及形态特征	分布地点	保护利用现状
HT-LPX-DLX-014、015	2株，传说树龄150年。长势旺盛 树高25m，胸径520cm，冠幅12.7m×13.4m 树高23m，胸径425cm，冠幅13m×15.5m	多鲁乡乡政府附近街道边生长。E80°14′，N37°06′，海拔1338m	未挂牌。属乡政府负责管理

HT-LPX-SPLZ-028

HT-LPX-DLX-014

HT-LPX-DLX-015

葡萄 *Vitis vinifera* L.

葡萄科 Vitaceae

葡萄属 *Vitis* L.

种质编号：HT-LPX-HGX-011。

种质类型及来源：栽培种。

数量、株数及级别：传说树龄150年以上。古树三级1株。

形态特征：独木成林，最粗枝地围比水桶还粗，出地面分出3条主干，各主干又分出3~4条支干，各支干萌生出上百条枝蔓向四周延伸，占地近1000m²。下部枝叶已脱落，上部枝繁叶茂，生长良好，正常结果，年采摘葡萄近2000kg。没有病虫害，冬季不用土埋。

分布地点：杭桂乡吾斯塘乌其村阿布里孜·艾合买提家院内，E80°11′，N37°08′，海拔1325m。

保护利用现状：挂牌保护，但没有说明。目前已开始成旅游景区，由地区文物管理局、景区及农户管理。

无花果　无花果王 *Ficus carica* L.

桑科 Moraceae

无花果属 *Ficus* L.

种质编号：HT-LPX-NWX-053。

种质类型及来源：栽培树种。

数量、株数及级别：传说树龄115年。古树三级1株。

形态特征：树高3.5m，最大枝地围2m，冠幅8m×8m。

生长发育状况：生长良好，长势旺盛，树叶浓绿、厚大。无病虫害。

分布地点：纳瓦乡托万喀拉克尔村奥斯曼·伊根巴提家，E80°01′，N37°00′，海拔1325m。

保护利用现状：未挂牌，户主管理。

第六节　民丰县古树名木种质资源

白柳 *Salix alba* L.

杨柳科 Salicaceae

柳属 *Salix* L.

种质编号:HT-MF-CQ-019。

种质类型及来源:栽培种。

数量、株数及级别:估测树龄100年以上。古树三级1株。

生长发育状况:结实良好。

分布地点:县巴扎。E82°40′,N37°03′,海拔1415m。

保护利用现状:未挂牌,县林业局管理。

新疆杨 *Populus alba* var. *pyramidalis* Bge.

杨柳科 Salicaceae

杨属 *Populus* L.

种质编号:HT-MF-SLWZKX-038。

种质类型及来源:栽培变种。

数量、株数及级别:传说树龄300年。古树二级2株。

形态特征:正常结实,长势旺盛。

分布地点及数量:萨勒吾则克乡乌斯塘村夏玛勒库都克路94号、92号,E82°58′,N37°07′,海拔1392m。

保护利用现状:未挂牌,农户自管。

核桃　实生核桃 *Juglans regia* L.

核桃科 Juglandaceae

核桃属 *Juglans* L.

种质编号:HT-MF-RKYX-065。

种质类型及来源:栽培种。

数量、株数及级别:传说树龄100年以上。古树三级2株。

形态特征:平均树高21m,胸径76cm,冠幅20m×20m,枝下高1.8m,冠形伸展,冠幅大,占地面积大,形如蘑菇。

生长发育状况:结果良好,长势旺盛。

分布地点:若克雅乡杜万艾格村万艾格路田间水渠旁,E82°38′,N37°03′,海拔1436m。

保护利用现状:由村委会负责,未挂牌。

毛杏 *Armeniaca vulgaris* Lam

蔷薇科 Rosaceae

杏属 *Armeniaca* Mill.

种质编号:HT-MF-RKYX-064。

种质类型及来源:栽培种。

数量、株数及级别:估测树龄200年。古树三级2株。

形态特征:平均树高10m,胸径43cm,冠幅7m×4m,枝下高0.8m,一份果实白色、一份果实红色。因新农村改造,许多传统品种杏树被砍伐,仅剩下这两株。

生长发育状况:结实状况良好,长势旺盛。

分布地点:若克雅乡杜万艾格村万艾格路田间水渠旁,E82°38′,N37°03′,海拔1436m。

保护利用现状:村委会负责,未挂牌。

小叶白蜡 *Fraxinus sogdiana* Bge.

木樨科 Oleaceae

白蜡树属 *Fraxinus* L.

种质类型及来源:栽培种。

数量、级别:古树三级5株。

种质编号、株数及形态特征、分布地点:

1.HT-MF-RKYX-066。1株,传说树龄200年。树高30m,胸径117cm,冠幅17m×20m,枝下高3m,冠形伸展,冠幅大。长势旺盛,正常结实。若克雅乡多尔合兹玛村,E82°43′,N37°03′,海拔1415m;

2.HT-MF-RKYX-068。4株,传说树龄200年。平均树高24m,胸径93cm,冠幅15m×11m,枝下高2m,冠形伸展,冠幅大。正常结实,长势旺盛。若克雅乡奇木勒克吾斯塘村南路水渠旁,E82°42′,N37°03′,海拔1417m。

保护利用现状:村委会负责,未挂牌。

酸枣 *Ziziphus jujuba* var. *spinosa*(Bge.)Hu ex H. F. Chow

鼠李科 Rhamnaceae

枣属 *Ziziphus* Mill.

种质编号:HT-MF-NYX-015。

种质类型及来源:栽培变种。

数量、树龄及级别:传说树龄200年,平均树龄150年,约占地0.27hm²。古树三级13株。

形态特征:平均树高9.5m,平均胸径62cm,平均冠幅6.5m×7m,平均枝下高1.5m。

生长发育状况:正常结实,生长势强。冠形较通直。

分布地点：尼雅乡托皮村丹格路47号，麦托合提·艾提家门前水渠旁，E82°38′，N37°03′，海拔1431m。

保护利用现状：由户主负责看管，未挂牌。

银白杨 *Populus alba* L.

杨柳科 Salicaceae

杨属 *Populus* L.

种质类型及来源：栽培种。

数量、级别：古树一级1株，二级12株，三级15株。

表12-6-1 民丰县银白杨古树名木

种质编号	树龄及形态特征	分布地点	保护利用现状
HT-MF-NYX-019	传说树龄250年。树高17m，胸径135cm，冠幅12m×17m，枝下高2m，距地面2m处，主干死亡，由侧枝代替生长，大小侧枝约12条。冠形伸展，长势旺盛	尼雅乡托皮村丹格路47号，麦托合提·艾提家院墙边，E82°38′，N37°03′，海拔1430m	户主负责看管，未挂牌
HT-MF-NYX-002	传说树龄600年。树高17m，胸径348cm，冠幅15m×22m，树分两个主叉，一个枯死，一个生长一般		
HT-MF-NYX-025	传说树龄200年，实测树龄120年。树高16m，胸径63cm，冠幅7m×9m，枝下高1.3m，树冠通直，冠形伸展。长势旺盛	尼雅乡托皮村丹格路47号，麦托合提·艾提家院外水渠旁，E82°38′，N37°03′，海拔1427m	村委会负责看管，未挂牌
HT-MF-NYX-026	传说树龄200年，实测树龄150年。树高16m，胸径71cm，冠幅8m×11m，枝下高2m，该树于距地2m处无主干，由侧枝代替生长，明显侧枝有4条，冠形伸展，长势旺盛		
HT-MF-NYX-021	传说树龄200年，实测树龄120年。树高21m，胸径165cm，冠幅8m×10m，枝下高3m，距地面4m处无主干，由侧枝代替生长，明显侧枝有4条，冠形伸展。长势旺盛	尼雅乡托皮村丹格路47号，麦托合提·艾提田地旁，E82°38′，N37°03′，海拔1429m	村委会负责看管，未挂牌
HT-MF-NYX-022	传说树龄300年，实测树龄200年。树高18m，胸径107cm，冠幅7m×10m，枝下高7m，距地面7m处无主干，由侧枝代替生长，明显侧枝有3条，冠形伸展。长势旺盛		
HT-MF-NYX-023	传说树龄300年，实测树龄150年。树高19m，胸径75cm，冠幅10m×10m，枝下高2.5m，距地面3m处无主干，由侧枝代替生长，明显侧枝有6条。冠形伸展，长势旺盛		
HT-MF-NYX-024	传说树龄200年，实测树龄150年。树高16m，胸径70cm，冠幅11m×13m，枝下高1.0m，树冠通直，多侧枝。长势旺盛		
HT-MF-NYX-027	传说树龄200年，实测树龄150年。树高15m，胸径84cm，冠幅12m×12m，枝下高2m，该树于距地面2m处无主干，由侧枝代替生长，明显侧枝有2条。长势旺盛	尼雅乡托皮村麻札，伴生树种有沙枣，E82°39′，N37°03′，海拔1421m	村委会负责，未挂牌
HT-MF-NYX-028	传说树龄250年，实测树龄200年。树高15m，胸径85cm，冠幅11m×13m，枝下高2m，该树于距地2m处无主干，由侧枝代替生长，明显侧枝有2条，冠形伸展，长势旺盛		

续表12-6-1

种质编号	树龄及形态特征	分布地点	保护利用现状
HT-MF-NYX-035	传说树龄200年，实测树龄150年。树高16m，胸径120cm，冠幅12m×14m，枝下高1.3m，该树于距地1.3m处无主干，由侧枝代替生长，明显侧枝有3条，分别长18m~20m，每枝底径60cm~40cm粗。冠形伸展，长势旺盛	尼雅乡托皮村丹格路43号路边，E82°41′，N37°03′，海拔1429m	村委会负责，未挂牌
HT-MF-NYX-036	传说树龄280年，实测树龄200年。树高17m，胸径130cm，冠幅10m×12m，枝下高4m，主干明显，侧枝较少，树冠通直，长势很盛		
HT-MF-NYX-037	传说树龄300年，实测树龄200年。树高17m，胸径102cm，冠幅11m×22m，枝下高2m，侧枝多。冠形伸展，长势旺盛	尼雅乡托皮村田间路边，E82°42′，N37°03′，海拔1427m	村委会负责，未挂牌
HT-MF-NYX-039	传说树龄200年。树高21m，胸径124cm，冠幅15m×17m，枝下高1.3m，该树于距地1.3m处有明显分叉有3条。冠形伸展，长势旺盛	尼雅乡托皮村村边水渠旁，附近伴生银白杨苗林，E82°39′，N37°04′，海拔1421m	村委会负责，未挂牌
HT-MF-NYX-040	传说树龄300年。树高21m，胸径159cm，冠幅15m×19m，枝下高1.5m，树于距地1.5m处有明显分叉，冠形伸展，枝繁叶茂，冠形伸展，长势旺盛		
HT-MF-NYX-041	传说树龄200年。树高22m，胸径109cm，冠幅15m×18m，枝下高1.2m，树于距地1.2m处有明显分叉，三分叉，枝繁叶茂，冠形伸展，长势旺盛	尼雅乡托皮村田边，E82°39′，N37°04′，海拔1421m	村委会负责，未挂牌
HT-MF-NYX-042	传说树龄300年。树高21m，胸径116cm，冠幅13m×18m，枝下高5m，主干明显，冠形通直，长势旺盛		
HT-MF-NYX-043	传说树龄200年。树高21m，胸径150cm，冠幅11m×10m，枝下高1.2m，部分侧枝已枯，但冠形通直，生长旺盛		
HT-MF-SLWZKX-039	共10株。传说树龄300年	萨勒吾则克乡乌斯塘村夏玛勒库都克路94号、92号，E82°58′，N37°07′，海拔1392m	

HT-MF-NYX-019 HT-MF-NYX-002 HT-MF-NYX-025 HT-MF-NYX-026

HT-MF-NYX-021 HT-MF-NYX-022 HT-MF-NYX-023 HT-MF-NYX-024

HT-MF-NYX-027 HT-MF-NYX-028 HT-MF-NYX-035 HT-MF-NYX-036

HT-MF-NYX-037

HT-MF-NYX-039

HT-MF-NYX-040

HT-MF-NYX-041

HT-MF-NYX-042

HT-MF-NYX-043

HT-MF-SLWZKX-039

胡杨 *Populus euphratica* Oliv.

杨柳科 Salicaceae

杨属 *Populus* L.

种质类型及来源:野生种。

数量、级别:古树一级2株、1群。

种质编号、树龄及形态特征、分布地点、保护利用现状:

1.HT-MF-NYZ-024。尼雅乡喀帕克阿斯干村伊玛木·加帕尔·沙迪克大麻扎清真寺门口2株,相传近千年。大麻扎建于公元12世纪。县级重点文物保护。

2.HT-MF-ADRMC-024。原始胡杨林古树群,面积10.7万公顷(160.42万亩)。其中一株相传树龄1400多年。高大于30m,胸径255cm,2009年10月成功申报吉尼斯纪录。主要分布于安迪尔与尼雅乡的安迪尔河畔安迪尔牧场原始胡杨林。国家重点公益林区,成为县旅游观光景区,县林业局管护。

第七节　于田县古树名木种质资源

阿木提香梨 *Pyrus sinkiangensis* ‘Amuti’

蔷薇科 Rosaceae

梨属 *Pyrus* L.

种质编号:HT-YT-KLKRX-049。

种质类型及来源:栽培品种。

数量、树龄及级别:传说树龄180年以上。古树三级1株。

形态特征:树高8m,胸径84cm,冠幅5m×6m,枝下高1.4m,冠形伸展,较为通直,生长发育状况:长势旺盛。

分布地点:喀拉克尔乡喀格力克村公路旁,E81°12′,N36°00′,海拔1380m。

保护利用现状:村委会负责,未挂牌。

国槐 *Sophora japonica* L.

豆科 Leguminosae

槐属 *Sophora* L.

种质编号:HT-YT-LYSNC-019。

种质类型及来源:栽培种。

数量、树龄及级别:传说树龄200年。古树三级1株。

形态特征:树高16m,胸径93cm,冠幅20m×20m,枝下高1.5m,冠形伸展,冠形近圆形。

生长发育状况:冠形伸展,长势旺盛。

分布地点:拉伊苏农场田间,E81°16′,N36°57′,海拔1397m。

保护利用现状:未挂牌。由农场负责管理。

刚毛柽柳 *Tamarix hispida* Willd.

柽柳科 Tamaricaceae

柽柳属 *Tamarix* L.

种质编号:HT-YT-YBGX-047。

种质类型及来源:野生种。

数量、树龄及级别:传说树龄250年。古树三级1株。

形态特征:树高12m,胸径34cm,冠幅25m×18m,冠形伸展。

生长发育状况:长势旺盛。

分布地点：英巴格乡艾斯提尼木村公路边，E81°40′，N36°58′，海拔1375m。

保护利用现状：村委会负责，未挂牌。

药桑 *Morus nigra* L.

桑科 Moraceae

桑属 *Morus* L.

种质编号：HT-YT-XWLX-009。

种质类型及来源：栽培种。

数量、树龄及级别：传说树龄200年，估测树龄150年。古树三级1株。

形态特征：树高6m，胸径137cm，冠幅12m × 13m，枝下高0.5m，树冠匍匐倒地，约占地400m²。

生长发育状况：长势旺盛。

分布地点：希吾勒乡库什喀其巴格村田间，E81°22′，N36°58′，海拔1380m。

保护利用现状：村委会负责，已挂牌。

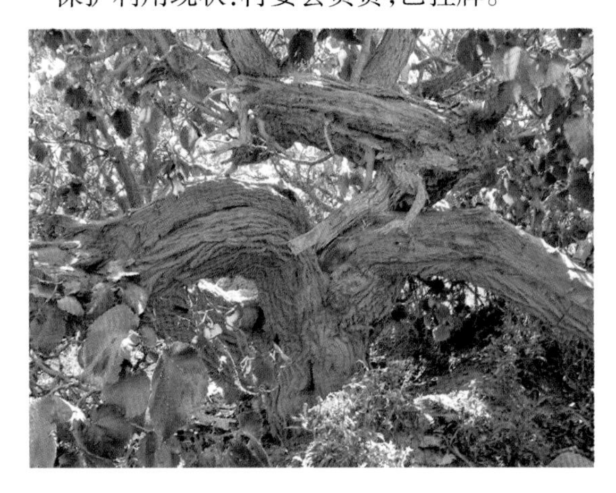

白桑 *Morus alba* L.

桑科 Moraceae

桑属 *Morus* L.

种质类型及来源：栽培种。

株数、级别：古树二级9株，三级2株。

表12-7-1　于田县白桑古树名木

种质编号	树龄及形态特征	分布地点	保护利用现状
HT-YT-KLKRX-050	传说树龄180年以上。树高9m，胸径54cm，冠幅15m×11m，枝下高0.8m，冠形伸展，长势旺盛	喀拉克尔乡宗塔勒村水渠旁，E81°13′，N36°57′，海拔1375m	村委会负责，未挂牌
HT-YT-KLKRX-052	9株。传说树龄约300年。平均树高9m，平均胸径143cm，平均冠幅18m×14m，平均枝下高1.8m。长势旺盛	喀拉克尔乡喀格力克村，E81°12′，N37°00′，海拔1375m	村委会负责，未挂牌
HT-YT-AQX-035	传说树龄200年。树高12m，胸径110cm，冠幅8m×6m。长势旺盛	阿羌乡台斯砍里克村田间旁，E81°52′，N36°71′，海拔2133m	村委会负责，未挂牌

HT-YT-KLKRX-050

HT-YT-KLKRX-052

HT-YT-AQX-035

新疆杨 *Populus alba* var. *pyramidalis* Bge.

杨柳科 Salicaceae

杨属 *Populus* L.

种质类型及来源：栽培变种。

株数、级别：古树三级3株。

表 12-7-2　于田县新疆杨古树名木

种质编号	树龄及形态特征	分布地点	保护利用现状
HT-YT-AQX-030	传说树龄250年。树高16m，胸径114cm，冠幅6m×6m，冠形挺拔，树干通直，距地13m处主干死亡，由侧枝代替生长。水分充沛，生长旺盛	阿羌乡塔热阿格孜村公路旁水渠边，E81°52′，N36°31′，海拔2132m	村委会负责，未挂牌
HT-YT-AQX-042	估测树龄150年。树高36m，胸径120cm，冠幅5m×6m，长势旺盛	阿羌乡台斯砍里克村公路旁，E81°57′，N36°26′，海拔2548m	村委会负责，未挂牌
HT-YT-AQX-043	估测树龄150年。树高30m，胸径110cm，冠幅5m×5m，长势旺盛		

HT-YT-AQX-030

HT-YT-AQX-042

HT-YT-AQX-043

白柳 *Salix alba* L.

杨柳科 Salicaceae

柳属 *Salix* L.

种质类型及来源：栽培种。

株数、级别：古树三级5株。

表 12-7-3　于田县白柳古树名木

种质编号	树龄及形态特征	分布地点	保护利用现状
HT-YT-JYX-020	传说树龄200年。树高21m，冠幅21m×22m，枝下高0.5m，在距地面0.5m处分叉，每叉枝直径约100~120cm，冠形伸展如塔松，枝繁叶茂，长势旺盛	加依乡确及其拉村，古树生长在吐奴尔烤包子羊肉汤食饭店旁，E81° 39′，N36° 50′，海拔1451m	村委会负责，未挂牌
HT-YT-JYX-022	传说树龄250年。树高18m，胸径184cm，冠幅12m×15m，枝下高1.8m，树干中空，冠形较为通直，长势一般		
HT-YT-JYX-008	2株。估测树龄100年以上，长势良好	加依乡乡政府，E81°40′，N36°51′。海拔1425m。	由乡政府负责，未挂牌
HT-YT-GYMP-095	传说树龄250年。树高18m，胸径86cm，冠幅9m×10m，树干通直度较高。长势旺盛	柯克亚乡色日克吾依村1号户主门前水渠旁，E81°36′，N36°50′，海拔1446m。	户主负责，未挂牌

HT-YT-JYX-021

HT-YT-JYX-022

HT-YT-JYX-008

HT-YT-GYMP-095

圆酸枣 *Ziziphus jujuba* var. *Spinosa* 'Yuansuan-zao'

鼠李科 Rhamnaceae

枣属 *Ziziphus* Mill.

种质类型及来源：栽培变种。

株数、级别：古树三级15株。

表12-7-4　于田县圆酸枣古树名木

种质编号	树龄及形态特征	分布地点	保护利用现状
HT-YT-XBBZZ-048	2株，估测树龄130年。平均树高9m，胸径29cm，冠幅16m×18m，枝下高1.5m。冠形伸展，长势强势	先拜巴扎镇沙依村260号田间，E81° 30′，N36° 47′，海拔1479m	村委会负责管理，未挂牌
HT-YT-XBBZZ-052	5株，传说树龄200年。平均树高10m，平均胸径41cm，平均冠幅10m×11m，平均枝下高1.5m。树干通直，冠形伸展，长势旺盛		
HT-YT-XBBZZ-055	8株，传说树龄200年。平均树高10m，平均胸径35cm，平均冠幅10m×11m，枝下高1.8m，冠形伸展，生长旺盛，树干通直	先拜巴扎镇沙依村，E81°30′，N36°47′，海拔1482m	村委会负责管理，未挂牌

HT-YT-XBBZZ-048

HT-YT-XBBZZ-052

HT-YT-XBBZZ-055

银白杨 *Populus alba* L.

杨柳科 Salicaceae

杨属 *Populus* L.

种质类型及来源：栽培种。

株数、级别：古树一级1株，二级5株，三级11株。

保护利用现状：由村委会及户主负责管理，未挂牌。

表 12-7-5 于田县银白杨古树名木

种质编号	树龄及形态特征	分布地点
HT-YT-JYX-018	传说树龄200年。树高18m，胸径190cm，冠幅16m×16m，枝下高4m，树冠通直，有少量侧枝，树形如松，长势旺盛	加依乡英阿瓦提村喀勒太科公路旁，E81°37′，N36°52′，海拔1420m
HT-YT-JYX-019	传说树龄300年。树高21m，胸径120cm，冠幅13m×10m，枝下高4m，树冠通直挺拔，距地4m处着生少量侧枝，长势旺盛	加依乡吾热木村公路旁，E81°38′，N36°51′，海拔1424m
HT-YT-ARXX-045	传说树龄150年。树高13m，胸径110cm，冠幅11m×9m，枝下高1.8m，距地1.8m处主干死亡，由侧枝代替生长，长势一般	阿日希乡阿日依村037号，E81°37′，N36°45′，海拔1506m
HT-YT-XWLX-008	传说树龄150年。树高17m，胸径107cm，冠幅15m×16m，枝下高1.5m，冠形通直，长势旺盛	希吾勒乡库什喀其巴格村路旁，E81°22′，N36°58′，海拔1391m
HT-YT-KLKRX-051	传说树龄300年。树高17m，胸径221cm，冠幅22m×22m，枝下高1.8m，距地1.8m处出现分叉，冠形伸展，长势旺盛	喀拉克尔乡麦克提村林地，E81°13′，N37°02′，海拔1374m
HT-YT-TGRGZX-055	传说树龄300年。树高18m，胸径174cm，冠幅14m×10m，枝下高1.8m，因主干距地1.8m处被锯，在此处有分叉，长势旺盛	托格日喀孜乡土万空已格村公路旁，E81°28′，N36°36′，海拔1442m
HT-YT-SYKX-043	传说树龄250年。树高22m，胸径184cm，冠幅15m×10m，枝下高1.3m，树干通直，冠形如松，长势旺盛	斯也克乡斯也克村4小队学校前林地中，E81°30′，N36°51′，海拔1442m
HT-YT-SYKX-044	真实树龄200年。树高25m，胸径155cm，冠幅15m×13m，枝下高3m，该古树距地3m处分两叉，分别长10~15m，每叉枝底径70~90cm，冠形伸展，约占地200m^2。长势旺盛。	斯也克乡斯也克村3小队农民阿布都米吉提房前，E81°32′，N36°53′，海拔1419m
HT-YT-SYKX-045	传说树龄200年。树高18m，胸径146cm，冠幅17m×12m，枝下高0.8m，距地0.8m处分三叉，分叉枝分别长10~16m，每叉枝底径50~80cm，冠形伸展，长势旺盛	斯也克乡斯也克村4小队，E81°31′，N36°53′，海拔1425m
HT-YT-SYKX-046	传说树龄250年。树高17m，胸径118cm，冠幅25m×18m，枝下高3m	斯也克乡斯也克村4小队林地中，E81°31′，N36°53′，海拔1415m
HT-YT-SYKX-047	传说树龄200年。树高23m，胸径198cm，冠幅10m×11m，枝下高2.5m	
HT-YT-SYKX-048	传说树龄300年。树高18m，胸径183cm，冠幅22m×22m，枝下高2m，距地2m处着生侧枝，侧枝较长，冠形伸展，长势旺盛	斯也克乡拜什托格拉克村阿布都拉房前，E81°30′，N36°53′，海拔1437m
HT-YT-SYKX-049	传说树龄200年。树高23m，胸径152cm，冠幅14m×10m，枝下高1.4m。长势一般	斯也克乡克依尕孜村1小队阔古期艾日克家，E81°28′，N36°53′，海拔1437m
HT-YT-SYKX-050	传说树龄600年。树高18m，胸径283cm，冠幅22m×23m，枝下高1.5m，该古树距地1.5m处分叉，共7叉枝，各叉枝分别长10~12m，每叉枝底径40~60cm	斯也克乡克依尕孜村1小队买提肉孜艾山房前，E81°30′，N36°53′，海拔1429m
HT-YT-SYKX-052	传说树龄250年。树高15m，胸径128cm，冠幅15m×13m，枝下高1.0m	斯也克乡克依尕孜村1小队阔克期艾日克，E81°32′，N36°53′，海拔1419m
HT-YT-YBGX-022	传说树龄200年。树高20m，胸径200cm，冠幅17m×12m，枝下高3m	英巴格乡艾斯提尼木村田间，E81°39′，N37°02′，海拔1358m
HT-YT-YBGX-049	传说树龄300年。树高14m，胸径138cm，冠幅19m×15m，枝下高1.3m，侧枝较多，冠形如塔松	英巴格乡艾斯提尼木村，E81°39′，N36°57′，海拔1379m

HT-YT-JYX-018 HT-YT-JYX-019 HT-YT-ARXX-045 HT-YT-XWLX-008

HT-YT-KLKRX-051 HT-YT-TGRGZX-055 HT-YT-SYKX-043 HT-YT-SYKX-044

HT-YT-SYKX-045 HT-YT-SYKX-046 HT-YT-SYKX-047 HT-YT-SYKX-048

HT-YT-SYKX-049 HT-YT-SYKX-050 HT-YT-YBGX-022 HT-YT-YBGX-049

小叶白蜡 *Fraxinus sogdiana* Bunge

木樨科 Oleaceae

白蜡树属 *Fraxinus* L.

种质编号:HT-YT-GYMP-091。

种质类型及来源:栽培种。

株数、树龄及级别:传说树龄200年。古树三级6株。

形态特征:平均树高25m,胸径80cm,冠幅10m×10m,树干通直,挺拔,长势旺盛。

分布地点:国有苗圃巴什艾格来村248号,E81°36′,N36°48′,海拔1468m。

保护利用现状:户主负责,未挂牌。

胡杨 *Populus euphratica* Oliv.

杨柳科 Salicaceae

杨属 *Populus* L.

种质编号:HT-YT-XWLX-028。

种质类型及来源:野生种。

株数、树龄及级别:相传树龄1000年以上。古树一级100株以上(古树群)。

形态特征:最具代表性一株,相传树龄1300多年。高18m,胸径162.4cm,树冠18.3m×19m。

分布地点:龙湖景区(2A)鬼树林(以胡杨为主)景点。位于于田县希吾勒乡。

保护利用现状:县林业局及景区管理,有一定的保护措施。

第八节 策勒县古树名木种质资源

核桃 *Juglans regia* L.

核桃科 Juglandaceae

核桃属 *Juglans* L.

种质编号:HT-CL-NRX-028。

种质类型及来源:栽培种。

株数、树龄及级别:传说树龄250年。古树三级1株。

形态特征:树高24m,胸径150cm,冠幅30m×22m,冠形伸展,长势旺盛。

分布地点:努尔乡喀特哈村田间,E81°04′,N36°16′,海拔2286m。

保护利用现状:村委会负责,未挂牌。

薄皮核桃 *Juglans regia* L.

核桃科 Juglandaceae

核桃属 *Juglans* L.

种质编号:HT-CL-CLX-111

种质类型及来源：栽培种。

株数、树龄及级别：100年以上。古树三级1株。

形态特征：早熟(7月)，油性大。

分布地点：策勒乡策勒村事件纪念馆司马义·艾买提故居，E80°45′，N37°00′，海拔1379m。

保护利用现状：由村事件纪念馆负责，未挂牌。

厚皮核桃 *Juglans regia* L.

核桃科 Juglandaceae

核桃属 *Juglans* L.

种质编号：HT-CL-CLX-112。

种质类型及来源：栽培种。

株数、树龄及级别：100年以上。古树三级1株。

形态特征：核4瓣，种子萌发率较高。

分布地点：策勒乡策勒村事件纪念馆司马义·艾买提故居，E80°45′，N37°00′，海拔1379m。

保护利用现状：由村事件纪念馆负责，未挂牌。

白桑 *Morus alba* L.

桑科 Moraceae

桑属 *Morus* L.

种质编号：HT-CL-CLX-107。

种质类型及来源：栽培种。

株数、树龄及级别：估测树龄280年。古树三级1株。

形态特征：树高20m，胸径120cm，冠幅18m×20m，冠形如蛇形向上拔起，长势旺盛。

分布地点：策勒乡策勒村事件纪念馆司马义·艾买提故居，E80°45′，N37°00′，海拔1379m。

保护利用现状：由村事件纪念馆负责，未挂牌。

杏 *Armeniaca vulgaris* Lam

蔷薇科 Rosaceae

杏属 *Armeniaca* Mill.

种质编号：HT-CL-WLKSYX-008。

种质类型及来源：栽培种。

株数、树龄及级别：传说树龄150年。古树三级1株。

形态特征：树高21m，胸径188cm，冠幅20m×21m，由树基部开裂为两枝干，长势旺盛。

分布地点：乌鲁克萨依乡巴干村河滩旁，E80°48′，N36°15′，海拔2489m。

保护利用现状：村委会负责，未挂牌。

毛杏 *Armeniaca vulgaris* Lam

蔷薇科 Rosaceae

杏属 *Armeniaca* Mill.

种质编号：HT-CL-NRX-030。

种质类型及来源：栽培种。

株数、树龄及级别：传说树龄200年。古树三级1株。

形态特征：树高12m，胸径82cm，冠幅22m × 21m，距地1.2m处出现瘤状突起，枝干从瘤状突起处长出，共两侧枝，长势旺盛。

分布地点：努尔乡，E81°04′，N36°16′，海拔2293m。

保护利用现状：乡林管站负责，未挂牌。

多花柽柳 *Tamarix hohenackeri* Bge.

柽柳科 Tamaricaceae

柽柳属 *Tamarix* L.

种质编号：HT-CL-GLHMX-043。

种质类型及来源：栽培种。

株数、树龄及级别：传说树龄100年以上。古树三级1株。

形态特征：乔木状，树高7m，胸径43cm，冠幅7m × 9m，冠形通直，挺拔，长势旺盛。

分布地点：固拉哈玛乡买地尔艾肯村公路旁，E81°02′，N37°01′，海拔1373m。

保护利用现状：村委会负责，未挂牌，有保护栏。

多枝柽柳 *Tamarix ramosissima* Ldb.

柽柳科 Tamaricaceae

柽柳属 *Tamarix* L.

种质编号：HT-CL-CLZ-036。

种质类型及来源：野生种。

株数、树龄及级别：传说树龄超过千年。古树一级1株。

形态特征：长势旺盛。枝叶覆盖面积约50m²，其中一根主枝直径30cm。

分布地点：策勒镇吾吉达库勒村，距“柳树王”不远处。E80°47′，N37°01′，海拔1378m。

保护利用现状：现已成为旅游观光地，由村委会及景区负责，未挂牌。

阿富汗杨 *Populus afghanica* Schneid.

杨柳科 Salicaceae

杨属 *Populus* L.

种质类型及来源：栽培种。

株数、级别：古树一级1株。

种质编号、树龄及形态特征、分布地点、保护利用现状：

HT-CL-BSTX-006。估测树龄600年。树高14m,胸径190cm,冠幅11m×10m,距地面1.5m处有5分叉,分别长6m~10m,每枝底径80cm~110cm。冠形如塔松,长势旺盛。博斯坦乡乡政府门前,E81°15′,N36°18′,海拔2276m。有保护围栏,未挂牌,由地方政府负责管理。

箭杆杨 *Populus nigra* var. *thevestina* Bean

杨柳科 Salicaceae

杨属 *Populus* L.

种质类型及来源:栽培变种。

株数、级别:古树三级1株。

HT-CL-WLKSYX-007。传说树龄200年。树高12m,胸径62cm,冠幅15m×16m,距地面不到1m处分两主叉,冠形挺拔,长势旺盛。

分布地点:乌鲁克萨依乡巴干村河滩旁,E80°48′,N36°15′,海拔2491m。未挂牌,由地方政府负责管理。

尖果沙枣 *Elaeagnus oxycarpa* Schlecht.

胡颓子科 Elaeagnaceae

胡颓子属 *Elaeagnus* L.

种质类型及来源:栽培种。

株数、级别:古树三级3株。

种质编号、形态特征、分布地点、保护利用现状:

1.HT-CL-CLX-006。传说树龄150年,实测树龄100年。树高8m,胸径53cm,冠幅8m×9m,枝下高1.2m。冠形伸展,长势旺盛。策勒乡买提罗尔买提村田间,E80°51′,N37°03′,海拔1350m。由地方政府负责管理会,未挂牌。

2.HT-CL-WLKSYX-009。2株。传说树龄250年。平均树高15m,平均胸径92cm,平均冠幅21m×22m,其中一棵古树树干膨大且倾斜,形态似如睡佛斜卧。长势旺盛。乌鲁克萨依乡巴干村河滩旁,E80°48′,N36°15′,海拔2492m。由地方政府负责管理会,未挂牌。

银白杨 *Populus alba* L.

杨柳科 Salicaceae

杨属 *Populus* L.

种质类型及来源：栽培种。

株数、级别：古树一级9株、二级11株、三级1株。

保护利用现状：由地方政府负责管理，未挂牌。

表 12-8-1 策勒银白杨古树名木

种质编号	树龄及形态特征	分布地点
HT-CL-CLX-049	传说树龄200年，估测树龄150年。树高14m，胸径150cm，冠幅19m×20m，枝下高1.5m，该古树距地面1.5m处分4叉枝，分别长9~12m，每枝叉底径50~90cm，长势旺盛	县苗圃，E80°44′，N37°01′，海拔1366m
HT-CL-CLX-106	传说树龄400年。树高25m，胸径260cm，冠幅20m×21m，距地面0.5m处分2叉，各枝叉底径90~150cm，每枝叉距地面1.8m处再次分叉，分别长10m13m，每枝叉底径50~80cm。长势旺盛，生长良好	策勒村事件纪念馆司马义·艾买提故居
HT-CL-BSTX-033	传说树龄300年。树高16m，胸径150cm，冠幅20m×21m，枝下高2.0m，冠形挺拔，通直。长势旺盛	博斯坦乡阿其玛村林地中，E82° 59′，N36° 44′，海拔2210m
HT-CL-NRX-041	共7株。传说树龄1000年，估测树龄500年左右。平均树高14m，平均胸径150cm，平均冠幅19m×20m，平均枝下高2.5m。冠形挺拔，通直，长势旺盛。有修建保护栏	努尔乡乡政府门前，E81°00′，N36°17′，海拔2244m
HT-CL-WLKSYX-014	传说树龄400年。树高18m，胸径202cm，冠幅20m×21m，枝下高1.3m，冠形圆形。生长旺盛	乌鲁克萨依乡巴干村河滩旁，E80°48′，N36°15′，海拔2494m
HT-CL-WLKSYX-031	传说树龄800年。树高20m，胸径240cm，冠幅30m×30m，枝下高1.8m，距地面1.8m处分4叉枝，分别高10~15m，每枝底径70~90cm。冠形伸展，长势旺盛	地点同上。有人工修建的水泥矮墙保护
HT-CL-QHX-002	相传360多年，树高25m，胸径300cm，冠幅30m×30m，枝下高2.0m，树干中空	恰哈乡红油路村依麻木买地清真寺附近及院内，E80°33′，N36°23′，海拔2337m。传说1650年种植。长势旺盛
HT-CL-QHX-003	相传360多年，树高23m，胸径180cm，冠幅22m×21m，枝下高1.8m	
HT-CL-QHX-004	相传360多年，树高19m，胸径190cm，冠幅22m×23m，枝下高4m	
HT-CL-QHX-005	相传360多年，树高15m，胸径120cm，冠幅20m×21m，枝下高4m	
HT-CL-QHX-006	相传360多年，树高15m，胸径174cm，冠幅20m×21m，枝下高0.8m，枝叶较少	
HT-CL-QHX-007	相传360多年，树高10m，胸径146cm，冠幅19m×21m，枝下高0.6m	
HT-CL-QHX-008	相传360多年，树高10m，胸径110cm，冠幅6m×5m。距地7m处，主干死亡，枝叶较少	
HT-CL-QHX-066	传说树龄600年。树高29m，胸径250cm，冠幅12m×13m。树干中空，有树洞，周围有分生出来的小树。冠形伸展，长势旺盛	恰哈乡阿希村92号农家小院中，E80°45′，N36°32′，海拔2022m
	相传树龄300年。由于修渠，调查队到之前4天被砍伐（2016年6月17日）	恰哈乡兰贵村路边。E80°44′42″，N36°31′44″，海拔2022m

HT-CL-CLX-049　HT-CL-CLX-106　HT-CL-BSTX-033

HT-CL-NRX-041　HT-CL-WLKSYX-014　HT-CL-WLKSYX-031　HT-CL-QHX-002

HT-CL-QHX-003　HT-CL-QHX-004　HT-CL-QHX-005

HT-CL-QHX-006　HT-CL-QHX-007　HT-CL-QHX-008　HT-CL-QHX-066

白柳 *Salix alba L.*

杨柳科 Salicaceae

柳属 *Salix* L.

种质类型及来源:栽培种。

株数、级别:古树一级3株、二级4株、三级16株。

保护利用现状:由地方政府负责管理,未挂牌。

表12-8-2 策勒白柳古树名木

种质编号	形态特征	分布地点
HT-CL-CQ-057	1896年种植。5株	策勒县公园,E80°48′,N37°00′,海拔1382m
HT-CL-CLZ-034 柳树王	传说树龄1000多年。树高7m,胸径220cm,冠幅35m×38m,多分叉,侧枝匍匐于地,盘根错节,每枝杈底径50~120cm,占地约0.2hm²。长势旺盛,生长良好	策勒镇吾吉达库勒村,E80°47′,N37°01′,海拔1378m。修有保护栏,已开发成景点
HT-CL-BSTX-034	共4株。传说树龄300年。平均树高12m,胸径92cm,冠幅14m×16m,其中一株树干中空,距地面1.6m处分叉。长势一般	博斯坦乡阿其玛村林地中,E81°19′,N36°22′,海拔2090m
HT-CL-NRX-031	传说树龄100多年。树高4m,胸径110cm,冠幅9m×8m,该古树树干中空。长势一般	努尔乡,E81°04′,N36°16′,海拔2292m
HT-CL-NRX-063	估测树龄600多年。树高15m,胸径220cm,冠幅20m×21m,该古树整体树干横卧匍匐于地面,长有多个侧枝,盘根错节,占地约65m²。生长旺盛	树下有一眼泉水,水分充沛。努尔乡朵莫村,E81°56′,N36°06′,海拔2636m
HT-CL-WLKSYX-013	共10株。传说树龄200年。平均树高23m,平均胸径180cm,平均冠幅22m×21m。有的树干中空,可容纳3人;有的由树干基部开裂分叉;有的匍匐横卧于地面;有的冠形挺拔。整体长势旺盛。约占地140m²	乌鲁克萨依乡巴干村河滩旁,水分充沛,E80°48′,N36°15′,海拔2492m
HT-CL-WLKSYX-033	传说树龄500年。树高15m,胸径220cm,冠幅20m×21m,植株主干横卧匍匐于地面,长有多个侧枝,盘根错节,长势旺盛。占地约140m²	乌鲁克萨依乡科克克尔村河滩旁,树下有一眼泉水,水分充沛。东经80°44′,N36°19′,海拔2337m

HT-CL-CQ-057

HT-CL-CLZ-034

HT-CL-BSTX-034

HT-CL-NRX-031

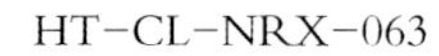

HT-CL-NRX-063

HT-CL-WLKSYX-013

HT-CL-WLKSYX-033

附录一　和田地区林木种质资源名录

和田地区七县一市木本本种质资源共4957份，隶属47科104属648分类单位（281种、4亚种、31变种、4变型、330品种）。其中裸子植物有5科、10属、32分类单位（种、变种及品种），被子植物有42科、94属、618分类单位（种、亚种、变种、变型及品种）。

1 银杏科 Ginkgoaceae

1 银杏属 *Ginkgo* L.

1 银杏 *Ginkgo biloba* L. 16

2 南洋杉科 Araucariaceae

2 南洋杉属 *Araucaria* Juss.

2 南洋杉 *Araucaria cunninghamii* Sweet 1

3 松科 Pinaceae

3 云杉属 *Picea* A. Dietr.

3 红皮云杉 *Picea koraiensis* Nakai 3

4 青海云杉 *Picea crassifolia* Kom. 1

5 天山云杉 *Picea schrenkiana* Fisch. et Mey. 3

4 雪松属 *Cedrus* Trew

6 雪松 *Cedrus deodara*（Roxb.）G. Don 3

5 松属 *Pinus* L.

7 樟子松 *Pinus sylvestris* var.*mongolica* Litv. 3

8 油松 *Pinus tabuliformis* Carrière 3

9 黑松 *Pinus sylvestristris* var. *sylvestriformis* 1

6 落叶松属 *Larix* Mill.

10 兴安落叶松 *Larix gmelinii*（Rupr.）Rupr. 2

7 罗汉松属 *Podocarpus* L

11 罗汉松 *Podocarpus macrophyllus*（Thunb.）D. 1

4 柏科 Cupressaceae

8 侧柏属 *Platycladus* Spach

12 侧柏 *Platycladus orientalis*（L.）Franco 42

13 千头柏 *Platycladus orientalis* ‘Sieboldii’ 1

14 金枝千头柏 *Platycladus orientalis* ‘Sieboldii’ 5

9 圆柏属 *Juniperus* L.

15 刺柏 *Juniperus formosana* Hayata 26

16 龙柏 *Juniperus chinensis* var.*kaizuka* Hort. 14

17 塔柏 *Juniperus chinensis* ‘Pyramidalis’ 25

18 新疆圆柏 *Juniperus sabina* L. 1

19 圆柏 *Juniperus chinensis* L. 28

20 桧刺柏 *Juniperus chinensis*（L.）Ant. 1

21 杜松 *Juniperus rigida* Sieb. et Abh. 8

22 蜀桧柏 *Juniperus komarovii* Florin. 2

23 昆仑方枝柏 *Juniperus turkestanica* Kom. 5

24 昆仑多籽柏 *Juniperus semiglobosa* Regel 1

25 西伯利亚刺柏 *Juniperus sibirica* Burgsb. 1

5 麻黄科 Ephedraceae

10 麻黄属 *Ephedra* L.

26 膜翅麻黄 *Ephedra przewalskii* Stapf 2

27 日土麻黄 *Ephedra rituensis* Y. Yang 1
28 雌雄麻黄 昆仑麻黄 *Ephedra fedtschenkoae* Pauls. 2
29 西藏中麻黄 西藏麻黄 *Ephedra intermedia* var. *tibetica* Stapf. 4
30 中麻黄 *Ephedra intermedia* Schrenk 1
31 蓝枝麻黄 *Ephedra glauca* Regel 2

6 木兰科 Magnoliaceae

11 木兰属 *Magnolia* L.

32 玉兰 *Magnolia denudata* Desr. 4
33 白玉兰 *Magnolia denudada* Desr. 1
34 荷花玉兰 *Magnolia Grandiflora* Linn 2

7 黄杨科 Buxaceae

12 黄杨属 *Buxus* L.

35 大叶黄杨 *Buxus megistophylla* Levl. 22
36 小叶黄杨 *Buxus sinica* var. *parvifolia* M. Cheng 5

8 杨柳科 Salicaceae

13 杨属 *Populus* L.

37 胡杨 *Populus euphratica* Oliv. 35
38 灰杨 *Populus pruinosa* Schrenk 9
39 银白杨 *Populus alba* L. 140
40 新疆杨 *Populus alba* var. *pyramidalis* Bge. 109
41 毛白杨 *Populus tomentosa* Carr. 7
42 美洲黑杨 *Populus deltoides* Marsh. 11
43 小叶杨 *Populus simonii* Carr. 12
44 加拿大杨 *Populus canadensis* Moench. 4
45 阿富汗杨 *Populus afghanica*（Aitch. & Hemsl.）Schneid. 3
46 光皮银白杨 *Populus alba* var. *bachofenii*（Weirzb）Wesmael 1
47 箭杆杨 *Populus nigra* var. *thevestina*（Dode）Bean 32
48 钻天杨 *Populus nigra* var. *italica*（Moench）Koehne 53
49 银×新杨 *Populus alba* × P. *alba* var. *pyramidalis* 1
50 安格杨 *Populus nigra* ‘Ange’ 1
51 红叶杨 *Populus deltoids* ‘Zhonghuahongye’ 22
52 速生杨（黑）*Populus* Sp. 3
53 大叶杨（黑）*Populus* Sp. 2
54 东方白杨 *Populus alba* Sp. 1
55 青杨 *Populus cathayana* Rehd. 1
56 杂交杨 *Populus* SP. 4

14 柳属 *Salix* L.

57 白柳 *Salix alba* L. 22
58 旱柳 *Salix matshudana* Koidz 84
59 垂柳 *Salix babylonica* L. 37
60 黄皮柳 *Salix carmanica* Bornm. 1
61 线叶柳 *Salix wilhelmsiana* M. B. 6
62 吐兰柳 Salix *turanica* Nas. 1
63 黄花柳 *Salix caprea* L. 2
64 黄柳 *Salix gordejevii* Y. L. Chang et Skv. 1
65 蓝叶柳 *Salix capusii* Franch. 2
66 黄皮柳 *Salix carmanica* Bornm. 2
67 密穗柳 *Salix pycrostachya* Anderss. 1
68 银芽柳 *Salix leucopithecia* Kimura 1
69 馒头柳 *Salix matsudana* f. *umbraculifera* Rehd. 93
70 金丝垂柳 *Salix* × *aureo* − *pendula* CL. 32

71 龙爪柳 *Salix matshudana* var. *tortuosa* (Vilm.) Rehd. 32
72 竹柳 *Salix* 'zhuliu' 11

9 核桃科 Juglandaceae

15 核桃属 *Juglans* L.

73 核桃 *Juglans regia* L. 96
74 厚皮核桃 *Juglans regia* L. 4
75 薄皮核桃 *Juglans regia* L. 6
76 国光核桃 *Juglans regia* 'Guoguang' 1
77 和田黏核桃 *Amygdalus persica* 'Hetiannian' 1
78 皮山粘核桃 *Juglans regia* 'Pishannian' 1
79 扎 343 核桃 *Juglans regia* 'Zha 343' 65
80 温 185 核桃 *Juglans regia* 'Wen 185' 38
81 新丰核桃 *Juglans regia* 'Xinfeng' 52
82 新丰二号核桃 *Juglans regia* 'Xinfeng 2' 7
83 新疆 2 号核桃 *Juglans regia* 'XinJjang 2' 6
84 巴格其 2 号 *Juglans regia* 'Bageqi 2' 1
85 巴格其 4 号 *Juglans regia* 'Bageqi 4' 1
86 巴格其 5 号 *Juglans regia* 'Bageqi 5' 1
87 巴格其 12 号 *Juglans regia* 'Bageqi 12' 1
88 巴格其 14 号 *Juglans regia* 'Bageqi 14' 1
89 巴格其 15 号 *Juglans regia* 'Bageqi 15' 1
90 布扎克 2 号 *Juglans regia* 'Buzhake 2' 1
91 布扎克 3 号 *Juglans regia* 'Buzhake 3' 1
92 布扎克 4 号 *Juglans regia* 'Buzhake 4' 1
93 布扎克 10 号 *Juglans regia* 'Buzhake 10' 1
94 罕艾日克 1 号 *Juglans regia* 'Hanairike 1' 1
95 罕艾日克 3 号 *Juglans regia* 'Hanairike 3' 1
96 罕艾日克 7 号 *Juglans regia* 'Hanairike 7' 1
97 罕艾日克 9 号 *Juglans regia* 'Hanairike 9' 1
98 拉依喀 4 号核桃 *Juglans regia* 'Layige 4' 1
99 拉依喀 5 号核桃 *Juglans regia* 'Layige 5' 1
100 拉依喀 6 号核桃 *Juglans regia* 'Layige 6' 1
101 拉依喀 8 号核桃 *Juglans regia* 'Layige 8' 1
102 拉依喀 9 号核桃 *Juglans regia* 'Layige 9' 3
103 拉依喀 13 号核桃 *Juglans regia* 'Layige 13' 1
104 拉依喀 14 号核桃 *Juglans regia* 'Layige 14' 1
105 恰喀村土品种核桃 *Juglans regia* L. 1
106 上游 9 号核桃 *Juglans regia* 'Shangyu 9' 2
107 新~2 号核桃 *Juglans regia* 'Xing 2' 2
108 新新 2 号核桃 *Juglans regia* 'Xingxing 2' 14
109 和香 9 号核桃 *Juglans regia* 'Hexiang 9' 1
110 新疆 3 号核桃 *Juglans regia* 'Xinjiang 3' 1
111 新疆 4 号核桃 *Juglans regia* 'Xinjiang 4' 1
112 新疆 5 号核桃 *Juglans regia* 'Xinjiang 5' 1
113 新疆 11 号核桃 *Juglans regia* 'Xinjiang 11' 1
114 新疆 12 号核桃 *Juglans regia*'Xinjiang 12' 1
115 A13 核桃 *Juglans regia* 'A13' 1
116 A19 核桃 *Juglans regia* 'A19' 1
117 A20 核桃 *Juglans regia* 'A20' 1
118 A26 核桃 *Juglans regia* 'A26' 1
119 A53 核桃 *Juglans regia* 'A53' 1

120 A64 核桃 *Juglans regia*'A64' 1
121 A68 核桃 *Juglans regia*'A68' 1
122 A71 核桃 *Juglans regia*'A71' 1
123 A76 核桃 *Juglans regia*'A76' 1
124 A205 核桃 *Juglans regia*'A205' 1
125 B17 核桃 *Juglans regia*'B17' 1
126 B20 核桃 *Juglans regia*'B20' 1
127 B26 核桃 *Juglans regia*'B26' 1
128 B76 核桃 *Juglans regia*'B76' 1
129 B99 核桃 *Juglans regia*'B99' 1
130 B110 核桃 *Juglans regia*'B110' 1
131 B112 核桃 *Juglans regia*'B112' 1
132 F1 核桃 *Juglans regia*'F1' 1
133 F2 核桃 *Juglans regia*'F2' 1
134 F3 核桃 *Juglans regia*'F3' 1
135 F4 核桃 *Juglans regia*'F4' 1
136 F6 核桃 *Juglans regia*'F6' 1
137 礼 1 核桃 *Juglans regia*'Li1' 1
138 礼 2 核桃 *Juglans regia*'Li2' 1
139 辽 1 核桃 *Juglans regia*'Liao 1' 1
140 辽 3 核桃 *Juglans regia*'Liao 3' 1
141 辽 4 核桃 *Juglans regia*'Liao 4' 1
142 辽 5 核桃 *Juglans regia*'Liao 5' 1
143 辽 6 核桃 *Juglans regia*'Liao 6' 1
144 辽 7 核桃 *Juglans regia*'Liao 7' 1
145 辽 10 核桃 *Juglans regia*'Liao 10' 1
146 香 1 核桃 *Juglans regia*'Xiang 1' 1
147 香 2 核桃 *Juglans regia*'Xiang 2' 1
148 香 3 核桃 *Juglans regia*'Xiang 3' 1
149 西扶 1 号核桃 *Juglans regia*'Xifu 1' 1
150 西洛 3 号 *Juglans regia*'Xiluo 3' 1
151 鲁核 1 号核桃 *Juglans regia*'Luhe 1' 1
152 鲁果 7 号核桃 *Juglans regia*'Lugue 7' 1
153 鲁果 9 号核桃 *Juglans regia*'Lugue 9' 1
154 XH-1 核桃 *Juglans regia*'XH-1' 1
155 XH2-2 核桃 *Juglans regia*'XH2-2' 1
156 50501 大连核桃 *Juglans regia*'Dalian 50501' 1
157 YJP 核桃 *Juglans regia*'YJP' 1
158 薄壳香核桃 *Juglans regia*'Bekexiang' 1
159 寒丰核桃 *Juglans regia*×*J.cordiformis*'Hanfeng' 1
160 晋丰核桃 *Juglans regia*'Jinfeng' 1
161 晋香核桃 *Juglans regia*'Jinxiang' 1
162 魁香核桃 *Juglans regia*'Kuixiang' 1
163 清香核桃 *Juglans regia*'Qinxiang' 1
164 辽瑞丰核桃 *Juglans regia*'Liaoreifeng' 1
165 鲁光核桃 *Juglans regia*'Luhuang' 1
166 绿波核桃 *Juglans regia*'Lube' 1
167 绿岭核桃 *Juglans regia*'Lvlin' 1
168 美国黑核桃 *Juglans nigra* L. 1
169 奇异核桃 *Juglans regia*'Qiyi' 1
170 强特勒核桃 *Juglans regia*'Chandler' 1

171下营核桃 *Juglans regia* ‘Xiaying’ 1
172香玲核桃 *Juglans regia* ‘Xianglin’ 1
173赞美核桃 *Juglans regia* ‘Zhanmei’ 1
174早硕核桃 *Juglans regia* ‘Zhaoshuo’ 1

10桦木科 Betulaceae

16桦木属 *Betula* L.

175天山桦 *Betula tianschanica* Rupr. 1
176疣枝桦 *Betula pendula* Roth. 3

11壳斗科 Fagaceae

17栎属 *Quercus* L.

177夏橡 *Quercus robur* L. 8

12榛科 Corylaceae

18榛属 *Corylus* L.

178榛子 *Corylus heterophylla* Fisch. 2
179杂交榛 *Corylus heterophylla* Fisch. 1

13榆科 Ulmaceae

19榆属 *Ulmus* L.

180白榆 *Ulmus pumila* L. 59
181春榆 *Ulmus* Sp. 1
182倒榆 *Ulmus pumila* var. *pendula* (Kirchn.) Rehd. 36
183金叶倒榆 *Ulmus pumila* var. *pendula* (Kirchn.) Rehd. 1
184圆冠榆 *Ulmus densa* Litv. 18
185欧洲大叶榆 *Ulmus laevis* Pall. 12
186裂叶榆 *Ulmus laciniata* (Trautv.) Mayr. 6
187长枝榆 *Ulmus japonica* ‘Changzhiyu’ 3
188黄榆 *Ulmus macrocarpa* Hance 1
189金叶榆 *Ulmus pumila* ‘Jingyeyu’ 25

14桑科 Moraceae

20无花果属 *Ficus* L.

190无花果 *Ficus carica* L. 26
191中国紫果 *Ficus carica* ‘Zhongguozigue’ 1
192 ALMA无花果 *Ficus carica* ‘ALMA’ 1
193布兰瑞克无花果 *Ficus carica* ‘Bulanreike’ 2
194枣黄无花果 *Ficus carica* ‘Zhaohuang’ 3

21桑属 *Morus* L.

195白桑 *Morus alba* L. 90
196黑桑 药桑 *Morus nigra* L. 107
197鞑靼桑 *Morus nigra* var. *tatarica* (L.) Ser. 5
198观赏桑 *Morus alba* ‘Guanshang’ 1
199龙须桑 *Morus nigra* ‘Longxu’ 1
200沙漠桑 *Morus nigra* ‘Shame’ 1

22构属 *Broussonetia* L.

201构树 *Broussonetia papyrifera* (Linn.) L. Hér. ex Vent. 1

15蓼科 Polygonaceae

23沙拐枣属 *Calligomim* L.

202红皮沙拐枣 *Calligonum rubicundum* Bge. 1
203三列沙拐枣 *Calligonum mruoqiangense* Liou f. 1
204沙拐枣 *Calligonum mongolicum* Turcz 4
205头状沙拐枣 *Calligonum caput - medusae* Schrenk 4
206塔里木沙拐枣 昆仑沙拐枣 若羌沙拐枣 *Calligonum roborovskii* A. Los. 14

24木蓼属 *Atraphaxis* L.

207沙木蓼 *Atraphaxis bracteata* A. Los.　1

16藜科 Chenopodiaceae

25梭梭属 *Haloxylon* Bge.

208梭梭 *Haloxylon ammodendron*（C. A. Mey.）Bge　6

26合头草属 *Sympegma* Bge.

209合头草 黑柴 *Sympegma regelii* Bge.　5

27驼绒藜属 *Ceratoides*（Tourn.）Gagnebin

210驼绒藜 *Ceratoides latens*（J. F. Gmel.）Reveal et Holmgren.　7

211垫状驼绒藜 *Ceratoides compacta*（Losinsk.）Tsien et C. G. Ma　3

28盐节木属 *Halocnemum* Bieb.

212盐节木 *Halocnemum strobilaceum*（Pall.）Bieb.　1

29猪毛菜属 *Salsola* L.

213木本猪毛菜 *Salsola arbuscula* Pall.　2

214天山猪毛菜 *Salsola junatovii* Botsch.　1

30盐爪爪属 *Kalidium* Moq.

215细枝盐爪爪 *Kalidium gracile* Fenzl.　1

31盐穗木属 *Halostachys* C. A. Mey.

216盐穗木 *Halostachys caspica*（M. B.）C.A.Mey.　3

17毛茛科 Ranunculaceae

32铁线莲属 *Clematis* L.

217铁线莲 *Clematis* SP.　3

218粉绿铁线莲 *Clematis glauca* Willd.　2

219角萼铁线莲 *Clematis corniculeta* W. T. Wang　1

220东方铁线莲 *Clematis orientalis* L.　11

221甘青铁绒莲 *Clematis tangutica*（Maxim.）Korsh.　6

33芍药属 *Paeonia* L.

222牡丹 *Paeonia suffruticosa* Andr.　2

18小檗科 Berberidaceae

34小檗属 *Berberis* L.

223小檗 *Berberis amurensis* Ruor.　3

224红果小檗 *Bereris nommularia* Bge.　9

225黑果小檗 *Berberis heteropoda* Schrenk　4

226喀什小檗 *Berberis kaschgarica* Rupr.　4

227红叶小檗 *Berberis thunbergii* var.*atropurpurea* Chenault　12

19十字花科 Cruciferae

35燥原荠属 *Ptiotrichum* C. A. Mey.

228燥原荠 *Ptilotricum canesce*（DC.）C. A. Mey.　1

20悬铃木科 Platanaceae

36悬铃木属 *Platanus* L.

229一球悬铃木 *Platanus occidentalis* L.　2

230二球悬铃木 *Platanus acerifolia*（Ait.）Willd.　23

231三球悬铃木 *Platanus orientalis* L.　54

232速生法桐 *Platanus orientalis* ‘Susheng’.　1

21蔷薇科 Rosaceae

37山楂属 *Crataegus* L.

233山楂 *Crataegus pinnatifida* Bge.　1

234阿尔泰山楂 黄果山楂 *Crataegus chlorocarpa* Lenne et C. Koch　2

235红果山楂 *Crataegus sanguinea* Pall.　1

236大果山楂 *Crataegus pinnatifida* var.*major* N.　3

38榅桲属 *Cydonia* Mill.

237榅桲 *Cydonia oblonga* Mill　48

39 木瓜属 *Chaenomeles* L.

238 贴梗海棠 *Chaenmoeles lagenaria* Mill	2
239 倭木瓜 *Chaenomeles japonica* Mill	2
240 日本木瓜 倭海棠 *Chaenomeles japonica* Mill	1
241 木瓜 *Chaenomeles* sp.	2

40 梨属 *Pyrus* L.

242 砂梨 *Pyrus pyrifolia*（Burm.）Nakai.	1
243 新疆梨 *Pyrus sinkiangensis* Yu	25
244 白梨 *Pyrus bretschneider* Rehd.	1
245 杜梨 *Pyrus betulaefolia* Bge.	21
246 秋子梨 *Pyrus ussuriensis* Maxim.	1
247 褐梨 *Pyrus phaeocarpa* Rehd.	1
248 西洋梨 *Pyrus communis* L.	5
249 红木瓜梨 *Pyrus sinkiangensis* ‘Hongmugua’	2
250 鸭梨 *Pyrus bretschneider* ‘Yali’	7
251 大土梨 *Pyrus sinkiangensis* Yu.	1
252 黄梨 *Pyrus bretscneideri* ‘Huangli’	7
253 延边苹果梨 *Pyrus bretschneider* ‘Pingguo’	10
254 印度梨 *Pyrus bretschneider* ‘Yindu’	1
255 句句梨 *Pyrus sinkiangensis* ‘Gogo’	6
256 香梨 *Pyrus bretschneider* ‘Xiang’	1
257 砀山梨 *Pyrus bretscneideri* ‘Dangshanli’	42
258 库尔勒香梨 *Pyrus bretscneideri* ‘Kuerlexiangli’	26
259 阿克苏香梨 *Pyrus bretscneideri* ‘Akesu’	1
260 阿木提香梨 *Pyrus sinkiangensis* ‘Amuti’	21
261 阿木图梨 *Pyrus sinkiangensis* ‘Amutu’	4
262 普尔多汗梨 *Pyrus sinkiangensis* ‘Purduohan’	1
263 其里根阿木特梨 *Pyrus communis* ‘Qiligenmut’	1
264 秦冠梨 *Pyrus bretscneideri* ‘Qinguan’	1
265 黑梨 *Pyrus sinkiangensisi* ‘Hei’	1
266 黄梨 *Pyrus bretscneideri* ‘Huangli’	2
267 水晶梨 *Pyrus bretscneideri* ‘Shuijinli’	1
268 野糖梨 *Pyrus sinkiangensis* ‘Yetangli’	1
269 葫芦梨 *Pyrus sinkiangensisi* ‘Hululi’	1
270 夏梨 *Pyrus sinkiangensis* ‘Xia’	1
271 冬梨 *Pyrus sinkiangensis* ‘Dongli’	8
272 新疆梨 9 号 *Pyrus sinkiangensis* ‘Xinli9’	1

41 苹果属 *Malus* Mill.

273 山荆子 *Malus baccata*（L.）Borkh.	1
274 苹果 *Malus pumila* Mill.	34
275 樱桃苹果 *Malus cerasifera* Spach.	1
276 嘎啦苹果 *Malus pumila* ‘Gala’	2
277 夏苹果 *Malus pumila* ‘Xia’	2
278 冬苹果 *Malus pumila* ‘Dong’	2
279 银地香苹果 *Malus pumila* ‘Yindixiang’	1
280 烟富苹果 *Malus pumila* ‘Yanfu’	1
281 印度青苹果 *Malus pumila* ‘Yinduqin’	2
282 红肉苹果 *Malus neidzwetzkyana* Dieck	8
283 红富士 *Malus pumila* ‘Hongfushi’	44
284 冰糖心 *Malus pumila* ‘Bintangxin’	4
285 黄元帅 黄香蕉 金冠 *Malus pumila* ‘Golden Delicious’	19

286 青干苹果 *Malus pumila* 'Qingan' 1
287 青香蕉苹果 *Malus pumila* 'Qinxiangjiao' 8
288 秋立蒙苹果 *Malus pumila* 'Huangxiangjiao' 1
289 五星苹果 *Malus pumila* 'Wuixng' 7
290 红星苹果 *Malus pumila* 'Hongxin' 3
291 秦冠苹果 *Malus pumila* 'Qinguan' 11
292 黄冠苹果 *Malus pumila* 'Huangxiangjiao' 5
293 馕苹果 *Malus pumila* 'Nang' 1
294 国光苹果 *Malus pumila* 'Guoguang' 2
295 冬力蒙苹果 *Malus pumila* 'Donglimeng' 2
296 白苹果 *Malus pumila* 'Bai' 10
297 白奶苹果 *Malus pumila* 'Bainai' 11
298 青苹果 *Malus pumila* 'Qin' 3
299 海棠果 *Malus spectabilis* (Willd.) Borkh. 12
300 垂丝海棠 *Malus halliana*.Koehne 1
301 大海棠苹果 *Malus spectabilis* (Willd.) Borkh. 2
302 王族海棠 红叶海棠 *Malus micromalus* 'Royalty' 14
303 西府海棠 *Malus micromalus* Makino 1

42 蔷薇属 *Rosa* L.

304 月季 *Rosa chinensis* Jacq. 46
305 丰华月季 *Rosa chinensis* 'Fengshua' 4
306 香水月季 *Rosa odorata* (Andr.) Sweet 4
307 微型月季 *Rosa chinensis* Jacq. 2
308 玫瑰 *Rosa rugosa* Thunb. 24
309 野玫瑰 *Rosa rugosa* Thunb. 1
310 黄刺玫 *Rosa xanthina* Lindl. 4
311 藤本玫瑰 *Rosa rugosa* Thunb. 1
312 树状玫瑰 *Rosa rugosa* Thunb. 1
313 和田玫瑰 *Rosa damascena* Mill. 13
314 四季玫瑰 *Rosa rugosa* Thunb. 10
315 刺玫瑰 *Rosa rugosa* Thunb. 1
316 红玫瑰 *Rosa rugosa* 'Hong' 1
317 腺齿蔷薇 *Rosa albertii* Rgl. 1
318 疏花蔷薇 *Rosa laxa* Retz. 5
319 喀什疏花蔷薇 *Rosa laxa* var. *kaschgarica* (Rupr.) Han 2
320 落花蔷薇 弯刺蔷薇 *Rosa beggeriana* Schrenk 3
321 大果蔷薇 *Rosa webbiana* Wall. ex Royle 2

43 杏属 *Armeniaca* Mill.

322 酸梅 *Armeniaca mume* Sieb. 2
323 杏 *Armeniaca vulgaris* Lam. 29
324 土杏 *Armeniaca vulgaris* Lam. 21
325 毛杏 *Armeniaca sibirica* (L.) Lam. 14
326 山杏 *Armeniaca sibirica* (L.) Lam. 1
337 波尔达克杏 *Armeniaca vulgaris* 'Berdake' 1
328 吉乃斯台杏 *Armeniaca vulgaris* 'Jinaisitai' 1
329 轮台白杏 *Armeniaca vulgaris* 'Lungtaibai' 5
330 歪杏 *Armeniaca vulgaris* 'Wai' 1
331 王恩茂杏 *Armeniaca vulgaris* 'Wangenmao' 2
332 小白杏 *Armeniaca vulgaris* 'Xiaobaixing' 5
332 大白杏 *Armeniaca vulgaris* 'Dabai' 5
334 紫杏 *Armeniaca dasycarpa* (Ehrh.) Borkh. 2

名称	数量
335土油光杏*Armeniaca vulgaris* Lam .	1
336赛买提杏*Armeniaca vulgaris* 'Saimaiti'	4
337白优杏*Armeniaca vulgaris* 'Baiyui'	6
338加拿大杏*Armeniaca vulgaris* 'Jianada'	1
339李光杏*Armeniaca vulgaris* var. *glabra* S. X. Sum	5
340奇纳胡瓦纳杏*Armeniaca vulgaris* 'Qinahuwana'	1
341托乎提杏*Armeniaca vulgaris* 'Tuehuti'	1
342艾合买提杏 *Armeniaca vulgaris* 'Aihemaiti'	1
343阿恰买提杏 *Armeniaca vulgaris* 'Aqiamaiti'	1
344明星杏*Armeniaca vulgaris* 'Mingxin'	3
345白明星杏*Armeniaca vulgaris* 'Baiminxin'	6
346荷叶杏*Armeniaca vulgaris* 'Heye'	1
347黑叶杏*Armeniaca vulgaris* 'Heiye'	7
348胡安娜杏*Armeniaca vulgaris* 'Huanna'	21
349喀孜拉杏*Armeniaca vulgaris* 'Kazila'	1
350克孜郎杏*Armeniaca vulgaris* 'Kezilang'	11
351木克亚克拉杏*Armeniaca vulgaris* 'Mukeyakela'	2
352白叶杏*Armeniaca vulgaris* 'Baiyei'	1
353麻雀杏*Armeniaca vulgaris* 'Maquexing'	3
354加奈乃杏*Armeniaca vulgaris* 'Jalainai'	3
355吐奶斯塘杏 *Armeniaca vulgaris* 'Tunaisitang'	1
356浑代克杏*Armeniaca vulgaris*'Hundaike'	1
357桃杏*Armeniaca vulgaris* 'Tao'	3
44榆叶梅属 *Louiscania* Carr.	
358榆叶梅*Louiscania triloba* Carr.	30
359重瓣榆叶梅*Louiscania triloba* var. *multiples* Bge.	4
45巴旦属*Amygdalus* L.	
360巴旦木*Amygdalus communis* L.	13
361苦巴旦*Amygdalus communis* L.	1
46桃属*Percica* Mill.	
362桃*Percica vulgaris* Mill.	30
363红花山桃*Percica davidiana* f. *rubr*（Bean）Rehd.	2
364新疆桃 土毛桃*Percica ferganensis* Kov.et Kost.	31
365新疆桃2号 费尔干桃*Percica ferganensis* '2'	1
366墨玉土桃 *Percica ferganensis* 'Moyu'	11
367李光桃*Percica vulgaris* var. *aganonucipersica* Yu et Lu	4
368葫芦桃 *Percica vulgaris* 'Hulu'	1
369红叶碧桃*Percica vulgaris* var.*duplex* Rehd.	10
370紫叶桃*Percica vulgaris* 'Ziye'	1
371水蜜毛桃*Percica vulgaris* L.	1
372白桃*Percica vulgaris* 'Beitao'	9
373青桃*Percica vulgaris* 'Qin'	4
374库克绿桃子 *Percica vulgaris* 'Kukelu'	10
375皮山黏核毛桃 *Percica vulgaris* f. *scloropersica* Vass.	1
376和田晚熟黏核土毛桃 *Percica vulgaris* f. *scloropersica* Vass.	4
377和田离核土毛桃*Percica vulgaris* f. *aganopersica* Reich.	2
378马斯依桃*Percica vulgaris* 'Mayisi'.	1
379和田青皮桃*Percica vulgaris* L.	4
380李子桃*Percica vulgaris* 'Lizi'	1
381山东桃*Percica vulgaris* Mill.	1
382新农红毛桃*Percica vulgaris* 'Xinnonghong'	1

383 朝阳红 *Percica vulgaris* ‘Chaoyanghong’ 1
384 小金鱼桃（北京8号桃）*Percica vulgaris* ‘Beijing 8’ 1
385 塔克桃 *Percica vulgaris* ‘Take’ 4
386 寿桃 *Percica vulgaris* Mill. 2
387 嘴桃 *Percica vulgaris* ‘Zuitao’ 1
388 油桃 *Percica vulgaris* var. *nectarina* Maxim. 46
389 美国油桃 *Percica vulgaris* var. *nectarina* ‘Meiguo’ 5
390 红油桃 *Percica vulgaris* var. *nectarina* ‘Hongyoutao’ 11
391 土绿油桃 *Percica vulgaris* var. *nectarina* ‘Lu’ 11
392 春鲜蜜桃 *Percica vulgaris* ‘Chunxuanmi’ 1
393 水蜜桃 *Percica vulgaris* Mill. 3
394 520水蜜桃 *Percica vulgaris* ‘520mi’ 1
395 蜜桃十月红 *Percica vulgaris* ‘Shiyuehongmi’ 1
396 春美毛桃 *Percica vulgaris* ‘Cunmei’ 1
397 英吉沙毛桃 *Percica vulgaris* ‘yinjisha’ 1
398 美国彼得毛桃 *Percica vulgaris* ‘Meiguobeide’ 1
399 美国斯宾卡斯毛桃 *Percica vulgaris* ‘Meiguosibinkasi’ 1
400 艾乐蔓8号桃 *Percica vulgaris* ‘Aileman8’ 1
401 美国黄桃 *Percica vulgaris* ‘Meiguohuang’ 4
402 和田红油桃 *Percica vulgaris* var. *nectarina* ‘Hetianhong’ 3
403 和田绿油桃 *Percica vulgaris* var. *nectarina* ‘Hetianlu’ 2
404 喀什油桃 *Percicavulgaris* var. *nectarina* ‘Kashi’ 1
405 美国红宝石油桃 *Percica vulgaris* var. *nectarina* ‘Meiguohongbaoshi’ 3
406 美国黄油桃 *Percica vulgaris* var. *nectarina* ‘Meiguohuang’ 1
407 中油14号油桃 *Percica vulgaris* var. *nectarina* ‘Zhungyou 14’ 1
408 蟠桃 *Percica vulgaris* var. *compressa*（Loud.）Yu et Lu 10
409 油蟠桃 *Percica vulgaris* var. *compressa*（Loud.）Yu et Lu 4

47 稠李属 *Padus* Mill.

410 稠李 *Padus avium* Mill. 1
411 紫叶稠李 加拿大红樱 *Padus virginiana* ‘Canada Red’ 4

48 李属 *Prunus* L.

412 紫叶李 红叶李 *Prunus cerasifera* f. *atropurpurea*(Jacq.)Rehd. 24
413 西洋李 法国洋李 *Prunus domestica* L. 22
414 西梅 *Prunus domestica* L. 25
415 李子 *Prunus salicina* Lindl. 10
416 黑布朗李 *Prunus salicina* ‘Heibulang’ 3
417 紫布朗李 *Prunus salicina* ‘Zibulang’ 4
418 阿勒恰李 *Prunus salicina* ‘Aleqia’ 1
419 牛心李 *Prunus salicina* ‘Nuxin’ 1
420 美国杏李 恐龙蛋（1）*Prunus domestica×avmeniaca* ‘Konglongdam’ 2
421 美国杏李 恐龙蛋（2）*Prunus domestica×avmeniaca* ‘Konglongdam’ 1
422 美国杏李 风味皇后 *Prunus domestica×avmeniaca* ‘Fengweihuanghou’ 4
423 黑心樱桃李 *Prunus sogdiana* ‘Heixin’ 4
424 红心樱桃李 *Prunus sogdiana* ‘Red Heart’ 1
425 毛加李子 *Prunus salicina* ‘Maoja’ 1
426 白尔干李子 *Prunus salicina* ‘Bairgan’ 1
427 鸡心李 *Prunus salicina* ‘Jixin’ 10
428 鸡血李 *Prunus simonii* Carr. 2
429 美国红宝石 *Prunus salicina* ‘Meiguohongbaoshi’ 2
430 西梅2号 *Prunus domestica* ‘Ximei 2’ 1
431 ‘新梅4号’（法新西梅）*Prunus domestica* ‘Xinmei 4’ 4

432 绿旺李 *Prunus salicina* 'Lvwang'	1
433 大西梅 *Prunus domestica* L.	1
434 欧洲李 *Prunus domestica* L.	2
435 红李 *Prunus salicina* 'Hong'	1
436 杏李 *Prunus simonii* Carr.	16
437 黑李 *Prunus salicina* 'Hei'	1
438 酸梅 樱桃李 *Prunus sogdiana* Vass.	2
439 樱桃李 野酸梅 樱李 *Prunus sogdiana* Vass.	1
440 紫叶矮樱 *Prunus × cistena* N. E. Hansen ex Koehne	17
441 '艾努拉'酸梅 *Prunus salicina* 'Ainula'	2
49 樱桃属 *Cerasus* Mill.	
442 樱桃 *Cerasus avium* (L.) Moernh	5
443 欧李 *Cerasus humilis* (Bge.) Sok.	2
444 阿图什蓝梅 *Cerasus humilis* 'Atush'	1
445 车厘子 *Cerasus avium* (L.) Moernh	2
446 樱花 东京樱花 *Cerasus yedoensis* (Matsum.) Yü et Li	1
447 毛缨桃 *Cerasus tomentosa* (Thunb.) Wall.	3
448 美早樱桃 *Cerasus avium* 'Tieton'	4
449 黑金樱桃 *Cerasus avium* 'Heijin'	4
450 艳阳樱桃 *Cerasus avium* 'Sunburst'	1
451 拉宾斯樱桃 *Cerasus avium* 'Labins'	5
452 砂蜜豆樱桃 *Cerasus avium* 'Shamido'	2
453 早大果樱桃 *Cerasus avium* 'Early big'	2
50 石楠属 *Photinia* Lindl.	
454 红叶石楠 *Photinia xfraseyi* Dress	2
51 金露梅属 *Pentaphylloides* Duham.	
455 帕米尔金露梅 *Pentaphylloides dryadanthoides* (Juz.) Sojak	2
456 小叶金露梅 *Pentaphylloides parvifolia* (Fiseh. ex Lehm.) Sojak	1
52 栒子属 *Cotoneaster* B. Ehrhart	
457 准噶尔栒子 *Cotoneaster songoricus* (Rgl. et Herd.) M. Pop.	1
53 风箱果属 *Physocarpus* (Cambess.) Maxim.	
458 紫叶风箱果 *Physocarpus amurensis* Maxim.	1
54 绣线菊属 *Spiraea* L.	
459 金山绣线菊 *Spiraea japonica* Gold Mound	1
460 天山绣线菊 *Spiraea hypericifolia* L.	1
22 豆科 Leguminosae	
55 刺槐属 *Robinia* L.	
461 刺槐 *Robinia pseudoacacia* L.	34
462 毛刺槐 *Robinia hispida* L.	3
463 红花刺槐 *Robinia hisqida* 'Honghua'	32
56 槐属 *Sophora* L.	
464 国槐 *Sophora japonica* L.	50
465 倒槐 *Sophora japonica* f. *pendnla* Hort.	10
466 龙爪槐 *Sophora japonica* f. *pendula* Hort.	3
467 金枝槐 *Sophora japonica* 'Golden Stem'	5
57 合欢属 *Albizia* Durazz.	
468 合欢 *Albizia julibrissin* Durazz.	36
58 紫荆属 *Cercis* L.	
469 紫荆 *Cercis chinensis* Bge.	15
59 紫穗槐属 *Amorpha* L.	
470 紫穗槐 *Amorpha fruticosa* L.	9

60锦鸡儿属 *Caragana* Fabr.

471吐鲁番锦鸡儿 *Caragana turfanensis* (Krassn.) Kom. 1

472粗毛锦鸡儿 *Caragana dasyphylla* Pojark. 1

473树锦鸡儿 *Caragana arborescens* Lam. 1

474粉刺锦鸡儿 *Caragana pruinosa* Kom. 1

475多叶锦鸡儿 *Caragana pleiophylla* (Regel) Pojark. 1

476昆仑锦鸡儿 *Caragana polourensis* Franch. 8

61铃铛刺属 *Halimodendron* Fisch. ex DC.

477铃铛刺 *Halimodendron halodendron* (Pall.) Voss. 7

62黄耆属 *Astragalus* L.

478和田黄耆 *Astragalus hotianensis* S. B. Ho 1

63岩黄耆属 *Hedysarum* L.

479细枝岩黄耆 *Hedysarum scoparium* Fisch. et Mey. 1

64紫荆属 *Cercis* L.

480紫荆 *Cercis chinensis* Bunge 9

65皂荚属 *Gleditsia* L.

481三刺皂角 *Gleditsia triacanthos* L. 3

23白刺科 Nitrariaceae

66白刺属 *Nitraria* L.

482白刺 *Nitraria schoberi* L. 11

483唐古特白刺 *Nitraria tangutorum* Bobr. 5

484大果白刺 *Nitraria roborowskii* Kom. 1

24芸香科 Rutaceae

67花椒属 *Zanthoxylum* L.

485花椒 *Zanthoxylum bungeanum* Maxim. 1

25骆驼蓬科 **Peganaceae**

68骆驼蓬属 *Peganum* L.

486骆驼蓬 *Peganum harmala* L. 1

26蒺藜科 Zygophyllaceae

69木霸王属 *Sarcozygium* Bge.

487木霸王 喀什霸王 *Sarcozygium xanthoxylon* Bge. 2

27苦木科 Simaroubaceae

70臭椿属 *Ailanthus* Desf.

488臭椿 *Ailanthus altissima* (Mill.) Swingle 75

28冬青科 Aquifoliaceae

71冬青属 *Ilex* L.

489冬青 *Ilex chinensis* Sims 10

29大戟科 Euphorbiaceae

72大戟属 *Euphorbia* L.

490红棉木(紫) *Euphorbia cotinifolia* L. 5

30漆树科 Anacardiaceae

73盐肤木属 *Rhus* L.

491火炬树 *Rhus typhina* L. 10

74黄连木属 *Pistacia* L.

492阿月浑子 *Piatacia vera* L. 2

75黄栌属 *Cotinus* L.

493毛黄栌 *Cotinus coggygria* var. *cinerea* Engl. 2

31卫矛科 Celastraceae

76卫矛属 *Euonymus* L.

494桃叶卫矛 *Euonymus bungeanus* Maxim. 2

495华北卫矛 *Euonymus maachii* Rupr. 24

32槭树科 Aceraceae

77 槭树属 *Acer* L.

496 鸡爪槭 *Acer palmatum* Thunbf.	1
497 复叶槭 *Acer negundo* L	7
498 五角枫 *Acer mono* Maxim.	6
499 元宝槭 *Acer truncatum* Bge.	1

33 无患子科 Sapindaceae

78 文冠果属 *Xanthoceras* Bge.

500 文冠果 *Xanthoceras sorbifolia* Bge.	18

34 鼠李科 Rhamnaceae

79 枣属 *Ziziphus* Mill.

501 枣 *Ziziphus jujuba* L.	11
502 酸枣 *Ziziphus jujuba* var. *spinosa* (Bge.) Hu ex H. F. Chow	61
503 冬枣 *Ziziphus jujuba* 'Dongzao'	20
504 冬圆枣 *Ziziphus jujuba* 'Dongyuanzao'	1
505 壶瓶枣 *Ziziphus jujuba* 'Hupingzao'	7
506 金丝小枣 *Ziziphus jujuba* 'Jinsi'	6
507 果满糖枣 *Ziziphus jujuba* 'Guomantangzao'	1
508 金丝小枣 *Ziziphus jujuba* 'Jinsixiaozao'	1
509 辣椒枣 *Ziziphus jujuba* 'Lajiao'	1
510 灰枣 *Ziziphus jujuba* 'Huizao'	47
511 骏枣 *Ziziphus jujuba* 'Junzao'	77
512 杧果枣 *Ziziphus jujuba* 'Manggue'	1
513 葫芦枣 *Ziziphus jujuba* f. lageniformis (Nakai) Kitag.	2
514 和田大枣 *Ziziphus jujuba* 'Hetian'	2
515 哈密大枣 *Ziziphus jujuba* 'Hamidazao'	2
516 喀什红枣 *Ziziphus jujuba* 'Kashihong'	1
517 红满堂 *Ziziphus jujuba* 'Mantanghongzao'	1
518 鸡心枣 *Ziziphus jujuba* 'Jixinzao'	1
519 金星一号 *Ziziphus jujuba* 'Jinxin1'	1
520 九月鲜枣 *Ziziphus jujuba* 'Jiuyuexuanzao'	1
521 赞黄枣 *Ziziphus jujuba* 'Zanhoangzao'	1
522 金昌一号枣 *Ziziphus jujuba* 'Jinchang1'	2

35 葡萄科 Vitaceae

80 地锦属 *Parthenocissus* Planch.

523 五叶地锦 *Parthenocissus quinquefolia* (L.) Planch.	34

81 葡萄属 *Vitis* L.

524 琐琐葡萄 *Vitis adstricta* Hance	1
525 葡萄 *Vitis vinifera* L.	7
526 户太8号葡萄 *Vitis vinifera* 'Hutai 8'	1
527 香妃葡萄 *Vitis vinifera* 'Xiangfei'	5
528 金手指葡萄 *Vitis vinifera* 'Jinshouzhi'	1
529 维多利亚葡萄 *Vitis vinifera* 'Wuiduoliar'	1
530 里扎马特葡萄 *Vitis vinifera* 'Lizhamate'	1
531 摩尔多瓦葡萄 *Vitis vinifera* 'Murduowa'	2
532 无核白葡萄 *Vitis vinifera* 'Seedless'	23
533 无核白鸡心葡萄 *Vitis vinifera* 'Jixinseedless'	4
534 无核紫葡萄 *Vitis vinifera* 'Ziseedless'	1
535 木纳格葡萄 *Vitis vinifera* 'Munage'	35
536 白木纳格葡萄 *Vitis vinifera* 'Baimunage'	9
537 黑木纳格葡萄 *Vitis vinifera* 'Heimunage'	1
538 和田红葡萄 *Vitis vinifera* 'Hetianhong'	62
539 和田黄葡萄 *Vitis vinifera* 'Hetianhuang'	2

540 和田绿葡萄 *Vitis vinifera* 'Hetianlu' 3
541 和田长葡萄 *Vitis vinifera* 'Hetianchang' 3
542 马奶子葡萄 *Vitis vinifera* 'Manaizi' 32
543 红马奶子葡萄 *Vitis vinifera* 'Hongmanaizi' 4
544 黑马奶子葡萄 *Vitis vinifera* 'Heimanai' 1
545 玫瑰香葡萄 *Vitis vinifera* 'Meiguixiang' 1
546 红葡萄 *Vitis vinifera* 'Muscat Ottonel' 9
547 红提 *Vitis vinifera* 'Red Globe' 12
548 黄葡萄 *Vitis vinifera* 'Huang' 2
549 白葡萄 *Vitis vinifera* 'Bai' 2
550 青葡萄 *Vitis vinifera* 'Qing' 2
551 绿葡萄 *Vitis vinifera* 'Lu' 3
552 果葡萄 *Vitis vinifera* 'Guo' 1
553 蓝葡萄 *Vitis vinifera* 'Lan' 2
554 喀什噶尔葡萄 *Vitis vinifera* 'kashiger' 1
555 塞瓦葡萄 *Vitis vinifera* 'Saiwa' 1
556 香皮葡萄 *Vitis vinifera* 'Xiangpi' 2
557 巨峰葡萄 *Vitis labrusca* 'Kyoho' 2
558 阿图什木纳格葡萄 *Vitis vinifera* 'Ayushimunage' 1
559 库车阿克沙依瓦葡萄 *Vitis vinifera* 'Kucheakeshayiwa' 1
560 奇力格葡萄 *Vitis vinifera* 'Qligee' 1
561 赛富葡萄 *Vitis vinifera* 'Saifu' 1
562 阿提格瓦克葡萄 *Vitis vinifera* 'Atigewake' 2
563 珍珠葡萄 *Vitis vinifera* 'Zhenzhu' 2
564 玫瑰香葡萄 *Vitis vinifera* 'Muscat Hamburg' 1
565 美人指葡萄 *Vitis vinifera* 'Meirenzhi' 4
566 黑美人 *Vitis vinifera* 'Heimeiren' 2

82 蛇葡萄属 *Ampelopsis* Michx.

567 三裂蛇葡萄 *Ampelopsis delavayana* Planch. 2

36 山茱萸科 Cornaceae

83 梾木属 *Swida* Opiz

568 红瑞木 *Swida alba* L. 15

37 锦葵科 Malvaceae

84 木槿属 *Hibiscus* Zhu.

569 长苞木槿 *Hibiscus syriacus* var.*longibiracteatus* S. Y. Hu Fi. 21
570 雅致木槿 *Hibiscus syriacus* f. *elegantissixuns* Gagnep.f. 3

38 柽柳科 Tamaricaceae

85 水柏枝属 *Myricaria* Desv.

571 心叶水柏枝 *Myricaria pulcherrima* Batalin 2
572 秀丽水柏枝 *Myricaria elegans* Royle 1
573 美丽水柏枝 *Myricaria pulcherrima* Batalin 1
574 宽苞水柏枝 *Myricaria bracteata* Royle 1
575 匍匐水柏枝 *Myricaria prostrata* f. et Thoms. ex Benth. et Hook. f. Gen. 1
576 鳞序水柏枝 *Myricaria squamosa* Desv. 3

86 琵琶柴属 *Reaumuria* L.

577 琵琶柴 红砂 *Reaumuria soongorica* (Pall.) Maxim. 7
578 五柱琵琶柴 五柱红砂 *Reaumuria kaschgarica* Rupr. 3
579 民丰琵琶柴 *Reaumuria minfengensis* D. F. Cui et M. J. Zhang 8

87 柽柳属 *Tamarix* L.

580 柽柳 *Tamarix* Sp. 12
581 甘肃柽柳 *Tamarix gansuensis* X. Z. Zhang 2
582 密花柽柳 *Tamarix arceuthoides* Bge. 4

583盐地柽柳 短毛柽柳 *Tamarix karelinii* Bge. 2
584塔里木柽柳 *Tamarix taremensis* P.Y.Zhang et Liu 1
585中国柽柳 *Tamarix chinensis* Lour. 1
586短穗柽柳 *Tamarix laxa* Willd. 7
587多花柽柳 *Tamarix hohenackeri* Bge. 22
588多枝柽柳 *Tamarix ramosissima* Ldb. 39
589刚毛柽柳 *Tamarix hispida* Willd. 19
590长穗柽柳 *Tamarix elongate* Ledeb. 1
591紫杆柽柳 *Tamarix androssowii* Litv. 4
592山川柽柳 *Tamarix arceuthoides* Bge. 7
593沙生柽柳 *Tamarix taklamakanensis* M. T. Liu 13
594细穗柽柳 *Tamarix leptostachys* Bge. 20
595长穗柽柳 *Tamarix elongate* Ledeb. 6
596莎车柽柳 *Tamarix sachuensis* P. Y. Zhang et Liu. 4
597甘蒙柽柳 *Tamarix austromongolica* Nakai 2

39 胡颓子科 Elaeagnaceae

88胡颓子属 *Elaeagnus* L.

598沙枣 *Elaeagnus oxycarpa* Schlecht. 52
599尖果沙枣 *Elaeagnus oxycarpa* Schlecht. 13
600东方沙枣 *Elaeagnus angustifolia* var. *orientalis* kuntze 2
601新疆大沙枣 *Elaeagnus moorcroftii* Schlecht. 3
602沙生沙枣 *Elaeagnus moorcroftii* Schlecht. 8
603馕沙枣 *Elaeagnus moorcroftii* 'Nang' 1
604大果沙枣 *Elaeagnus moorcroftii* Wall. ex Schlecht. 19

89沙棘属 *Hippophae* L.

605沙棘 *Hippophae rhamnoides* L. 13
606中亚沙棘 *Hippophae rhamnoides* subsp. *trukestanica* Rousi. 6
607蒙古沙棘 *Hippophae rhamnoides* subsp.*mongolica* Rousi. 1

40 千屈菜科 Lythraceae

90紫薇属 *Lagerstroemia* L.

608紫薇 *Lagerastroemia indjca* L. 4

41 石榴科 Punicaceae

91石榴属 *Punica* L.

609石榴 *Punica granatum* L. 31
610和田石榴 *Punica granatum* 'Hetian' 2
611皮亚曼石榴 *Punica granatum* 'Piyaman' 10
612阿拉尔石榴 *Punica granatum* 'Alar' 1
613娜胡西石榴 *Punica granatum* 'Nahuxi' 1
614千紫红石榴 *Punica granatum* 'Qianzihong' 2
615花石榴 *Punica granatum* 'Hua' 1

42 木樨科 Oleaceae

92白蜡树属 *Fraxinus* L.

616白蜡 *Fraxinus* Sp. 4
617金叶白蜡 *Fraxinus chinensis* Roxb. 1
618速生白蜡 *Fraxinus sodgiana* Bge. 1
619小叶白蜡 *Fraxinus sogdiana* Bge. 68
620大叶白蜡 *Fraxinus americana* L. 41
621尖叶白蜡 *Fraxinus lanceolata* Borkh. 5

93丁香属 *Syringa* L.

622小叶巧玲花 *Syringa pubescens* subsp.*microphylla* M. C. Chang & X. L. Chen 5
623暴马丁香 *Syringa reticulata* var. *amurensis* (Rupr.) Pringle. 7
624花叶丁香 *Syringa persica* L. 1

625 白丁香 *Syringa ablata* var. *alba* Rehder 1
626 红丁香 *Syringa villosa* Vahl. 1
627 丁香 *Syringa vulgaris* L. 3
628 紫丁香 *Syringa oblata* Lindl. 15
94 连翘属 *Forsythia* Vahl.
629 连翘 *Forsythia suspensa* (Thunb.) Vahl. 3
630 深碧连翘 *Forsythia suspensa* (Thunb.) Vahl. 2
95 女贞属 *Ligustrum* L.
631 水蜡 *Ligustrum obtusifolium* Sieb. et Zucc. 22
632 小叶女贞 *Ligustrum quihoui* Carr. 1
633 金叶女贞 *Ligustrum* × *vicaryi* Hort 13
43 茄科 Solanaceae
96 枸杞属 *Lycium* L.
634 青海枸杞 *Lycium barbarum* L. 13
635 新疆枸杞 *Lycium dasystemum* Pojark. 1
636 黑果枸杞 *Lycium ruthenicum* Murr. 34
97 茄属 *Solanum* L.
637 珊瑚樱 *Solanum pseudo-capsicum* L. 1
638 香瓜茄 *Solanum muricatum* Aiton 1
44 玄参科 Scrophulariaceae
98 泡桐属 *Paulownia* Sieb. et Zucc
639 毛泡桐 *Paulownia tomentosa* Steud. 7
640 紫花泡桐 *Paulownia tomentosa* Steud. 11
45 紫葳科 Bignoniaceae
99 梓树属 *Catalpa* Scop.
641 梓树 *Catalpa ovata* G. Don. 2
642 黄金树 *Catalpa speciosa* Warder. ex Engelm. 8
100 凌霄属 *Campsis* Lour.
643 凌霄 *Campsis grandiflora* (Thunb.) Schum. 1
46 忍冬科 Caprifoliaceae
101 锦带花属 *Weigela* Thunb
644 红王子锦带 *Weigela florida* 'Red Prince' 9
102 忍冬属 *Lonicera* L.
645 小叶忍冬 *Lonicera microphylla* Willd. ex Roem. et Schult. 1
646 金银花 *Lonicera japonica* Thunb. 1
47 菊科 Compositae
103 紫菀木属 *Asterothamnus* Novopokr.
647 灌木紫菀木 *Asterothamnus fruticosus* (C.Winkl.) Novopokr. 1
104 亚菊属 *Ajania* Poljak.
648 策勒亚菊 *Ajania qiraica* Z. X. An et Dilxat. 1

附录二　和田市林木种质资源名录

和田市有林木种质资源705份，有35科、61属，177分类单位（88种、1亚种、13变种、5变型及70品种）。其中裸子植物有3科、6属，7种、2变种、2品种；被子植物有32科、55属、81种、1亚种、11变种、5变型及68品种。

1 银杏科 Ginkgoaceae

　1 银杏属 *Ginkgo* L.

　　1 银杏 *Ginkgo biloba* L.　6

2 松科 Pinaceae

　2 云杉属 *Picea* A. Dietr.

　　2 红皮云杉 *Picea koraiensis* Nakai　2

　3 雪松属 *Cedrus* Trew

　　3 雪松 *Cedrus deodara*（Roxb.）G. Don　2

　4 松属 *Pinus* L.

　　4 樟子松 *Pinus sylvestris* var. *mongolica* Litv.　1

　　5 油松 *Pinus tabuliformis* Carrière　1

3 柏科 Cupressaceae

　5 侧柏属 *Platycladus* Spach

　　6 侧柏 *Platycladus orientalis*（L.）Franco　6

　　7 金枝千头柏 *Platycladus orientalis* 'Sieboldii'　5

　6 圆柏属 *Juniperus* L.

　　8 龙柏 *Juniperus chinensis* var.*kaizuka* Hort.　4

　　9 塔柏 *Sabina chinensis* 'Pyramidalis'　13

　　10 新疆圆柏 *Juniperus sabina* L.　1

　　11 圆柏 *Juniperus chinensis* L.　10

4 木兰科 Magnoliaceae

　7 木兰属 *Magnolia* L.

　　12 荷花玉兰 *Magnolia Grandiflora* Linn　2

　　13 白玉兰 *Magnolia denudada* Desr.　1

5 黄杨科 Buxaceae

　8 黄杨属 *Buxus* L.

　　14 大叶黄杨 *Buxus megistophylla* Levl.　8

　　15 小叶黄杨 *Buxus sinica* var. *parvifolia* M. Cheng　5

6 杨柳科 Salicaceae

　9 杨属 *Populus* L.

　　16 钻天杨 *Populus nigra* var. *italica*（Moench）Koehne　9

　　17 箭杆杨 *Populus nigra* var. *thevestina*（Dode）Bean　1

　　18 新疆杨 *Populus alba* var. *pyramidalis* Bge.　14

　　19 银白杨 *Populus alba* L.　2

　　20 红叶杨 *Populus deltoids* 'Zhonghuahongye'　6

　10 柳属 *Salix* L.

　　21 吐兰柳 *Salix turanica* Nas.　1

　　22 垂柳 *Salix babylonica* L.　5

　　23 旱柳 *Salix matshudana* Koidz　12

　　24 金丝垂柳 *Salix* × *aureo-pendula* CL.　3

　　25 龙爪柳 *Salix matshudana* var. *tortuosa*（Vilm.）Rehd.　5

26 馒头柳 *Salix matsudana* f. *umbraculifera* Rehd. 13
27 竹柳 *Salix* 'zhuliu' 1

7 核桃科 Juglandaceae
11 核桃属 *Juglans* L.
28 核桃 *Juglans regia* L. 8
29 温 185 核桃 *Juglans regia* 'Wen 185' 5
30 扎 343 核桃 *Juglans regia* 'Zha 343' 6
31 新丰核桃 *Juglans regia* 'Xinfeng' 6
32 上游 9 号核桃 *Juglans regia* 'Shangyu 9' 2
33 新~2 号核桃 *Juglans regia* 'Xing 2' 2
34 新新 2 号核桃 *Juglans regia* 'Xingxing 2' 1
35 黏核核桃 *Juglans regia* L. 2

8 桦木科 Betulaceae
12 桦木属 *Betula* L.
36 天山桦 *Betula tianschanica* Rupr. 1

9 壳斗科 Fagaceae
13 栎属 *Quercus* L.
37 夏橡 *Quercus robur* L. 2

10 榆科 Ulmaceae
14 榆属 *Ulmus* L.
38 白榆 *Ulmus pumila* L. 12
39 倒榆 *Ulmus pumila* var. *pendula* (Kirchn.) Rehd. 9
40 圆冠榆 *Ulmus densa* Litv. 7
41 欧洲大叶榆 *Ulmus laevis* Pall. 1
42 金叶榆 *Ulmus pumila* 'Jingyeyu' 8

11 桑科 Moraceae
15 无花果属 *Ficus* L.
43 无花果 *Ficus carica* L. 4
44 ALMA 无花果 *Ficus carica* 'ALMA' 1
45 布兰瑞克无花果 *Ficus carica* 'Bulanreike' 1
46 枣黄无花果 *Ficus carica* 'Zhaohuang' 3
47 中国紫果 *Ficus carica* 'Zhongguozigue' 1
16 桑属 *Morus* L.
48 白桑 *Morus alba* L. 10
49 黑桑 *Morus nigra* L. 12
50 药桑 *Morus nigra* L. 8

12 蓼科 Polygonaceae
17 沙拐枣属 *Calligomim* L.
51 塔里木沙拐枣 昆仑沙拐枣 *Calligonum roborovskii* A.Los. 2
52 沙拐枣 *Calligonu mmongolicum* Turcz 1

13 小檗科 Berberidaceae
18 小檗属 *Berberis* L.
53 红叶小檗 *Berberis thunbergii* var. *atropurpurea* Chenault 3

14 悬铃木科 Platanaceae
19 悬铃木属 *Platanus* L.
54 三球悬铃木 *Platanus orientalis* L. 12

15 蔷薇科 Rosaceae
20 山楂属 *Crataegus* L.
55 大果山楂 *Crataegus pinnatifida* var. *major* N. 1
56 阿尔泰山楂 *Crataegus altaica*（Loudon）Lange 1
21 榅桲属 *Cydonia* Mill.

57榅桲 *Cydonia oblonga* Mill	7
22木瓜属 *Chaenomeles*	
58倭木瓜 *Chaenomeles japonica* Mill	2
23梨属 *Pyrus* L.	
59土梨 *Pyrus sinkiangensis* Yu	7
60水晶梨 *Pyrus* 'Shuijin'	1
61砀山梨 *Pyrus bretscneideri* 'Dangshanli'	6
62库尔勒香梨 *Pyrus bretscneideri* 'Kuerlexiangli'	1
63秦冠梨 *Pyrus* 'Qinguan'	1
64黑梨 *Pyrus sinkiangensisi* 'Hei'	1
24苹果属 *Malus* Mill.	1
65苹果 *Malus pumila* Mill.	1
66黄苹果 *Malus pumila* 'Huang'	1
67绿苹果 *Malus pumila* 'Lu'	1
68红富士 *Malus pumila* 'Hongfushi'	5
69银地香苹果 *Malus pumila* 'Yindixiang'	1
70嘎拉苹果 *Malus pumila* 'Gala'	1
71黄元帅苹果 *Malus pumila* 'Golden Delicious'	1
72黄香蕉苹果 *Malus pumila* 'Golden Delicious'	1
73海棠果 *Malus spectabilis* (Willd.) Borkh.	1
74垂丝海棠 *Malus halliana*. Koehne	1
25蔷薇属 *Rosa* L.	
75玫瑰 *Rosa rugosa* Thunb.	6
76刺玫瑰 *Rosa rugosa* Thunb.	1
77月季 *Rosa chinensis* Jacq.	7
78丰华月季 *Rosa chinensis* 'Fengshua'	4
79疏花蔷薇 *Rosa laxa* Retz.	2
80大果蔷薇 *Rosa webbiana* Wall. ex Royle	1
26杏属 *Armeniaca* Mill.	
81杏 *Armeniaca vulgaris* Lam.	10
82阿恰买提杏 *Armeniaca vulgaris* 'Aqiamaiti'	1
83小白杏 *Armeniaca vulgaris* 'Xiaobaixing'	1
84大白杏 *Armeniaca vulgaris* 'Dabai'	5
85黑叶杏 *Armeniaca vulgaris* 'Heiye'	1
86华纳杏 *Armeniaca vulgaris* 'Huana'	3
87白优杏 *Armeniaca vulgaris* 'Baiyui'	2
88加拿大杏 *Armeniaca* 'Jianada'	1
89李光杏 *Armeniaca vulgaris* var. *glabra* S. X. Sum	1
90奇纳胡瓦纳杏 *Armeniaca vulgaris* 'Qinahuwana'	1
91托乎提杏 *Armeniaca vulgaris* 'Tuehuti'	1
27巴旦属 *Amygdalus* L.	
92巴旦木 *Amygdalus communis* L.	1
28桃属 *Percica* L.	
93桃 *Percica vulgaris* Mill.	3
94新疆桃 土毛桃 *Percica ferganensis* Kov. et Kost.	3
95库克绿桃子 *Percica vulgaris* 'Kukelu'	4
96粘黏桃 *Percica vulgaris* f. *scloropersica* Yu et Lu	1
97马斯依桃 *Percica vulgaris* 'Mayisi'.	1
98李子桃 *Percica vulgaris* 'Lizi'	1
99离核土毛桃 *Percica vulgaris* f. *aganopersica* Reich.	1
100油桃 *Percica vulgaris* var. *nectarina* Maxim.	5

101红叶碧桃 *Percica vulgaris* var.*duplex* Rehd.	8
29榆叶梅属 *Louiscania* Carr.	
102榆叶梅 *Louiscania triloba* Carr.	6
103重瓣榆叶梅 *Louiscania triloba* var. *Multiples* Bge.	1
30稠李属 *Padus* Mill.	
104稠李 *Padus avium* Mill.	1
105紫叶稠李 *Padus virginiana* 'Canada Red'	1
31李属 *Prunus* L.	
106土李子 *Prunus salicina* Lindl.	1
107西梅 *Prunus domestica* L.	4
108紫叶李 *Prunus cerasifera* f. *atropurpurea* (Jacq.) Rehd.	11
109紫叶矮樱 *Prunus* × *cistena* N. E. Hansen ex Koehne	4
32樱桃属 *Cerasus* Mill.	
110樱桃 *Cerasus avium* (L.) Moernh	3
111艾努拉李 *Cerasus avium* 'Ainula'	2
33石楠属 *Photinia* Lindl.	
112红叶石楠 *Photinia xfraseyi* Dress	2
16豆科 Leguminosae	
34刺槐属 *Robinia* L.	
113刺槐 *Robinia pseudoacacia* L.	10
114毛刺槐 *Robinia hispida* L.	3
115红花刺槐 *Robinia hisqida* 'Honghua'	1
116香花槐 *Robinia pseudoacacia* 'Idaho'	8
35槐属 *Sophora* L.	
117国槐 *Sophora japonica* L.	9
118倒槐 *Sophora japonica* f. *pendnla* Hort.	3
119黄金槐 *Sophora japonica* 'Golden Stem'	4
120金枝槐 *Sophora japonica* 'Golden Stem'	1
36合欢属 *Albizia* Durazz.	
121合欢 *Albizia julibrissin* Durazz.	9
37紫荆属 *Cercis* L.	
122紫荆 *Cercis chinensis* Bge.	3
38紫穗槐属 *Amorpha* L.	
123紫穗槐 *Amorpha fruticosa* L.	5
17苦木科 Simaroubaceae	
39臭椿属 *Ailanthus* Desf.	
124臭椿 *Ailanthus altissima* (Mill.) Swingle	14
18大戟科 Euphorbiaceae	
40大戟属 *Euphorbia* L.	
125红棉木（紫）*Euphorbia cotinifolia* L.	5
19漆树科 Anacardiaceae	
41盐肤木属 *Rhus* L.	
126火炬树 *Rhus typhina* L.	5
20卫矛科 Celastraceae	
42卫矛属 *Euonymus* L.	
127华北卫矛 *Euonymus maachii* Rupr.	2
21槭树科 Aceraceae	
43槭树属 *Acer* L.	
128复叶槭 *Acer negundo* L	1
129五角枫 *Acer mono* Maxim.	1
22无患子科 Sapindaceae	

44 文冠果属 *Xanthoceras* Bge.

130 文冠果 *Xanthoceras sorbifolia* Bge. 4

23 鼠李科 Rhamnaceae

45 枣属 *Ziziphus* Mill.

131 酸枣 *Ziziphus jujuba* var. *spinosa* (Bge.) Hu ex H. F. Chow 9

132 冬枣 *Ziziphus jujuba* 'Dongzao' 5

133 灰枣 *Ziziphus jujuba* 'Huizao' 8

134 骏枣 *Ziziphus jujuba* 'Junzao' 8

135 杧果枣 *Ziziphus jujuba* 'Manggue' 1

136 葫芦枣 *Ziziphus jujuba*. f. *lageniformis* (Nakai) Kitag. 1

24 葡萄科 Vitaceae

46 地锦属 *Parthenocissus* Planch.

137 五叶地锦 *Parthenocissus quinquefolia* (L.) Planch. 11

47 葡萄属 *Vitis* L.

138 果葡萄 *Vitis vinifera* 'Guo' 1

139 红葡萄 *Vitis vinifera* 'Muscat Ottonel' 2

140 和田红葡萄 *Vitis vinifera* 'Hetianhong' 6

141 绿葡萄 *Vitis vinifera* 'Lu' 1

142 早熟绿葡萄 *Vitis vinifera* 'Zhaosulu' 1

143 马奶子 *Vitis vinifera* 'Manaizi' 6

144 木纳格 *Vitis vinifera* 'Munage' 3

145 白木纳格 *Vitis vinifera* 'Baimunage' 5

146 无核白 *Vitis vinifera* 'Seedless' 1

25 山茱萸科 Cornaceae

48 梾木属 *Swida* Opiz

147 红瑞木 *Swida alba* L. 6

26 锦葵科 Malvaceae

49 木槿属 *Hibiscus* Zhu.

148 木槿 *Hibiscus syriacus* L. 7

27 柽柳科 Tamaricaceae

50 柽柳属 *Tamarix* L.

149 柽柳 *Tamarix* Sp. 3

150 沙生柽柳 *Tamarix taklamakanensis* M. T. Liu 2

151 细穗柽柳 *Tamarix leptostachys* Bge. 2

152 刚毛柽柳 *Tamarix hispida* Willd. 1

153 多枝柽柳 *Tamarix ramosissima* Ldb. 8

28 胡颓子科 Elaeagnaceae

51 胡颓子属 *Elaeagnus* L.

154 沙枣 *Elaeagnus oxycarpa* Schlecht. 1

155 大果沙枣 *Elaeagnus moorcroftii* Wall. ex Schlecht. 11

156 尖果沙枣 *Elaeagnus oxycarpa* Schlecht. 1

29 千屈菜科 Lythraceae

52 紫薇属 *Lagerstroemia* L.

157 紫薇 *Lagerastroemia indjca* L. 2

30 石榴科 Punicaceae

53 石榴属 *Punica* L.

158 石榴 *Punica granatum* L. 3

159 花石榴 *Punica granatum* 'Hua' 1

160 皮亚曼石榴 *Punica granatum* 'Piyaman' 5

161 阿拉尔石榴 *Punica granatum* 'Alar' 1

31 木樨科 Oleaceae

54 白蜡树属 *Fraxinus* L.

162 白蜡 *Fraxinus* Sp.	4
163 小叶白蜡 *Fraxinus sodgiana* Bge.	12
164 大叶白蜡 *Fraxinus americana* L.	1
165 尖叶白蜡 *Fraxinus lanceolata* Borkh.	5
166 金叶白蜡 *Fraxinus chinensis* Roxb.	1

55 丁香属 *Syringa* L.

167 紫丁香 *Syringa oblata* Lindl.	9
168 小叶巧玲花 *Syringa pubescens* subsp.*microphylla* M. C. Chang & X. L. Chen	1

56 连翘属 *Forsythia* Vahl.

169 连翘 *Forsythia suspensa*（Thunb.）Vahl.	1
170 深碧连翘 *Forsythia suspensa*（Thunb.）Vahl.	2

57 女贞属 *Ligustrum* L.

171 水蜡 *Ligustrum obtusifolium* Sieb. et Zucc.	6
172 金叶女贞 *Ligustrum* × *vicaryi* Hort	11

32 茄科 Solanaceae

58 枸杞属 *Lycium* L.

173 青海枸杞 *Lycium barbarum* L.	4
174 黑果枸杞 *Lycium ruthenicum* Murr.	3

33 玄参科 Scrophulariaceae

59 泡桐属 *Paulownia* Sieb. et Zucc

175 毛泡桐 *Paulownia tomentosa*（Thunb.）Steud.	3

34 紫葳科 Bignoniaceae

60 梓树属 *Catalpa* Scop.

176 黄金树 *Catalpa speciosa* Warder. ex Engelm.	2

35 忍冬科 Caprifoliaceae

61 锦带花属 *Weigela* Thunb

177 红王子锦带 *Weigela florida*‘Red Prince’	4

附录三　和田县林木种质资源名录

和田县有林木种质资源315份，有30科、53属，160分类单位（89种、1亚种、9变种、1变型及60品种）。其中裸子植物有2科、3属，4种、1变种、1品种；被子植物有28科、50属、85种、1亚种、8变种、1变型及59品种。

1柏科 Cupressaceae

1侧柏属 *Platycladus* Spach

1侧柏 *Platycladus orientalis* (L.) Franco	2

2圆柏属 *Juniperus* L.

2刺柏 *Juniperus formosana* Hayata	3
3圆柏 *Juniperus chinensis* L.	2
4塔柏 *Juniperus chinensis* 'Pyramidalis'	2

2麻黄科 Ephedraceae

3麻黄属 *Ephedra* L.

5雌雄麻黄 昆仑麻黄 *Ephedra fedtschenkoae* Pauls.	1
6西藏中麻黄 西藏麻黄 *Ephedra intermedia* var. *tibetica* Stapf.	1

3黄杨科 Buxaceae

4黄杨属 *Buxus* L

7大叶黄杨 *Buxus megistophylla* Levl.	2

4杨柳科 Salicaceae

5杨属 *Populus* L.

8胡杨 *Populus euphratica* Oliv.	4
9灰杨 *Populus pruinosa* Schrenk	6
10钻天杨 *Populus nigra* var. *italica* (Moench) Koehne	1
11箭杆杨 *Populus nigra* var. *thevestina* (Dode) Bean	2
12银白杨 *Populus alba* L.	6
13新疆杨 *Populus alba* var. *pyramidalis* Bge.	8
14阿富汗杨 *Populus afghanica* (Aitch. & Hemsl.) Schneid.	1
15红叶杨 *Populus deltoids* 'Zhonghuahongye'	1

6柳属 *Salix* L.

16白柳 *Salix alba* L.	2
17旱柳 *Salix matshudana* Koidz	7
18馒头柳 *Salix matsudana* f. *umbraculifera* Rehd.	9
19垂柳 *Salix babylonica* L.	3
20龙爪柳 *Salix matshudana* var. *tortuosa* (Vilm.) Rehd.	4
21黄皮柳 *Salix carmanica* Bornm.	1
22线叶柳 *Salix wilhelmsiana* M. B.	1

5核桃科 Juglandaceae

7核桃属 *Juglans* L.

23核桃 *Juglans regia* L.	4
24恰喀村土品种核桃 *Juglans regia* L.	1
25新疆2号核桃 *Juglans regia* 'XinJjang 2'	2
26扎343核桃 *Juglans regia* 'Zha 343'	5
27温185核桃 *Juglans regia* 'Wen 185'	5
28新丰核桃 *Juglans regia* 'Xinfeng'	3
29新丰二号核桃 *Juglans regia* 'Xinfeng 2'	1

30巴格其2号 *Juglans regia* 'Bageqi 2'	1
31巴格其4号 *Juglans regia* 'Bageqi 4'	1
32巴格其5号 *Juglans regia* 'Bageqi 5'	1
33巴格其12号 *Juglans regia* 'Bageqi 12'	1
34巴格其14号 *Juglans regia* 'Bageqi 14'	1
35巴格其15号 *Juglans regia* 'Bageqi 15'	1
36布扎克2号 *Juglans regia* 'Buzhake 2'	1
37布扎克3号 *Juglans regia* 'Buzhake 3'	1
38布扎克4号 *Juglans regia* 'Buzhake 4'	1
39布扎克10号 *Juglans regia* 'Buzhake 10'	1
40罕艾日克1号 *Juglans regia* 'Hanairike1'	1
41罕艾日克3号 *Juglans regia* 'Hanairike 3'	1
42罕艾日克7号 *Juglans regia* 'Hanairike 7'	1
43罕艾日克9号 *Juglans regia* 'Hanairike 9'	1
44拉依喀4号核桃 *Juglans regia* 'Layige 4'	1
45拉依喀5号核桃 *Juglans regia* 'Layige 5'	1
46拉依喀6号核桃 *Juglans regia* 'Layige 6'	1
47拉依喀8号核桃 *Juglans regia* 'Layige 8'	1
48拉依喀9号核桃 *Juglans regia* 'Layige 9'	1
49拉依喀13号核桃 *Juglans regia* 'Layige 13'	1
50拉依喀14号核桃 *Juglans regia* 'Layige 14'	1
6榆科 Ulmaceae	
8榆属 *Ulmus* L.	
51白榆 *Ulmus pumila* L.	1
52倒榆 *Ulmus pumila* var. *pendula* (Kirchn.) Rehd.	2
7桑科 Moraceae	
9无花果属 *Ficus* L.	
53无花果 *Ficus carica* L.	4
10桑属 *Morus* L.	
54白桑 *Morus alba* L.	7
55黑桑 *Morus nigra* L.	2
56药桑 *Morus nigra* L.	3
8蓼科 Polygonaceae	
11沙拐枣属 *Calligomim* L.	
57塔里木沙拐枣 昆仑沙拐枣 *Calligonum roborovskii* A. Los.	1
9藜科 Chenopodiaceae	
12梭梭属 *Haloxylon* Bge.	
58梭梭 *Haloxylon ammodendron* (C. A. Mey.) Bge	1
13合头草属 *Sympegma* Bge.	
59合头草 黑柴 *Sympegma regelii* Bge.	1
14驼绒藜属 *Ceratoides* (Tourn.) Gagnebin	
60驼绒藜 *Ceratoides latens* (J. F. Gmel.) Reveal et Holmgren.	1
10毛茛科 Ranunculaceae	
15铁线莲属 *Clematis* L.	
61东方铁线莲 *Clematis orientalis* L.	1
62甘青铁线莲 *Clematis tangutica* (Maxim.) Korsh.	1
11小檗科 Berberidaceae	
16小檗属 *Berberis* L.	
63小檗 *Berberis amurensis* Ruor.	1
64红果小檗 *Bereris nommularia* Bge.	1
65黑果小檗 *Berberis heteropoda* Schrenk	1

66 喀什小檗 *Berberis kaschgarica* Rupr. 1

12 十字花科 Cruciferae

17 燥原荠属 *Ptiotrichum* C. A. Mey.

67 燥原荠 *Ptilotricum canesce*（DC.）C. A. Mey. 1

13 悬铃木科 Platanaceae

18 悬铃木属 *Platanus* L.

68 三球悬铃木 *Platanus orientalis* L. 7

14 蔷薇科 Rosaceae

19 榅桲属 *Cydonia* Mill.

69 榅桲 *Cydonia oblonga* Mill 4

20 梨属 *Pyrus* L.

70 杜梨 *Pyrus betulaefolia* Bge. 1

71 鸭梨 *Pyrus bretschneider* Rehd. 2

72 砀山梨 *Pyrus bretscneideri* 'Dangshanli' 3

73 库尔勒香梨 *Pyrus bretscneideri* 'Kuerlexiangli' 1

74 阿木提梨 *Pyrus sinkiangensis* 'Amuti' 1

21 苹果属 *Malus* Mill.

75 苹果 *Malus pumila* Mill. 1

76 冰糖心 *Malus pumila* 'Bintangxin' 1

77 红富士 *Malus pumila* 'Hongfushi' 4

78 黄香蕉苹果 *Malus pumila* 'Golden Delicious' 1

79 大海棠苹果 *Malus spectabilis*（Willd.）Borkh. 1

80 海棠 *Malus spectabilis*（Willd.）Borkh. 1

81 王族海棠 红叶海棠 *Malus micromalus* 'Royalty' 1

22 蔷薇属 *Rosa* L.

82 月季 *Rosa chinensis* Jacq. 3

83 香水月季 *Rosa odorata*（Andr.）Sweet 1

84 喀什疏花蔷薇 *Rosa laxa* var. *kaschgarica*（Rupr.）Han 1

85 落花蔷薇 弯刺蔷薇 *Rosa beggeriana* Schrenk 1

86 玫瑰 *Rosa rugosa* Thunb. 2

87 四季玫瑰 *Rosa rugosa* Thunb. 1

88 和田玫瑰 *Rosa damascena* Mill. 1

23 杏属 *Armeniaca* Mill.

89 杏 *Armeniaca vulgaris* Lam. 2

90 艾合买提杏 *Armeniaca vulgaris* 'Aihemaiti' 1

24 桃属 *Percica* L.

91 新疆桃 土毛桃 *Percica ferganensis* Kov.et Kost. 2

92 毛桃 *Percica vulgaris* Mill. 2

93 紫叶桃 *Percica vulgaris* 'Ziye' 1

25 榆叶梅属 *Louiscania* Carr.

94 榆叶梅 *Louiscania triloba* Carr. 1

26 李属 *Prunus* L.

95 紫叶矮樱 *Prunus* × *cistena* N. E. Hansen ex Koehne 1

27 樱桃属 *Cerasus* Mill.

96 毛缨桃 *Cerasus tomentosa*（Thunb.）Wall. 1

15 豆科 Leguminosae

28 锦鸡儿属 *Caragana* Fabr.

97 昆仑锦鸡儿 *Caragana polourensis* Franch. 2

29 合欢属 *Albizia* Durazz.

98 合欢 *Albizia julibrissin* Durazz. 1

30 紫荆属 *Cercis* L.

99 紫荆 *Cercis chinensis* Bge.	1
31 槐属 *Sophora* L.	
100 国槐 *Sophora japonica* L.	3
32 铃铛刺属 *Halimodendron* Fisch. ex DC.	
101 铃铛刺 *Halimodendron halodendron*（Pall.）Voss.	3
33 黄耆属 *Astragalus* L.	
102 和田黄耆 *Astragalus hotianensis* S. B. Ho	1
16 白刺科 Nitrariaceae	
34 白刺属 *Nitraria* L.	
103 白刺 *Nitraria schoberi* L.	2
104 唐古特白刺 *Nitraria tangutorum* Bobr.	1
17 蒺藜科 Zygophyllaceae	
35 木霸王属 *Sarcozygium* Bge.	
105 木霸王 喀什霸王 *Sarcozygium xanthoxylon* Bge.	1
18 苦木科 Simaroubaceae	
36 臭椿属 *Ailanthus* Desf.	
106 臭椿 *Ailanthus altissima*（Mill.）Swingle	7
19 冬青科 Aquifoliaceae	
37 冬青属 *Ilex* L.	
107 冬青 *Ilex chinensis* Sims	1
20 卫矛科 Celastraceae	
38 卫矛属 *Euonymus* L.	
108 桃叶卫矛 *Euonymus bungeanus* Maxim.	1
21 鼠李科 Rhamnaceae	
39 枣属 *Ziziphus* Mill.	
109 枣 *Ziziphus jujuba* L.	1
110 冬枣 *Ziziphus jujuba* ‘Dongzao’	1
111 壶瓶枣 *Ziziphus jujuba* ‘Hupingzao’	1
112 金昌一号枣 *Ziziphus jujuba* ‘Jinchang1’	1
113 酸枣 *Ziziphus jujuba* var. *spinosa*（Bge.）Hu ex H. F. Chow	1
114 灰枣 *Ziziphus jujuba* ‘Huizao’	3
115 骏枣 *Ziziphus jujuba* ‘Junzao’	9
116 和田大枣 *Ziziphus jujuba* ‘Hetian’	2
22 葡萄科 Vitaceae	
40 地锦属 *Parthenocissus* Planch.	
117 五叶地锦 *Parthenocissus quinquefolia*（L.）Planch.	1
41 葡萄属 *Vitis* L.	
118 葡萄 *Vitis vinifera* L.	1
119 红葡萄 *Vitis vinifera* ‘Muscat Ottonel’	2
120 蓝葡萄 *Vitis vinifera* ‘Lan’	2
121 香皮葡萄 *Vitis vinifera* ‘Xiangpi’	2
122 无核白葡萄 *Vitis vinifera* ‘Seedless’	3
123 无核紫葡萄 *Vitis vinifera* ‘Ziseedless’	1
124 木纳格葡萄 *Vitis vinifera* ‘Munage’	5
125 和田红葡萄 *Vitis vinifera* ‘Hetianhong’	3
126 和田长葡萄 *Vitis vinifera* ‘Hetianchang’	1
127 马奶子葡萄 *Vitis vinifera* ‘Manaizi’	1
128 红马奶子葡萄 *Vitis vinifera* ‘Hongmanaizi’	1
129 红提 *Vitis vinifera* ‘Red Globe’	1
130 喀什噶尔葡萄 *Vitis vinifera* ‘kashiger’	1
131 塞瓦葡萄 *Vitis vinifera* ‘Saiwa’	1

23锦葵科 Malvaceae

42木槿属 *Hibiscus* Zhu.

132长苞木槿 *Hibiscus syriacus* var.*longibiracteatus* S.Y.Hu Fi. 1

24柽柳科 Tamaricaceae

43水柏枝属 *Myricaria* Desv.

133鳞序水柏枝 *Myricaria squamosa* Desv. 3

134心叶水柏枝 *Myricaria pulcherrima* Batalin 1

44琵琶柴属 *Reaumuria* L.

135民丰琵琶柴 *Reaumuria minfengensis* D. F. Cui et M. J. Zhang 1

136琵琶柴 红砂 *Reaumuria soongorica* (Pall.) Maxim. 1

45柽柳属 *Tamarix* L.

137柽柳 *Tamarix* Sp. 1

138山川柽柳 *Tamarix arceuthoides* Bge. 1

139沙生柽柳 *Tamarix taklamakanensis* M. T. Liu 3

140细穗柽柳 *Tamarix leptostachys* Bge. 4

141短穗柽柳 *Tamarix laxa* Willd. 1

142多花柽柳 *Tamarix hohenackeri* Bge. 2

143多枝柽柳 *Tamarix ramosissima* Ldb. 3

144刚毛柽柳 *Tamarix hispida* Willd. 1

145长穗柽柳 *Tamarix elongate* Ledeb. 1

146紫杆柽柳 *Tamarix androssowii* Litv. 1

25胡颓子科 Elaeagnaceae

46胡颓子属 *Elaeagnus* L.

147沙枣 *Elaeagnus oxycarpa* Schlecht. 8

148大果沙枣 *Elaeagnus moorcroftii* Wall. ex Schlecht. 2

149东方沙枣 *Elaeagnus angustifovia* var. *orientalis* kuntze 1

150尖果沙枣 *Elaeagnus oxycarpa* Schlecht. 1

47沙棘属 *Hippophae* L.

151沙棘 *Hippophae rhamnoides* L. 1

152中亚沙棘 *Hippophae rhamnoides* subsp. *trukestanica* Rousi. 1

26石榴科 Punicaceae

48石榴属 *Punica* L.

153娜胡西石榴 *Punica granatum* 'Nahuxi' 1

27木樨科 Oleaceae

49白蜡树属 *Fraxinus* L.

154大叶白蜡 *Fraxinus americana* L. 3

155小叶白蜡 *Fraxinus sodgiana* Bge. 2

50女贞属 *Ligustrum* L.

156水腊 *Ligustrum obtusifolium* Sieb. et Zucc. 1

28茄科 Solanaceae

51枸杞属 *Lycium* L.

157黑果枸杞 *Lycium ruthenicum* Murr. 6

158青海枸杞 *Lycium barbarum* L 1

29玄参科 Scrophulariaceae

52泡桐属 *Paulownia* Sieb. et Zucc

159紫花泡桐 *Paulownia tomentosa* Steud. 1

30菊科 Compositae

53紫菀木属 *Asterothamnus* Novopokr.

160灌木紫菀木 *Asterothamnus fruticosus* (C. Winkl.) Novopokr. 1

附录四　墨玉县林木种质资源名录

墨玉县有林木种质资源796份，有37科、71属，229分类单位（128种、1亚种、18变种、1变型、81品种）。其中裸子植物有3科、6属，10种、1品种；被子植物有34科、64属，118种、1亚种、18变种、1变型、80品种。

1 银杏科 Ginkgoaceae

1 银杏属 *Ginkgo* L.

1 银杏 *Ginkgo biloba* L. 2

2 松科 Pinaceae

2 落叶松属 *Larix* Mill.

2 兴安落叶松 *Larix gmelinii* (Rupr.) Rupr. 1

3 雪松属 *Cedrus* Trew

3 雪松 *Cedrus deodara* (Roxb.) G. Don 1

4 罗汉松属 *Podocarpus* L.

4 罗汉松 *Podocarpus macrophyllus* (Thunb.) D. 1

3 柏科 Cupressaceae

5 侧柏属 *Platycladus* Spach

5 侧柏 *Platycladus orientalis* (L.) Franco 9

6 圆柏属 *Juniperus* L.

6 圆柏 *Juniperus chinensis* L. 1

7 刺柏 *Juniperus formosana* Hayata 5

8 塔柏 *Juniperus chinensis* (L.) Ant. cv. Pyramidalis 7

9 桧刺柏 *Juniperus chinensis* (L.) Ant. 1

10 西伯利亚刺柏 *Juniperus sibirica* Burgsb. 2

4 黄杨科 Buxaceae

7 黄杨属 *Buxus* L

11 大叶黄杨 *Buxus megistophylla* Levl. 3

5 木兰科 Magnoliaceae

8 木兰属 *Magnolia* L.

12 玉兰 *Magnolia denudata* Desr. 2

6 杨柳科 Salicaceae

9 杨属 *Populus* L.

13 胡杨 *Populus euphratica* Oliv. 10

14 灰杨 *Populus pruinosa* Schrenk 4

15 银白杨 *Populus alba* L. 21

16 毛白杨 *Populus tomentosa* Carr. 1

17 钻天杨 *Populus nigra* var. *italica* (Moench) Koehne 1

18 箭杆杨 *Populus nigra* var. *thevestina* (Dode) Bean 10

19 小叶杨 *Populus simonii* Carr. 1

20 新疆杨 *Populus alba* var. *pyramidalis* Bge. 20

21 阿富汗杨 *Populus afghanica* (Aitch. & Hemsl.) Schneid. 1

22 美洲黑杨 *Populus deltoides* Marsh. 2

23 中华红叶杨 *Populus deltoids* 'Zhonghuahongye' 4

24 银×新杨 *Populus alba* × *P. alba* var. *pyramidalis* 1

25 速生杨 *Populus* Sp. 1

10 柳属 *Salix* L.

26 白柳 *Salix alba* L. 1

27 旱柳 *Salix matshudana* Koidz. 14

28 馒头柳 *Salix matsudana* f. *umbraculifera* Rehd.	18
29 垂柳 *Salix babylonica* L.	6
30 龙爪柳 *Salix matshudana* var. *tortuosa* (Vilm.) Rehd.	7
31 金丝垂柳 *Salix × aureo-pendula* CL.	12
32 蓝叶柳 *Salix capusii* Franch.	1
33 黄皮柳 *Salix carmanica* Bornm.	1
34 竹柳 *Salix* 'zhuliu'	4
7 核桃科 Juglandaceae	
11 核桃属 *Juglans* L.	
35 核桃 *Juglans regia* L.	16
36 实生核桃 *Juglans regia* L.	21
37 温 185 核桃 *Juglans regia* 'Wen 185'	7
38 扎 343 核桃 *Juglans regia* 'Zha 343'	6
39 新丰核桃 *Juglans regia* 'Xinfeng'	4
40 新新 2 号 *Juglans regia* 'Xinxin 2'	7
41 新疆 2 号核桃 *Juglans regia* 'Xinjiang 2'	1
42 和香 9 号核桃 *Juglans regia* 'Hexiang 9'	1
8 桦木科 Betulaceae	
12 桦木属 *Betula* L.	
43 疣枝桦 *Betula pendula* Roth.	3
9 壳斗科 Fagaceae	
13 栎属 *Quercus* L.	
44 夏橡 *Quercus robur* L.	3
10 榆科 Ulmaceae	
14 榆属 *Ulmus* L.	
45 白榆 *Ulmus pumila* L.	9
46 圆冠榆 *Ulmus densa* Litv.	1
47 欧洲大叶榆 *Ulmus laevis* Pall.	1
48 长枝榆 *Ulmus japonica* 'Changzhiyu'	1
49 倒榆 *Ulmus pumila* var. *pendula* (Kirchn.) Rehd.	5
50 春榆 *Ulmus* Sp.	1
51 中华金叶榆 *Ulmus pumila* 'Jingyeyu'	3
11 桑科 Moraceae	
15 无花果属 *Ficus* L.	
52 无花果 *Ficus carica* L.	4
53 紫果 布兰瑞克 *Ficus carica* 'Bulanruike'	1
16 桑属 *Morus* L.	
54 白桑 *Morus alba* L.	13
55 黑桑 *Morus nigra* L.	6
56 鞑靼桑 *Morus nigra* var. *tatarica* (L.) Ser.	5
17 构属 *Broussonetia* L.	
57 构树 *Broussonetia papyrifera* (Linn.) L. Hér. ex Vent.	1
12 蓼科 Polygonaceae	
18 沙拐枣属 *Calligomim* L.	
58 沙拐枣 *Calligonum mongolicum* Turcz	1
59 若羌沙拐枣 *Calligonum roborovskii* A. Los.	1
60 三列沙拐枣 *Calligonum mruoqiangense* Liou f.	1
13 藜科 Chenopodiaceae	
19 梭梭属 *Haloxylon* Bge.	
61 梭梭 *Haloxylon ammodendron* (C. A. Mey.) Bge	2
20 盐爪爪属 *Kalidium* Moq.	

62细枝盐爪爪*Kalidium gracile* Fenzl. 1

14毛茛科Ranunculaceae

21铁线莲属*Clematis* L.

63东方铁线莲*Clematis orientalis* L. 3

64甘青铁线莲*Clematis tangutica*（Maxim.）Korsh. 1

22芍药属*Paeonia* L.

65牡丹*Paeonia suffruticosa* Andr. 2

15小檗科Berberidaceae

23小檗属*Berberis* L.

66小檗*Berberis amurensis* Ruor. 2

67红果小檗*Bereris nommularia* Bge. 1

68紫叶小檗*erberis thunbergii* var. *atropurpurea* Chenault 4

16悬铃木科Platanaceae

24悬铃木属*Platanus* L.

69三球悬铃木*Platanus orientalis* L. 15

17蔷薇科Rosaceae

25风箱果属*Physocarpus*（Cambess.）Maxim.

70紫叶风箱果*Physocarpus amurensis* Maxim. 1

26榅桲属*Cydonia* Mill.

71榅桲*Cydonia oblonga* Mill 10

27木瓜属*Chaenomeles*

72贴梗海棠*Chaenomeles lagenaria* Mill 1

73木瓜*Chaenomeles* sp. 2

74红木瓜*Chaenomeles* sp. 2

28梨属*Pyrus* L.

75杜梨*Pyrus betulaefolia* Bge. 8

76鸭梨*Pyrus bretschneider* Rehd. 1

77新疆梨*Pyrus sinkiangensis* Yu 7

78延边苹果梨*Pyrus bretschneider*‘Pingguo’ 3

79印度梨*Pyrus bretschneider*‘Yindu’ 1

80句句梨*Pyrus sinkiangensis*‘Gogo’ 1

81库尔勒香梨*Pyrus bretscneideri*‘Kuerlexiangli’ 5

82香梨*Pyrus bretschneider*‘Xiang’ 1

83砀山梨*Pyrus bretscneideri*‘Dangshan’ 8

29苹果属*Malus* Mill.

84苹果*Malus pumila* Mill. 4

85实生苹果*Malus pumila* Mill. 1

86香蕉苹果*Malus pumila*‘Xiangjiao’ 1

87秦冠苹果*Malus pumila*‘Qinguan’ 1

88早熟苹果*Malus pumila* Mill. 1

89大苹果*Malus pumila*‘Da’ 1

90白苹果*Malus pumila*‘Bai’ 3

91红苹果*Malus pumila*‘Hong’ 1

92国光苹果*Malus pumila*‘Guoguang’ 1

93红富士苹果*Malus pumila*‘Hongfushi’ 6

94皇冠苹果*Malus pumila*‘Huangguan’ 1

95冬力蒙苹果*Malus pumila*‘Donglimeng’ 2

96冬苹果*Malus pumila*‘Dong’ 2

97王族海棠 红叶海棠*Malus micromalus*‘Royalty’ 2

30蔷薇属*Rosa* L.

98野玫瑰*Rosa rugosa* Thunb. 1

99玫瑰*Rosa rugosa* Thunb. 4
100藤本玫瑰*Rosa rugosa* Thunb. 1
101四季玫瑰*Rosa rugosa* Thunb. 2
102和田玫瑰*Rosa damascena* Mill. 1
103月季*Rosa chinensis* Jacq. 6
104香水月季*Rosa odorata*（Andr.）Sweet 2

31杏属*Armeniaca* Mill.
105杏*Armeniaca vulgaris* Lam. 9
106山杏*Armeniaca sibirica*（L.）Lam. 1
107毛杏*Armeniaca vulgaris* Lam. 1
108明星杏*Armeniaca vulgaris* 'Mingxin' 2
109赛买提杏*Armeniaca vulgaris* 'Saimaiti' 1
110华纳杏*Armeniaca vulgaris* 'Huana' 2
111白叶杏*Armeniaca vulgaris* 'Baiyei' 1
112麻雀杏*Armeniaca vulgaris*'Maque' 2
113李光杏*Armeniaca vulgaris* var. *glabra* S. X. Sum 1

32巴旦属*Amygdalus* L.
114巴旦木*Amygdalus communis* L. 1

33桃属*Percica* L.
115红花山桃*Percica davidiana* f.*rubr*（Bean）Rehd. 1
116桃*Percica vulgaris* Mill. 3
117桃（肉白）*Percica vulgaris* Mill. 1
118桃（肉黄）*Percica vulgaris* Mill. 1
119新疆桃 土毛桃*Percica ferganensis* Kov.et Kost. 2
120白桃*Percica vulgaris* 'Bei' 2
121油桃1 *Percica vulgaris* var. *nectarina* Maxim. 1
122油桃2 *Percica vulgaris* var. *nectarina* Maxim. 1
123油桃3 *Percica vulgaris* var. *nectarina* Maxim. 1
124油桃4 *Percica vulgaris* var. *nectarina* Maxim. 1
125油桃5 *Percica vulgaris* var. *nectarina* Maxim. 1
126油桃6 *Percica vulgaris* var. *nectarina* Maxim. 1
127塔克桃*Percica vulgaris* 'Take' 3
128库克绿桃子*Percica vulgaris* 'Kukelu' 1
129墨玉土桃*Percica ferganensis* 'Moyu' 1
130寿桃*Percica vulgaris* Mill. 1
131蟠桃*Percica vulgaris* var. *compressa*（Loud.）Yu et Lu 2
132黄油桃*Percica vulgaris* var. *nectarina*'Muang' 2
133李光桃*Percica vulgaris* var. *aganonucipersica* Yu et Lu 2

34榆叶梅属 *Louiscania* Carr.
134榆叶梅*Louiscania triloba* Carr. 5

35稠李属*Padus* Mill.
135加拿大红樱*Padus virginiana* 'Canada Red' 1

36李属*Prunus* L.
136李子*Prunus salicina* Lindl. 5
137李子1 *Prunus salicina* Lindl. 1
138李子2 *Prunus salicina* Lindl. 1
139李子3 *Prunus salicina* Lindl. 1
140李子4 *Prunus salicina* Lindl. 1
141李子5 *Prunus salicina* Lindl. 1
142李子6 *Prunus salicina* Lindl. 1
143李子7 *Prunus salicina* Lindl. 1

144李子8 *Prunus salicina* Lindl. 1
145李子9 *Prunus salicina* Lindl. 1
146鸡心李 *Prunus salicina* 'Jixin' 1
147鸡血李 *Prunus simonii* Carr. 2
148黑布朗李 *Prunus salicina* 'Heibulang' 2
149黑心樱桃李 *Prunus sogdiana* 'Heixin' 4
150红心樱桃李 *Prunus sogdiana* 'Red Heart' 1
151毛加李子 *Prunus salicina* 'Maoja' 1
152紫叶李 *Prunus cerasifera* f. *atropurpurea* (Jacq.) Rehd. 5
153西梅 *Prunus domestica* L. 7
154白尔干李子 *Prunus salicina* 'Bairgan' 1
37樱桃属 *Cerasus* Mill.
155毛樱桃 *Cerasus tomentosa* (Thunb.) Wall. 2
156樱桃 *Cerasus avium* (L.) Moernh 1
18豆科 Leguminosae
38合欢属 *Albizia* Durazz.
157合欢 *Albizia julibrissin* Durazz. 14
39刺槐属 *Robinia* L.
158刺槐 *Robinia pseudoacacia* L. 4
159红花刺槐 *Robinia hisqida* 'Honghua' 1
40槐属 *Sophora* L.
160国槐 *Sophora japonica* L. 17
41锦鸡儿属 *Caragana* Fabr.
161昆仑锦鸡儿 *Caragana polourensis* Franch. 1
42铃铛刺属 *Halimodendron* Fisch. ex DC.
162铃铛刺 *Halimodendron halodendron*(Pall.)Voss. 1
43皂荚属 *Gleditsia* L.
163三刺皂角 *Gleditsia triacanthos* L. 3
44紫荆属 *Cercis* L.
164紫荆 *Cercis chinensis* Bunge 1
19白刺科 Nitrariaceae
45白刺属 *Nitraria* L.
165白刺 *Nitraria schoberi* L. 1
20芸香科 Rutaceae
46花椒属 *Zanthoxylum* L.
166花椒 *Zanthoxylum bungeanum* Maxim. 1
21苦木科 Simaroubaceae
47臭椿属 *Ailanthus* Desf.
167臭椿 *Ailanthus altissima* (Mill.) Swingle 12
22漆树科 Anacardiaceae
48黄连木属 *Pistacia* L.
168阿月浑子 *Piatacia vera* L. 1
49黄栌属 *Cotinus* L.
169毛黄栌 *Cotinus coggygria* var. *cinerea* Engl. 2
50盐肤木属 *Rhus* L.
170火炬树 *Rhus typhina* L. 1
23冬青科 Aquifoliaceae
51冬青属 *Ilex* L.
171冬青 *Ilex chinensis* Sims 1
24卫矛科 Celastraceae
52卫矛属 *Euonymus* L.

172 桃叶卫矛 *Euonymus bungeanus* Maxim. 7

25 槭树科 Aceraceae

53 槭树属 *Acer* L.

173 复叶槭 *Acer negundo* L 2

174 五角枫 *Acer mono* Maxim. 3

175 鸡爪槭 *Acer palmatum* Thunbf. 1

26 无患子科 Sapindaceae

54 文冠果属 *Xanthoceras* Bge.

176 文冠果 *Xanthoceras sorbifolia* Bge. 7

27 鼠李科 Rhamnaceae

55 枣属 *Ziziphus* Mill.

177 枣 *Ziziphus jujuba* Mill. 3

178 酸枣 *Ziziphus jujuba* var. *spinosa*（Bge.）Hu ex H. F. Chow 7

179 骏枣 *Ziziphus jujuba* 'Junzao' 15

180 灰枣 *Ziziphus jujuba* 'Huizao' 5

181 冬枣 *Ziziphus jujuba* 'Dong' 2

182 喀什红枣 *Ziziphus jujuba* 'Kashihong' 1

183 金丝小枣 *Ziziphus jujuba* 'Jinsi' 4

28 葡萄科 Vitaceae

56 地锦属 *Parthenocissus* Planch.

184 五叶地锦 *Parthenocissus quinquefolia*（L.）Planch. 7

57 葡萄属 *Vitis* L.

185 葡萄 *Vitis vinifera* L. 4

186 黑美人 *Vitis vinifera* 'Heimeiren' 1

187 无核白葡萄 *Vitis vinifera* 'Seedless' 6

188 马奶子葡萄 *Vitis vinifera* 'Manaizi' 4

189 木纳格葡萄 *Vitis vinifera* 'Munage' 5

190 白木纳格 *Vitis vinifera* 'Baimunage' 2

191 美国红提子 *Vitis vinifera* 'Red Globe' 3

192 玫瑰香葡萄 *Vitis vinifera* 'Muscat Hamburg' 1

193 和田红 *Vitis vinifera* 'Hetianhong' 10

194 和田黄葡萄 *Vitis vinifera* 'Hetianhuong' 1

195 和田绿葡萄 *Vitis vinifera* 'Hetianlu' 3

196 长葡萄 *Vitis vinifera* L. 2

197 珍珠葡萄 *Vitis vinifera* 'Zhenzhu' 2

198 香妃葡萄 *Vitis vinifera* 'Xiangfei' 3

199 美人指葡萄 *Vitis vinifera* 'Meirenzhi' 3

200 黄葡萄 *Vitis vinifera* 'Huang' 2

29 山茱萸科 Cornaceae

58 梾木属 *Swida* Opiz

201 红瑞木 *Swida alba* L. 3

30 锦葵科 Malvaceae

59 木槿属 *Hibiscus* Zhu.

202 长苞木槿 *Hibiscus syriacus* var.*longibiracteatus* S. Y. Hu Fi. 4

31 柽柳科 Tamaricaceae

60 琵琶柴属 *Reaumuria* L.

203 琵琶柴 *Reaumuria soongorica*（Pall.）Maxim. 1

61 柽柳属 *Tamarix* L.

204 柽柳 *Tamarix* Sp. 5

205 细穗柽柳 *Tamarix leptostachys* Bge. 3

206 短穗柽柳 *Tamarix leptostachys* Bge. 1

207 多枝柽柳 *Tamarix ramosissima* Ldb.	4
208 刚毛柽柳 毛柽柳 *Tamarix hispida* Willd.	2
209 莎车柽柳 *Tamarix sachuensis* P. Y. Zhang et Liu.	1
210 山川柽柳 *Tamarix arceuthoides* Bge.	3
32 胡颓子科 Elaeagnaceae	
62 胡颓子属 *Elaeagnus* L.	
211 沙枣 *Elaeagnus oxycarpa* Schlecht.	14
212 新疆大沙枣 *Elaeagnus moorcroftii* Schlecht.	3
213 东方沙枣 *Elaeagnus angustifolia* var. *orientalis* Kuntze	1
63 沙棘属 *Hippophae* L.	
214 沙棘 *Hippophae rhamnoides* L.	2
215 中亚沙棘 *Hippophae rhamnoides* subsp. *trukestanica* Rousi.	1
33 石榴科 Punicaceae	
64 石榴属 *Punica* L.	
216 石榴 *Punica granatum* L.	2
217 软籽石榴 *Punica granatum* L.	1
34 木樨科 Oleaceae	
65 白蜡树属 *Fraxinus* L.	
218 小叶白蜡 *Fraxinus sodgiana* Bge.	10
219 大叶白蜡 *Fraxinus americana* L.	8
66 丁香属 *Syringa* L.	
220 紫丁香 *Syringa oblata* Lindl.	1
221 丁香 *Syringa vulgaris* L.	1
222 暴马丁香 *Syringa reticulata* var. *amurensis* (Rupr.) Pringle.	2
67 女贞属 *Ligustrum* L.	
223 小叶女贞 *Ligustrum quihoui* Carr.	1
224 水蜡 *Ligustrum obtusifolium* Sieb. et Zucc.	4
35 茄科 Solanaceae	
68 枸杞属 *Lycium* L.	
225 黑果枸杞 *Lycium ruthenicum* Murr.	8
36 玄参科 Scrophulariaceae	
69 泡桐属 *Paulownia* Sieb. et Zucc	
226 紫花泡桐 *Paulownia tomentosa* Steud.	8
37 紫葳科 Bignoniaceae	
70 梓树属 *Catalpa* Scop.	
227 梓树 *Catalpa ovata* G. Don.	2
228 黄金树 *Catalpa speciosa* Warder. ex Engelm.	2
71 凌霄属 *Campsis* Lour.	
229 凌霄 *Campsis grandiflora* (Thunb.) Schum.	1

附录五　皮山县林木种质资源名录

皮山县有林木种质资源581份，有34科、62属、212分类单位（131种、1亚种、13变种、5变型、62品种等）。其中裸子植物有3科、4属、11种；被子植物有30科、57属、201种。

1松科 Pinaceae

1松属 *Pinus* L.

1油松 *Pinus tabuliformis* Carrière	1

2柏科 Cupressaceae

2侧柏属 *Platycladus* Spach

2侧柏 *Platycladus orientalis* (L.) Franco	5
3千头柏 *Platycladus orientalis* 'Sieboldii'	1

3圆柏属 *Juniperus* L.

4昆仑方枝柏 *Juniperus turkestanica* Kom.	5
5昆仑多籽柏 *Juniperus semiglobosa* Regel	1
6圆柏 *Juniperus chinensis* L.	1
7刺柏 *Juniperus formosana* Hayata	5
8龙柏 *Juniperus chinensis* 'Kaizuca'	1
9塔柏 *Juniperus chinensis* 'Pyramidalis'	1

3麻黄科 Ephedraceae

4麻黄属 *Ephedra* L.

10中麻黄 *Ephedra intermedia* Schrenk	1
11蓝枝麻黄 *Ephedra glauca* Regel	1
12日土麻黄 *Ephedra rituensis* Y. Yang	1

4木兰科 Magnoliaceae

5木兰属 *Magnolia* L.

13玉兰 *Magnolia denudata* Desr.	1

5杨柳科 Salicaceae

6杨属 *Populus* L.

14胡杨 *Populus euphratica* Oliv.	6
15灰杨 *Populus pruinosa* Schrenk	1
16钻天杨 *Populus nigra* var. *italica* (Moench) Koehne	3
17箭杆杨 *Populus nigra* var. *thevestina* (Dode) Bean	4
18新疆杨 *Populus alba* var. *pyramidalis* Bge.	14
19银白杨 *Populus alba* L.	19
20红叶杨 *Populusdeltoids* 'Zhonghuahongye'	6
21加拿大杨 *Populus canadensis* Moench.	1
22速生杨（黑）*Populus* Sp.	2
23大叶杨（黑）*Populus* Sp.	1
24阿富汗杨 *Populus afghanica* (Aitch. & Hemsl.) Schneid.	1
25小叶杨 *Populus simonii* Carr.	2

7柳属 *Salix* L.

26白柳 *Salix alba* L.	5
27垂柳 *Salix babylonica* L.	7
28金丝垂柳 *Salix* × *aureo-pendula* CL.	1
29龙爪柳 *Salix matshudana* var. *tortuosa* (Vilm.) Rehd.	2
30馒头柳 *Salix matsudana* f. *umbraculifera* Rehd.	10

31 黄花柳 *Salix caprea* L. 1
32 黄柳 *Salix gordejevii* Y. L. Chang et Skv. 1
33 蓝叶柳 *Salix capusii* Franch. 1
34 旱柳 *Salix matshudana* Koidz 10
35 竹柳 *Salix* 'zhuliu' 3

6 核桃科 Juglandaceae

8 核桃属 *Juglans* L.

36 核桃 *Juglans regia* L. 14
37 实生核桃 *Juglans regia* L. 7
38 纸皮核桃 *Juglans regia* L. 1
39 温 185 核桃 *Juglans regia* 'Wen 185' 5
40 扎 343 核桃 *Juglans regia* 'Zha 343' 10
41 新丰核桃 *Juglans regia* 'Xinfeng' 8
42 新丰 2 号核桃 *Juglans regia* 'Xinfeng 2' 3
43 新疆 2 号核桃 *Juglans regia* 'XinJjang 2' 1
44 新新 2 号核桃 *Juglans regia* 'Xinxin 2' 2

7 榛科 Corylaceae

9 榛属 *Corylus* L.

45 榛子 *Corylus heterophylla* Fisch. 2
46 杂交榛 *Corylus heterophylla* Fisch. 1

8 榆科 Ulmaceae

10 榆属 *Ulmus* L.

47 白榆 *Ulmus pumila* L. 11
48 倒榆 *Ulmus pumila* var. *pendula* (Kirchn.) Rehd. 4
49 大叶榆 *Ulmus laevis* Pall. 1
50 长枝榆 *Ulmus japonica* 'Changzhiyu' 1
51 黄榆 *Ulmus macrocarpa* Hance 1
52 金叶榆 *Ulmus pumila* 'Jingyeyu' 2

9 桑科 Moraceae

11 无花果属 *Ficus* L.

53 无花果 *Ficus carica* L. 3

12 桑属 *Morus* L.

54 白桑 *Morus alba* L. 14
55 黑桑 *Morus nigra* L. 7
56 药桑 *Morus nigra* L. 6

10 蓼科 Polygonaceae

13 沙拐枣属 *Calligomim* L.

57 沙拐枣 *Calligonum mongolicum* Turcz 1
58 头状沙拐枣 *Calligonum caput-medusae* Schrenk 1
59 昆仑沙拐枣 *Calligonum roborovskii* A. Los. 6

11 藜科 Chenopodiaceae

14 盐节木属 *Halocnemum* Bieb.

60 盐节木 *Halocnemum strobilaceum* (Pall.) Bieb. 1

15 驼绒藜属 *Ceratoides* (Tourn.) Gagnebin

61 驼绒藜 *Ceratoides latens* (J. F. Gmel.) Reveal et Holmgren. 2
62 垫状驼绒藜 *Ceratoides compacta* (Losinsk.) Tsien et C. G. Ma 2

16 合头草属 *Sympegma* Bge.

63 合头草 *Sympegma regelii* Bge. 2

17 猪毛菜属 *Salsola* L.

64 木本猪毛菜 *Salsola arbuscula* Pall. 2

12 毛茛科 Ranunculaceae

18 铁线莲属 *Clematis* L.

65 铁线莲 *Clematis* SP.	2
66 东方铁线莲 *Clematis orientalis* L.	2
67 甘青铁绒莲 *Clematis tangutica*（Maxim.）Korsh.	1
68 粉绿铁线莲 *Clematis glauca* Willd.	1

13 小檗科 Berberidaceae

19 小檗属 *Berberis* L.

69 红果小檗 *Berberis nommularia* Bge.	2
70 黑果小檗 *Berberis heteropoda* Schrenk	1
71 喀什小檗 *Berberis kaschgarica* Rupr.	1

14 悬铃木科 Platanaceae

20 悬铃木属 *Platanus* L.

72 二球悬铃木 *Platanus acerifolia*（Ait.）Willd.	4
73 三球悬铃木 *Platanus orientalis* L.	5

15 蔷薇科 Rosaceae

21 山楂属 *Crataegus* L.

74 山楂 *Crataegus pinnatifida* Bge.	1

22 榅桲属 *Cydonia* Mill.

75 榅桲 *Cydonia oblonga* Mill	8

23 梨属 *Pyrus* L.

76 梨 *Pyrus sinkiangensis* Yu	2
77 土梨 *Pyrus sinkiangensis* Yu	1
78 野糖梨 *Pyrus sinkiangensis* ‘Yetangli’	1
79 白梨 *Pyrus bretschneider* Rehd.	1
80 鸭梨 *Pyrus bretschneider* ‘Ya’.	2
81 阿木提梨 *Pyrus sinkiangensis* ‘Amuti’	4
82 砀山梨 *Pyrus bretschneider* ‘Dangshanli’	4
83 库尔勒香梨 *Pyrus bretscneideri* ‘Kuerlexiangli’	4

24 苹果属 *Malus* Mill.

84 土苹果 *Malus pumila* Mill.	1
85 黄苹果 *Malus pumila* ‘Hoang’	2
86 绿苹果 *Malus pumila* ‘Lu’	5
87 红苹果 *Malus pumila* ‘Hong’	2
88 冰苹果 *Malus pumila* Mill.	1
89 嘎啦苹果 *Malus pumila* ‘Gala’	1
90 红富士 *Malus pumila* ‘Hongfushi’	6
91 冰糖心 *Malus pumila* ‘Hongfushi’	1
92 黄冠苹果 *Malus pumila* ‘Huangxiangjiao’	4
93 秦冠苹果 *Malus pumila* ‘Qinhuan’	2
94 秋立蒙苹果 *Malus pumila* ‘Huangxiangjiao’	1
95 五星苹果 *Malus pumila* ‘Wuixng’	2
96 印度青苹果 *Malus pumila* ‘Yinduqin’	1
97 海棠 *Malus spectabilis*（Willd.）Borkh.	1
98 海棠（1 大）*Malus spectabilis*（Willd.）Borkh.	1
99 海棠（2 小）*Malus spectabilis*（Willd.）Borkh.	1
100 王族海棠 红叶海棠 *Malus micromalus* ‘Royalty’	3

25 蔷薇属 *Rosa* L.

101 喀什疏花蔷薇 *Rosa laxa* var. *kaschgarica*（Rupr.）Han	1
102 大果蔷薇 藏边蔷薇 *Rosa webbiana* Wall. ex Royle	1
103 腺齿蔷薇 *Rosa albertii* Rgl.	1
104 玫瑰 *Rosa rugosa* Thunb.	2

105月季 *Rosa chinensis* Jacq. 5
106月季（1）*Rosa chinensis* Jacq. 1
107香水月季 *Rosa odorata*（Andr.）Sweet 1

26杏属 *Armeniaca* Mill.

108杏 *Armeniaca vulgaris* Lam. 8
109土杏子 *Armeniaca vulgaris* Lam. 1
110小白杏 *Armeniaca vulgaris* ‘Xiaobaixing’ 1
111明星杏 *Armeniaca vulgaris* ‘Mingxin’ 1
112白明星杏 *Armeniaca vulgaris* ‘Baiminxin’ 7
113荷叶杏 *Armeniaca vulgaris* ‘Heye’ 1
114黑叶杏 *Armeniaca vulgaris* ‘Heiye’ 2
115胡安娜杏 *Armeniaca vulgaris* ‘Huanna’ 1
116喀孜拉杏 *Armeniaca vulgaris* ‘Kazila’ 1
117克孜郎杏 *Armeniaca vulgaris* ‘Kezilang’ 3
118木克亚克拉杏 *Armeniaca vulgaris* ‘Mukeyakela’ 2

27桃属 *Percica* L.

119桃 *Percica vulgaris* Mill. 2
120新疆桃 土桃 *Percica ferganensis* Kov.et Kost. 4
121毛桃 *Percica vulgaris* Mill. 6
122山东桃 *Percica vulgaris* Mill. 1
123水蜜毛桃 *Percica vulgaris* Mill. 1
124朝阳红 *Percica vulgaris* ‘Chaoyanghong’ 1
125小金鱼桃（北京8号桃）*Percica vulgaris* ‘Beijing 8’ 1
126油桃 *Percica vulgaris* var. *nectarina* Maxim. 1
127李光桃 *Percica vulgaris* var. *aganonucipersica* Yu et Lu 2
128蟠桃 *Percica vulgaris* var. *compressa* Yu et Lu 1

28榆叶梅属 *Louiscania* Carr.

129榆叶梅 *Louiscania triloba* Carr. 4

29稠李属 *Padus* Mill.

130紫叶稠李 *Padus virginiana* ‘Canada Red’ 1

30李属 *Prunus* L.

131李子 *Prunus salicina* Lindl. 2
132李（1）红 *Prunus salicina* Lindl. 1
133李（1）黄 *Prunus salicina* Lindl. 1
134欧洲李 *Prunus domestica* L. 1
135西梅 *Prunus domestica* L. 5
136西梅2号 *Prunus domestica* ‘Ximei2’ 1
137杏李 *Prunus simonii* Carr. 2
138樱桃李 *Prunus sogdiana* Vass. 1
139紫叶李 *Prunus cerasifera* f. *atropurpurea*（Jacq.）Rehd. 2
140红叶李 *Prunus cerasifera* f. *atropurpurea*（Jacq.）Rehd. 3
141鸡心李 *Prunus salicina* ‘Jixin’ 1
142牛心李 *Prunus salicina* ‘Nuxin’ 1

31金露梅属 *Pentaphylloides* Duham.

143帕米尔金露梅 *Pentaphylloides dryadanthoides*（Juz.）Sojak 1

32栒子属 *Cotoneaster* B. Ehrhart

144准噶尔栒子 *Cotoneaster songoricus*（Rgl. et Herd.）M. Pop. 1

16豆科Leguminosae

33合欢属 *Albizia* Durazz.

145合欢 *Albizia julibrissin* Durazz. 3

34刺槐属 *Robinia* L.

146 刺槐 *Robinia pseudoacacia* L. 3
147 红花刺槐 *Robinia hisqida* 'Honghua' 1
35 槐属 *Sophora* L.
148 国槐 *Sophora japonica* L. 3
149 金枝国槐 *Sophora japonica* 'Golden Stem' 1
150 垂槐 *Sophora japonica* f. *pendnla* Hort. 2
151 龙爪槐 *Sophora japonica* f. *pendula* Hort. 3
36 锦鸡儿属 *Caragana* Fabr.
152 昆仑锦鸡儿 *Caragana polourensis* Franch. 2
153 吐鲁番锦鸡儿 *Caragana turfanensis* (Krassn.) Kom. 1
154 粗毛锦鸡儿 *Caragana dasyphylla* Pojark. 1
37 铃铛刺属 *Halimodendron* Fisch. ex DC.
155 铃铛刺 *Halimodendron halodendron* (Pall.) Voss. 1
38 紫荆属 *Cercis* L.
156 紫荆 *Cercis chinensis* Bunge 1
17 白刺科 Nitrariaceae
39 白刺属 *Nitraria* L.
157 白刺 *Nitraria schoberi* L. 3
158 唐古特白刺 *Nitraria tangutorum* Bobr. 3
159 大果白刺 *Nitraria roborowskii* Kom. 1
18 骆驼蓬科 Peganaceae
40 骆驼蓬属 *Peganum* L.
160 骆驼蓬 *Peganum harmala* L. 1
19 苦木科 Simaroubaceae
41 臭椿属 *Ailanthus* Desf.
161 臭椿 *Ailanthus altissima* (Mill.) Swingle 9
20 蒺藜科 Zygophyllaceae
42 木霸王属 *Sarcozygium* Bge.
162 木霸王 喀什霸王 *Sarcozygium xanthoxylon* Bge. 1
21 漆树科 Anacardiaceae
43 盐肤木属 *Rhus* L.
163 火炬树 *Rhus typhina* L. 1
22 卫矛科 Celastraceae
44 卫矛属 *Euonymus* L.
164 桃叶卫矛 *Euonymus bungeanus* Maxim. 2
23 槭树科 Aceraceae
45 槭树属 *Acer* L.
165 复叶槭 *Acer negundo* L. 2
24 冬青科 Aquifoliaceae
46 冬青属 *Ilex* L.
166 冬青 *Ilex chinensis* Sims 2
25 鼠李科 Rhamnaceae
47 枣属 *Ziziphus* Mill.
167 枣 *Ziziphus jujuba* Mill. 1
168 灰枣 *Ziziphus jujuba* 'Huizao' 6
169 骏枣 *Ziziphus jujuba* 'Junzao' 6
170 酸枣 *Ziziphus jujuba* var. *spinosa* (Bge.) Hu ex H. F. Chow 3
171 冬枣 *Ziziphus jujuba* 'Dong' 1
172 金星一号 *Ziziphus jujuba* 'Jinxin 1' 1
26 锦葵科 Malvaceae
48 木槿属 *Hibiscus* Zhu.

173 木槿 *Hibiscus syriacus* L. 3

27 柽柳科 Tamaricaceae

49 水柏枝属 *Myricaria* Desv.

174 秀丽水柏枝 *Myricaria elegans* Royle 1

50 琵琶柴属 *Reaumuria* L.

175 琵琶柴 *Reaumuria soongorica*（Pall.）Maxim. 5

176 民丰琵琶柴 *Reaumuria minfengensis* D. F. Cui et M. J. Zhang 1

51 柽柳属 *Tamarix* L.

177 多花柽柳 *Tamarix hohenackeri* Bge. 1

178 多枝柽柳 *Tamarix ramosissima* Ldb. 4

179 刚毛柽柳 *Tamarix hispida* Willd. 2

180 沙生柽柳 *Tamarix taklamakanensis* M. T. Liu 2

181 山川柽柳 *Tamarix arceuthoides* Bge. 2

182 细穗柽柳 *Tamarix leptostachys* Bge. 3

183 长穗柽柳 *Tamarix elongate* Ledeb. 1

28 胡颓子科 Elaeagnaceae

52 胡颓子属 *Elaeagnus* L.

184 沙枣 *Elaeagnus oxycarpa* Schlecht. 10

185 大果沙枣 *Elaeagnus moorcroftii* Wall. ex Schlecht. 3

53 沙棘属 *Hippophae* L.

186 沙棘 *Hippophae rhamnoides* L. 4

187 中亚沙棘 *Hippophae rhamnoides* subsp. *trukestanica* Rousi. 1

29 石榴科 Punicaceae

54 石榴属 *Punica* L.

188 石榴 *Punica granatum* L. 2

189 土石榴 *Punica granatum* L. 1

190 皮亚曼石榴 *Punica granatum*‘Piyaman’ 2

30 葡萄科 Vitaceae

55 地锦属 *Parthenocissus* Planch.

191 五叶地锦 *Parthenocissus quinquefolia*（L.）Planch. 3

56 葡萄属 *Vitis* L.

192 葡萄 *Vitis vinifera* L. 1

193 土葡萄 *Vitis vinifera* L. 1

194 红葡萄 *Vitis vinifera*‘Muscat Ottonel’ 5

195 和田红葡萄 *Vitis vinifera*‘Hetianhong’ 2

196 和田黄葡萄 *Vitis vinifera*‘Hetianhuang’ 1

197 巨峰葡萄 *Vitis labrusca*‘Kyoho’ 2

198 无核白葡萄 *Vitis vinifera*‘Seedless’ 3

199 马奶子葡萄 *Vitis vinifera*‘Manaizi’ 6

200 木纳格葡萄 *Vitis vinifera*‘Munage’ 4

201 阿图什木纳格葡萄 *Vitis vinifera*‘Ayushimunage’ 1

202 奇力格葡萄 *Vitis vinifera*‘Qligee’ 1

203 赛富葡萄 *Vitis vinifera*‘Saifu’ 1

204 阿提格瓦克葡萄 *Vitis vinifera*‘Atigewake’ 2

31 木樨科 Oleaceae

57 白蜡树属 *Fraxinus* L.

205 大叶白蜡 *Fraxinus americana* L. 5

206 小叶白蜡 *Fraxinus sodgiana* Bge. 2

58 女贞属 *Ligustrum* L.

207 水蜡 *Ligustrum obtusifolium* Sieb. et Zucc. 1

59 丁香属 *Syringa* L.

208紫丁香 *Syringa oblata* Lindl. 1

209暴马丁香 *Syringa reticulata* var. *amurensis* (Rupr.) Pringle. 1

32茄科 Solanaceae

60枸杞属 *Lycium* L.

210黑果枸杞 *Lycium ruthenicum* Murr. 5

33玄参科 Scrophulariaceae

61泡桐属 *Paulownia* Sieb. et Zucc

211紫花泡桐 *Paulownia tomentosa* Steud. 2

34忍冬科 Caprifoliaceae

62忍冬属 *Lonicera* L.

212小叶忍冬 *Lonicera microphylla* Willd. ex Roem. et Schult. 1

附录六 洛浦县林木种质资源名录

洛浦县有林木种质资源699份，有31科、58属、287分类单位（104种、1亚种、18变种、5变型、159品种等）。其中裸子植物有3科、5属、11种；被子植物有28科、53属、276种。

1银杏科 Ginkgoaceae

1银杏属 *Ginkgo* L.

1银杏 *Ginkgo biloba* L. 4

2松科 Pinaceae

2松属 *Pinus* L.

2黑松 *Pinus sylvestristris* var. *sylvestriformis* 1

3油松 *Pinus tabulaeformis* Carr. 1

3云杉属 *Picea* A. Dietr.

4青海云杉 *Picea crassifolia* Kom. 1

5天山云杉 *Picea schrenkiana* Fisch. et Mey. 1

3柏科 Cupressaceae

4侧柏属 *Platycladus* Spach

6侧柏 *Platycladus orientalis* (L.) Franco 6

5圆柏属 *Juniperus* L.

7圆柏 *Juniperus chinensis* L. 4

8杜松 *Juniperus rigida* Sieb. et Abh. 8

9龙柏 *Juniperus chinensis* var. *kaizuka* Hort. 1

10蜀桧柏 *Juniperus komarovii* Florin. 2

4黄杨科 Buxaceae

6黄杨属 *Buxus* L

11大叶黄杨 *Buxus megistophylla* Levl. 4

5杨柳科 Salicaceae

7杨属 *Populus* L.

12美洲黑杨 *Populus deltoides* Marsh. 3

13银白杨 *Populus alba* L. 8

14钻天杨 *Populus nigra* L. var. *italica* (Moench) Koehne 9

15新疆杨 *Populus alba* L. var. *pyramidalis* Bge. 9

16加拿大杨 *Populus canadensis* Moench 1

17红叶杨 *Populus deltoids* 'Zhonghuahongye' 2

8柳属 *Salix* L.

18白柳 *Salix alba* L. 1

19银芽柳 *Salix leucopithecia* Kimura 1

20旱柳 *Salix matshudana* Koidz. 8

21馒头柳 *Salix matsudana* f. *umbraculifera* Rehd. 10

22垂柳 *Salix babylonica* L. 1

23金丝垂柳 *Salix* × *aureo-pendula* CL. 3

24龙爪柳 *Salix matshudana* var. *tortuosa* (Vilm.) Rehd. 1

25竹柳 *Salix* 'zhuliu' 2

6核桃科 Juglandaceae

9核桃属 *Juglans* L.

26土核桃 *Juglans regia* L. 6

27 大核核桃 *Juglans regia* L. 1
28 赞美核桃 *Juglans regia* 'Zhanmei' 1
29 皮山粘核 *Juglans regia* 'Pishannian' 1
30 早硕核桃 *Juglans regia* 'Zhaoshuo' 1
31 温 185 核桃 *Juglans regia* 'Wen 185' 2
32 扎 343 核桃 *Juglans regia* 'Zha 343' 7
33 新丰核桃 *Juglans regia* 'Xinfeng' 7
34 新疆 3 号核桃 *Juglans regia* 'Xinjiang 3' 1
35 新疆 4 号核桃 *Juglans regia* 'Xinjiang 4' 1
36 新疆 5 号核桃 *Juglans regia* 'Xinjiang 5' 1
37 新疆 11 号核桃 *Juglans regia* 'Xinjiang 11' 1
38 新疆 12 号核桃 *Juglans regia* 'Xinjiang 12' 1
39 新新 2 号核桃 *Juglans regia* 'Xinxin 2' 4
40 A13 核桃 *Juglans regia* 'A13' 1
41 A19 核桃 *Juglans regia* 'A19' 1
42 A20 核桃 *Juglans regia* 'A20' 1
43 A26 核桃 *Juglans regia* 'A26' 1
44 A53 核桃 *Juglans regia* 'A53' 1
45 A64 核桃 *Juglans regia* 'A64' 1
46 A68 核桃 *Juglans regia* 'A68' 1
47 A71 核桃 *Juglans regia* 'A71' 1
48 A76 核桃 *Juglans regia* 'A76' 1
49 A205 核桃 *Juglans regia* 'A205' 1
50 B17 核桃 *Juglans regia* 'B17' 1
51 B20 核桃 *Juglans regia* 'B20' 1
52 B26 核桃 *Juglans regia* 'B26' 1
53 B76 核桃 *Juglans regia* 'B76' 1
54 B99 核桃 *Juglans regia* 'B99' 1
55 B110 核桃 *Juglans regia* 'B110' 1
56 B112 核桃 *Juglans regia* 'B112' 1
57 F1 核桃 *Juglans regia* 'F1' 1
58 F2 核桃 *Juglans regia* 'F2' 1
59 F3 核桃 *Juglans regia* 'F3' 1
60 F4 核桃 *Juglans regia* 'F4' 1
61 F6 核桃 *Juglans regia* 'F6' 1
62 礼 1 核桃 *Juglans regia* 'Li 1' 1
63 礼 2 核桃 *Juglans regia* 'Li 2' 1
64 辽 1 核桃 *Juglans regia* 'Liao 1' 1
65 辽 3 核桃 *Juglans regia* 'Liao 3' 1
66 辽 4 核桃 *Juglans regia* 'Liao 4' 1
67 辽 5 核桃 *Juglans regia* 'Liao 5' 1
68 辽 6 核桃 *Juglans regia* 'Liao 6' 1
69 辽 7 核桃 *Juglans regia* 'Liao 7' 1
70 辽 10 核桃 *Juglans regia* 'Liao 10' 1
71 香 1 核桃 *Juglans regia* 'Xiang 1' 1
72 香 2 核桃 *Juglans regia* 'Xiang 2' 1
73 香 3 核桃 *Juglans regia* 'Xiang 3' 1
74 西扶 1 号核桃 *Juglans regia* 'Xifu 1' 1
75 西洛 3 号 *Juglans regia* 'Xiluo 3' 1
76 鲁核 1 号核桃 *Juglans regia* 'Luhe 1' 1
77 鲁果 7 号核桃 *Juglans regia* 'Lugue 7' 1

78鲁果9号核桃*Juglans regia*‘Lugue 9’ 1
79 XH-1核桃*Juglans regia*‘XH-1’ 1
80 XH2-2核桃*Juglans regia*‘XH2-2’ 1
8150501大连核桃*Juglans regia*‘Dalian 50501’ 1
82YJP核桃*Juglans regia*‘YJP’ 1
83薄壳香核桃*Juglans regia*‘Bekexiang’ 1
84寒丰核桃*Juglans regia×J.cordiformis*‘Hanfeng’ 1
85晋丰核桃*Juglans regia*‘Jinfeng’ 1
86晋香核桃*Juglans regia*‘Jinxiang’ 1
87魁香核桃*Juglans regia*‘Kuixiang’ 1
88清香核桃*Juglans regia*‘Qinxiang’ 1
89辽瑞丰核桃*Juglans regia*‘Liaoreifeng’ 1
90鲁光核桃*Juglans regia*‘Luhuang’ 1
91绿波核桃*Juglans regia*‘Lube’ 1
92绿岭核桃*Juglans regia*‘Lvlin’ 1
93美国核桃*Juglans regia*‘Meiguo’ 1
94奇异核桃*Juglans regia*‘Qiyi’ 1
95强特勒核桃*Juglans regia*‘Chandler’ 1
96下营核桃*Juglans regia*‘Xiaying’ 1
97香玲核桃*Juglans regia*‘Xianglin’ 1

7榆科Ulmaceae

10榆属*Ulmus* L..

98白榆*Ulmus pumila* L. 7
99裂叶榆*Ulmus laciniata*（Trautv.）Mayr. 4
100圆冠榆*Ulmus densa* Litv. 4
101倒榆*Ulmus pumila* var. *pendula*（Kirchn.）Rehd. 5
102金叶倒榆*Ulmus pumila* var. *pendula*（Kirchn.）Rehd. 1
103金叶榆*Ulmus pumila*‘Jingyeyu’ 5
104长枝榆*Ulmus japonica*‘Changzhiyu’ 1

8桑科Moraceae

11无花果属*Ficus* L.

105无花果*Ficus carica* L. 5

12桑属*Morus* L.

106白桑*Morus alba* L. 10
107黑桑*Morus nigra* L. 9
108药桑*Morus nigra* L. 7
109观赏桑*Morus alba*‘Guanshang’. 1

9蓼科Polygonaceae

13沙拐枣属*Calligomim* L.

110塔里木沙拐枣*Calligonum roborovskii* A. Los. 1

10藜科Chenopodiaceae

14猪毛菜属*Salsola* L.

111天山猪毛菜*Salsola junatovii* Botsch. 1

11毛茛科Ranunculaceae

15铁线莲属*Clematis* L.

112东方铁线莲*Clematis orientalis* L. 1

12小檗科Berberidaceae

16小檗属*Berberis* L.

113红果小檗*Bereris nommularia* Bge. 1
114紫叶小檗*Berberis thunbergii* var.*atropurpurea* Chenault 1

13悬铃木科Platanaceae

17悬铃木属 *Platanus* L.

115三球悬铃木 *Platanus orientalis* L.	10
116速生法桐 *Platanus orientalis* 'Susheng'.	1

14蔷薇科 Rosaceae

18绣线菊属 *Spiraea* L.

117金山绣线菊 *Spiraea japonica* Gold Mound	1
118天山绣线菊 *Spiraea hypericifolia* L.	1

19榅桲属 *Cydonia* Mill.

119榅桲 *Cydonia oblonga* Mill	6

20梨属 *Pyrus* L.

120杜梨 *Pyrus betulaefolia* Bge.	3
121秋子梨 *Pyrus ussuriensis* Maxim.	1
122褐梨 *Pyrus phaeocarpa* Rehd.	1
123西洋梨 *Pyrus communis* L.	5
124其里根阿木特梨 *Pyrus communis* 'Qiligenmut'	1
125黄梨 *Pyrus sinkiangensis* 'Huang'	1
126库尔勒香梨 *Pyrus bretscneideri* 'Kuerle'	3
127阿克苏香梨 *Pyrus bretscneideri* 'Akesu'	1
128砀山梨 *Pyrus bretscneideri* 'Dangshan'	10
129苹果梨 *Pyrus bretscneideri* 'Pingguo'	1
130阿木图梨 *Pyrus sinkiangensis* 'Amutu'	4
131句句梨 *Pyrus sinkiangensis* 'Gogo'	1
132普尔多汗梨 *Pyrus sinkiangensis* 'Purduohan'	1

21苹果属 *Malus* Mill.

133山荆子 *Malus baccata* (L.) Borkh.	1
134苹果 *Malus pumila* Mill.	3
135绿苹果 *Malus pumila* 'Lu'	1
136白奶苹果 *Malus pumila* 'Bainai'	5
137国光苹果 *Malus pumila* 'Guoguang'	1
138红富士苹果 *Malus pumila* 'Hongfushi'	8
139黄元帅 *Malus pumila* 'Golden Delicious'	1
140西府海棠 *Malu smicromalus* Makino	1
141海棠果 *Malus prunifolia* (Willd.) Borkh.	1
142王族海棠 红叶海棠 *Malus micromalus* 'Royalty'	3

22蔷薇属 *Rosa* L.

143月季 *Rosa chinensis* Jacq.	10
144疏花蔷薇 *Rosa laxa* Retz.	2
145黄刺玫 *Rosa xanthina* Lindl.	1
146玫瑰 *Rosa rugosa* Thunb.	1

23杏属 *Armeniaca* Mill.

147紫杏 *Armeniaca dasycarpa* (Ehrh.) Borkh.	2
148土杏 *Armeniaca vulgaris* Lam.	5
149毛杏 *Armeniaca vulgaris* Lam.	1
150李光杏 *Armeniaca vulgaris* var. *glabra* S. X. Sum	1
151白明星杏 *Armeniaca vulgaris* 'Baiminxin'	1
152黑叶杏 *Armeniaca vulgaris* 'Heiye'	3
153吉乃斯台杏 *Armeniaca vulgaris* 'Jinaisitai'	1
154轮台白杏 *Armeniaca vulgaris* 'Lungtaibai'	5
155酸梅 *Armeniaca mume* Sicb.	2
156歪杏 *Armeniaca vulgaris* 'Wai'	1
157王恩茂杏 *Armeniaca vulgaris* 'Wangenmao'	2

24巴旦属 *Amygdalus* L.	
158巴旦木 *Amygdalus communis* L.	2
159苦巴旦 *Amygdalus communis* L.	1
25桃属 *Percica* L.	
160毛桃 *Percica vulgaris* Mill.	1
161新疆桃 土毛桃 *Percica ferganensis* Kov.et Kost.	5
162早熟土桃 *Percica ferganensis* Kov. et Kost.	1
163晚熟土桃 *Percica ferganensis* Kov. et Kost.	1
164中早熟土桃 *Percica ferganensis* Kov. et Kost.	1
165中晚熟土桃 *Percica ferganensis* Kov. et Kost.	1
166水蜜桃 *Percica vulgaris* Mill.	1
167和田黏核桃 *Percica vulgaris* f *scloropersica* Yu et Lu	1
168晚熟毛桃 *Percica vulgaris* Mill.	1
169离核毛桃 *Percica vulgaris* f. *aganopersica* Reich.	1
170绿毛桃子 *Percica vulgaris* ‘lu’	1
171库克绿桃子 *Percica vulgaris* ‘Kukelu’	3
172和田绿毛桃 *Percica vulgaris* ‘Hetianlu’	2
173英吉沙毛桃 *Percica vulgaris* ‘yinjisha’	1
174美国彼得毛桃 *Percica vulgaris* ‘Meiguobeide’	1
175美国斯宾卡斯毛桃 *Percica vulgaris* ‘Meiguosibinkasi’	1
176艾乐蔓8号桃 *Percica vulgaris* ‘Aileman 8’	1
177中油14号 *Percica vulgaris* var. *nectarina* ‘Zhungyou 14’	1
178美国黄桃 *Percica vulgaris* ‘Meiguohuang’	4
179红叶碧桃 *Percica vulgaris* f. *duplex* Rehd.	2
180油桃 *Percica vulgaris* var. *nectarina* Maxim.	1
181土油桃 *Percica vulgaris* var. *nectarina* Maxim.	1
182早熟油桃 *Percica vulgaris* var. *nectarina* Maxim.	1
183晚熟油桃 *Percica vulgaris* var. *nectarina* Maxim.	4
184中晚熟油桃 *Percica vulgaris* var. *nectarina* Maxim.	1
185和田红油桃 *Percica vulgaris* var. *nectarina* ‘Hetianhong’	2
186和田红油土桃 *Percica vulgaris* var. *nectarina* ‘Hetianhong’	1
187和田绿油桃 *Percica vulgaris* var. *nectarina* ‘Hetianlu’	1
188晚熟绿油桃 *Percica vulgaris* var. *nectarina* Maxim.	1
189喀什油桃 *Percica vulgaris* var. *nectarina* ‘Kashi’	1
190美国油桃 *Percica vulgaris* var. *nectarina* ‘Meiguo’	3
191美国红宝石油桃 *Percica vulgaris* var. *nectarina* ‘Meiguohongbaoshi’	3
192美国黄油桃 *Percica vulgaris* var. *nectarina* ‘Meiguohuang’	1
193蟠桃 *Percica vulgaris* var. *compressa*（Loud.）Yu et Lu	1
194油蟠桃 *Percica vulgaris* var. *compressa*（Loud.）Yu et Lu	5
26榆叶梅属 *Louiscania* Carr.	
195榆叶梅 *Louiscania triloba* Carr.	5
196重瓣榆叶梅 *Louiscania trioba* var.*multiples* Bge.	1
27稠李属 *Padus* Mill.	
197紫叶稠李 *Padus virginiana* ‘Canada Red’	1
28李属 *Prunus* L.	
198李子 *Prunus salicina* Lindl.	1
199大西梅 *Prunus domestica* L.	2
200法国洋李 *Prunus domestica* L..	5
201美国杏李 风味皇后 *Prunus domestica* × *avmeniaca* ‘Fengweihuanghou’	4
202红叶李 *Prunus cerasifera* f. *atropurpurea*（Jacq.）Rehd.	6
203‘新梅4号’（法新西梅）*Prunu sdomestica* ‘Xinmei 4’	4

204 阿勒恰李 *Prunus salicina* 'Aleqia' 1
205 美国杏李 恐龙蛋(1) *Prunus domestica×avmeniaca* 'Konglongdam' 2
206 黑李 *Prunus salicina* 'Hei' 1
207 紫布朗李 *Prunus salicina* 'Zibulang' 4
209 鸡心李 *Prunus salicina* 'Jixin' 2
210 绿旺李 *Prunus salicina* 'Luwang' 1
211 '艾努拉'酸梅 *Prunus salicina* 'Ainula' 2
212 紫叶矮樱 *Prunus × cistena* N. E. Hansen ex Koehne 3

29 樱桃属 *Cerasus* Mill

213 樱花 东京樱花 *Cerasus yedoensis* (Matsum.) Yü et li 1
214 车厘子 *Cerasus avium* (L.) Moernh 2
215 早大果樱桃 *Cerasus avium* 'Early big' 2
216 美早樱桃 *Cerasus avium* 'Tieton' 4
217 黑金樱桃 *Cerasus avium* 'Heijin' 4
218 红灯樱桃 *Cerasus avium* 'Hongden' 1
219 拉宾斯樱桃 *Cerasus avium* 'Labins' 5
220 砂蜜豆樱桃 *Cerasus avium* 'Shamido' 2

15 豆科 Leguminosae

30 合欢属 *Albizia* Durazz.

221 合欢 *Albizia julibrissin* Durazz. 3

31 刺槐属 *Robinia* L.

222 香花槐 *Robinia pseudoacacia* 'Idaho' 9

32 槐属 *Sophora* L.

223 国槐 *Sophora japonica* L. 4
224 倒槐 *Sophora japonica* f. *pendnla* Hort. 3
225 黄金槐 *Sophora japonica* 'Golden Stem' 3

33 铃铛刺属 *Halimodendron* Fisch. ex DC.

226 铃铛刺 *Halimodendron halodendron* (Pall.) Vos 2

34 紫荆属 *Cercis* L.

227 紫荆 *Cercis chinensis* Bge. 3

35 紫穗槐属 *Amorpha* L.

228 紫穗槐 *Amorpha fruticosa* L. 2

16 苦木科 Simaroubaceae

36 臭椿属 *Ailanthus* Desf.

229 臭椿 *Ailanthus altissima* (Mill.) Swingle 8

17 漆树科 Anacardiaceae

37 盐肤木属 *Rhus* L.

230 火炬树 *Rhus typhina* L. 1

38 黄连木属 *Pistacia* L.

231 阿月浑子 开心果 *Piatacia vera* L. 1

18 卫矛科 Celastraceae

39 卫矛属 *Euonymus* L.

232 丝绵木 *Euonymus bungeanus* Maxim. 4

19 槭树科 Aceraceae

40 槭树属 *Acer* L.

233 复叶槭 *Acer negundo* L. 1
234 金叶复叶槭 *Acer negundo* L. 1
235 五角枫 *Acer mono* Maxim. 1

20 无患子科 Sapindaceae

41 文冠果属 *Xanthoceras* Bge.

236 文冠果 *Xanthoceras sorbifolia* Bge. 3

21 鼠李科 Rhamnaceae

42 枣属 *Ziziphus* Mill

237 红枣 *Ziziphus jujuba* Mill. 1

238 辣椒枣 *Ziziphus jujuba* 'Lajiao' 1

239 灰枣 *Ziziphus jujuba* 'Huizao' 8

240 骏枣 *Ziziphus jujuba* 'Junzao' 10

241 酸枣 *Ziziphus jujuba* var. *spinosa* (Bge.) Hu ex H. F. Chow 6

242 冬枣 *Ziziphus jujuba* 'Dong' 1

243 冬圆枣 *Ziziphus jujuba* 'Dongyuan' 1

244 葫芦枣 *Ziziphus jujuba* f. *lageniformis* (Nakai) Kitag. 1

22 葡萄科 Vitaceae

43 地锦属 *Parthenocissus* Planch.

245 五叶地锦 *Parthenocissus quinquefolia* (L.) Planch. 6

44 葡萄属 *Vitis* L.

246 摩尔多瓦葡萄 *Vitis vinifera* 'Murduowa' 2

247 无核白葡萄 *Vitis vinifera* 'Seedless' 3

248 无核白鸡心葡萄 *Vitis vinifera* 'Jixinseedless' 4

249 马奶子葡萄 *Vitis vinifera* 'Manaizi' 2

250 黑马奶子葡萄 *Vitis vinifera* 'Heimanai' 1

251 红马奶子葡萄 *Vitis vinifera* 'Hongmanai' 3

252 木纳格葡萄 *Vitis vinifera* 'Munage' 7

253 白木纳格葡萄 *Vitis vinifera* 'Baimunage' 2

254 黑木纳格葡萄 *Vitis vinifera* 'Heimunage' 1

255 和田红葡萄 *Vitis vinifera* 'Hetianhong' 9

256 红提子葡萄 *Vitis vinifera* 'Red Globe' 2

257 里扎马特葡萄 *Vitis vinifera* 'Lizhamate' 1

258 绿葡萄 *Vitis vinifera* 'Lu' 1

23 山茱萸科 Cornaceae

45 梾木属 *Swida* Opiz

259 红瑞木 *Swida alba* L. 4

24 锦葵科 Malvaceae

46 木槿属 *Hibiscus* L.

260 木槿 *Hibiscus syriacus* L. 2

25 柽柳科 Tamaricaceae

47 琵琶柴属 *Reaumuria* L.

261 民丰琵琶柴 *Reaumuria minfengensis* D. F. Cui et M. J. Zhang 1

48 柽柳属 *Tamarix* L.

262 细穗柽柳 *Tamarix leptostachys* Bge. 2

263 多花柽柳 *Tamarix hohenackeri* Bge. 3

264 多枝柽柳 *Tamarix ramosissima* Ldb. 8

265 密花柽柳 *Tamarix arceuthoides* Bge. 1

266 沙生柽柳 *Tamarix taklamakanensis* M. T. Liu 2

26 胡颓子科 Elaeagnaceae

49 胡颓子属 *Elaeagnus* L.

267 大果沙枣 *Elaeagnus moorcroftii* Wall. ex Schlecht. 3

268 沙枣 *Elaeagnus oxycarpa* Schlecht. 5

269 尖果沙枣 *Elaeagnus oxycarpa* Schlecht. 4

50 沙棘属 *Hippophae* L.

270 沙棘 *Hippophae rhamnoides* L. 1

27 石榴科 Punicaceae

51 石榴属 *Punica* L.

271 石榴 *Punica granatum* L.	2
272 酸石榴 *Punica granatum* L.	1
273 甜石榴 *Punica granatum* L.	2
274 皮亚曼石榴 *Punica granatum* ‘Piyaman’	3
28 木樨科 Oleaceae	
52 白蜡树属 *Fraxinus* L.	
275 大叶白蜡 *Fraxinus americana* L.	10
276 小叶白蜡 *Fraxinus sodgiana* Bge.	7
277 速生白蜡 *Fraxinus sodgiana* Bge.	1
53 丁香属 *Syringa* L.	
278 紫丁香 *Syringa oblata* Lindl.	3
279 白丁香 *Syringa ablata* var. *alba* Rehder	1
280 红丁香 *Syringa villosa* Vahl.	1
281 四季丁香 *Syringa pubescens* subsp. *Microphylla* M. C. Chang & X. L.Chen	4
54 连翘属 *Forsythia* Vahl.	
282 连翘 *Forsythia suspensa*（Thunb.）Vahl.	2
55 女贞属 *Ligustrum* L.	
283 金叶女贞 *Ligustrum* × *vicaryi* Hort	2
284 水蜡 *Ligustrum obtusifolium* Sieb. et Zucc.	3
29 茄科 Solanaceae	
56 枸杞属 *Lycium* L.	
285 黑果枸杞 *Lycium ruthenicum* Murr.	4
30 紫葳科 Bignoniaceae	
57 梓树属 *Catalpa* Scop.	
286 黄金树 *Catalpa speciosa* Warder. ex Engelm.	1
31 忍冬科 Caprifoliaceae	
58 锦带花属 *Weigela* Thunb	
287 红王子锦带 *Weigela florida* ‘Red Prince’	3

附录七 民丰县林木种质资源名录

民丰县有林木种质资源321份,有36科、57属、133分类单位(95种、1亚种、9变种、1变型、27品种等)。其中裸子植物有4科、5属、7种;被子植物有32科、52属、126种。

1 银杏科 Ginkgoaceae

1 银杏属 *Ginkgo* L.

1 银杏 *Ginkgo biloba* L. 1

2 松科 Pinaceae

2 松属 *Pinus* L.

2 樟子松 *Pinus sylvestris* var. *mongolica* Litv. 1

3 柏科 Cupressaceae

3 侧柏属 *Platycladus* Spach

3 侧柏 *Platycladus orientalis* (L.) Franco 4

4 圆柏属 *Juniperus* L.

4 圆柏 *Juniperus chinensis* L. 4

5 刺柏 *Juniperus formosana* Hayata 4

4 麻黄科 Ephedraceae

5 麻黄属 *Ephedra* L.

6 膜翅麻黄 *Ephedra przewalskii* Stapf 1

7 西藏中麻黄 西藏麻黄 *Ephedra intermedia* var. *tibetica* Stapf. 1

5 黄杨科 Buxaceae

6 黄杨属 *Buxus* L.

8 大叶黄杨 *Buxus megistophylla* Levl. 2

6 杨柳科 Salicaceae

7 杨属 *Populus* L.

9 胡杨 *Populus euphratica* Oliv. 3

10 灰杨 *Populus pruinosa* Schrenk 2

11 钻天杨 *Populus nigra* var. *italica* (Moench) Koehne 1

12 箭杆杨 *Populus nigra* var. *thevestina* (Dode) Bean 2

13 美洲黑杨 *Populus deltoides* Marsh. 1

14 加拿大杨 *Populus canadensis* Moench. 2

15 新疆杨 *Populus alba* var. *pyramidalis* Bge. 10

16 银白杨 *Populus alba* L. 25

17 毛白杨 *Populus tomentosa* Carr. 3

18 杂交杨 *Populus* SP. 1

19 中华红叶杨 *Populus deltoids* 'Zhonghuahongye' 1

8 柳属 *Salix* L.

20 白柳 *Salix alba* L. 1

21 旱柳 *Salix matshudana* Koidz 7

22 馒头柳 *Salix matsudana* f. *umbraculifera* Rehd. 6

23 垂柳 *Salix babylonica* L. 4

24 龙爪柳 *Salix matshudana* var. *tortuosa* (Vilm.) Rehd. 2

25 线叶柳 毛柳 *Salix wilhelmsiana* M. B. 3

7 核桃科 Juglandaceae

9 核桃属 *Juglans* L.

26 土核桃 *Juglans regia* L. 2
27 厚皮土核桃 *Juglans regia* L. 1
28 纸皮核桃 *Juglans regia* L. 1
29 温 185 核桃 *Juglans regia* 'Wen 185' 4
30 扎 343 核桃 *Juglans regia* 'Zha 343' 6
31 新丰核桃 *Juglans regia* 'Xinfeng' 2
32 新丰 2 号核桃 *Juglans regia* 'Xingxing 2' 1

8 壳斗科 Fagaceae

10 栎属 *Quercus* L.

33 夏橡 *Quercus robur* L. 1

9 榆科 Ulmaceae

11 榆属 *Ulmus* L.

34 白榆 *Ulmus pumila* L. 7
35 大叶榆 *Ulmus laevis* Pall. 2
36 垂榆 *Ulmus pumila* var. *pendula* (Kirchn.) Rehd. 3

10 桑科 Moraceae

12 桑属 *Morus* L.

37 白桑 *Morus alba* L. 5
38 黑桑 *Morus nigra* L. 3
39 药桑 *Morus nigra* L. 4

11 蓼科 Polygonaceae

13 沙拐枣属 *Calligomim* L.

40 头状沙拐枣 *Calligonum caput-medusae* Schrenk 1
41 红皮沙拐枣 *Calligonum rubicundum* Bge. 1
42 昆仑沙拐枣 *Calligonum roborovskii* A. Los. 1

12 藜科 Chenopodiaceae

14 梭梭属 *Haloxylon* Bge.

43 梭梭 *Haloxylon ammodendron* (C. A. Mey.) Bge 2

13 藜科 Chenopodiaceae

15 盐穗木属 *Halostachys* C. A. Mey.

44 盐穗木 *Halostachys caspica* (M.B.) C.A.Mey. 2

14 藜科 Chenopodiaceae

16 驼绒藜属 *Ceratoides* (Tourn.) Gagnebin

45 驼绒黎 *Ceratoides latens* Reveal et Holmgren. 1

15 毛茛科 Ranunculaceae

17 铁线莲属 *Clematis* L.

46 东方铁线莲 *Clematis orientalis* L. 1

16 小檗科 Berberidaceae

18 小檗属 *Berberis* L.

47 紫叶小檗 *Berberis thunbergii* var.*atropurpurea* Chenault 2

17 悬铃木科 Platanaceae

19 悬铃木属 *Platanus* L.

48 一球悬铃木 *Platanus occidentalis* L. 1
49 二球悬铃木 *Platanus acerifolia* (Ait.) Willd. 4

18 薇科 Rosaceae

20 榅桲属 *Cydonia* Mill.

50 榅桲 *Cydonia oblonga* Mill 1

21 梨属 *Pyrus* L.

51 土梨 *Pyrus sinkiangensis* Yu 3
52 黄梨 *Pyrus bretscneideri* 'Huangli' 2
53 苹果梨 *Pyrus bretscneideri* 'Pingguo' 2

54杜梨 *Pyrus betulaefolia* Bge. 1

22苹果属 *Malus* Mill.

55苹果 *Malus pumila* Mill. 3

56青苹果 *Malus pumila* 'Qin' 1

57红富士苹果 *Malus pumila* 'Hongfushi' 1

58黄香蕉苹果 *Malus pumila* 'Golden Delicious' 1

59海棠果 *Malus spectabilis* (Willd.) Borkh. 1

23蔷薇属 *Rosa* L.

60玫瑰 *Rosa rugosa* Thunb. 2

61和田玫瑰 *Rosa damascena* Mill. 1

62月季 *Rosa chinensis* Jacq. 3

24杏属 *Armeniaca* Mill.

63毛杏 *Armeniaca vulgaris* Lam. 4

64土杏 *Armeniaca vulgaris* Lam. 3

65白明星杏 *Armeniaca vulgaris* 'Baiminxin' 2

66白优杏 *Armeniaca vulgaris* 'Baiyou' 1

67波尔达克杏 *Armeniaca vulgaris* 'Berdake' 1

68华纳杏 *Armeniaca vulgaris* 'Huana' 4

69克孜浪杏 *Armeniaca vulgaris* 'Kezilang' 1

70麻雀杏 *Armeniaca vulgaris* 'Maque' 1

71土油光杏 *Armeniaca vulgaris* Lam. 1

25巴旦属 *Amygdalus* L.

72巴旦杏 *Amygdalus communis* L. 1

26桃属 *Percica* L.

73新疆桃 土桃 *Percica ferganensis* Kov. et Kost. 6

74油桃 *Percica vulgaris* var. *nectarina* Maxim. 4

27榆叶梅属 *Louiscania* Carr.

75榆叶梅 *Louiscania triloba* Carr. 2

28李属 *Prunus* L.

76西梅 *Prunus domestica* L. 1

77杏李 *Prunus simonii* Carr. 1

78紫叶李 *Prunus cerasifera* f. *atropurpurea* Rehd. 2

29樱桃属 *Cerasus* Mill.

79阿图什蓝梅 *Cerasus humilis* (Bge.) Sok. 1

19豆科 Leguminosae

30合欢属 *Albizia* Durazz.

80合欢 *Albizia julibrissin* Durazz. 3

31刺槐属 *Robinia* L.

81刺槐 *Robinia pseudoacacia* L. 2

82红花刺槐 *Robinia hisqida* 'Honghua' 2

32槐属 *Sophora* L.

83国槐 *Sophora japonica* L. 3

84垂槐 *Sophora japonica* f. *pendnla* Hort. 1

33锦鸡儿属 *Caragana* Fabr.

85昆仑锦鸡儿 *Caragana polourensis* Franch. 1

34紫荆属 *Cercis* L.

86紫荆 *Cercis chinensis* Bunge 3

35紫穗槐属 *Amorpha* L.

87紫穗槐 紫花槐 *Amorpha fruticosa* L. 1

20白刺科 Nitrariaceae

36白刺属 *Nitraria* L.

88 白刺 *Nitraria schoberi* L.	1
21 蒺藜科 Zygophyllaceae	
37 木霸王属 *Sarcozygium* Bge.	
89 木霸王 喀什霸王 *Sarcozygium xanthoxylon* Bge.	1
22 苦木科 Simaroubaceae	
38 臭椿属 *Ailanthus* Desf.	
90 臭椿 *Ailanthus altissima*（Mill.）Swingle	4
23 冬青科 Aquifoliaceae	
39 冬青属 *Ilex* L.	
91 冬青 *Ilex chinensis* Sims	1
24 槭树科 Aceraceae	
40 槭树属 *Acer* L.	
92 五角枫 *Acer mono* Maxim.	1
25 鼠李科 Rhamnaceae	
41 枣属 *Ziziphus* Mill.	
93 实生枣 *Ziziphus jujuba* L.	1
94 灰枣 *Ziziphus jujuba* ‘Huizao’	4
95 骏枣 *Ziziphus jujuba* ‘Junzao’	7
96 酸枣 *Ziziphus jujuba* var. *Spinosa* Hu ex H. F. Chow	10
97 果满糖枣 *Ziziphus jujuba* ‘Guomantangzao’	1
98 哈密大枣 *Ziziphus jujuba* ‘Hamidazao’	1
99 壶瓶枣 *Ziziphus jujuba* ‘Hupingzao’	1
26 葡萄科 Vitaceae	
42 地锦属 *Parthenocissus* Planch.	
100 五叶地锦 *Parthenocissus quinquefolia*（L.）Planch.	1
43 葡萄属 *Vitis* L.	
101 无核白葡萄 *Vitis vinifera* ‘Seedless’	1
102 和田红葡萄 *Vitis vinifera* ‘Hetianhong’	3
103 红提葡萄 *Vitis vinifera* ‘Red Globe’	2
104 库车阿克沙依瓦葡萄 *Vitis vinifera* ‘Kucheakeshayiwa’	1
27 山茱萸科 Cornaceae	
44 梾木属 *Swida* Opiz	
105 红瑞木 *Swida alba* L.	1
28 锦葵科 Malvaceae	
45 木槿属 *Hibiscus* Zhu.	
106 长苞木槿 *Hibiscus syriacus* var.*longibiracteatus* S. Y. Hu Fi.	2
29 柽柳科 Tamaricaceae	
46 琵琶柴属 *Reaumuria* L.	
107 民丰琵琶柴 *Reaumuria minfengensis* D. F. Cui et M. J. Zhang	1
108 五柱琵琶柴 五柱红砂 *Reaumuria kaschgarica* Rupr.	1
47 柽柳属 *Tamarix* L.	
109 短穗柽柳 *Tamarix laxa* Willd.	1
110 密花柽柳 山川柽柳 *Tamarix arceuthoides* Bge.	1
111 塔里木柽柳 *Tamarix taremensis* P. Y. Zhang et Liu.	1
112 多花柽柳 霍氏柽柳 *Tamarix hohenackeri* Bge.	1
113 多枝柽柳 *Tamarix ramosissima* Ldb.	6
114 刚毛柽柳 *Tamarix hispida* Willd.	3
115 莎车柽柳 *Tamarix sachuensis* P. Y. Zhang et Liu.	1
116 沙生柽柳 *Tamarix taklamakanensis* M. T. Liu	2
117 细穗柽柳 *Tamarix leptostachys* Bge.	1
118 盐地柽柳 *Tamarix karelinii* Bge.	1

119长穗柽柳 *Tamarix elongate* Ledeb.　1

30胡颓子科　Elaeagnaceae

48胡颓子属 *Elaeagnus* L.

120沙枣 *Elaeagnus oxycarpa* Schlecht.　6

49沙棘属 *Hippophae* L.

121沙棘 *Hippophae rhamnoides* L.　1

122中亚沙棘 *Hippophae rhamnoides* subsp. *trukestanica* Rousi.　1

31千屈菜科　Lythraceae

50紫薇属 *Lagerstroemia* L.

123紫薇 *Lagerastroemia indjca* L.　1

32石榴科 Punicaceae

51石榴属 *Punica* L.

124石榴 *Punica granatum* L.　2

33木樨科 Oleaceae

52白蜡树属 *Fraxinus* L.

125大叶白蜡 *Fraxinus americana* L.　2

126小叶白蜡 *Fraxinus sodgiana* Bge.　9

53丁香属 *Syringa* L.

127丁香 *Syringa vulgaris* L.　1

128花叶丁香 *Syringa persica* L.　1

54女贞属 *Ligustrum* L.

129水蜡 *Ligustrum obtusifolium* Sieb. et Zucc.　3

34茄科 Solanaceae

55茄属　*Solanum* L.

130珊瑚樱 *Solanum pseudo-capsicum* L.　1

131香瓜茄 *Solanum muricatum* Aiton　1

35玄参科 Scrophulariaceae

56泡桐属 *Paulownia* Sieb. et Zucc

132毛泡桐 *Paulownia tomentosa* (Thunb.) Steud.　2

36紫葳科 Bignoniaceae

57梓树属 *Catalpa* Scop.

133黄金树 *Catalpa speciosa* Warder. ex Engelm.　1

附录八　于田县林木种质资源名录

于田县有林木种质资源943份,有36科、66属、204分类单位(121种、2亚种、12变种、4变型、65品种等)。其中裸子植物有4科、6属、11种;被子植物有32科、60属、192种。

1 银杏科 Ginkgoaceae

1 银杏属 *Ginkgo* L.

1 银杏 *Ginkgo biloba* L.　2

2 松科 Pinaceae

2 松属 *Pinus* L.

2 樟子松 *Pinus sylvestris* var.*mongolica* Litv.　1

3 云杉属 *Picea* A. Dietr.

3 红皮云杉 *Picea koraiensis* Nakai　1

3 柏科 Cupressaceae

4 侧柏属 *Platycladus* Spach

4 侧柏 *Platycladus orientalis* (L.) Franco　7

5 圆柏属 *Juniperus* L.

5 圆柏 *Juniperus chinensis* L.　4

6 刺柏 *Juniperus formosana* Hayata　4

7 龙柏 *Juniperus chinensis* 'Kaizuca'　2

4 麻黄科 Ephedraceae

6 麻黄属 *Ephedra* L.

8 蓝枝麻黄 *Ephedra glauca* Regel　1

9 膜果麻黄 *Ephedra przewalskii* Stapf　1

10 西藏麻黄 *Ephedra tibetica* (Stapf) V. Nit.　1

11 昆仑麻黄 雌雄麻黄 *Ephedra fedtschenkoae* Pauls.　1

5 木兰科 Magnoliaceae

7 木兰属 *Magnolia* L.

12 玉兰 *Magnolia denudata* Desr.　1

6 黄杨科 Buxaceae

8 黄杨属 *Buxus* L.

13 黄杨 *Buxus*Sp.　2

7 杨柳科 Salicaceae

9 杨属 *Populus* L.

14 胡杨 *Populus euphratica* Oliv.　8

15 灰杨 *Populus pruinosa* Schrenk　5

16 箭杆杨 *Populus nigra* var. *thevestina* (Dode) Bean　8

17 钻天杨 *Populus nigra* var. *italica* (Moench) Koehne　15

18 美洲黑杨 *Populus deltoides* Marsh.　2

19 小叶杨 *Populus simonii* Carr.　7

20 新疆杨 *Populus alba* var. *pyramidalis* Bge.　26

21 银白杨 *Populus alba* L.　40

22 杂交杨 *Populus* Sp.　3

23 安格杨 *Populus nigra* 'Ange'　1

24 大叶杨 *Populus nigra* Sp.　1

10 柳属 *Salix* L.

25 白柳 *Salix alba* L. 5
26 旱柳 *Salix matshudana* Koidz 19
27 馒头柳 *Salix matsudana* f. *umbraculifera* Rehd. 19
28 垂柳 *Salix babylonica* L. 7
29 金丝柳 *Salix* × *aureo-pendula* CL. 6
30 龙爪柳 *Salix matshudana* var. *tortuosa* (Vilm.) Rehd. 7
31 竹柳 *Salix* 'zhuliu' 1

7 核桃科 Juglandaceae

11 核桃属 *Juglans* L.

32 核桃 *Juglans regia* L. 8
33 温 185 核桃 *Juglans regia* 'Wen 185' 6
34 扎 343 核桃 *Juglans regia* 'Zha 343' 17
35 新丰核桃 *Juglans regia* 'Xinfeng' 14
36 新丰 2 号核桃 *Juglans regia* 'Xinfeng 2' 1
37 新新 2 号 *Juglans regia* 'Xingxing 2' 1
38 拉依喀 9 号核桃 *Juglans regia* 'Layika 9' 2

8 壳斗科 Fagaceae

12 栎属 *Quercus* L.

39 夏橡 *Quercus robur* L. 2

9 榆科 Ulmaceae

13 榆属 *Ulmus* L.

40 白榆 *Ulmus pumila* L. 7
41 新疆大叶榆 *Ulmus laevis* Pall. 5
42 圆冠榆 *Ulmus densa* Litv. 4
43 垂榆 *Ulmus pumila* var. *pendula* (Kirchn.) Rehd. 6
44 金叶榆 *Ulmus pumila* 'Jingyeyu' 4

10 桑科 Moraceae

14 无花果属 *Ficus* L.

45 无花果 *Ficus carica* L. 6

15 桑属 *Morus* L.

46 白桑 *Morus alba* L. 20
47 黑桑 *Morus nigra* L. 2
48 药桑 *Morus nigra* L. 14

11 蓼科 Polygonaceae

16 沙拐枣属 *Calligomim* L.

49 昆仑沙拐枣 *Calligonum roborovskii* A. Los. 2

12 藜科 Chenopodiaceae

17 梭梭属 *Haloxylon* Bge.

50 梭梭 *Haloxylon ammodendron* (C. A. Mey.) Bge 1

18 盐穗木属 *Halostachys* C. A. Mey.

51 盐穗木 *Halostachys caspica* (M.B.) C. A. Mey. 1

19 驼绒藜属 *Ceratoides* (Tourn.) Gagnebin

52 垫状驼绒藜 *Ceratoides compacta* Tsienet C. G. Ma 1

20 合头草属 *Sympegma* Bge.

53 合头草 黑柴 *Sympegma regelii* Bge. 1

13 毛茛科 Ranunculaceae

21 铁线莲属 *Clematis* L.

54 东方铁线莲 *Clematis orientalis* L. 4

14 小檗科 Berberidaceae

22 小檗属 *Berberis* L.

55 喀什小檗 *Berberis kaschgarica* Rupr. 1

56紫叶小檗*erberis thunbergii* var. *atropurpurea* Chenault	2
57黑果小檗*Berberis heteropoda* Schrenk	1
15悬铃木科Platanaceae	
23悬铃木属*Platanus* L.	
58二球悬铃木*Platanus acerifolia*（Ait.）Willd.	10
59三球悬铃木*Platanus orientalis* L.	4
16蔷薇科Rosaceae	
24金露梅属*Pentaphylloides* Duham.	
60帕米尔金露梅*Pentaphylloides dryadanthoides*（Juz.）Sojak	1
25榅桲属*Cydonia* Mill.	
61榅桲*Cydonia oblonga* Mill	9
26木瓜属*Chaenomeles*	
62贴梗海棠*Chaenmoeles lagenaria* Mill	1
27梨属*Pyrus* L.	
63土梨*Pyrus sinkiangensis* Yu	6
64夏梨*Pyrus sinkiangensis*'Xia'	1
65冬梨*Pyrus bretscneideri*'Dongli'	8
66砂梨*Pyrus sinkiangensis* Yu	1
67白梨*Pyrus bretschneider* Rehd.	1
68黄梨*Pyrus bretscneideri*'Huangli'	6
69库尔勒香梨*Pyrus bretscneideri*'Kuerlexiangli'	7
70阿木提香梨*Pyrus sinkiangensis*'Amuti'	12
71砀山梨*Pyrus bretscneideri*'Dangshanli'	5
72苹果梨*Pyrus bretscneideri*'Pingguoli'	3
73杜梨*Pyrus betulaefolia* Bge.	4
28苹果属*Malus* Mill.	
74苹果*Malus pumila* Mill.	9
75白苹果*Malus pumila*'Bai'	6
76白奶苹果*Malus pumila*'Bainai'	5
77红苹果*Malus pumila*'Hong'	2
78红富士苹果*Malus pumila*'Hongfushi'	9
79红星苹果*Malus pumila*'Hongxin'	1
80黄香蕉苹果*Malus pumila*'Golden Delicious'	1
81黄元帅苹果*Malus pumila*'Huangyuanshuai'	2
82秦冠苹果*Malus pumila*'Qinhuan'	4
83樱桃苹果*Malus cerasifera* Spach.	1
84海棠果*Malus spectabilis*（Willd.）Borkh.	1
85大果海棠*Malus spectabilis*（Willd.）Borkh.	1
86王族海棠 红叶海棠*Malus micromalus*'Royalty'	4
29蔷薇属*Rosa* L.	
87落花蔷薇 弯刺蔷薇*Rosa beggeriana* Schrenk	1
88玫瑰*Rosa rugosa* Thunb.	6
89四季玫瑰*Rosa rugosa* Thunb.	7
90和田玫瑰*Rosa damascena* Mill.	6
91月季*Rosa chinensis* Jacq.	8
92小月季 微型月季 *Rosa chinensis* Jacq.	1
30杏属*Armeniaca* Mill.	
93土杏*Armeniaca vulgaris* Lam.	12
94白明星杏*Armeniaca vulgaris*'Baiminxin'	12
95小白杏*Armeniaca vulgaris*'Xiaobaixing'	2
96黑叶杏*Armeniaca vulgaris*'Heiye'	1

97 胡安娜杏 *Armeniaca vulgaris* ‘Huanna’	3
98 华纳杏 *Armeniaca vulgaris* ‘Huana’	3
99 浑代克杏 *Armeniaca vulgaris* ‘Hundaike’	1
100 加奈乃杏 *Armeniaca vulgaris* ‘Jialainai’	2
101 克孜浪杏 *Armeniaca vulgaris* ‘Kezilang’	3
102 赛买提杏 *Armeniaca vulgaris* ‘Saimaiti’	2
103 桃杏 *Armeniaca vulgaris* ‘Tao’	1
31 巴旦属 *Amygdalus* L.	
104 巴旦杏 *Amygdalus communis* L.	6
32 桃属 *Percica* L.	
105 桃 *Percica vulgaris* Mill.	19
106 大青桃 *Percica vulgaris* Mill.	1
107 白桃 *Percica vulgaris* ‘Beitao’	5
108 新农红毛桃 *Percica vulgaris* ‘Xinnonghong’	1
109 春美毛桃 *Percica vulgaris* ‘Cunmei’	1
110 春鲜蜜桃 *Percica vulgaris* ‘Chunxuanmi’	1
111 水蜜桃 *Percica vulgaris* Mill.	2
112 520 水蜜桃 *Percica vulgaris* ‘520 mi’	1
113 蜜桃十月红 *Percica vulgaris* ‘Shiyuehongmi’	1
114 油桃 *Percica vulgaris* var. *nectarina* Maxim.	10
115 土红油桃 *Percica vulgaris* var. *nectarina* ‘Hongyoutao’	3
116 土绿油桃 *Percica vulgaris* var. *nectarina* ‘Lu’	2
33 榆叶梅属 *Louiscania* Carr.	
117 榆叶梅 *Louiscania triloba* Carr.	5
118 重瓣榆叶梅 *Louiscania triloba* var. *multiples* Bge.	1
34 李属 *Prunus* L.	
119 李 *Prunus salicina* Lindl.	4
120 西梅 *Prunus domestica* L.	7
121 西洋李 *Prunus domestica* L.	2
122 鸡心李 *Prunus salicina* ‘Jixin’	5
123 美国红宝石 *Prunus salicina* ‘Meiguohongbaoshi’	2
124 杏李 *runus simonii* Carr.	11
125 美国杏李 风味皇后 *Prunusdomestica×avmeniaca* ‘Fengweihuanghou’	1
126 樱桃李 *Prunus sogdiana* Vass.	1
127 紫叶李 *Prunus cerasifera* f. *atropurpurea* Rehd.	6
35 樱桃属 *Cerasus* Mill.	
128 欧李 *Cerasus humilis* (Bge.) Sok.	1
129 樱桃 *Cerasus fruticosa* (Pall) G. Woron.	1
17 豆科 Leguminosae	
36 合欢属 *Albizia* Durazz.	
130 合欢 *Albizia julibrissin* Durazz.	2
37 刺槐属 *Robinia* L.	
131 刺槐 *Robinia pseudoacacia* L.	9
132 红花刺槐 *Robinia pseudoacacia* ‘Idaho’	1
38 槐属 *Sophora* L.	
133 国槐 *Sophora japonica* L.	8
134 黄金槐 *Sophora japonica* ‘Golden Stem’	1
39 锦鸡儿属 *Caragana* Fabr.	
135 昆仑锦鸡儿 *Caragana polourensis* Franch.	1
40 紫荆属 *Cercis* L.	
136 紫荆 *Cercis chinensis Bunge*.	1

41 紫穗槐属 *Amorpha* L.

137 紫穗槐 *Amorpha fruticosa* L. 1

18 白刺科 Nitrariaceae

42 白刺属 *Nitraria* L.

138 白刺 *Nitraria schoberi* L. 1

139 唐古特白刺 *Nitraria tangutorum* Bobr. 1

19 苦木科 Simaroubaceae

43 臭椿属 *Ailanthus* Desf.

140 臭椿 *Ailanthus altissima* (Mill.) Swingle 16

20 漆树科 Anacardiaceae

44 盐肤木属 *Rhus* L.

141 火炬树 *Rhus typhina* L. 1

21 冬青科 Aquifoliaceae

45 冬青属 *Ilex* L.

142 冬青 *Ilex chinensis* Sims 3

22 卫矛科 Celastraceae

46 卫矛属 *Euonymus* L.

143 桃叶卫矛 *Euonymus bungeanus* Maxim. 7

23 槭树科 Aceraceae

47 槭树属 *Acer* L.

144 复叶槭 *Acer negundo* L 1

24 无患子科 Sapindaceae

48 文冠果属 *Xanthoceras* Bge.

145 文冠果 *Xanthoceras sorbifolia* Bge. 1

25 鼠李科 Rhamnaceae

49 枣属 *Ziziphus* Mill.

146 圆枣 *Ziziphus jujuba* L. 4

147 灰枣 *Ziziphus jujuba* 'Huizao' 10

148 骏枣 *Ziziphus jujuba* 'Junzao' 16

149 酸枣 *Ziziphus jujuba* var. *spinosa* Hu ex H. F. Chow 26

150 冬枣 *Ziziphus jujuba* 'Dongzao' 5

151 壶瓶枣 *Ziziphus jujuba* 'Hupingzao' 1

26 葡萄科 Vitaceae

50 地锦属 *Parthenocissus* Planch.

152 五叶地锦 *Parthenocissus quinquefolia* Planch. 3

51 葡萄属 *Vitis* L.

153 琐琐葡萄 *Vitis adstricta* Hance 1

154 无核白葡萄 *Vitis vinifera* 'Seedless' 5

155 马奶子葡萄 *Vitis vinifera* 'Manaizi' 11

156 木纳格葡萄 *Vitis vinifera* 'Munage' 8

157 白葡萄 *Vitis vinifera* 'Qing' 1

158 青葡萄 *Vitis vinifera* 'Bai' 1

159 和田红葡萄 *Vitis vinifera* 'Hetianhong' 21

160 黑美人葡萄 *Vitis vinifera* 'Heimeiren' 1

161 红提葡萄 *Vitis vinifera* 'Red Globe' 4

162 户太8号葡萄 *Vitis vinifera* 'Hutai 8' 1

163 金手指葡萄 *Vitis vinifera* 'Jinshouzhi' 1

164 维多利亚葡萄 *Vitis vinifera* 'Wuiduoliar' 1

165 香妃葡萄 *Vitis vinifera* 'Xiangfei' 2

52 蛇葡萄属 *Ampelopsis* Michx.

166 三裂蛇葡萄 *Ampelopsis brevipedunculata* (Maxim.) Trautv. 2

27 山茱萸科 Cornaceae

53 株木属 *Swida* Opiz

167 红瑞木 *Swida alba* L. 1

28 锦葵科 Malvaceae

54 木槿属 *Hibiscus* Zhu.

168 长苞木槿 *Hibiscus syriacus* var.*longibiracteatus* S. Y. Hu Fi. 1

29 柽柳科 Tamaricaceae

55 琵琶柴属 *Reaumuria* L.

169 民丰琵琶柴 *Reaumuria minfengensis* D. F. Cui et M. J. Zhang 2

170 五柱琵琶柴 五柱红砂 *Reaumuria kaschgarica* Rupr. 1

56 水柏属 *Myricaria Davs.*

171 宽苞水柏枝 *Myricaria bracteata* Royle 1

172 匍匐水柏枝 *Myricaria prostrata* f. et Thoms. ex Benth. et Hook. f. Gen. 1

173 心叶水柏枝 *Myricaria pulcherrima* Batalin 1

57 柽柳属 *Tamarix* L.

174 柽柳 *Tamarix* Sp. 2

175 短穗柽柳 *Tamarix laxa* Willd. 1

176 多花柽柳 *Tamarix hohenackeri* Bge. 12

177 甘蒙柽柳 *Tamarix austromongolica* Nakai 1

178 甘肃柽柳 *Tamarix gansuensis* X. Z. Zhang 1

179 刚毛柽柳 *Tamarix hispida* Willd. 6

180 密花柽柳 *Tamarix arceuthoides* Bge. 1

181 莎车柽柳 *Tamarix sachuensis* P. Y. Zhang et Liu. 1

182 塔克拉玛干柽柳 *Tamarix taklamakanensis* M. T. Liu 1

183 细穗柽柳 *Tamarix leptostachys* Bge. 2

184 长穗柽柳 *Tamarix elongate* Ledeb. 1

185 中国柽柳 *Tamarix chinensis* Lour. 1

186 紫杆柽柳 *Tamarix androssowii* Litv. 2

30 胡颓子科 Elaeagnaceae

58 胡颓子属 *Elaeagnus* L.

187 沙枣 *Elaeagnus oxycarpa* Schlecht. 14

188 尖果沙枣 *Elaeagnus oxycarpa* Schlecht. 2

189 馕沙枣 *Elaeagnus* *moorcroftii* 'Nang' 1

59 沙棘属 *Hippophae* L.

190 沙棘 *Hippophae rhamnoides* L. 1

191 中亚沙棘 *Hippophae rhamnoides* subsp. *trukestanica* Rousi. 1

31 千屈菜科 Lythraceae

60 紫薇属 *Lagerstroemia* L.

192 紫薇 *Lagerastroemia indjca* L. 1

32 石榴科 Punicaceae

61 石榴属 *Punica* L.

193 石榴 *Punica granatum* L. 14

33 木樨科 Oleaceae

62 白蜡树属 *Fraxinus* L.

194 大叶白蜡 *Fraxinus americana* L. 3

195 小叶白蜡 *Fraxinus sodgiana* Bge. 21

63 丁香属 *Syringa* L.

196 丁香 *Syringa vulgaris* L. 1

197 紫丁香 *Syringa oblata* Lindl. 1

198 暴马丁香 *Syringa reticulata* var. *amurensis* Pringle. 3

64 女贞属 *Ligustrum* L.

199 水蜡 *Ligustrum obtusifolium* Sieb. et Zucc. 2

34 茄科 Solanaceae

65 枸杞属 *Lycium* L.

200 青海枸杞 *Lycium barbarum* L 4

201 黑果枸杞 *Lycium ruthenicum* Murr. 3

202 新疆枸杞 *Lycium dasystemum* Pojark. 1

35 紫葳科 Bignoniaceae

66 梓树属 *Catalpa* Scop.

203 黄金树 *Catalpa speciosa* Warder. ex Engelm. 1

36 忍冬科 Caprifoliaceae

67 锦带花属 *Weigela* Thunb

204 红王子锦带 *Weigela florida* 'Red Prince' 2

附录九　策勒县林木种质资源名录

策勒县有林木种质资源594份，有36科、64属、227分类单位（139种、2亚种、12变种、2变型、72品种等）。其中裸子植物有5科、7属、10种；被子植物有30科、57属、216种。

1 银杏科 Ginkgoaceae
　1 银杏属 *Ginkgo* L.
　　1 银杏 *Ginkgo biloba* L.　1
2 南洋杉科 Araucariaceae
　2 南洋杉属 *Araucaria* Juss.
　　2 南洋杉 *Araucaria cunninghamii* Sweet　1
3 松科 Pinaceae
　3 雪松属 *Cedrus* Trew
　　3 雪松 *Cedrus deodara* (Roxb.) G. Don　1
　4 云杉属 *Picea* Dietr.
　　4 云杉 *Picea* SP.　2
4 柏科 Cupressaceae
　5 侧柏属 *Platycladus* Spach
　　5 侧柏 *Platycladus orientalis* (L.) Franco　3
　6 圆柏属 *Juniperus* L.
　　6 圆柏 *Juniperus chinensis* L.　2
　　7 刺柏 *Juniperus formosana* Hayata　5
　　8 塔柏 *Juniperus chinensis* ‘Pyramidalis’　2
　　9 龙柏 *Juniperus chinensis* ‘Kaizuca’　6
5 麻黄科 Ephedraceae
　7 麻黄属 *Ephedra* L.
　　10 西藏麻黄 *Ephedra tibetica* (Stapf) V. Nit.　1
6 黄杨科 Buxaceae
　8 黄杨属 *Buxus* L
　　11 黄杨 *Buxus* Sp.　1
7 杨柳科 Salicaceae
　9 杨属 *Populus* L.
　　12 胡杨 *Populus euphratica* Oliv.　4
　　13 灰杨 *Populus pruinosa* Schrenk　1
　　14 毛白杨 *Populus tomentosa* Carr.　3
　　15 银白杨 *Populus alba* L.　19
　　16 东方白杨 *Populus alba* L.　1
　　17 光皮银白杨 *Populus alba* var. *Bachofenii* Wesmael　1
　　18 箭杆杨 *Populus nigra* var. *thevestina* (Dode) Bean　5
　　19 钻天杨 *Populus nigra* var. *italica* (Moench) Koehne　4
　　20 新疆杨 *Populus alba* var. *pyramidalis* Bge.　8
　　21 红叶杨 *Populus deltoids* ‘Zhonghuahongye’　2
　　22 美洲黑杨 *Populus deltoides* Marsh.　3
　　23 青杨 *Populus cathayana* Rehd.　1
　　24 小叶杨 *Populus simonii* Carr.　2
　10 柳属 *Salix* L.

25白柳 *Salix alba* L. 7
26馒头柳 *Salix matshudana* f. *umbraculifera* Rehd. 8
27旱柳 *Salix matshudana* Koidz 7
28垂柳 *Salix babylonica* L. 4
29金丝柳 *Salix* × *aureo-pendula* CL. 7
30龙爪柳 *Salix matshudana* var. *tortuosa*（Vilm.）Rehd. 4
31线叶柳 *Salix wilhelmsiana* M. B. 2
32密穗柳 *Salix pycrostachya* Anderss. 1
33黄花柳 *Salix caprea* L. 1
34黄皮柳 *Salix carmanica* Bornm. 1

8核桃科 Juglandaceae

11核桃属 *Juglans* L.

35核桃 *Juglans regia* L. 7
36厚皮核桃 *Juglans regia* L. 3
37薄皮核桃 *Juglans regia* L. 4
38温185核桃 *Juglans regia*‘Wen 185’ 4
39扎343核桃 *Juglans regia*‘Zha 343’ 5
40新丰核桃 *Juglans regia*‘Xinfeng’ 8
41新丰2号核桃 *Juglans regia*‘Xinfeng 2’ 1
42新新2号 *Juglans regia*‘Xingxing 2’ 1
43国光核桃 *Juglans regia*‘Guoguang’ 1

9榆科 Ulmaceae

12榆属 *Ulmus* L.

44白榆 *Ulmus pumila* L. 5
45圆冠榆 *Ulmus densa* Litv. 2
46新疆大叶榆 *Ulmus laevis* Pall. 2
47裂叶榆 *Ulmus laciniata*（Trautv.）Mayr. 2
48垂榆 *Ulmus pumila* var. *pendula*（Kirchn.）Rehd. 2
49金叶榆 *Ulmus pumila*‘Jingyeyu’ 3

10桑科 Moraceae

13桑属 *Morus* L.

50白桑 *Morus alba* L. 11
51黑桑 *Morus nigra* L. 8
52药桑 *Morus nigra* L. 6
53龙须桑 *Morus nigra*‘Longxu’. 1
54沙漠桑 *Morus nigra*‘Shame’ 1

11蓼科 Polygonaceae

14沙拐枣属 *Calligomim* L.

55沙拐枣 *Calligonum mongolicum* Turca 1
56头状沙拐枣 *Calligonum caput-medusae* Schrenk 2
57昆仑沙拐枣 *Calligonum roborovskii* A.Los. 1

15木蓼属 *Atraphaxis* L.

58沙木蓼 *Atraphaxis bracteata* A. Los. 1

12藜科 Chenopodiaceae

16驼绒藜属 *Ceratoides*（Tourn.）Gagnebin

59驼绒黎 *Ceratoides latens* Reveal et Holmgren. 3

17合头草属 *Sympegma* Bge.

60合头草 *Sympegma regelii* Bge. 1

13毛茛科 Ranunculaceae

18铁线莲属 *Clematis* L.

61甘青铁线莲 *Clematis tangutica*（Maxim.）Korsh. 3

62粉绿铁线莲 *Clematis glauca* Willd.	1
63角萼铁线莲 *Clematis corniculeta* W. T. Wang	1
14小檗科 Berberidaceae	
19小檗属 *Berberis* L.	
64红果小檗 *Berberis thunbergii* var. *atropurpurea* Chenault	4
65黑果小檗 *Berberis heteropoda* Schrenk	1
66喀什小檗 *Berberis kaschgarica* Rupr.	1
15悬铃木科 Platanaceae	
20悬铃木属 *Platanus* L.	
67一球悬铃木 *Platanus occidentalis* L.	1
68二球悬铃木 *Platanus acerifolia* (Ait.) Willd.	5
69三球悬铃木 *Platanus orientalis* L.	1
16蔷薇科 Rosaceae	
21金露梅属 *Pentaphylloides* Duham.	
70小叶金露梅 *Pentaphylloides parvifolia* (Fiseh. ex Lehm.) *Sojak*	1
22山楂属 *Crataegus* L.	
71黄果山楂 *Crataegus chlorocarpa* Lenne et C. Koch	1
72红果山楂 *Crataegus sanguinea* Pall.	1
73大果山楂 *Crataegus pinnatifida* var. *major* N.	2
23榅桲属 *Cydonia* Mill.	
74榅桲 *Cydonia oblonga* Mill	3
24木瓜属 *Chaenomeles*	
75日本木瓜 *Chaenomeles japonica* Mill	1
25梨属 *Pyrus* L.	
76土梨 *Pyrus sinkiangensis* Yu	1
77鸭梨 *Pyrus bretschneider* Rehd.	1
78库尔勒香梨 *Pyrus bretscneideri* 'Kuerlexiangli'	5
79砀山梨 *Pyrus bretscneideri* 'Dangshanli'	6
80阿木提香梨 *Pyrus sinkiangensis* 'Amutili'	4
81库车句句梨 *Pyrus sinkiangensisi* 'Kuchegogoli'	4
82葫芦梨 *Pyrus sinkiangensisi* 'Hululi'	1
83苹果梨 *Pyrus bretscneideri* 'Pingguoli'	1
84杜梨 *Pyrus betulaefolia* Bge.	4
26苹果属 *Malus* Mill.	
85野苹果 *Malus pumila* Mill.	3
86土苹果 *Malus pumila* Mill.	5
87无菌苹果 *Malus pumila* Mill.	1
88夏苹果 *Malus pumila* 'Xia'	2
89白苹果 *Malus pumila* 'Bai'	1
90白奶苹果 *Malus pumila* 'Bainai'	1
91冰糖心苹果 *Malus pumila* 'Bingtangxin'	1
92红富士苹果 *Malus pumila* 'Hongfushi'	5
93红苹果 *Malus pumila* 'Hong'	2
94红肉苹果 *Malus pumila* 'Hongruo'	1
95红星苹果 *Malus pumila* 'Hongxin'	2
96黄香蕉苹果 *Malus pumila* 'Golden Delicious'	4
97黄元帅苹果 *Malus pumila* 'Golden Delicious'	2
98金冠苹果 *Malus pumila* 'Golden Delicious'	1
99馕苹果 *Malus pumila* 'Nang'	1
100秦冠苹果 *Malus pumila* 'Qinhuan'	4
101青苹果 *Malus pumila* 'Qin'	2

102 青干苹果 *Malus pumila* 'Qingan' 1
103 青香蕉苹果 *Malus pumila* 'Qinxiangjiao' 1
104 五星苹果 *Malus pumila* 'Wuixng' 5
105 烟富苹果 *Malus pumila* 'Yanfu' 1
106 印度香苹果 *Malus pumila* 'Yinduxiang' 1
107 海棠果 *Malus spectabilis* (Willd.) Borkh. 4
108 王族海棠 红叶海棠 *Malus micromalus* 'Royalty' 1

27 蔷薇属 *Rosa* L.

109 疏花蔷薇 *Rosa laxa* Retz. 1
110 大果蔷薇 藏边蔷薇 *Rosa webbiana* Wall. ex Royle 1
111 落花蔷薇 弯刺蔷薇 *Rosa beggeriana* Schrenk 1
112 玫瑰 *Rosa rugosa* Thunb. 2
113 树状玫瑰 *Rosa rugosa* Thunb. 1
114 和田玫瑰 *Rosa damascena* Mill. 4
115 黄刺玫 *Rosa xanthina* Lindl. 3
116 月季 *Rosa chinensis* Jacq. 3
117 微型月季 *Rosa chinensis* Jacq. 1

28 杏属 *Armeniaca* Mill.

118 土杏 *Armeniaca vulgaris* Lam. 2
119 毛杏 *Armeniaca vulgaris* Lam. 5
120 黄毛杏 *Armeniaca vulgaris* 'Huangmao' 1
121 白明星杏 *Armeniaca vulgaris* 'Baiminxin' 4
122 白优杏 *Armeniaca vulgaris* 'Baiyou' 3
123 胡安娜杏 *Armeniaca vulgaris* 'Huanna' 2
124 华纳杏 *Armeniaca vulgaris* 'Huana' 3
125 加奈乃杏 *Armeniaca vulgaris* 'Jalainai' 1
126 克孜浪杏 *Armeniaca vulgaris* 'Kezilang' 4
127 库车小白杏 *Armeniaca vulgaris* 'Kuchexiaobaixing' 1
128 赛买提杏 *Armeniaca vulgaris* 'Saimaiti' 1
129 吐奶斯塘杏 *Armeniaca vulgaris* 'Tunaisitang' 1
130 桃杏 *Armeniaca vulgaris* 'Tao' 2
131 李光杏 *Armeniaca vulgaris* 'Liguang' 2

29 巴旦属 *Amygdalus* L.

132 巴旦杏 *Amygdalus communis* L. 2

30 桃属 *Percica* L.

133 毛桃 *Percica vulgaris* Mill. 11
134 青桃 *Percica vulgaris* 'Qin' 3
135 白桃 *Percica vulgaris* 'Beitao' 1
136 土白桃 *Percica vulgaris* 'Beitao' 1
137 红花山桃 *Percica davidiana* f.*rubr* (Bean) Rehd. 1
138 寿桃 *Percica vulgaris* Mill. 1
139 嘴桃 *Percica vulgaris* 'Zuitao' 1
140 油桃 *Percica vulgaris* var. *nectarina* Maxim. 10
141 美国油桃 *Percica vulgaris* var. *nectarina* 'Meiguo' 2
142 蟠桃 *Percica vulgaris* var. *compressa* (Loud.) Yu et Lu 1

31 榆叶梅属 *Louiscania* Carr.

143 榆叶梅 *Louiscania triloba* Carr. 2
144 重瓣榆叶梅 *Louiscania triloba* var. *multiples* Bge. 1

32 李属 *Pyrus* L.

145 西梅 *Prunus domestica* L. 1
146 杏李 *Prunus simonii* Carr. 6

147鸡心李 *Prunus salicina* 'Jixin' 2
148紫叶李 *Prunus salicina* 'Ziyeli' 3
149酸梅 樱桃李 *Prunus sogdiana* Vass. 1
33樱桃属 *Cerasus* Mill.
150欧李 *Cerasu shumilis* (Bge.) Sok. 1
151樱桃 *Cerasus tomentosa* (Thunb.) Wall. Cat. 1
17豆科 Leguminosae
34岩黄耆属 *Hedysarum* L.
152细枝岩黄耆 *Hedysarum scoparium* Fisch. et Mey. 1
35合欢属 *Albizia* Durazz.
153合欢 *Albizia julibrissin* Durazz. 4
36刺槐属 *Robinia* L.
154刺槐 *Robinia pseudoacacia* L. 6
155香花槐 *Robinia hisqida* 'Idaho' 1
156红花刺槐 *Robinia hisqida* 'Honghua' 2
37槐属 *Sophora* L.
157国槐 *Sophora japonica* L. 3
158垂槐 *Sophora japonica* f. *pendnla* Hort. 1
159金叶槐 *Sophora japonica* 'Golden Stem' 2
38锦鸡儿属 *Caragana* Fabr.
160树锦鸡儿 *Caragana arborescens* Lam. 1
161昆仑锦鸡儿 *Caragana polourensis* Franch. 1
162粉刺锦鸡儿 *Caragana pruinosa* Kom. 1
163多叶锦鸡儿 *Caragana pleiophylla* (Regel) Pojark. 1
39紫荆属 *Cercis* L.
164紫荆 *Cercis chinensis* Bge. 2
18白刺科 Nitrariaceae
40白刺属 *Nitraria* L.
165白刺 *Nitraria schoberi* L. 3
19苦木科 Simaroubaceae
41臭椿属 *Ailanthus* Desf.
166臭椿 *Ailanthus altissima* (Mill.) Swingle 5
20漆树科 Anacardiaceae
42盐肤木属 *Rhus* L.
167火炬树 *Rhus typhina* L. 1
21冬青科 Aquifoliaceae
43冬青属 *Ilex* L.
168冬青 *Ilex chinensis* Sims 1
22卫矛科 Celastraceae
44卫矛属 *Euonymus* L.
169桃叶卫矛 *Euonymus bungeanus* Maxim. 3
23槭树科 Aceraceae
45槭树属 *Acer* L.
170元宝槭 *Acer truncatum* Bge. 1
24无患子科 Sapindaceae
46文冠果属 *Xanthoceras* Bge.
171文冠果 *Xanthoceras sorbifolia* Bge. 3
25鼠李科 Rhamnaceae
47枣属 *Ziziphus* Mill.
172灰枣 *Ziziphus jujuba* 'Huizao' 3
173骏枣 *Ziziphus jujuba* 'Junzao' 3

174酸枣 *Ziziphus jujuba* var. *spinosa* Hu ex H. F. Chow 2
175冬枣 *Ziziphus jujuba* 'Dong' 5
176哈密大枣 *Ziziphus jujuba* 'Hamidazao' 1
177红满堂 *Ziziphus jujuba* 'Mantanghongzao' 1
178壶瓶枣 *Ziziphus jujuba* 'Hupingzao' 4
179鸡心枣 *Ziziphus jujuba* 'Jixinzao' 2
180金丝小枣 *Ziziphus jujuba* 'Jinsizao' 1
181九月鲜枣 *Ziziphus jujuba* 'Jiuyuexuanzao' 1
182赞黄枣 *Ziziphus jujuba* 'Zanhoangzao' 1

26葡萄科 Vitaceae

48地锦属 *Parthenocissus* Planch.

183五叶地锦 *Parthenocissus quinquefolia* (L.) Planch. 2

49葡萄属 *Vitis* L.

184白葡萄 *Vitis vinifera* 'Bai' 1
185青葡萄 *Vitis vinifera* 'Qing' 1
186无核白葡萄 *Vitis vinifera* 'Seedless' 1
187马奶子葡萄 *Vitis vinifera* 'Manaizi' 2
188木纳格葡萄 *Vitis vinifera* 'Munage' 3
189和田红葡萄 *Vitis vinifera* 'Hetianhong' 8
190美人指葡萄 *Vitis vinifera* 'Meirenzhi' 1

27锦葵科 Malvaceae

50木槿属 *Hibiscus* Zhu.

191长苞木槿 *Hibiscus syriacus* var.*longibiracteatus* S.Y.Hu Fi. 3
192雅致木槿 *Hibiscus syriacus* f. *elegantissixuns* Gagnep.f. 1

28柽柳科 Tamaricaceae

51水柏枝属 *Myricaria* Desv.

193美丽水柏枝 *Myricaria pulcherrima* Batalin 1

52琵琶柴属 *Reaumuria* L.

194民丰琵琶柴 *Reaumuria minfengensis* D. F. Cui et M. J. Zhang 2
195五柱琵琶柴 五柱红砂 *Reaumuria kaschgarica* Rupr. 1

53柽柳属 *Tamarix* L.

196柽柳 *Tamarix* Sp. 1
197短穗柽柳 *Tamarix laxa* Willd. 3
198多花柽柳 *Tamarix hohenackeri* Bge. 3
199多枝柽柳 *Tamarix ramosissima* Ldb. 6
200甘蒙柽柳 *Tamarix austromongolica* Nakai 1
201甘肃柽柳 *Tamarix gansuensis* X. Z. Zhang 1
202刚毛柽柳 *Tamarix hispida* Willd. 4
203密花柽柳 *Tamarix arceuthoides* Bge. 2
204细穗柽柳 *Tamarix leptostachys* Bge. 3
205长穗柽柳 *Tamarix elongate* Ledeb. 3
206紫杆柽柳 *Tamarix androssowii* Litv. 1
207塔克拉玛干柽柳 *Tamarix taklamakanensis* M. T. Liu 1
208莎车柽柳 *Tamarix sachuensis* P. Y. Zhang et Liu. 1
209盐地柽柳 短毛柽柳 *Tamarix karelinii* Bge. 1

29胡颓子科 Elaeagnaceae

54胡颓子属 *Elaeagnus* L.

210沙枣 *Elaeagnus oxycarpa* Schlecht. 4
211尖果沙枣 *Elaeagnus oxycarpa* Schlecht. 2
212沙生沙枣 *Elaeagnus moorcroftii* Schlecht. 8

55沙棘属 *Hippophae* L.

213沙棘 *Hippophae rhamnoides* L. 3
214中亚沙棘 *Hippophae rhamnoides* subsp.*trukestanica* Rousi. 2
215蒙古沙棘 *Hippophae rhamnoides* subsp.*mongolica* Rousi. 1

30石榴科 Punicaceae

56石榴属 *Punica* L.

216石榴 *Punica granatum* L. 3
217千紫红石榴 *Punica granatum* 'Qianzihong' 2

31木樨科 Oleaceae

57白蜡树属 *Fraxinus* L.

218大叶白蜡 *Fraxinus americana* L. 7
219小叶白蜡 *Fraxinus sodgiana* Bge. 7

58丁香属 *Syringa* L.

220暴马丁香 *Syringa reticulata* var. *amurensis* Pringle. 1

59女贞属 *Ligustrum* L.

221水蜡 *Ligustrum obtusifolium* Sieb. et Zucc. 2

32茄科 Solanaceae

60枸杞属 *Lycium* L.

222青海枸杞 *Lycium barbarum* L 4
223黑果枸杞 *Lycium ruthenicum* Murr. 5

33玄参科 Scrophulariaceae

61泡桐属 *Paulownia* Sieb. et Zucc

224毛泡桐 *Paulownia tomentosa* (Thunb.) Steud. 2

34紫葳科 Bignoniaceae

62梓树属 *Catalpa* Scop.

225黄金树 *Catalpa speciosa* Warder. ex Engelm. 1

35忍冬科 Caprifoliaceae

63忍冬属 *Lonicera* L.

226金银花 *Lonicera japonica* Thunb. 1

36菊科 Compositae

64亚菊属 *Ajania* Poljak.

227策勒亚菊 *Ajania qiraica* Z. X. An et Dilxat. 1

参考文献

1. 李世英. 昆仑山北坡植被的特点、形成及其与旱化的关系[J]. 植物学报, 1960, 9(1):16~31

2. 刘华训. 塔里木盆地西南部的植被, 治沙研究, 第四号[M]. 北京:科学出版社, 1962

3. 中国科学院新疆综合考察队. 新疆植被及其利用[M]. 北京:科学出版社, 1978

4. 中国科学院新疆综合考察队. 新疆地貌[M]. 北京:科学出版社, 1978

5. 吴征镒. 中国植被[M]. 北京:科学出版社, 1980

6. 王博等. 民丰县昆仑山无人区的天然草场资源考察[J]. 新疆草原通讯, 1982, (5):16

7. 吴征镒. 中国自然地理—植物地理(上册)[M]. 北京:科学出版社, 1983

8. 国务院环境保护委员会. 我国《珍稀濒危保护植物名录》[J]. 大自然, 1984, 22(4):45~46

9. 应俊生, 张志松. 中国地理区系中的特有现象—特有属的研究[J]. 植物分类学报, 1984, 22(4):259~268

10. 刘华训. 中国荒漠地带的植被. 中国干旱地区自然地理[M]. 北京:科学出版社, 1985

11. 刘铭庭. 和田河中、下游植被考察报告[J]. 干旱区研究, 1985, 2(4):8~14

12. 刘媖心. 中国沙漠植物志(第一卷)[M]. 北京:科学出版社, 1985

13. 梁诗魁. 西北蜜源植物的开发与利用[M]. 银川:宁夏人民出版社, 1986

14. 刘媖心. 中国沙漠植物志(第二卷)[M]. 北京:科学出版社, 1987

15. 国家环境保护局, 中国科学院植物研究所. 中国珍稀濒危保护植物名录[J]. 生物学通报, 1987, 14(7):23~28

16. 陈冀胜, 郑硕. 中国有毒植物[M]. 北京:科学出版社, 1987

17. 刘孟军. 中国野生果树[M]. 北京:科学出版社, 1987

18. 中国油脂植物编写委员会, 中国油脂植物[M]. 北京:科学出版社, 1987

19. 陈昌笃, 张妙弟, 杨立庄等. 新疆策勒县低山和平原区的植被及其与防治沙化的关系[J]. 干旱区研究, 1987, 4(1):28~40

20. 崔恒心, 王博, 祁贵, 张筱淳. 中昆仑山北坡及内部山原的植被类型[J]. 1988, 12(2):91~103

21. 张加延, 周恩. 中国果树志—李卷[M]. 北京:中国林业出版社, 1988

22. 崔恒心, 王博. 和田地区草地资源及其利用[M]. 乌鲁木齐:新疆人民出版社, 1989

23. 林盛秋. 蜜源植物[M]. 北京:中国林业出版社, 1989

24. 郑度, 张百平. 喀喇昆仑山—昆仑山地区的垂直自然带、环境和自然保护问题[J]. 自然资源学报, 1989, 4(3):254~266

25. 新疆森林编辑委员会. 新疆森林[M]. 新疆人民出版社, 中国林业出版社, 1990

26. 新疆维吾尔自治区畜牧厅. 新疆草地植物名录[M]. 乌鲁木齐:新疆人民出版社, 1990

27. 武素功. 喀喇昆仑山—昆仑山植物区系的一般特征及植物资源的保护与开发利用[J]. 自然资源学报, 1990, 5(4):376~382

28. 郗荣庭, 张毅萍. 中国核桃 [M]. 北京:中国林业出版社, 1990

29. 海鹰, 杨戈等. 克里雅河及塔克拉玛干科学探险考察报告[C]. 北京科学出版社, 1991

30. 潘伯荣, 尹林克. 我国干旱荒漠区珍稀濒危植物资源的综合评价及合理利用[J]. 干旱区研究, 1991, 12(3):29~39

31. 张佃民. 新疆高寒草原的研究. 新疆植物学研究文集[M]. 北京:科学出版社, 1991

32. 王荷生. 植物区系地理[M]. 北京:科学出版社, 1992

33. 傅立国. 中国植物红皮书(第一卷):稀有濒危植物[M]. 北京:科学出版社, 1992

34. 新疆植物志编辑委员会. 新疆植物志(第1卷)[M]. 乌鲁木齐:新疆科技卫生出版社, 1992

35. 刘媖心. 中国沙漠植物志(第三卷)[M]. 北京:科学出版社, 1992

36. 米吉提·胡达拜尔地, 玉米提·哈里克. 新疆蜜源植物及其利用[M]. 乌鲁木齐:新疆大学出版社, 1993

37. 潘晓玲, 张宏达. 塔里木盆地植被特点及区系形成的探讨[J]. 中山大学学报, 1993, 31:186~183

38. 许鹏. 新疆草地资源及其利用[M]. 乌鲁木齐:新疆科技卫生出版社, 1993

39. 张新时. 中国山地植被垂直带的基本生态地理类型. 植被生态学研究[M]. 北京:科学出版社, 1994

40. 潘晓玲. 塔里木盆地植物区系研究[J]. 新疆大学学报, 1994, 11(4):77~83

41. 王荷生, 张镱锂. 中国种子植物特有属的生物多样性和特征[J]. 云南植物研究, 1994, 16(3):209~220

42. 路端正. 和田河沿岸植被与生态环境[J]. 北京农学院学报, 1994, 9(2):153~160

43. 新疆植物志编辑委员会. 新疆植物志(第2卷第1分册)[M]. 乌鲁木齐:新疆科技卫生出版社, 1994

44. 严兆福. 新疆核桃[M]. 乌鲁木齐:新疆科技卫生出版社, 1994

45. 郗荣庭, 张毅萍. 中国果树志·核桃卷 [M]. 北京:中国林业出版社, 1995

46. 李小明, 张希明. 塔克拉玛干沙漠南缘绿洲生态系统[J]. 干旱区研究, 1995, 12(4):12~16

47. 新疆植物志编辑委员会. 新疆植物志(第2卷第2分册)[M]. 乌鲁木齐:新疆科技卫生出版社, 1995

48. 新疆植物志编辑委员会. 新疆植物志(第6卷)[M]. 乌鲁木齐:新疆科技卫生出版社, 1996

49. 郭柯, 李渤生, 郑度. 喀喇昆仑山—昆仑山地区植物区系与分布特点[J]. 植物生态学报, 1997, 21(2):105~114

50.《中国森林》编辑委员会. 中国森林(第1卷, 总论)[M]. 北京:中国林业出版社, 1997

51. 郭柯, 郑度, 李渤生. 喀喇昆仑山—昆仑山地区植物的生活型组成[J]. 植物生态学报, 1998, 22(1):51~59

52. 赵可夫, 李法曾. 中国盐生植物[M]. 北京:科学出版社, 1998

53. 顾万春. 中国林木遗传(种质)资源保存与研究现状[J]. 世界林业研究, 1999, 02:50~57

54. 国家重点保护野生植物名录(第一批)[J]. 植物杂志, 1999, 25(5):4~11

55. 新疆植物志编辑委员会. 新疆植物志(第5卷)[M]. 乌鲁木齐:新疆科技卫生出版社, 1999

56. 赵可夫. 中国盐生植物[M]. 北京:科学出版社, 1999, 19:611~613

57. 中华人民共和国国家林业局, 中华人民共和国农业部. 国家重点保护野生植物名录(第一批). 1999

58. 米吉提·胡达拜尔地, 徐建国. 新疆高等植物检索表[M]. 乌鲁木齐:新疆大学出版社, 2000

59. 张立运, 潘伯荣. 新疆植物资源评价及开发利用[J]. 干旱区地理, 2000, 23(4):331~336

60. 全国绿化委员会, 国家林业局. 全国古树名木普查建档技术规定[S]. 2001

61. 程芸, 袁磊. 新疆植物特有种的地理分布规律[J]. 干旱区研究, 2001, 28(5):854~859

62. 崔大方, 廖文波, 张宏达. 新疆木本植物区系形成的探讨[J]. 林业科学研究, 2001, 14(5):553~559

63. 党荣理, 潘晓玲. 西北干旱荒漠区植物区系的特有现象分析[J]. 植物研究, 2001, 21(4):519~526

64. 潘晓玲, 党荣理, 伍光和. 西北干旱荒漠区植物区系地理与资源利用[M]. 北京:科学出版社, 2001

65. 尹林克, 程争鸣, 潘惠霞. 新疆荒漠地区几种重要野生药用植物资源及其人工栽培[J]. 干旱区

研究, 2002, 19(4):28~32

66. 张立运, 海鹰.《新疆植被及其利用》专著中未曾记载的植物群落类型Ⅰ. 荒漠植物群落类型[J]. 干旱区地理, 2002, 25(1):84~89

67. 海鹰, 张立运, 李卫等.《新疆植被及其利用》专著中未曾记载的植物群落类型[J]. 干旱区地理, 2003, 26(4):413~419

68. 冯缨, 严成, 尹林克等. 新疆植物特有种及其分布[J]. 西北植物学报, 2003, 23(2):263~273

69. 师庆东, 吕光辉, 韦如意等. 利用FVC和DEM对中国南部植被的分类研究[J]. 新疆大学学报(自然科学版), 2003, 20(3): 280~284

70. 新疆植物志编辑委员会. 新疆植物志(第4卷)[M]. 乌鲁木齐:新疆科学技术出版社, 2004

71. 冯缨, 潘伯荣. 新疆特有种植物区系及生态学研究[J]. 云南植物研究, 2004, 26(2):183~188

72. 徐炜. 古树名木价值评估标准的探讨[J]. 华南热带农业大学学报, 2005, 11(1):66~69

73. 李登武, 党坤良, 康永祥. 西北地区木本植物区系多样性研究[J]. 植物研究, 2005, 25(1):89~98

74. 郗金标. 新疆盐生植物[M]. 北京:科学出版社, 2006

75. 尹林克, 谭丽霞, 王兵. 新疆珍稀濒危特有高等植物[M]. 乌鲁木齐:新疆科学技术出版社, 2006

76. 李都, 尹林克. 中国新疆野生植物[M]. 乌鲁木齐:新疆青少年出版社, 2006

77. 王兆松. 新疆北疆地区野生资源植物图谱[M]. 乌鲁木齐:新疆科学技术出版社, 2006

78. 尹林克. 温带荒漠区药用植物资源及产业化栽培实践[M]. 乌鲁木齐:新疆科学技术出版社, 2006

79. 新疆维吾尔自治区林业厅. 新疆维吾尔自治区重点保护野生植物名录(第一批). 2007

80. 刘延江. 新编园林观赏花卉[M]. 辽宁:辽宁科学出版社, 2007

81. 朱太平, 刘亮, 朱明. 中国资源植物[M]. 北京:科学出版社, 2007

82. 向其柏, 臧德奎. 国际栽培植物命名法规(第七版)[M]. 北京:中国林业出版社, 2004

83. 袁国映. 新疆生物多样性[M]. 乌鲁木齐:新疆科学技术出版社, 2008

84. 苗昊翠, 黄俊华, 胡俊, 等. 新疆野生观赏植物资源利用现状及发展前景[J]. 北方园艺, 2008, 311(5):128~131

85. 海鹰. 新疆昆仑山中段北坡植物区系研究[J]. 新疆师范大学学报(自然科学版), 2009, 28(4):7~12

86. 土尔逊托合提·买土送, 阿依古丽·克力毛拉. 新疆和田地区生态环境若干问题及其对策措施[J]. 西南农业大学学报(社会科学版), 2009, 7(6):6~10

87. 杨昌友. 新疆树木志[M]. 北京:中国林业出版社, 2010

88. 尹林克. 植物世界[M]. 乌鲁木齐:新疆青少年出版社, 2010

89. 桂东伟, 雷加强, 曾凡江等. 中昆仑山北坡策勒河流域生态因素对植物群落的影响[J]. 草业学报, 2010, 19(3):38~46

90. 土尔逊托合提·买土送, 阿依古丽·克力毛拉等. 塔里木盆地边缘绿洲带的历史变化与沙漠化的扩展[J]. 西南师范大学学报(自然科学版), 2010, 35(1):202~207

91. 和田年鉴编委会. 和田年鉴2010[M]. 乌鲁木齐:新疆人民出版社, 2010

92. 和田地区统计局. 2010年和田地区统计年鉴[R]. 北京:中国统计出版社, 2011

93.《新疆湿地公园总体规划(2010年—2030年)》

94. 新疆植物志编辑委员会. 新疆植物志(第3卷)[M]. 乌鲁木齐:新疆科学技术出版社, 2011

95. 程芸, 袁磊. 新疆植物特有种的地理分布规律[J]. 干旱区研究, 2011, 16(5):854~859

96. 廖康, 殷传杰. 新疆特色果树栽培实用技术[M]. 乌鲁木齐:新疆科学技术出版社, 2011

97. 沈观冕. 新疆经济植物及其利用[M]. 乌鲁木齐:新疆科学技术出版社, 2012

98. 王健, 尹林克, 侯翼国等. 新疆野生观赏植

物[M]. 乌鲁木齐:新疆科学技术出版社, 2012

99. 龙春林. 中国柴油植物[M]. 北京:科学出版社, 2012

100. 袁国映, 李新华, 吕光辉等. 新疆生物多样性分布与评价[M]. 乌鲁木齐:新疆科学技术出版社, 2012

101.《中国生物多样性红色名录—高等植物卷》环境保护部、中国科学院公告,〔2013〕54号

102. 吴玉虎, 王玉金. 喀喇昆仑山—昆仑山地区植物名录[M]. 西宁:青海民族出版社, 2013

103. 土尔逊托合提·买土送, 阿依古丽·克力毛拉. 塔里木盆地南缘地区沙产业发展现状、存在问题和发展对策研究——以和田地区为例[J]. 国土与自然资源研究, 2013, 5:17~20

104. 廖康. 新疆野生果树资源研究[M]. 新疆人民出版总社, 乌鲁木齐:新疆科学技术出版社, 2013

105. 艾力·买买吐松, 土尔逊托合提·买土送, 阿依古丽·克力毛拉. 和田地区林业在沙产业发展过程的重要作用分析[J]. 和田师范专科学校学报, 2014, 33(6):39~41

106. 国家林业局西北林业调查规划设计院. 新疆维吾尔自治区和田市森林资源二类补充调查报告[R]. 2014, 12月

107. 国家林业局西北林业调查规划设计院. 新疆维吾尔自治区皮山县森林资源二类补充调查报告[R]. 2014, 12月

108. 国家林业局西北林业调查规划设计院. 新疆维吾尔自治区于田县森林资源二类补充调查报告[R]. 2014, 12月

109. 国家林业局西北林业调查规划设计院. 新疆维吾尔自治区策勒县森林资源二类补充调查报告[R]. 2014, 12月

110. 国家林业局西北林业调查规划设计院. 新疆维吾尔自治区墨玉县森林资源二类补充调查报告[R]. 2014, 12月

111. 国家林业局西北林业调查规划设计院. 新疆维吾尔自治区和田县森林资源二类补充调查报告[R]. 2014, 12月

112. 国家林业局西北林业调查规划设计院. 新疆维吾尔自治区洛浦县森林资源二类补充调查报告[R]. 2014, 12月

113. 国家林业局西北林业调查规划设计院. 新疆维吾尔自治区民丰县森林资源二类补充调查报告[R]. 2014, 12月

114. 刘丽燕, 蔡新斌, 江晓珩等. 新疆湿地野生维管植物组成与植物区系的研究[J]. 干旱区资源与环境, 2015, 29(9):80~85

115. 马刘峰, 陈芸, 易海艳, 刘霞, 牛金保, 赵潮. 新疆观赏植物引种的研究进展[J]. 种子科技, 2015, 09:31~34

116. 尹林克, 李都. 图览新疆野生植物[M]. 乌鲁木齐:新疆青少年出版社, 2015

117. 新疆维吾尔自治区林木种苗管理总站. 新疆林木良种(第1册)[M]. 北京:中国林业出版社, 2015

118. 新疆维吾尔自治区林木种苗管理总站. 新疆林木良种(第2册)[M]. 北京:中国林业出版社, 2015

119. 新疆维吾尔自治区林木种苗管理总站. 新疆林木良种(第3册)[M]. 北京:中国林业出版社, 2015